Oracle9*i*
SQL et PL/SQL

Oracle9*i*
SQL et PL/SQL

Razvan Bizoï

Tsoft
EDITEUR

EYROLLES

TSOFT
10, rue du Colisée
75008 Paris
www.tsoft.fr

ÉDITIONS EYROLLES
61, Bld Saint-Germain
75240 Paris Cedex 05
www.editions-eyrolles.com

La marque © TSOFT est une marque déposée.
Toutes les marques citées dans cet ouvrage sont des marques déposées
par leurs propriétaires respectifs.
Tous les efforts ont été faits par TSOFT pour fournir dans cet ouvrage, une information
claire et exacte à la date de parution. TSOFT n'assume de responsabilité,
ni pour son utilisation, ni pour les contrefaçons de brevets ou atteintes de tierces personnes
qui pourraient résulter de cette utilisation.

A mon père

Remerciements

Un grand merci à Isabelle, qui m'a beaucoup aidé et a été dès le début une source de motivation. Sans elle ce guide n'aurait sûrement jamais vu le jour.

Merci également à Pierre qui m'a aidé à concrétiser ce projet.

Avant-propos

Oracle est le système de base de données le plus utilisé au monde. Il fonctionne de façon relativement identique sur tout type d'ordinateur. Ce qui fait que les connaissances acquises sur une plate-forme sont utilisables sur une autre et que les utilisateurs et développeurs Oracle expérimentés constituent une ressource très demandée.

L'objectif de ce livre est de vous aider à tirer le meilleur parti du langage SQL et de PL/SQL (procedural language / structured query langage), langage procédural qui permet de traiter de manière conditionnelle les données retournées par un ordre SQL. L'ouvrage présente aussi l'ensemble des concepts et des mécanismes nécessaires au développement et à l'administration d'applications dans le contexte d'Oracle9i.

Pour une bonne compréhension de l'ouvrage, il est souhaitable que le lecteur ait une connaissance suffisante du modèle relationnel et qu'il maîtrise un langage de programmation.

L'ouvrage a été conçu dans le but de préparer la certification Oracle9i Application Developer OCA (Oracle Certified Associate). Avec ce niveau de certification, les professionnels disposent d'une base de connaissances qui leur permettra d'intervenir comme des développeurs fonctionnels Oracle9i.

Pour obtenir cette certification vous avez besoin de passer les deux examens suivants :

Examen n°1Z0-001 – Introduction à Oracle : SQL et PL/SQL

Examen n°1Z1-147 – Oracle9i : Programmer avec PL/SQL

Cet ouvrage vise surtout à être plus clair et plus agréable à lire que les documentations techniques, exhaustives et nécessaires mais ingrates, dans lesquelles vous pourrez toujours vous plonger ultérieurement.
Par ailleurs, l'auteur a aussi voulu éviter de ne fournir qu'une collection supplémentaire de "trucs et astuces", mais il s'est plutôt attaché à expliquer les concepts et les mécanismes avant d'indiquer les procédures pratiques.

Dans la mesure où l'on dispose du matériel informatique nécessaire, il est important de réaliser les travaux pratiques, qui sont indispensables à l'acquisition d'une compétence réelle, et qui permettent de comprendre réellement la manière dont le système fonctionne.

Table des matières

Préambule

Ce guide de formation a pour but de vous permettre d'acquérir une bonne connaissance du langage SQL et du langage PL/SQL.

Support de formation

Ce guide de formation est idéal pour être utilisé comme support élève dans une formation se déroulant avec un animateur dans une salle de formation, car il permet à l'élève de suivre la progression pédagogique de l'animateur sans avoir à prendre beaucoup de notes. L'animateur, quant à lui, appuie ses explications sur les diapositives figurant sur chaque page de l'ouvrage.

Cet ouvrage peut aussi servir de manuel d'autoformation car il est rédigé à la façon d'un livre, il est complet comme un livre, il va beaucoup plus loin qu'un simple support de cours. De plus, il inclut une quantité d'ateliers conçus pour vous faire acquérir une bonne pratique de ces deux langages.

Les certifications Oracle

Le programme Développeur d'Application Oracle9i commence au niveau de la certification Oracle avec le Certified Oracle Associate pour Oracle9i PL/SQL Developer. Avec ce niveau de certification, les professionnels disposent d'une base de connaissances qui leur permettra d'intervenir comme des développeurs fonctionnels Oracle9i.

Vous devez passer les deux examens suivants pour obtenir votre certificat Oracle9i Application Developer OCA (Oracle Certified Associate) :

Examen n°1Z0-007 – Introduction à Oracle9i : SQL

ou

Examen n°1Z0-001 – Introduction à Oracle : SQL et PL/SQL

Examen n°1Z1-147 – Oracle9i : Programmer avec PL/SQL

Progression pédagogique

Ce cours comprend 17 chapitres, il est prévu pour durer quatre à dix jours avec un animateur pour des personnes n'ayant aucune connaissance préalable du sujet.

Suivant l'expérience des stagiaires et le but poursuivi, l'instructeur passera plus ou moins de temps sur chaque module.

Attention : l'apprentissage « par cœur » des chapitres n'est d'aucune utilité pour passer les examens. Une bonne pratique et beaucoup de réflexion seront réellement utiles ainsi que la lecture des aides en ligne.

Présentation de l'environnement

Ce chapitre vous propose une prise en main de l'interface de base de données mise à la disposition des développeurs d'applications SQL et PL/SQL ainsi que de faire connaissance avec les composants constitutifs d'une base de données relationnelle.

Interrogation des données

Dans ce chapitre vous pouvez découvrir la syntaxe et la grammaire SQL ainsi que les différents opérateurs.

Les fonctions SQL

Le module explique l'utilisation des fonctions pour enrichir les requêtes de base et permettre de manipuler les données stockées dans la base.

Groupement des données

SQL fournit une série de fonctions dites "verticales" pour les regroupements et le calcul cumulatif. Les fonctions verticales ou les fonctions d'agrégat, sont utilisées pour le calcul cumulatif des valeurs par rapport à un regroupement ou pour l'ensemble des lignes de la requête.

Les requêtes multitables

Nous examinerons dans cette section comment coupler les lignes de deux ou plusieurs tables afin d'en extraire des données corrélées.

Mise a jour des données

Ce chapitre présente le Langage de Manipulation de Donnée ou LMD, (UPDATE, INSERT et DELETE), qui permet d'effectuer les trois types de modifications (mise à jour de lignes, ajout de lignes et suppression de lignes sélectionnées).

Les objets de base de données

Le langage de définition de données ou LDD se compose d'instructions SQL utilisées pour créer, modifier et supprimer des objets de base de données.

Contrôle des accès

Oracle prévoit des fonctionnalités de sécurité mises en oeuvre en accordant ou en refusant des privilèges à des utilisateurs individuels ou à des groupes d'utilisateurs.

La génération des scripts

Ce chapitre présente les mécanismes d'accès à ces informations à travers les vues du dictionnaire de données.

Présentation PL/SQL

Ce chapitre présente l'environnement de développement et l'intégration du PL/SQL, dans Oracle.

Les variables PL/SQL

Ce chapitre décrit les différents types de données utilisables, ainsi que les façons de les nommer.

Les structures de contrôle

Les structures qui permettent de contrôler le flux d'exécution sont essentielles dans n'importe quel langage de programmation. Le langage PL/SQL offre les structures de contrôle, conditionnelles et itératives, présentes dans tous les langages de programmation.

Les curseurs

L'une des plus importantes caractéristiques du PL/SQL est la possibilité de manipuler les données ligne par ligne.

Les exceptions

Ce chapitre explique comment définir, déclencher et traiter les exceptions en PL/SQL.

Les sous-programmes

Le langage PL/SQL est un langage algorithmique complet ; il bénéficie de la possibilité de structuration du code, avec un procédé de décomposition de gros blocs de code en plus petits modules qui peuvent être appelés par d'autres modules.

Les packages

Un package est une structure PL/SQL qui permet de stocker ensemble des objets logiquement associés et comprend deux parties distinctes : la spécification et le corps, qui sont stockés séparément dans le dictionnaire de données.

Les déclencheurs

Les déclencheurs sont des blocs PL/SQL nommés comprenant des sections déclaratives, exécutables et de gestion des exceptions et ils doivent être stockés dans la base de données sous forme d'objets autonomes.

Conventions utilisées dans l'ouvrage

Les conventions utilisées dans cet ouvrage sont :

MAJUSCULES	Les ordres SQL ou tout identifiant ou mot clé.
Caractère courrier	Utilisé pour les mots clé, les noms des tables, les noms des champs, les noms des blocs etc....
[ ]	L'information qui se trouve entre les crochets est facultative.
{ }	Liste de choix exclusive.
|	Séparateur dans une liste de choix.
...	Utilisés dans les zones de script, les points de suspension indiquent que la suite est non significative pour le sujet traité.

- *Base de données relationnelle.*

- *SQL et PL/SQL*

- *SQL*Plus*

1

Présentation de l'environnement

Objectifs

A la fin de ce module, vous serez à même d'effectuer les tâches suivantes :

- Décrire les concepts de base de données relationnelle.
- Énumérer les composants constitutifs d'une base de données relationnelle.
- Expliquer le mode de communication du serveur Oracle avec les clients.
- Décrire les interfaces de base de données mise à la disposition des développeurs d'applications SQL et PL/SQL.

Contenu

Qu'est-ce qu'une base de données ?

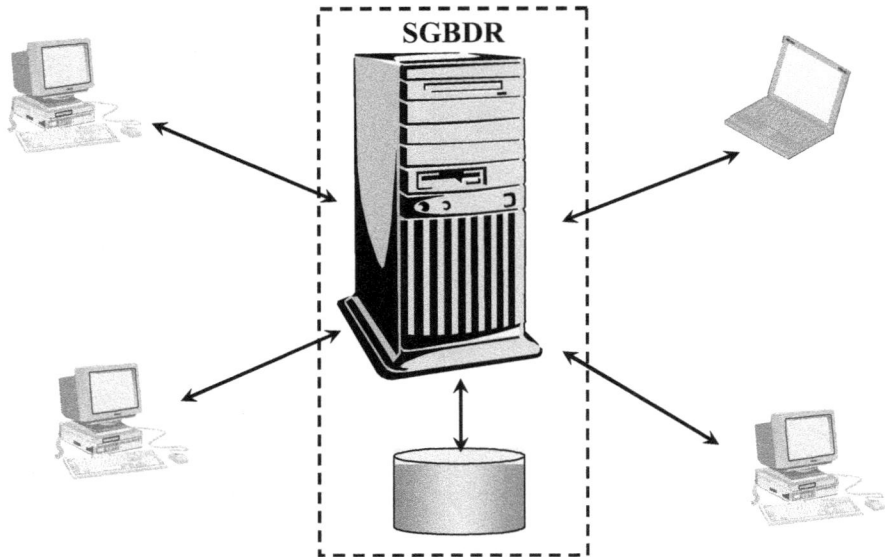

On peut définir une base de données simplement comme un stockage permanent de données dans un ou plusieurs fichiers. Une base de données contient non seulement des données, mais aussi leur description. Un système de gestion de base de données est un logiciel qui contrôle ces données et qui inclut la gestion des éléments suivants :

- uniformité de données ;
- gestion de l'utilisateur et de la sécurité ;
- fiabilité ;
- intégrité de données.

Toutes les manipulations s'effectuent au moyen du langage **SQL** (structured query language). Ce langage permet à l'utilisateur de demander au SGBD de créer des tables, de leur ajouter des colonnes, d'y ranger des données et de les modifier, de consulter les données, de définir les autorisations d'accès. Les instructions de consultation des données sont essentiellement de nature prédicative. On y décrit les propriétés des données qu'on recherche, notamment en spécifiant une condition de sélection, mais on n'indique pas le moyen de les obtenir, décision qui est laissée à l'initiative du SGBD.

Cette section présente les éléments fondamentaux d'une base de données :

- le schéma d'une base de données ;
- les tables ;
- les champs et colonnes ;
- les enregistrements et lignes ;
- les clés ;
- les relations ;
- les types de données.

Schéma

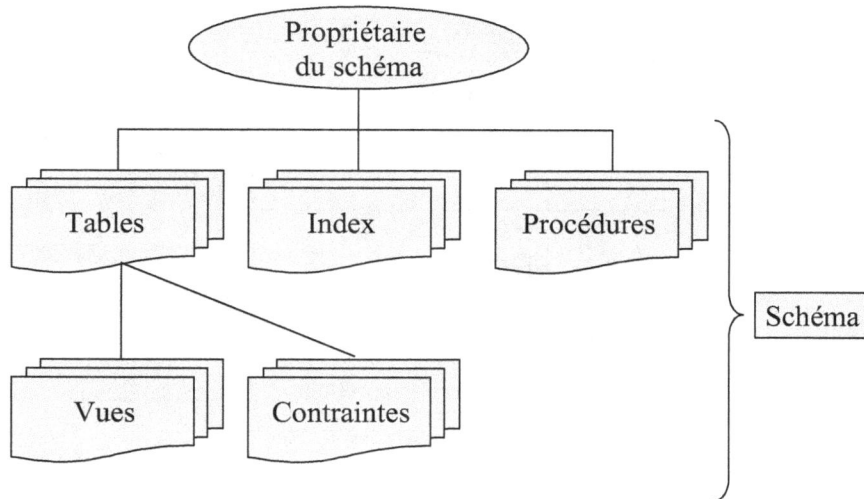

Un schéma est tout simplement un groupe d'objets d'une base de données qui sont apparentés et reliés entre eux. La table constitue l'élément le plus fondamental d'un schéma de base de données.

D'autres types d'éléments peuvent résider dans un schéma :

- des index,
- des contraintes,
- des vues,
- des procédures,
- ...

Le propriétaire du schéma dispose d'un accès permettant de manipuler la structure de n'importe quel objet du schéma.

> **NOTE**
>
> Un schéma ne représente pas une personne, même s'il est associé à un compte utilisateur hébergé dans la base de données.

Table

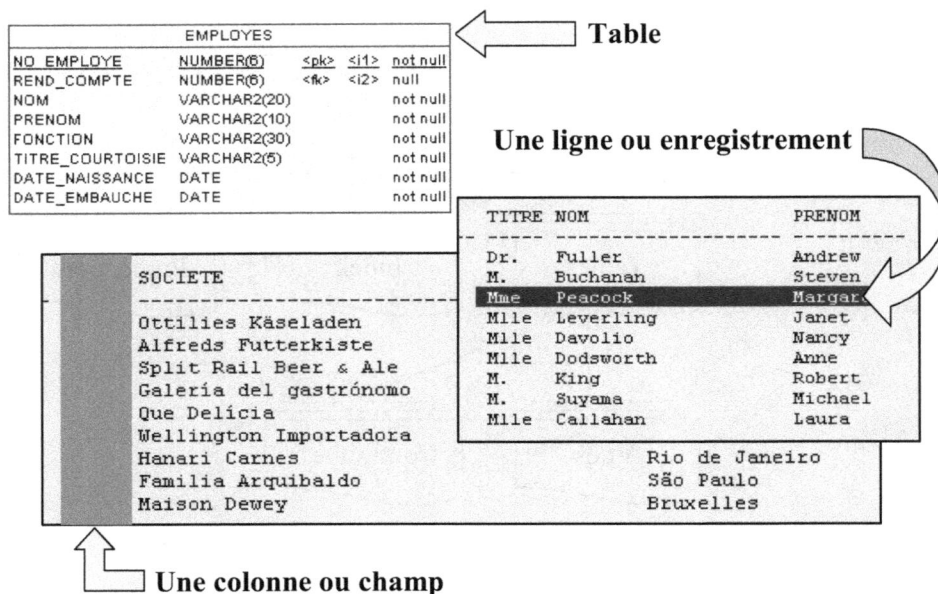

Une table sert à stocker les données auxquelles l'utilisateur doit accéder. C'est l'unité fondamentale de stockage physique des données dans une base. Généralement, c'est aux tables que font référence les utilisateurs pour accéder aux données. Une base peut être constituée de plusieurs tables reliées entre elles. Une table contient un ensemble fixe de colonnes.

Colonnes

Une colonne, ou champ représente une partie d'une table et constitue la plus petite structure logique de stockage d'une base de données. Chaque colonne possède un nom ainsi qu'un type de donnée, qui déterminent ses caractéristiques spécifiques. Dans la représentation d'une table, une colonne est une structure verticale qui contient des valeurs sur chaque ligne de la table.

Lignes

Une ligne de données est une collection de valeurs inscrites dans les colonnes successives d'une table, l'ensemble formant un enregistrement unique. Par exemple, la table EMPLOYES compte 9 enregistrements ou lignes de données. Le nombre de lignes augmente ou diminue en fonction des ajouts et suppressions des employés.

Types de données

Un type de donnée détermine l'ensemble des valeurs qu'il est possible de stocker dans une colonne de la base de données. Une colonne se voit attribuer un type de données et une longueur. Pour les colonnes de type number, il est possible de spécifier des caractéristiques additionnelles relatives à la précision et à l'échelle. La précision détermine le nombre total de chiffres que peut prendre la valeur numérique, l'échelle le nombre de chiffre que peut prendre la partie décimale. Par exemple, number (10,2) spécifie une colonne à dix chiffres, avec deux chiffres après la virgule. La précision par défaut (maximale) est de trente-huit chiffres.

Intégrité d'une base de données

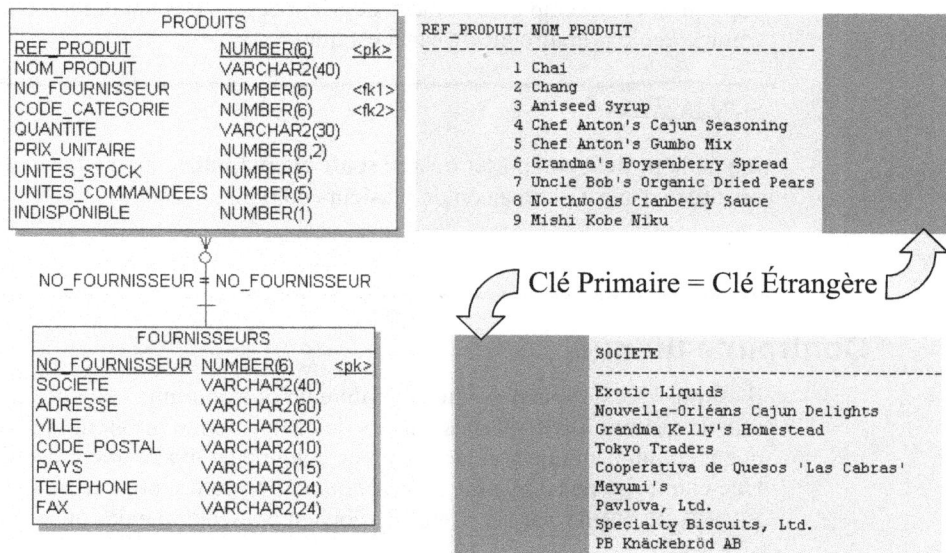

```
          PRODUITS
REF_PRODUIT       NUMBER(6)        <pk>
NOM_PRODUIT       VARCHAR2(40)
NO_FOURNISSEUR    NUMBER(6)        <fk1>
CODE_CATEGORIE    NUMBER(6)        <fk2>
QUANTITE          VARCHAR2(30)
PRIX_UNITAIRE     NUMBER(8,2)
UNITES_STOCK      NUMBER(5)
UNITES_COMMANDEES NUMBER(5)
INDISPONIBLE      NUMBER(1)
```

```
REF_PRODUIT NOM_PRODUIT
----------- -----------------------------
          1 Chai
          2 Chang
          3 Aniseed Syrup
          4 Chef Anton's Cajun Seasoning
          5 Chef Anton's Gumbo Mix
          6 Grandma's Boysenberry Spread
          7 Uncle Bob's Organic Dried Pears
          8 Northwoods Cranberry Sauce
          9 Mishi Kobe Niku
```

NO_FOURNISSEUR = NO_FOURNISSEUR

Clé Primaire = Clé Étrangère

```
        FOURNISSEURS
NO_FOURNISSEUR NUMBER(6)      <pk>
SOCIETE        VARCHAR2(40)
ADRESSE        VARCHAR2(60)
VILLE          VARCHAR2(20)
CODE_POSTAL    VARCHAR2(10)
PAYS           VARCHAR2(15)
TELEPHONE      VARCHAR2(24)
FAX            VARCHAR2(24)
```

```
SOCIETE
-----------------------------------
Exotic Liquids
Nouvelle-Orléans Cajun Delights
Grandma Kelly's Homestead
Tokyo Traders
Cooperativa de Quesos 'Las Cabras'
Mayumi's
Pavlova, Ltd.
Specialty Biscuits, Ltd.
PB Knäckebröd AB
```

L'intégrité des données garantit que les données de la base sont exactes, en d'autres termes qu'elles vérifient des règles d'intégrité exprimées sous la forme de contraintes sur les colonnes. Ces contraintes valident les valeurs des données placées dans la base, garantissent l'absence de données dupliquées ou le respect des règles de gestion après modification ou ajout de données. Elles peuvent être mises en place aussi bien au niveau de la colonne qu'au niveau de la table.

Durant la conception d'une base de données, les règles d'intégrité sont d'abord intégrées à travers l'utilisation de contraintes. Sur le plan technique, les contraintes d'une base de données sont constituées :

- des clés primaires ;
- des clés étrangères ;
- des contraintes uniques ;
- des contraintes de contrôle ;
- de la précision et du nombre de décimales des données ;
- NULL / NOT NULL.

Deux tables peuvent être reliées entre elles si les valeurs d'une colonne dépendent des valeurs d'une colonne d'une autre table, une telle relation est appelée parent/enfant. L'intégrité référentielle garantit que les données de tables reliées sont cohérentes et synchronisées. Ces données doivent vérifier des règles exprimées sous la forme de contraintes référentielles. La représentation de ces contraintes nécessite la définition de clés. Une clé est une valeur de colonne d'une table, ou une combinaison de valeurs de colonnes, qui permet d'identifier une ligne de cette table ou d'établir une relation avec une autre table. Il existe deux types de clés : primaires et étrangères.

La présentation faite dans ce module concerne les contraintes principales, pour les autres contraintes et pour plus de détails, rapportez vous à la création des tables.

Clés primaires

Une clé primaire rend une ligne de données unique dans une table. Elle sert généralement à joindre des tables apparentées ou à interdire la saisie d'enregistrements dupliqués. Par exemple, le numéro de Sécurité sociale d'un employé est considéré comme la clé primaire idéale car il est unique.

◁ **ATTENTION** ▷

Une table ne peut comporter qu'**une seule clé primaire**, même lorsque celle-ci est constituée d'une combinaison de plusieurs colonnes.

Contrainte unique

Il est possible de spécifier une contrainte unique pour une colonne de clé non primaire afin de garantir que toutes les valeurs de cette colonne seront uniques. Par exemple, une contrainte unique conviendra à une colonne de type numéro de Sécurité sociale. Une entreprise de téléphonie peut appliquer une contrainte unique à la colonne PHONE_NUMBER, car les clients ne doivent posséder que des numéros de téléphone uniques.

Clés étrangères

Une clé étrangère d'une table référence une clé primaire d'une autre table. Elle est définie dans des tables enfant et assure qu'un enregistrement parent a été créé avant un enregistrement enfant et que l'enregistrement enfant sera supprimé avant l'enregistrement parent.

L'image montre comment s'appliquent les contraintes de clés étrangère et primaire. La colonne NO_FOURNISSEUR de la table PRODUITS référence la colonne NO_FOURNISSEUR de la table FOURNISSEURS. FOURNISSEURS est la table parent et PRODUITS la table enfant. Pour créer un enregistrement dans la table PRODUITS il faut que le NO_FOURNISSEUR existe d'abord dans la table FOURNISSEURS.

Clause NOT NULL

Si vous examinez la table COMMANDES (voir Annexe 1), vous pouvez remarquer une clause NOT NULL pour les colonnes DATE_ENVOI et PORT.

Cette clause signifie que la base n'acceptera pas l'insertion d'une ligne ne comportant pas de valeur pour ces colonnes. En d'autres termes, il s'agit de champs obligatoires.

La clause NOT NULL est synonyme d'obligation. Une colonne définie avec cette clause ne sera jamais vide.

Le langage SQL

LMD		LDD	
LID		**LCD**	
SELECT	INSERT	GRANT	CREATE
	UPDATE	REVOKE	ALTER
	DELETE		TRUNCATE
			DROP
			RENAME

Les **SGBD** (systèmes de gestion de bases de données) proposent un langage de requête dénommé **SQL** (structured query language) pour la création et l'administration des objets de la base, pour l'interrogation et manipulations des informations stockées. Présenté pour la première fois en 1973 par une équipe de chercheurs d'IBM, ce langage a rapidement été adopté comme standard potentiel, et pris en charge par les organismes de normalisation ANSI et ISO.

Une instruction SQL constitue une **requête**, c'est-à-dire la description d'une opération que le SGBD doit exécuter. Une requête peut être introduite au terminal, auquel cas le résultat éventuel (par exemple dans le cas d'une consultation de données) de l'exécution de la requête apparaît à l'écran. Cette requête peut également être envoyée par un programme (écrit en Pascal, C, COBOL, Basic ou Java) au SGBD. Nous développerons plus particulièrement la formulation interactive des requêtes SQL.

Les instructions SQL peuvent être regroupées en deux catégories principales :

- Le Langage de Manipulation de Données et de modules, ou LMD (en anglais DML), pour déclarer les procédures d'exploitation et les appels à utiliser dans les programmes.
On peut également rajouter une composante pour l'interrogation de la base : Langage d'interrogation de Données.
- Le Langage de Définition de Données ou LDD (en anglais DDL), à utiliser pour déclarer les structures logiques de données et leurs contraintes d'intégrité ;
On peut également rajouter une composante pour la gestion des accès aux données : Langage de Contrôle de Données : (en anglais DCL)

Langage de manipulation de données

Le LMD permet d'insérer, de modifier, de supprimer, et de sélectionner des données dans la base. Comme son nom l'indique, il permet de travailler avec les informations contenues dans les structures d'accueil de la base de données.

Les instructions de base LMD sont :

INSERT	Ajoute des lignes de données dans une table
DELETE	Supprime des lignes de données d'une table
UPDATE	Modifie des données dans une table
SELECT	Extrait des lignes de données directement à partir d'une table ou au moyen d'une vue
COMMIT	Applique des changements qui deviennent permanents pour les transactions en cours
ROLLBACK	Annule les changements apportés depuis la dernière validation (COMMIT)

Langage de définition de données

Le LDD permet d'accomplir les tâches suivantes :

- créer un objet de base de données ;
- supprimer un objet de base de données ;
- modifier un objet de base de données ;
- accorder des privilèges sur un objet de base de données ;
- retirer des privilèges sur un objet de base de données.

Il est important de comprendre qu'Oracle valide une transaction en cours, avant ou après chaque instruction LDD. Ainsi, si vous étiez en train d'insérer des enregistrements dans la base de données et qu'une instruction LDD comme CREATE TABLE était émise, les données insérées seraient validées et écrites dans la base.

Les instructions de base LDD sont :

ALTER PROCEDURE	Recompile une procédure stockée
ALTER TABLE	Ajoute une colonne, redéfinit une colonne, modifie une allocation d'espace
ANALYZE	Recueille des statistiques de performances pour les objets de base de données qui doivent alimenter l'optimiseur statistique
CREATE TABLE	Crée une table
CREATE INDEX	Crée un index
DROP INDEX	Supprime un index
DROP TABLE	Supprime une table
GRANT	Accorde des privilèges ou des rôles à un utilisateur ou à un autre rôle
TRUNCATE	Supprime toutes les lignes d'une table
REVOKE	Supprime les privilèges d'un utilisateur ou d'un rôle

NOTE

Les instructions qui proviennent du langage de définition de données sont dites **autocommit**. C'est-à-dire que les changements apportés dans la base ne peuvent plus être défaits (à moins d'une suppression pure et simple), ce que confirme d'ailleurs le message de réussite lorsqu'une opération est exécutée.

Les limites de SQL

Langage non procédural

SQL : une portabilité limitée

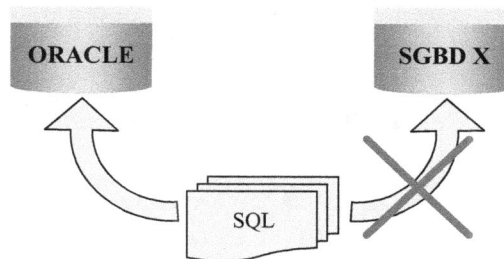

Langage non procédural

SQL est un langage non procédural. Vous l'utilisez pour indiquer au système quelles données rechercher ou modifier sans lui indiquer comment réaliser ce travail.

SQL ne dispose pas d'instructions pour contrôler le flux d'exécution du programme, pour définir une fonction ou exécuter une boucle, ni d'expressions conditionnelles du type `if ... then ... else`. Toutefois, comme vous verrez plus loin dans ce module, le système Oracle fournit un langage procédural appelé PL/SQL qui constitue une extension au langage SQL.

SQL dispose d'un ensemble fixe de types de données ; vous ne pouvez pas en définir de nouveaux.

Une portabilité limitée

Lorsqu'une application utilise une base de données, sa portabilité concerne les domaines suivants :

- portabilité des données vers des matériels différents, où leur représentation est différente,
- portabilité de l'architecture physique de la base,
- portabilité des requêtes d'accès au SGBD avec, sous-jacent, le problème des types de données,
- portabilité des permissions administratives d'accès.

Ce qui est le plus portable dans SQL, c'est son concept de modèle tabulaire de données, où l'on peut accéder aux informations par le contenu. Dans une moindre mesure, la manipulation simple de données est portable. Dans une mesure encore moindre, la définition des données est réutilisable d'un SGBDR à l'autre. Mais en pratique le portage demandera encore beaucoup d'attention et des efforts humains, du fait des différences entre les différents SGBDR commercialisés par les éditeurs.

Le langage PL/SQL

- PL/SQL comprend :
  - **la partie LID de SQL**
  - **la partie LMD de SQL**
  - **la gestion des transactions**
  - **les fonctions de SQL**
  - **plus une partie procédurale**
- *PL/SQL est donc un langage algorithmique complet.*

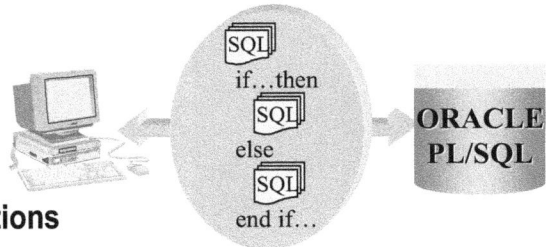

- Restriction : la partie LDD

Le langage PL/SQL (Procedural Language/SQL) comme son nom l'indique est une extension du langage SQL. Il vous permet à la fois d'insérer, de supprimer, de mettre à jour des données Oracle et d'utiliser également des techniques de programmation propres aux langages procéduraux tels que des boucles ou des branchements.

Ainsi, le langage PL/SQL combine la puissance de manipulation des données du SQL avec la puissance de traitement d'un langage procédural.

De plus, PL/SQL vous permet de grouper de manière logique un ensemble d'instructions et de les envoyer vers le noyau Oracle sous la forme d'un seul bloc. Cette caractéristique permet de réduire fortement les temps de communication entre l'application et le noyau Oracle.

PL/SQL, langage de programmation éprouvé, offre de nombreux avantages :

- intégration parfaite du SQL,
- support de la programmation orientée objet,
- très bonnes performances,
- portabilité,
- facilité de programmation,
- parfaite intégration à Oracle et à Java.

Intégration parfaite du SQL

SQL est devenu le langage d'accès par excellence aux bases de données parce qu'il est standard, puissant et simple d'apprentissage. De très nombreux outils en ont popularisé l'utilisation. PL/SQL permet de réaliser des traitements complexes sur les données contenues dans une base Oracle de façon simple, performante et sécurisée.

Support de la programmation orientée objet

Les types objet proposent une approche aisée et puissante de la programmation objet. En encapsulant les données avec les traitements, ils offrent au PL/SQL une programmation qui s'appuie sur des méthodes. Dans la programmation objet, l'implémentation des méthodes est indépendante de leur appel, ce qui constitue un avantage. On peut ainsi modifier des méthodes sans affecter l'application cliente.

Très bonnes performances

Ce ne sont plus des ordres SQL qui sont transmis un à un au moteur de base de données Oracle, mais un bloc de programmation. Le traitement des données est donc interne à la base, ce qui réduit considérablement le trafic entre celle-ci et l'application. Combiné à l'optimisation du moteur PL/SQL, cela diminue les échanges réseau et augmente les performances globales de vos applications.

Portabilité

Toutes les bases de données Oracle comportent un moteur d'exécution PL/SQL. Comme Oracle est présent sur un très grand nombre de plates-formes matérielles, le PL/SQL permet une grande portabilité de vos applications.

Facilité de programmation

PL/SQL est un langage simple d'apprentissage et de mise en oeuvre. Sa syntaxe claire offre une grande lisibilité en phase de maintenance de vos applications. De nombreux outils de développement, en dehors de ceux d'Oracle, autorisent la programmation en PL/SQL dans la base de données.

Parfaite intégration à Oracle9i et à Java

PL/SQL, le langage L3G évolué, est étroitement intégré au serveur Oracle. On peut aussi utiliser Java à la place de PL/SQL. Partout où PL/SQL peut être employé, Java peut l'être aussi.

Oracle Portal utilise le langage PL/SQL

Oracle Portal est une solution de développement d'applications Web à contenu dynamique. L'interface de développement et l'application utilisent des pages Web écrites en langage HTML. Oracle Portal cible les applications Internet à développement rapide et à déploiement simplifié. Dans son fonctionnement interne, Portal utilise massivement le langage PL/SQL et Java.

> **NOTE**
>
> Le langage PL/SQL ne comporte pas d'instructions du Langage de Définition de Données (ALTER, CREATE, RENAME) et d'instructions de contrôle comme (GRANT et REVOKE).

Architecture Client-Serveur

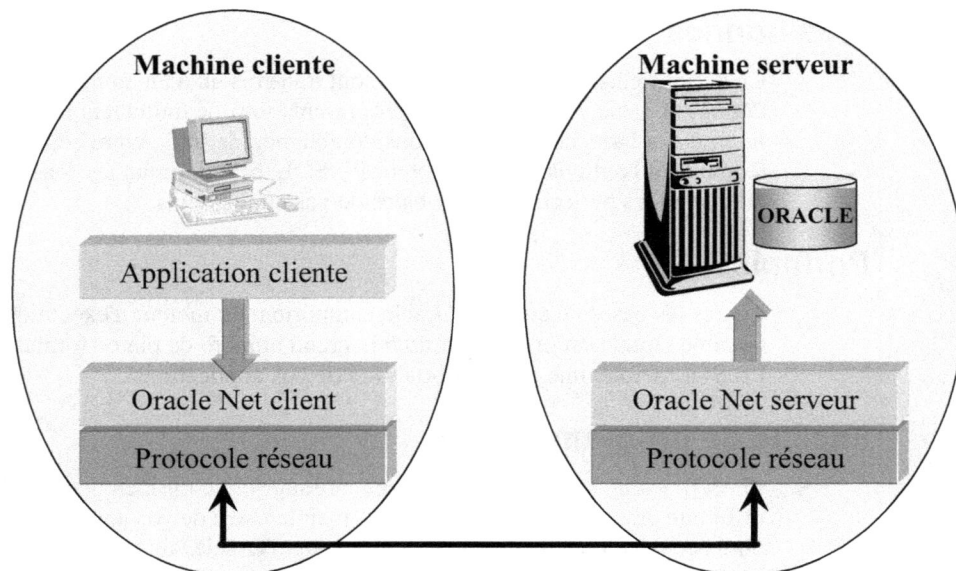

Il est rare aujourd'hui de trouver un ordinateur qui ne soit pas connecté à un réseau. Le fait de distribuer la puissance informatique sur plusieurs serveurs et de partager des informations au moyen de réseaux améliore considérablement la valeur des ressources informatiques disponibles.

Une configuration **client/serveur** (ou architecture deux tiers), définit une application répartie entre deux machines. La première, appelée le **client**, supporte l'application qui initie des requêtes vers la base de données. La machine d'arrière-plan qui héberge la base est appelée le **serveur**. Le client s'occupe de la présentation des données, le serveur de base de données est dédié au support des requêtes, non des applications. L'image illustre le modèle client/serveur avec l'application cliente et le serveur de base de données.

Pour permettre la mise en place d'applications client/serveur, Oracle utilise l'outil Net8 qui sert de passerelle vers les informations stockées sur le serveur gérant principalement les E/S de la base de données tandis que les exigences de présentation des données de l'application sont dirigées vers les clients.

Afin de se connecter à un serveur de base de données Oracle, vous devez fournir des informations du côté du client. Vous devez indiquer l'emplacement du serveur de base de données et comment communiquer avec lui.

> **ATTENTION**
>
> Vous devez contacter l'administrateur Oracle pour configurer votre poste client et vous communiquer le nom du service, l'utilisateur et le mot de passe nécessaires à la connexion.

Qu'est-ce qu SQL*Plus ?

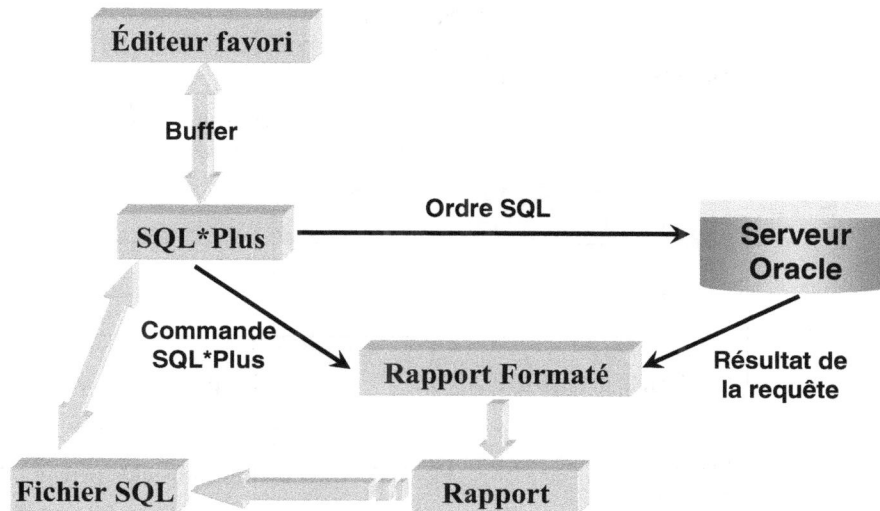

SQL*Plus est une interface interactive en mode caractère qui permet de manipuler la base de données au moyen de commandes simples se basant sur le langage SQL.

L'outil SQL*Plus vous permet de réaliser les fonctions suivantes au sein d'Oracle :

- Entrer, éditer, sauvegarder et exécuter des commandes SQL et des blocs PL/SQL.
- Sauvegarder, effectuer des calculs et mettre en forme le résultat des requêtes.
- Lister les définitions des colonnes de chaque table.
- Exécuter des requêtes interactives.

Vous pouvez écrire des rapports tout en travaillant interactivement avec SQL*Plus. Cela veut dire que si vous saisissez vos commandes de définition de titres de pages, de titres de colonnes, de mise en forme de texte, de sauts de pages, de totaux, etc., et si vous exécutez ensuite une requête SQL, SQL*Plus produit immédiatement le rapport formaté selon vos indications.

Malheureusement, lorsque vous quittez cet outil, il ne conserve aucune des instructions que vous lui avez données. Si vous deviez l'employer uniquement de façon interactive, vous auriez à recréer un rapport chaque fois que vous en auriez besoin.

La solution est très simple. Il suffit de saisir les commandes dans un fichier. SQL*Plus peut ensuite lire le fichier comme s'il s'agissait d'un script, et exécuter vos commandes comme si vous les saisissiez. Pour créer ce fichier, utilisez n'importe quel éditeur disponible. Vous pouvez travailler avec l'éditeur et SQL*Plus en parallèle. Lorsque vous êtes dans SQL*Plus, basculez dans l'éditeur pour créer ou modifier votre programme de génération de rapport, puis retournez dans SQL*Plus à l'endroit où vous l'avez laissé et exécutez le fichier.

SQL*Plus est un outil généraliste, livré depuis des années avec toutes les versions d'Oracle. Il a l'avantage d'exister sur toutes les plates-formes où Oracle est porté. Il présente l'inconvénient d'une ergonomie en mode caractère qui peut faire préférer pour certains usages des outils graphiques parfois moins performants mais plus agréables d'utilisation.

L'outil en mode caractère est indispensable à l'automatisation d'exécution des fichiers scripts de commande pour l'administration du serveur Oracle.

En conclusion, SQL*Plus est un outil Oracle qui reconnaît le langage SQL et soumet les instructions SQL au Serveur Oracle pour l'exécution. Cet outil comporte son propre langage de commande.

Comparaison entre les instructions SQL et les commandes de SQL*Plus :

SQL	SQL*Plus
Un langage	Un environnement
Conforme au standard ANSI	Propriétaire d'Oracle
Les mots clés ne peuvent pas être abrégés	Les mots clés peuvent être abrégés
Les instructions manipulent des données et des définitions de tables dans la base de données	Les commandes ne peuvent pas manipuler les données dans la base de données
Les instructions sont entrées dans le tampon mémoire sur une ou plusieurs lignes	Les instructions sont entrées une ligne à la fois ; elles ne sont pas stockées dans le tampon mémoire
Les instructions utilisent un caractère de terminaison pour l'exécution immédiate	Le - est un caractère de continuation pour saisir une commande sur plusieurs lignes
Les instructions utilisent des fonctions pour formater les données	Ne nécessite pas de caractère de terminaison ; les commandes sont exécutées immédiatement
Une instruction SQL ne possède pas de caractère de continuation	Utilise des commandes pour formater les données

Environnement SQL*Plus

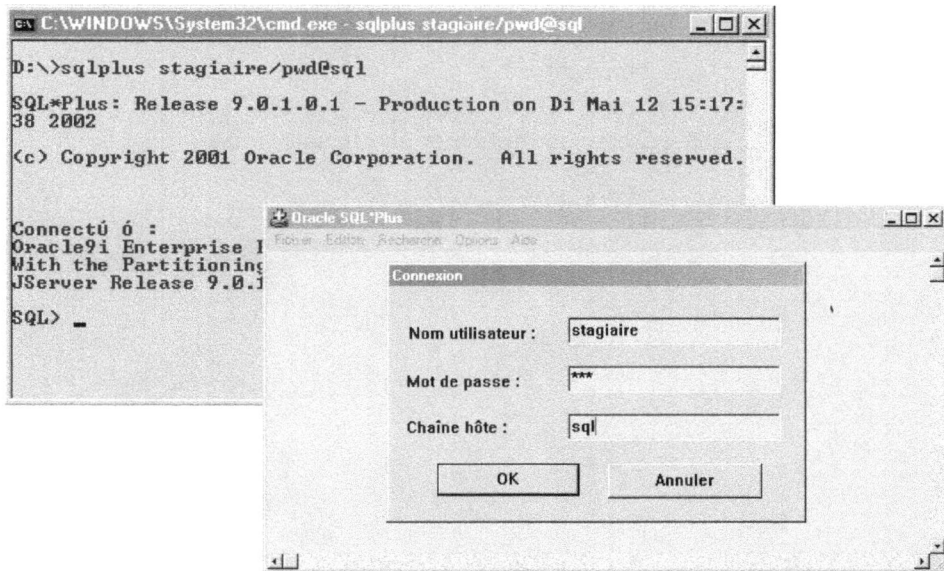

SQL*Plus peut être utilisé en mode ligne de commande ou en environnement mode caractère dans une fenêtre Windows, les deux environnements sont identiques du point de vue de leur utilisation. Avant de pouvoir émettre des instructions SQL dans SQL * Plus, vous devez tout d'abord établir une connexion avec le serveur.

Connexion SQL*Plus en mode Windows

A partir du menu Démarrer, sélectionnez Programmes, Oracle-Formation, Application Development, SQL Plus. Une boîte de dialogue apparaît pour recueillir un nom, un mot de passe et une chaîne de connexion.

> **ATTENTION**
>
> Etant donné que nous utilisons un répertoire d'accueil Oracle_HOME nommé Formation, l'option du menu Programmes est Oracle-Formation. Elle peut être différente sur votre système.

Connexion SQL*Plus en mode ligne de commande

A partir d'une fenêtre utilisez la commande suivante pour lancer SQL*Plus :

```
SQLPLUS  «nom»/«mot de passe»@«chaîne de connexion»
```

La syntaxe exacte de commande SQLPlus est décrite plus loin dans ce module.

Environnement SQL*Plus (Suite)

Connexion :
sqlplus utilisateur/mot_de_passe@chaîne_de_connexion
(exécution du fichier glogin.sql)

SQL*Plus

Sortie:
SQL> exit
SQL> quit

Commande OS:
SQL> HOST *commande*

Les grandes caractéristiques des interactions entre SQL*Plus et son environnement sont :

- lors du lancement de SQL*Plus, un nom d'utilisateur, son mot de passe et la base de donnée cible vous sont demandés;

- lors de la connexion à la base Oracle, le fichier `glogin.sql` est exécuté. Ce fichier, situé dans le répertoire « Oracle_HOME\SQLPLUS\ADMIN » sur la machine qui héberge le code exécutable de SQL*Plus, peut contenir toutes sortes d'ordres SQL et SQL*Plus ;

- par défaut, l'invite d'une session SQL*Plus est SQL> ;

- à partir de la session SQL*Plus, vous pouvez lancer des commandes OS par la commande `HOST`. Celle-ci ne termine pas votre session SQL*Plus qui peut être bloquée ou, au choix, active en attendant la fin de l'exécution de la commande OS ;

- vous pouvez vous déconnecter de la base Oracle cible tout en restant dans SQL*Plus au moyen de la commande `DISC` (`DISCONNECT`) ;

- pour se connecter à un autre compte Oracle ou à une autre base de données, utilisez la commande `CONNECT` ;

- pour se déconnecter et terminer une session SQL*Plus, utilisez `EXIT` ou `QUIT`.

Commandes SQL*Plus

- SQLPLUS
- CONNECT
- DISCONNECT
- EXIT
- RUN

SQL*Plus possède également ses propres commandes et règles :

- Les instructions sont entrées une ligne à la fois et elles ne sont pas stockées dans le tampon mémoire.
- Le - est un caractère de continuation pour saisir une commande sur plusieurs lignes
- Les mots clés peuvent être abrégés
- Ne nécessite pas de caractère de terminaison, les commandes sont exécutées immédiatement

SQLPLUS

Lors de la connexion, il est possible de spécifier le nom d'utilisateur, le mot de passe, et le nom d'une base de données ainsi que lancer un fichier de commande spécifié.

```
SQLPLUS [-S] [logon] [@chaîne_connexion]@fichier[.ext]
                     [arg...]
```

-S (silent)	indique à l'interface de ne pas afficher les messages.
Logon «utilisateur»[/«mot_de_passe»]	
	Si le nom d'utilisateur et/ou le mot_de_passe ne sont pas saisis, Oracle les demande après le lancement.
@chaîne_connexion	le nom du service pour la connexion Net8. Si aucun nom de base n'est spécifié, c'est la base par défaut qui est prise en compte.
@fichier[.ext]	un fichier de commande contenant des ordres SQL, des commandes SQL*Plus et PL/SQL. L'extension .SQL est facultative. On peut lancer SQLPLUS @fichier a condition que la première ligne de ce fichier corresponde à un nom d'utilisateur suivi d'un '/' et du mot de passe.
[arg...]	les arguments

Pour accéder à l'aide décrivant l'ensemble des syntaxes accessibles lors du lancement de SQL*Plus il faut exécuter `SQLPLUS -`.

> **NOTE**
>
> Notez la différence entre les deux exemples suivants :
> `SQLPLUS utilisateur/mot_de_password@base_cible` se connecte à la base de donnée cible.
> `SQLPLUS utilisateur/mot_de_password@fichier.sql` exécute automatiquement le fichier de commande cité sur la base par défaut.

CONNECT

L'instruction `CONNECT` vous permet de réaliser une nouvelle connexion après le lancement de SQL*Plus.

`CONN[ECT] «utilisateur»[/«mot_passe»] [@chaîne_connexion]`

Si le mot de passe n'est pas fourni, **Oracle** effectue une demande de saisie.

```
SQL> conn scott/tiger@sql
Connecté.
SQL>
SQL>
SQL>
SQL>
SQL> conn scott
Entrez le mot de passe : *****
Connecté.
SQL> |
```

DISCONNECT

L'instruction `DISCONNECT` permet à l'utilisateur de se déconnecter de la base de données.

`DISC[ONNECT]`

Après cette instruction l'utilisateur ne peut plus exécuter de commandes SQL ou PL/SQL.

EXIT

L'instruction `EXIT` ou `QUIT` permet à l'utilisateur de quitter l'outil SQL*Plus et de se déconnecter de la base de données.

`{EXIT|QUIT}[SUCCESS|FAILURE|WARNING] [COMMIT|ROLLBACK]`

Cette instruction permet de communiquer au système d'exploitation un code de retour sur l'exécution de la session. L'instruction `EXIT` valide la transaction par défaut (`COMMIT`).

Pour plus d'informations sur `COMMIT`, `ROLLBACK` et la gestion des transactions voir le module qui traite des manipulation de données.

RUN

La commande `RUN` ou `/` affiche le contenu du tampon mémoire et exécute l'instruction stockée dans le tampon mémoire

`R[UN]` ou `/`

Commandes SQL*Plus (Suite)

- START
- EDIT
- SAVE
- GET
- SPOOL
- HOST

START

Indique à SQL*Plus d'exécuter les instructions enregistrées dans un fichier.

```
STA[RT] fichier[.ext] [arg ...]
```

L'extension .SQL est facultative.

La commande @ : est équivalente à START

```
@ fichier[.ext] [arg ...]
```

EDIT

La commande EDIT est utilisée pour ouvrir un fichier de nom fichier.sql sous l'éditeur associé.

```
ED[IT] fichier[.ext]
```

DEFINE_EDITOR

Indique à SQL*Plus le nom de l'éditeur de votre choix.

```
DEFINE_EDITOR = nom_editeur
```

SAVE

La commande SAVE mémorise le contenu du tampon dans un fichier. L'extension .SQL est ajoutée automatiquement au nom du fichier.

```
SAV[E] fichier[.ext] [CREATE | REPLACE | APPEND]
```

GET

La commande GET est utilisée pour faire l'opération inverse, c'est-à-dire copier le contenu d'un fichier dans le tampon :

```
GET fichier[.ext] [LIST | NOLIST]
```

Le contenu du fichier est alors copié dans le tampon et affiché à l'écran, mais il n'est pas exécuté. L'exécution du contenu du tampon se fait par la commande RUN.

SPOOL

La commande SPOOL est utilisée pour stocker le résultat d'une requête dans un fichier. Par défaut le résultat de toute requête est affiché à l'écran et il ne reste aucune trace de ce résultat. La commande SPOOL suivie par le nom du fichier récepteur mémorise ce résultat.

```
SPO[OL] fichier[.ext] [OFF | OUT]
```

A partir du moment où cette commande est exécutée, tout ce qui apparaît à l'écran est mémorisé dans le fichier jusqu'à l'exécution d'une autre commande SPOOL avec l'option OFF ou OUT.

L'option OUT permet d'imprimer le contenu du fichier.

HOST

Envoie n'importe quelle commande au système d'exploitation hôte.

```
HO[ST] [commande]
```

Commandes SQL*Plus (Suite)

- DESCRIBE
- REMARK
- USER

DESCRIBE

La commande DESCRIBE est utilisée pour obtenir la structure d'une table, d'une vue ou d'un synonyme.

```
DESC[RIBE] {[schema.]object [@connect_identifier]}
```

[@connect_identifier] indique un lien de base de données distante.

Name	indique le nom de la colonne
Null ?	indique si la colonne doit contenir des données. NOT NULL rend obligatoire la présence de données
Type	affiche le type de données d'une colonne

```
SQL> DESC CATEGORIES
Nom                                          NULL ?   Type
-------------------------------------------- -------- --------------
CODE_CATEGORIE                               NOT NULL NUMBER(6)
NOM_CATEGORIE                                NOT NULL VARCHAR2(25)
DESCRIPTION                                  NOT NULL VARCHAR2(100)
```

Cette instruction peut être utilisée avec d'autres objets :

```
DESC[RIBE] nom_table | nom_vue | nom_synonyme
           nom_procedure | nom_fonction | nom_package
           nom_type_objet
```

REMARK

Indique à SQL*Plus que les mots qui suivent doivent être traités comme étant un commentaire.

```
REM[ARK]
```

--

Marque le début d'un commentaire en ligne dans une entrée SQL. Traite tout ce qui suit cette marque jusqu'à la fin de la ligne comme étant un commentaire. Analogue à REMARK.

/*...*/

Marque le début et la fin d'un commentaire dans une entrée SQL. Analogue à REMARK.

USER

La commande SHOW USER affiche l'utilisateur connecté.

SHO[W] USER

```
SQL> SHOW USER
USER est "STAGIAIRE"
```

Commandes SQL*Plus (Suite)

- LINESIZE
- PAGESIZE
- TERMOUT
- HEADING
- TRIMSPOOL
- FEEDBACK
- ECHO

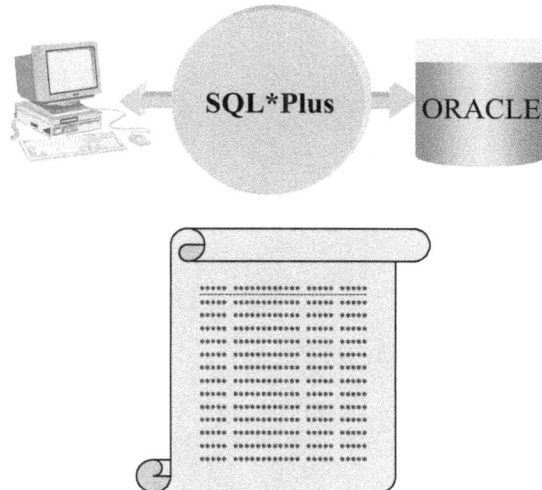

LINESIZE

La commande SET LINESIZE définit le nombre maximal de caractères autorisés dans chaque ligne.

SET LINESIZE VALEUR

```
SQL> SET LINESIZE 50
SQL> SELECT DESCRIPTION FROM CATEGORIES
  2  WHERE CODE_CATEGORIE = 1

DESCRIPTION
--------------------------------------------
Boissons, cafés, thés, bières

SQL> SET LINESIZE 10
SQL> SELECT DESCRIPTION FROM CATEGORIES
  2  WHERE CODE_CATEGORIE = 1

DESCRIPTIO
----------
Boissons,
cafés, thé
s, bières
```

PAGESIZE

La commande SET PAGESIZE définit le nombre maximal de lignes dans chaque page, le calcul est effectue en tenant compte des lignes d'entête et bas de page. Lorsque vous créez un fichier de données, vous pouvez configurer la variable PAGESIZE avec la valeur 0.

SET PAGESIZE VALEUR

```
SQL> SET PAGESIZE 10
SQL> SELECT NOM, PRENOM FROM EMPLOYES

NOM                  PRENOM
-------------------- ----------
Callahan             Laura
Buchanan             Steven
Peacock              Margaret
Leverling            Janet
Davolio              Nancy
Dodsworth            Anne
King                 Robert

NOM                  PRENOM
-------------------- ----------
Suyama               Michael
Fuller               Andrew

9 ligne(s) séle tionnée(s)
```

TERMOUT

Lorsqu'une instruction SQL retourne de nombreuses lignes de données, il peut être utile de désactiver leur affichage à l'écran. Pour cela, utilisez la commande SET TERMOUT OFF. A l'issue de l'instruction, n'oubliez pas de rétablir l'affichage des résultats au moyen de la commande SET TERMOUT ON.

`SET TERMOUT {ON | OFF}`

HEADING

Désactive ou active l'affichage des en-têtes de colonnes, ce qui peut être utile lors de la création d'un fichier de données.

`SET HEADING {ON | OFF}`

TRIMSPOOL

Supprime ou non les blancs situés à la fin des lignes envoyées vers un fichier.

`SET TRIMSPOOL {ON | OFF}`

FEEDBACK

Affiche ou non le nombre de lignes extraites.

`SET FEEDBACK {ON | OFF}`

ECHO

Affiche ou non l'instruction lorsqu'elle est exécutée.

`SET ECHO {ON | OFF}`

Atelier 1.1

- Lancement du SQL*Plus

- Connexion et Déconnexion après lancement

- Utilisation de SQL*Plus

 Durée : 5 minutes

TP

Le but du TP est l'utilisation du SQL*Plus et la mise en pratique des ses commandes.

Exercice n° 1

Démarrez SQL*Plus dans les deux environnements, ligne de commande et Windows, avec les paramètres fournis par l'administrateur Oracle lors de la configuration de votre poste :

- Nom d'utilisateur
- Mot de passe
- Chaîne de connexion (le nom du service)

Exercice n° 2

Redirigez les sorties vers en fichier et exécutez les commandes suivantes :

- Décrivez la table COMMANDES ;
- Déconnectez vous de la base de données sans sortir du SQL*Plus ;
- Décrivez de nouveau la table COMMANDES. Que remarquez-vous ?
- Connectez vous ;
- Affichez l'utilisateur courant ;
- Arrêtez la redirection des sorties vers le fichier ;
- Éditez le fichier que vous venez de créer.

- *Projection des données*
- *Sélection des données*
- *Restriction des données*
- *La valeur NULL*
- *Opérateurs*
- *Tri du résultat d'une requête*

Interrogation des données

Objectifs

A la fin de ce module, vous serez à même d'effectuer les tâches suivantes :

- Décrire la syntaxe d'une requête.
- Extraire d'une table les colonnes souhaitées.
- Limiter l'extraction des enregistrements d'une table par des conditions.
- Afficher les résultats des requêtes triées.

Contenu

Lancement des requêtes SQL

Connexion :
sqlplus utilisateur/mot_de_passe@chaîne_de_connexion
(exécution du fichier glogin.sql)

Le module précédent a expliqué les caractéristiques de SQL*Plus, une interface interactive en mode caractère qui permet de manipuler la base de données au moyen de commandes simples se basant sur le langage SQL.

Le présent module décrit comment utiliser le langage de requête structuré SQL (structured query language) pour indiquer à Oracle comment extraire à partir d'une table les informations que vous souhaitez.

Les instructions SQL que vous voulez soumettre à Oracle sont en effet exécutées à travers SQL*Plus, qui reçoit vos instructions, vérifie leur exactitude, les soumet à Oracle, et modifie ou reformate les résultats retournés selon les directives ou indications spécifiées. L'outil exécute précisément les instructions que vous lui donnez et vous informe lorsqu'il ne comprend pas quelque chose.

ATTENTION

Avant de pouvoir émettre des instructions SQL dans SQL*Plus, vous devez tout d'abord établir une connexion avec le serveur.

Grammaire SQL

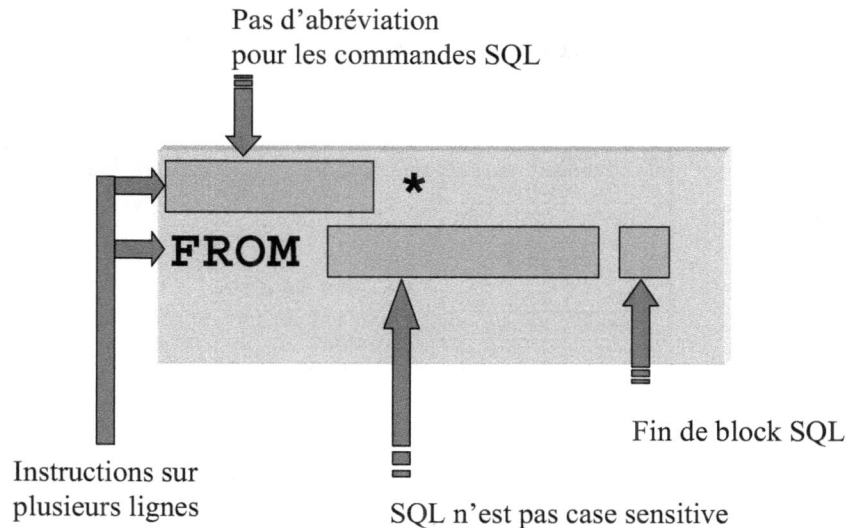

Pas d'abréviation
pour les commandes SQL

FROM *

Instructions sur
plusieurs lignes

SQL n'est pas case sensitive

Fin de block SQL

Voici quelques exigences de syntaxe à garder à l'esprit lorsque vous travaillez avec SQL :

- Chaque instruction SQL se termine par un point-virgule.

- Une instruction SQL peut être saisie sur une ligne ou, par souci de clarté, répartie sur plusieurs. La plupart des exemples de ce livre comprennent des instructions fractionnées en portions lisibles.

- Vous ne pouvez pas abréger une commande SQL.

- SQL ne tient pas compte de la casse ; vous pouvez combiner les majuscules et les minuscules lorsque vous vous référez aux mots clés SQL (tels que SELECT ou INSERT), aux noms de tables et aux noms de colonnes. Toutefois, l'utilisation des majuscules ou minuscules a son importance lorsque vous vous référez au contenu d'une colonne. Si vous demandez tous les clients dont le nom commence par 'a' et que tous les noms de clients sont stockés en majuscules, la requête n'extrait aucun enregistrement.

- Une seule instruction SQL peut être stockée dans le tampon mémoire SQL*Plus. Si deux instructions SQL sont exécutées une après l'autre le tampon mémoire contient seulement la dernière et c'est uniquement celle-ci qui peut être éditée.

Projection

```
SELECT NOM_PRODUIT FROM PRODUITS;
```

PRODUITS

REF PRODUIT	NOM PRODUIT	NO FOURNISSEUR	...

```
NOM_PRODUIT
-----------------------------------
Chai
Chang
Aniseed Syrup
Chef Anton's Cajun Seasoning
Chef Anton's Gumbo Mix
Grandma's Boysenberry Spread
Uncle Bob's Organic Dried Pears
Northwoods Cranberry Sauce
...
```

L'opération de projection permet de retenir certaines ou toutes les colonnes d'une table et retourne l'intégralité des enregistrements de la table.

Une projection s'exprime à l'aide du langage SQL par la clause SELECT.

Des quatre instructions du LMD, SELECT est celle qui est exécutée le plus souvent dans une application réelle, car les enregistrements sont plus souvent lus qu'ils ne sont modifiés.

L'instruction SELECT est un outil puissant et sa syntaxe est compliquée en raison des nombreuses possibilités qui vous sont offertes pour former une instruction valide en combinant les tables, les colonnes, les fonctions et les opérateurs. Par conséquent, au lieu d'examiner la syntaxe complète de cette instruction, on va commencer par découvrir la syntaxe au fur et à mesure de son utilisation.

```
SELECT [ALL | DISTINCT] {*,[COLONNE1 [AS] ALIAS1[,...]}
FROM NOM_TABLE;
```

ALL	La requête extrait l'intégralité des enregistrements de la table. C'est l'option par défaut.
DISTINCT|UNIQUE	La requête extrait les enregistrements de la table qui sont uniques, la règle d'unicité s'applique à l'ensemble des colonnes sélectionnées.
*	La projection totale, permet d'extraire l'ensemble des colonnes pour la table mentionné dans la clause FROM.
COLONNE	Une liste des noms de colonnes séparées par virgule, de la table mentionnée dans la clause FROM, que vous souhaitez extraire dans la projection.

[AS] ALIAS   Si l'en-tête de colonne n'est pas assez significatif, il est possible de définir un alias qui se déclare immédiatement après la colonne, il peut être précède par AS, sous la forme d'une chaîne de caractères placée ou non entre guillemets.

FROM   La table d'où vous voulez extraire les données.

La requête suivante est une projection totale de la table CATEGORIES.

```
SQL> desc categories
 Nom                          NULL ?   Type
 ----------------------       -------- ----------------
 CODE_CATEGORIE               NOT NULL NUMBER(6)
 NOM_CATEGORIE                NOT NULL VARCHAR2(25)
 DESCRIPTION                  NOT NULL VARCHAR2(100)

SQL> select * from categories ;

CODE_CATEGORIE NOM_CATEGORIE                 DESCRIPTION
-------------- -----------------------       ----------------------------------
             1 Boissons                      Boissons, cafés, thés, bières
             2 Condiments                    Sauces, assaisonnements et épices
             3 Desserts                      Desserts et friandises
             4 Produits laitiers             Fromages
             5 Pâtes et céréales             Pains, biscuits, pâtes et céréales
             6 Viandes                       Viandes préparées
             7 Produits secs                 Fruits secs, raisins, autres
             8 Poissons et fruits de mer Poissons, fruits de mer, escargots
```

Dans l'exemple précédent, la requête extrait l'ensemble des colonnes et des enregistrements de la table CATEGORIES. En pratique on utilise très rarement la projection totale car les informations dont a besoin porte sur une partie des colonnes de la table. Une projection partielle est plus appropriée du point de vue de la lisibilité du rapport ainsi que des traitements sur le serveur et les transferts de données à travers le réseau.

La requête suivante est une projection partielle des tables CATEGORIES et COMMANDES.

```
SQL> select code_categorie code, NOM_CATEGORIE "Catégorie de produits"
  2* from CATEGORIES ;

      CODE Catégorie de produits
---------- -----------------------
         1 Boissons
         2 Condiments
         3 Desserts
         4 Produits laitiers
         5 Pâtes et céréales
         6 Viandes
         7 Produits secs
         8 Poissons et fruits de mer

SQL> SELECT code_client, date_commande, no_employe, port FROM COMMANDES ;

CODE_ DATE_COM NO_EMPLOYE       PORT
----- -------- ---------- ----------
VINET 04/07/96          5      161,9
TOMSP 05/07/96          6      58,05
HANAR 08/07/96          4     329,15
VICTE 08/07/96          3      206,7
...
```

Dans les deux exemples précédents, vous avez remarquées que SQL*Plus applique une certaine mise en forme aux données qu'il présente.

La présentation de résultats se fait sous forme tabulaire où :

- Il convertit tous les noms de colonnes ou les alias, qui ne sont pas placées entre les guillemets, en majuscules.
- Les en-têtes de colonnes ne peuvent pas être plus longs que la longueur définie des colonnes.

ATTENTION

Les guillemets (") sont utilisés seulement pour définir l'alias d'une colonne, par exemple "Alias de Colonne". Le symbole de délimitation des chaînes de caractères est la simple cote ('), par exemple : 'Chaîne de caractères'.

La requête suivante est une projection partielle de la table EMPLOYES, pour extraire les déférentes fonctions des employés.

```
SQL> select fonction from employes;

FONCTION
-----------------------------
Vice-Président
Chef des ventes
Représentant(e)
Représentant(e)
Représentant(e)
Représentant(e)
Représentant(e)
Représentant(e)
Assistante commerciale

9 ligne(s) sélectionnée(s).

SQL> select distinct fonction from employes;

FONCTION
-----------------------------
Assistante commerciale
Chef des ventes
Représentant(e)
Vice-Président
```

Dans le premier exemple, on peut remarquer que la clause ALL et la requête extrait l'intégralité des enregistrements de la table.

Dans le deuxième exemple la requête extrait les enregistrements de la table qui sont uniques, la règle d'unicité s'applique à la seule colonne sélectionnée.

Les constantes

- Les constantes numériques
- Les constantes chaîne de caractère

Une constante est une variable dont la valeur, fixée au moment de sa définition, n'est pas modifiable.

Constante numérique

Une constante numérique définit un nombre contenant éventuellement un signe, un point décimal et un exposant, puissance de dix. Le point décimal ne peut être défini que par le caractère point (.). Les caractères numériques doivent être contiguës (sans espaces pour milliers par exemple).

Exemples :

```
SQL> SELECT  0,
  2          -1234567890,
  3          +1234567890,
  4          -123.456,
  5          +123.456,
  6          -1E+123
  7* FROM DUAL;

         0 -1234567890 +1234567890   -123.456   +123.456    -1E+123
---------- ----------- ----------- ---------- ---------- ----------
         0  -1,235E+09  1234567890   -123,456    123,456 -1,00E+123
```

Constante chaîne de caractère

Une constante chaîne de caractère est représentée par une chaîne de caractères entre cotes (') où les lettres en majuscules et en minuscules sont considérées comme deux caractères différents. Il est possible d'insérer une apostrophe à l'intérieur d'une chaîne de caractères en la représentant par deux apostrophes consécutives.

Atelier 2.1

- Lancement du SQL*Plus

- Décrire les objets

- L'utilisation de la projection

 Durée : 10 minutes

TP

L'objectif du TP est l'utilisation du SQL*Plus et la mise en pratique de la projection.

Exercice n° 1

Affichez tous les employés de la société.

Affichez toutes les catégories de produits.

Exercice n° 2

Décrivez la structure de la table EMPLOYES.

Affichez les noms, prénoms et la date de naissance de tous les employés de la société.

Exercice n° 3

Affichez la liste des fonctions des employés de la société.

Affichez la liste des pays de nos clients.

Affichez la liste des localités dans lesquelles il existe au moins un client.

Opérateur de concaténation :

```
SELECT NOM||' '||PRENOM "Employé"
FROM EMPLOYES;
```

EMPLOYES

NO EMPLOYE	NOM	PRENOM	...
	Employé		

	Fuller Andrew		
	Buchanan Steven		
	Peacock Margaret		
	Leverling Janet		
	Davolio Nancy		
	Dodsworth Anne		
	King Robert		
	Suyama Michael		
	Callahan Laura		
	9 ligne(s) sélectionnée(s).		

La concaténation est le seul opérateur disponible des chaînes de caractères. Le résultat d'une concaténation est la chaîne de caractères obtenue en mettant bout à bout les deux chaînes de caractères passées en arguments.

Cet opérateur se note au moyen de deux caractères barre verticale accolés (||), selon la syntaxe présente dans l'exemple suivant. Une projection partielle de la table EMPLOYES, pour extraire une chaîne de caractères qui résulte de la concaténation du numéro employé, nom, prénom et date de naissance.

```
SQL> SELECT NO_EMPLOYE||' -- '||NOM||' -- '||PRENOM||' -- '||DATE_NAISSANCE
  2  "Liste des employés"
  3* FROM EMPLOYES ;

Liste des employés
---------------------------------------------------------------------------
2 -- Fuller -- Andrew -- 19/02/52
5 -- Buchanan -- Steven -- 04/03/55
4 -- Peacock -- Margaret -- 19/09/58
3 -- Leverling -- Janet -- 30/08/63
1 -- Davolio -- Nancy -- 08/12/68
9 -- Dodsworth -- Anne -- 02/07/69
7 -- King -- Robert -- 29/05/60
6 -- Suyama -- Michael -- 02/07/63
8 -- Callahan -- Laura -- 09/01/58
```

> **NOTE**
>
> L'opérateur de concaténation peut travailler avec des expressions qui retournent une chaîne de caractère, un numérique ou une date, des constantes de type chaînes de caractères et numériques, les conversions entre ces différents types sont effectuées implicitement.

Opérateurs arithmétique

```
SELECT PRIX_UNITAIRE*100
FROM PRODUITS;
```

PRODUITS

NOM_PRODUIT	NO_FOURNISSEUR	PRIX_UNITAIRE	...

```
PRIX_UNITAIRE*100
-----------------
            27500
             9000
             9500
             5000
            11000
            10675
            12500
              ...
```

Une expression arithmétique est une combinaison de noms de colonnes, de constantes et de fonctions arithmétiques (les fonctions arithmétiques sont traitées plus loin) combinées au moyen des **opérateurs** arithmétiques addition (+), soustraction (-), multiplication (*) ou division (/).

Une expression arithmétique peut comporter plusieurs opérateurs. Dans ce cas, le résultat de l'expression peut varier selon l'ordre dans lequel les opérations sont effectuées.

La priorité des opérateurs :

- La multiplication et la division sont prioritaires par rapport à l'addition et à la soustraction.
- Les opérateurs de même priorité sont évalués de la gauche vers la droite.
- Les parenthèses sont utilisées pour forcer la priorité de l'évaluation et pour clarifier les instructions SQL.

L'exemple suivant illustre une projection de la table PRODUIT pour extraire le nom du produit la valeur du stock et la valeur commandée.

```
SQL> select nom_produit "Produit", prix_unitaire*unites_stock "Stock",
  2  unites_commandees*12 "Commandes"
  3* from produits ;

Produit                                    Stock  Commandes
---------------------------------------- -------- ----------
Raclette Courdavault                        21725          0
Chai                                         3510          0
Chang                                        1615        480
Aniseed Syrup                                 650        840
Chef Anton's Cajun Seasoning                 5830          0
Chef Anton's Gumbo Mix                          0          0
Grandma's Boysenberry Spread                15000          0
...
```

ATTENTION

Les constantes numériques sont saisies avec ou sans signe sans espace entre les caractères et le caractère de séparation des décimales est le point (.).

L'exemple suivant illustre une projection de la table EMPLOYES pour extraire le nom de l'employé et une prévision de salaire à la suite d'une augmentation de 10%.

```
SQL> run
  1  SELECT NOM||' '||PRENOM "Employé", SALAIRE * 1.1 "Nouveau Salaire"
  2* FROM EMPLOYES ;

Employé                         Nouveau Salaire
------------------------------- ---------------
Fuller Andrew                             11000
Buchanan Steven                            8800
Peacock Margaret                         3141,6
Leverling Janet                            3850
Davolio Nancy                            3448,5
Dodsworth Anne                             2398
King Robert                              2591,6
Suyama Michael                           2787,4
Callahan Laura                             2200

9 ligne(s) sélectionnée(s).
```

Opérateurs de type DATE

```
SELECT NOM, (SYSDATE - DATE_NAISSANCE)/365
FROM EMPLOYES;
```

EMPLOYES

NO EMPLOYE	NOM	DATE NAISSANCE	...

NOM	(SYSDATE-DATE_NAISSANCE)/365
Fuller	50,2678913
Buchanan	47,2295352
Peacock	43,68159
Leverling	38,7336448
Davolio	33,4541927
Dodsworth	32,8898091
King	41,9884393
Suyama	38,8952886
Callahan	44,3747406

SQL propose deux opérations possibles des expressions de type date.

L'ajout d'un nombre de jours à une date, le résultat étant une expression de type date.

DATE1 (+ ou -) NOMBRE = DATE2

Le calcul du nombre de jours séparant les deux dates, le résultat étant une expression de type numérique.

DATE1 (+ ou -) DATE2 = NOMBRE

Le résultat peut être exprimé sous forme de valeur décimale si les valeurs de DATE1 et/ou de DATE2 contiennent une notion d'heure.

SYSDATE est une pseudo colonne que l'on peut utiliser dans une expression de type date et qui a pour valeur la date et l'heure courantes du système d'exploitation hôte.

La requête suivante est une projection de la table EMPLOYES pour extraire le nom de l'employé, sa date de naissance et son âge.

```
SQL> SELECT NOM,DATE_NAISSANCE,DATE_NAISSANCE+1,(SYSDATE-DATE_NAISSANCE)/365
  2* FROM EMPLOYES ;

NOM                  DATE_NAI DATE_NAI (SYSDATE-DATE_NAISSANCE)/365
-------------------- -------- -------- ------------------------------
Fuller               19/02/52 20/02/52                     50,2701051
Buchanan             04/03/55 05/03/55                      47,231749
Peacock              19/09/58 20/09/58                     43,6838038
Leverling            30/08/63 31/08/63                     38,7358586
Davolio              08/12/68 09/12/68                     33,4564065
Dodsworth            02/07/69 03/07/69                      32,892023
King                 29/05/60 30/05/60                     41,9906531
Suyama               02/07/63 03/07/63                     38,8975024
Callahan             09/01/58 10/01/58                     44,3769545
```

La valeur NULL

```
SELECT CODE_CLIENT,
       DATE_ENVOI - DATE_COMMANDE
FROM COMMANDES;
```

COMMANDES

CODE CLIENT	DATE ENVOIS	DATE COMMANDE	...

```
CODE_  DATE_ENVOI-DATE_COMMANDE
-----  ------------------------
REGGC
HUNGO                         6
SAVEA                         3
LILAS
WHITC                         3
DRACD                         2
QUEEN
TORTU                         2
```

Une valeur NULL en SQL est une valeur non définie. Lorsque l'un des termes d'une expression à la valeur NULL, l'expression entière prend la valeur NULL. D'autre part, un prédicat comportant une comparaison avec une expression ayant la valeur NULL prendra toujours la valeur FAUX.

La requête suivante est une projection de la table EMPLOYES pour extraire le nom de l'employé, son salaire, sa commission et la somme perçue.

```
SQL> select NOM,SALAIRE,COMMISSION,SALAIRE+COMMISSION
  2* from employes ;

NOM                  SALAIRE COMMISSION SALAIRE+COMMISSION
-------------------- ---------- ---------- ------------------
Fuller                 10000
Buchanan                8000
Peacock                 2856        250               3106
Leverling               3500       1000               4500
Davolio                 3135       1500               4635
Dodsworth               2180          0               2180
King                    2356        800               3156
Suyama                  2534        600               3134
Callahan                2000

9 ligne(s) sélectionnée(s).
```

L'exemple montre qu'une valeur NULL ne peut pas être utilisée dans un calcul, ainsi que nous l'avons indiqué plus haut, cette valeur n'est pas égale à zéro ; il faut plutôt la considérer comme étant une valeur inconnue.

La traitement de la valeur NULL

```
SELECT NOM,
       SALAIRE + NVL(COMMISSION,0)
FROM EMPLOYES;
```

EMPLOYES

NOM	SALAIRE	COMMISSION	...

```
NOM                     SALAIRE+NVL(COMMISSION,0)
----------------------  -------------------------
Fuller                                      10000
Buchanan                                     8000
Peacock                                      3106
Leverling                                    4500
Davolio                                      4635
Dodsworth                                    2180
...
```

Lorsque l'un des termes d'une expression a la valeur NULL, l'expression entière prend la valeur NULL, pour pouvoir travailler avec des champs qui contiennent des valeurs NULL il faut une fonction qui peut gérer cette valeur.

La fonction NVL permet de remplacer une valeur NULL par une valeur significative.

`NVL (EXPRESSION1,EXPRESSION2) = VALEUR_DE_RETOUR`

EXPRESSION1 Une expression qui peut retourner la valeur NULL.

EXPRESSION2 La valeur de remplacement dans le cas ou EXPRESSION1 est égale à NULL. EXPRESSION2 doit être de même type que EXPRESSION1.

VALEUR_DE_RETOUR Est égale à EXPRESSION2 si EXPRESSION1 est égale à NULL si non EXPRESSION1.

Tous les types de données caractères, numériques et dates peuvent être utilisés.

La requête suivante est une sélection des neuf premiers enregistrements de la table CLIENTS pour extraire la société et le numéro de fax.

```
SQL> SELECT SOCIETE, NVL(FAX, 'Non affecté')
  2  FROM CLIENTS;

SOCIETE                                 NVL(FAX,'NONAFFECTÉ')
--------------------------------------  ----------------------
Ottilies Käseladen                      0221-0765721
Alfreds Futterkiste                     030-0076545
Split Rail Beer & Ale                   (307) 555-6525
Galería del gastrónomo                  (93) 203 4561
Que Delícia                             (21) 555-4545
Wellington Importadora                  Non affecté
Hanari Carnes                           (21) 555-8765
...
```

Atelier 2.2

- Extraction des données
- Manipulation des opérateurs
- Traitement de la valeur NULL

Durée : 10 minutes

TP

L'objectif du TP est la mise en pratique des opérateurs arithmétiques, de concaténation et de traitements de date.

Exercice n° 1

Affichez les produits commercialisés, la valeur du stock par produit et la valeur des produits commandés.

Exercice n° 2

Affichez le nom, le prénom, l'age et l'ancienneté des employés, dans la société.

Exercice n° 3

Ecrivez la requête permettant d'afficher les phrases suivantes pour chaque employé.

```
Employé               a un   gain annuel sur 12 mois
-------------------   -----  ----------- ------------
Fuller                gagne       120000 par an.
Buchanan              gagne        96000 par an.
Peacock               gagne        34522 par an.
Leverling             gagne        43000 par an.
Davolio               gagne        39120 par an.
Dodsworth             gagne        26160 par an.
...
```

La sélection ou restriction

```
SELECT NOM_PRODUIT
FROM PRODUITS;
```

```
SELECT NOM_PRODUIT
FROM PRODUITS
WHERE CODE_CATEGORIE = 7;
```

```
NOM_PRODUIT
--------------------------------
Raclette Courdavault
Chai
Chang
Aniseed Syrup
Chef Anton's Cajun Seasoning
Chef Anton's Gumbo Mix
Grandma's Boysenberry Spread
Uncle Bob's Organic Dried Pears
Northwoods Cranberry Sauce
...
77 ligne(s) sélectionnée(s).
```

```
NOM_PRODUIT
--------------------------------
Uncle Bob's Organic Dried Pears
Tofu
Rössle Sauerkraut
Manjimup Dried Apples
Longlife Tofu
```

Les requêtes peuvent être extrêmement détaillées, ce qui rend parfois difficile la lecture des informations dont vous avez immédiatement besoin. De plus, l'intégration de données supplémentaires à une requête augmente inutilement les temps de traitement de la base de données. En pratique on utilise très rarement la projection, car elle extrait l'intégralité des enregistrements de la table, les informations nécessaires souvent portent seulement sur un nombre restreint des enregistrements qui respectent une ou plusieurs conditions.

L'opérateur de **sélection**, aussi appelé **restriction**, permet de ne conserver pour un affichage que les lignes de la table qui vérifient une **condition** (ou prédicat) de sélection définie sur les valeurs prises par une ou plusieurs colonnes de la table.

L'ordre SELECT permet de spécifier les lignes à sélectionner par utilisation de la clause WHERE. Cette clause est suivie de la condition de sélection, évaluée pour chaque ligne de la table. Seules les lignes desquelles la condition est vérifiée sont sélectionnées.

La syntaxe de l'instruction SELECT :

```
SELECT [ALL | DISTINCT]{*,[EXPRESSION1 [AS] ALIAS1[,...]}
FROM NOM_TABLE
WHERE PREDICAT ;
```

EXPRESSION	La requête peut extraire de la base soit une colonne soit le résultat d'une expression, elle peut aussi afficher une constante.
PREDICAT	Une ou plusieurs conditions qui doivent être satisfaites par un enregistrement pour qu'il soit extrait par la requête.

Le prédicat est une opération logique qui nécessite pour sa mise en œuvre un ensemble d'opérateurs. La mise en œuvre des opérateurs logiques est le sujet suivant.

Les opérateurs logiques

EXPRESSION
(une valeur)

- égal à
- supérieur à
- inférieur à
- diffèrent de

EXPRESSION
(une valeur)

Les opérateurs logiques présents permettent de comparer des expressions qui retournent une valeur unique. Tous ces opérateurs sont utilisés de façon analogue.

> **NOTE**
>
> Les expressions peuvent être de l'un des trois types suivants : numérique, caractère ou date. Les trois types d'expression peuvent être comparés au moyen des opérateurs inférieur à ou supérieur à. Pour le type **date**, la relation d'ordre est l'ordre **chronologique**. Pour le type **caractère**, la relation d'ordre est l'ordre **alphabétique**.

Egal à

L'opérateur logique **égal à** compare la valeur retournée par l'expression de gauche avec la valeur retournée par l'expression de droite ; si les deux valeurs sont égales retourne VRAI sinon FAUX.

EXPRESSION1 = EXPRESSION2

La requête suivante est une sélection de la table CLIENTS pour extraire la société et l'adresse des clients localisés à Paris.

```
SQL> SELECT SOCIETE,ADRESSE
  2  FROM CLIENTS
  3  WHERE VILLE = 'Paris' ;

SOCIETE                              ADRESSE
------------------------------       ------------------------
Spécialités du monde                 25, rue Lauriston
Paris spécialités                    265, boulevard Charonne
```

Supérieur à

L'opérateur logique **supérieur à** compare la valeur retournée par l'expression de gauche avec la valeur retournée par l'expression de droite ; si elle est supérieure retourne VRAI sinon FAUX.

EXPRESSION1 > EXPRESSION2

EXPRESSION1 >= EXPRESSION2

La requête suivante est une sélection de la table EMPLOYES pour extraire le nom et le prénom des employés qui ont un salaire supérieur à 3000.

```
SQL> SELECT NOM, PRENOM, SALAIRE
  2   FROM EMPLOYES
  3* WHERE SALAIRE > 3000;

NOM                  PRENOM       SALAIRE
-------------------- ---------- ----------
Fuller               Andrew         10000
Buchanan             Steven          8000
Leverling            Janet           3500
Davolio              Nancy           3135
```

Inférieur à

L'opérateur logique **inférieur à** compare la valeur retournée par l'expression de gauche avec la valeur retournée par l'expression de droite ; si elle est inférieure retourne VRAI sinon FAUX.

EXPRESSION1 < EXPRESSION2

EXPRESSION1 <= EXPRESSION2

La requête suivante est une sélection de la table EMPLOYES pour extraire le nom et le prénom des employés qui étaient en service avant le '01/01/1993'.

```
SQL> SELECT NOM, PRENOM, DATE_EMBAUCHE FROM EMPLOYES
  2* WHERE DATE_EMBAUCHE < '01/01/93';

NOM                  PRENOM     DATE_EMB
-------------------- ---------- --------
Fuller               Andrew     14/08/92
Leverling            Janet      01/04/92
Davolio              Nancy      01/05/92
```

La requête suivante est une sélection de la table PRODUITS pour extraire les noms du produit, le numéro du fournisseur des produits livrés par le fournisseur numéro un et le fournisseur numéro deux.

```
SQL> SELECT NOM_PRODUIT, NO_FOURNISSEUR
  2   FROM PRODUITS
  3* WHERE NO_FOURNISSEUR <= 2;

NOM_PRODUIT                                     NO_FOURNISSEUR
---------------------------------------------- --------------
Chai                                                        1
Chang                                                       1
Aniseed Syrup                                               1
Chef Anton's Cajun Seasoning                                2
Chef Anton's Gumbo Mix                                      2
...
```

ATTENTION

Toutes les valeurs de colonnes de type VARCHAR2 et CHAR sont traitées comme des chaînes de caractères lors de comparaisons. Par conséquent, les nombres stockés dans ce type de colonne sont comparés en tant que chaînes de caractères, et non en tant que nombres. Si la colonne est de type NUMBER, alors 12 est supérieur à 9, si elle est de type caractère, 9 est supérieur à 12, car le caractère '9' est supérieur au caractère '1'.

La requête suivante est une sélection de la table PRODUITS pour extraire les noms du produit et la quantité des produits qui ont une quantité supérieure a 30.

```
SQL> SELECT NOM_PRODUIT,QUANTITE
  2  FROM PRODUITS
  3* WHERE QUANTITE >'30' ;

NOM_PRODUIT                              QUANTITE
-------------------------------------   --------------------------
Chef Anton's Cajun Seasoning            48 pots (6 onces)
Chef Anton's Gumbo Mix                  36 boîtes
Tofu                                    40 cartons (100 g)
Pavlova                                 32 boîtes (500 g)
Sir Rodney's Marmalade                  30 boîtes
Thüringer Rostbratwurst                 50 sacs x 30 saucisses
Singaporean Hokkien Fried Mee           32 cartons (1 kg)
Spegesild                               4 boîtes (250 g)
Manjimup Dried Apples                   50 cartons (300 g)
Perth Pasties                           48 pièces
Tarte au sucre                          48 tartes
Louisiana Fiery Hot Pepper Sauce        32 bouteilles (8 onces)

12 ligne(s) sélectionnée(s).
```

Différent de

L'opérateur logique **différent de** compare la valeur retournée par l'expression de gauche avec la valeur retournée par l'expression de droite si elles sont différentes retourne VRAI sinon FAUX.

Etant donné que certains claviers ne disposent pas du point d'exclamation (!) ou de l'accent circonflexe (^), Oracle prévoit trois formes différentes pour l'opérateur de **différent de** :

EXPRESSION1 != EXPRESSION2

EXPRESSION1 ^= EXPRESSION2

EXPRESSION1 <> EXPRESSION2

La requête suivante est une sélection de la table EMPLOYES pour extraire le nom, le prénom et la fonction des employés qui ne sont pas des représentants.

```
SQL> SELECT NOM,PRENOM,FONCTION
  2  FROM EMPLOYES
  3* WHERE FONCTION <>'Représentant(e)' ;

NOM                 PRENOM      FONCTION
------------------- ----------  ----------------------------
Fuller              Andrew      Vice-Président
Buchanan            Steven      Chef des ventes
Callahan            Laura       Assistante commerciale
```

L'opérateur LIKE

```
SELECT QUANTITE
FROM PRODUITS
WHERE QUANTITE LIKE '%pièces%';
```

PRODUITS

REF PRODUIT	NOM PRODUIT	QUANTITE	...

```
QUANTITE
----------------------------
10 boîtes x 12
24 cartons x 4
100         (100 g)
48
24
20 sacs x 4
10 sacs x 8
```

LIKE

L'opérateur LIKE est très utile pour effectuer des recherches dans des chaînes alphanumériques.

Il utilise deux caractères spéciaux pour signifier le type de correspondance recherchée :

- un signe pourcentage « % », appelé **caractère générique**,
- et un caractère de soulignement « _ », appelé **marqueur de position**.

Le **caractère générique** placée dans une chaîne remplace une chaîne quelconque de caractères d'une longueur de zéro a n caractères.

Le **marqueur de position** placée dans une chaîne remplace un caractère quelconque mais impose l'existence de ce caractère.

EXPRESSION LIKE 'Chaîne de caractères avec des caractères spéciaux'

La requête suivante est une sélection de la table PRODUITS pour extraire les noms du produit et la quantité des produits qui estiment leur quantité en boîtes et en kg.

```
SQL> SELECT NOM_PRODUIT, QUANTITE
  2  FROM PRODUITS
  3* WHERE QUANTITE LIKE '%boîtes%kg%' ;

NOM_PRODUIT                              QUANTITE
---------------------------------------- -----------------------------
Konbu                                    1 boîtes (2 kg)
Alice Mutton                             20 boîtes (1 kg)
Filo Mix                                 16 boîtes (2 kg)
```

Dans l'exemple précédent vous pouvez voir que les enregistrements extraits contiennent dans la chaîne de caractère QUANTITE deux chaînes de caractères la première 'boîtes' et la deuxième 'kg'.

ATTENTION

Les valeurs contenues dans les colonnes sont sensibles à la case (majuscule, minuscule), les informations saisies dans les chaînes de caractères de comparaison doivent l'être aussi.

La requête suivante est une sélection de la table PRODUITS pour extraire les quantités des produits qui dans la colonne QUANTITE ont un '0' en troisième position.

```
SQL> SELECT QUANTITE
  2   FROM PRODUITS
  3* WHERE QUANTITE LIKE '__0%' ;

QUANTITE
-----------------------------
100 sacs (250 g)
100 pièces (100 g)
```

La requête suivante est une sélection de la table PRODUITS pour extraire les noms du produit et la quantité des produits qui dans la colonne QUANTITE commencent par trois caractères quelconques et finissant par 'pièces'.

```
SQL> SELECT NOM_PRODUIT,QUANTITE
  2   FROM PRODUITS
  3* WHERE QUANTITE LIKE '___pièces' ;

NOM_PRODUIT                                QUANTITE
-----------------------------------------  -----------------------------
Perth Pasties                              48 pièces
Escargots de Bourgogne                     24 pièces
```

L'opérateur IS NULL

```
SELECT NOM,PRENOM
FROM EMPLOYES
WHERE COMMISSION IS NULL;
```

EMPLOYES

NOM	PRENOM	COMMISSION	...

```
NOM                        PRENOM
-------------------------  ----------
Fuller                     Andrew
Buchanan                   Steven
Callahan                   Laura
```

Oracle permet d'employer des opérateurs relationnels (« = », « != », etc.) avec NULL mais ce type de comparaison ne retourne généralement pas des résultats très parlants.

IS NULL

L'opérateur logique IS NULL vérifie si la valeur retournée par EXPRESSION est égale à NULL ; alors retourne VRAI sinon FAUX.

EXPRESSION IS NULL

La requête suivante est une sélection de la table COMMANDES pour extraire les numéros de commandes et les codes client qui n'ont pas de date d'envoi renseignée.

```
SQL> SELECT NO_COMMANDE, CODE_CLIENT
  2  FROM COMMANDES
  3* WHERE DATE_ENVOI IS NULL;

NO_COMMANDE CODE_
----------- -----
      11008 ERNSH
      11019 RANCH
      11039 LINOD
      11040 GREAL
      11045 BOTTM
```

> **NOTE**
>
> Les opérateurs logiques IS NULL et IS NOT NULL peuvent être utilisés pour tous les types de données qui sont stockés dans la base.

IS NOT NULL

L'opérateur logique IS NOT NULL vérifie si la valeur retournée par EXPRESSION n'est pas égale à NULL ; alors retourne VRAI sinon FAUX.

EXPRESSION IS NOT NULL

La requête suivante est une sélection de la table EMPLOYES pour extraire les noms et prénoms des employés qui ont une commission renseignée.

```
SQL> SELECT NOM,PRENOM
  2  FROM EMPLOYES
  3* WHERE COMMISSION IS NOT NULL;

NOM                      PRENOM
--------------------     ----------
Peacock                  Margaret
Leverling                Janet
Davolio                  Nancy
Dodsworth                Anne
King                     Robert
Suyama                   Michael
```

Atelier 2.3

- Extraire des données
- Utiliser les opérateurs logiques
- Rechercher les valeurs non renseignées

Durée : 15 minutes

TP

L'objectif du TP est la mise en pratique des opérateurs logiques.

Exercice n° 1

Affichez les nom de la société et la localité des clients qui habitent à Toulouse.

Affichez les nom, prénom et fonction des employés dirigés par l'employé numéro 2.

Affichez les nom, prénom et fonction des employés qui ne sont pas des représentants.

Affichez les nom le prénom et fonction des employés qui ont un salaire inférieur à 3500.

Affichez les nom, prénom et fonction des employés recrutés après 01/01/1994.

Exercice n° 2

Affichez le nom de la société, la ville et le pays des clients qui n'ont pas de fax.

Affichez les nom, prénom et la fonction des employés qui ne sont pas commissionnés.

Affichez les nom, prénom et la fonction des employés qui n'ont pas de supérieur.

Les opérateurs logiques

EXPRESSION
(une valeur)

▪ **between**

▪ **in**

Une liste
de
valeurs

Il existe également des opérateurs logiques qui permettent d'effectuer des comparaisons avec des listes de valeurs, comme décrit dans la présentation.

BETWEEN

L'opérateur logique BETWEEN vérifie si la valeur retournée par EXPRESSION1 est égale à EXPRESSION2, EXPRESSION3 ou toute valeur comprise entre EXPRESSION2 et EXPRESSION3 ; alors retourne VRAI sinon FAUX.

EXPRESSION1 BETWEEN EXPRESSION2 AND EXPRESSION3

La requête suivante est une sélection de la table EMPLOYES pour extraire le nom, le prénom et le salaire des employés qui ont un salaire compris entre 2500 et 3500.

```
SQL> SELECT NOM,PRENOM,SALAIRE
  2  FROM EMPLOYES
  3* WHERE SALAIRE BETWEEN 2500 AND 3500;

NOM                  PRENOM        SALAIRE
-------------------- ---------- ----------
Peacock              Margaret         2856
Leverling            Janet            3500
Davolio              Nancy            3135
Suyama               Michael          2534
```

NOT BETWEEN

L'opérateur logique BETWEEN vérifie si la valeur retournée par EXPRESSION1 n'est pas égale à EXPRESSION2, EXPRESSION3 ou toute valeur comprise entre EXPRESSION2 et EXPRESSION3 ; alors retourne VRAI sinon FAUX.

EXPRESSION1 NOT BETWEEN EXPRESSION2 AND EXPRESSION3

La requête suivante est une sélection de la table EMPLOYES pour extraire le nom, le prénom et la date d'embauche des employés qui n'ont pas été recrutés en 1993.

```
SQL> SELECT NOM,PRENOM,DATE_EMBAUCHE
  2  FROM EMPLOYES
  3* WHERE DATE_EMBAUCHE NOT BETWEEN '01/01/1993' AND '31/12/1993';

NOM                  PRENOM      DATE_EMB
-------------------- ----------- --------
Fuller               Andrew      14/08/92
Leverling            Janet       01/04/92
Davolio              Nancy       01/05/92
Dodsworth            Anne        15/11/94
King                 Robert      02/01/94
Callahan             Laura       05/03/94
```

IN

L'opérateur logique IN vérifie si la valeur retournée par EXPRESSION1 est dans la
LISTE_DE_VALEURS ; alors retourne VRAI sinon FAUX.

EXPRESSION1 IN (LISTE_DE_VALEURS)

LISTE_DE_VALEURS La liste des valeurs peut être une liste de constantes ou une
liste de valeurs dynamiques (une sous-requête, le traite-
ment des sous-requêtes est présenté plus loin dans ce
module), cependant les types de données des différentes
constantes doivent être identiques au type retourné par
EXPRESSION1.

La requête suivante est une sélection de la table CLIENTS pour extraire la société et la
ville de résidence des clients situés à Paris, Strasbourg et Toulouse.

```
SQL> SELECT SOCIETE,VILLE
  2  FROM CLIENTS
  3* WHERE VILLE IN ('Paris','Strasbourg','Toulouse') ;

SOCIETE                                  VILLE
---------------------------------------- ---------------
La maison d'Asie                         Toulouse
Blondel père et fils                     Strasbourg
Spécialités du monde                     Paris
Paris spécialités                        Paris
```

NOT IN

L'opérateur logique NOT IN vérifie si la valeur retournée par EXPRESSION1 n'est
pas dans la LISTE_DE_VALEURS ; alors retourne VRAI sinon FAUX.

EXPRESSION1 IN (LISTE_DE_VALEURS)

La requête suivante est une sélection de la table EMPLOYES pour extraire le nom,
prénom et titre des employés avec une valeur pour la colonne titre autre que 'M.',
'Mme' et 'Mlle'.

```
SQL> SELECT NOM,PRENOM,TITRE
  2  FROM EMPLOYES
  3* WHERE TITRE NOT IN ('M.','Mme','Mlle');

NOM                  PRENOM      TITRE
-------------------- ----------- -----
Fuller               Andrew      Dr.
```

Les opérateurs AND et OR

```
SELECT NOM,
       FONCTION
FROM   EMPLOYES
WHERE  SALAIRE > 2500 AND
       FONCTION LIKE 'Rep%'
```

```
SELECT NOM_PRODUIT,
       UNITES_COMMANDEES,
       INDISPONIBLE
FROM   PRODUITS
WHERE  UNITES_COMMANDEES > 0 OR
       INDISPONIBLE      = 1
```

Les opérateurs logiques forment des expressions de type logique et ces expressions peuvent être combinées à l'aide des opérateurs logiques AND, OR ou NOT.

AND

L'opérateur logique AND vérifie si EXPRESSION1 et EXPRESSION2 sont VRAI en même temps ; alors retourne VRAI sinon FAUX.

EXPRESSION1 AND EXPRESSION2

La requête suivante est une sélection de la table PRODUIT pour extraire les produits qui sont en stock et qui sont de type boîte.

```
SQL> SELECT NOM_PRODUIT,QUANTITE,UNITES_STOCK
  2  FROM    PRODUITS
  3  WHERE   UNITES_STOCK > 0 AND
  4*         QUANTITE LIKE '%boîte%' ;

NOM_PRODUIT                        QUANTITE
UNITES_STOCK
------------------------------     ------------------------------    ------------
Chai                               10 boîtes x 20 sacs                         39
Konbu                              1 boîtes (2 kg)                             24
Pavlova                            32 boîtes (500 g)                           29
Teatime Chocolate Biscuits         10 boîtes x 12 pièces                       25
Sir Rodney's Marmalade             30 boîtes                                   40
Boston Crab Meat                   24 boîtes (4 onces)                        123
Ipoh Coffee                        16 boîtes (500 g)                           17
Spegesild                          4 boîtes (250 g)                            95
Zaanse koeken                      10 boîtes (4 onces)                         36
Filo Mix                           16 boîtes (2 kg)                            38
Pâté chinois                       24 boîtes x 2 tartes                       115
Original Frankfurter grüne Soße    12 boîtes                                   32
```

OR

L'opérateur logique OR vérifie si au mois une des deux est VRAI ; alors retourne VRAI sinon FAUX.

EXPRESSION1 OR EXPRESSION2

La requête suivante est une sélection de la table COMMANDES pour extraire les commandes qui n'ont pas de date d'envoi ou de frais de port.

```
SQL> SELECT CODE_CLIENT,DATE_ENVOI,PORT
  2  FROM COMMANDES
  3  WHERE DATE_ENVOI IS NULL OR
  4*       PORT       IS NULL ;

CODE_ DATE_ENV      PORT
----- -------- ----------
LILAS 11/09/96
BLAUS 29/04/97
WELLI 01/09/97
LACOR 26/03/98
ERNSH             397,3
RANCH             15,85
SUPRD 24/04/98
LINOD               325
GREAL              94,2
BOTTM             352,9
LAMAI             13,95
CACTU              1,65
BLAUS             155,7
...
```

NOT

L'opérateur logique NOT inverse le sens de EXPRESSION, explicitement si EXPRESSION est FAUX ; alors retourne VRAI sinon FAUX.

NOT EXPRESSION

La requête suivante est une sélection de la table EMPLOYES pour extraire le nom et la fonction des employés qui ont un salaire supérieur à 2500 et qui ne sont pas des représentants.

```
SQL> SELECT NOM,FONCTION
  2  FROM EMPLOYES
  3  WHERE SALAIRE > 2500 AND
  4*       NOT FONCTION LIKE 'Rep%';

NOM                 FONCTION
------------------- -----------------------------
Fuller              Vice-Président
Buchanan            Chef des ventes
```

NOTE

L'opérateur logique AND est prioritaire par rapport à l'opérateur OR. Des parenthèses peuvent être utilisées pour imposer une priorité dans l'évaluation de l'expression, ou tout simplement pour rendre l'expression plus claire.

Atelier 2.4

- Utiliser les opérateurs logiques multiples
- Créer des restrictions complexes

Durée : 20 minutes

TP

L'objectif du TP est la mise en pratique des opérateurs logiques et des requêtes avec des conditions multiples.

Exercice n° 1

Affichez le nom, prénom, fonction et salaire des employés qui ont un salaire compris entre 2500 et 3500.

Affichez le nom de la société, l'adresse, le téléphone et la ville des clients qui habitent à Toulouse, à Strasbourg, à Nantes ou à Marseille.

Affichez le nom du produit, le fournisseur, la catégorie et les quantités des produits qui ne sont pas d'une des catégories 1, 3, 5 et 7.

Exercice n° 2

Affichez le nom, prénom, fonction et le salaire des représentants qui sont en activité depuis 10/10/93.

Affichez le nom, prénom, fonction et salaire des employés qui sont âgés de plus de 45 ans ou qui ont une ancienneté de plus de 10 ans.

Affichez le nom du produit, le fournisseur, la catégorie et les quantités des produits qui ont le numéro fournisseur entre 1 et 3 ou un code catégorie entre 1 et 3 et pour lesquelles les quantités sont données en boîtes ou en cartons.

Tri du résultat d'une requête

```
SELECT NOM_PRODUIT,QUANTITE
FROM PRODUITS
ORDER BY NOM_PRODUIT;
```

```
PRODUITS
```

REF_PRODUIT	NOM_PRODUIT	QUANTITE	...

```
NOM_PRODUIT                            QUANTITE
------------------------------  ------------------------
Alice Mutton                    20 boîtes (1 kg)
Aniseed Syrup                   12 bouteilles (550 ml)
Boston Crab Meat                24 boîtes (4 onces)
Camembert Pierrot               15 unités (300 g)
Carnarvon Tigers                1 carton (16 kg)
Chai                            10 boîtes x 20 sacs
Chang                           24 bouteilles (1 litre)
Chartreuse verte                1 bouteille (750 cc)
Chef Anton's Cajun Seasoning    48 pots (6 onces)
```

Les lignes constituant le tableau résultat d'un ordre SELECT sont affichées dans un ordre indéterminé qui dépend des algorithmes internes du moteur du système de gestion de bases de données relationnelles.

En revanche, on peut, dans l'ordre SELECT, demander que le résultat soit trié avant l'affichage selon un ordre ascendant ou descendant, en fonction d'un ou de plusieurs critères. Il est possible d'utiliser jusqu'à 16 critères de tri.

Les critères de tri sont spécifiés dans une clause ORDER BY, figurant en dernière position de l'ordre SELECT.

La syntaxe de l'instruction SELECT :

```
SELECT [ALL | DISTINCT]{*,[EXPRESSION1 [AS] ALIAS1[,...]}
FROM NOM_TABLE
WHERE PREDICAT
ORDER BY [NOM_COLONNE1|POSITION1|EXPRESSION1] [ASC|DESC],
         [NOM_COLONNE2|POSITION2|EXPRESSION2] [ASC|DESC]
         [,...] ;
```

NOM_COLONNE	Le nom de la colonne qui fournit la valeur qui entre en ligne de compte pour le tri. La colonne peut ou non faire partie des colonnes extraites par la requête mais elle doit être une des colonnes des tables mentionnées dans FROM.
EXPRESSION	L'expression ou l'alias de l'expression qui fournit la valeur qui entre en ligne de compte pour le tri.
POSITION	L'expression ou la colonne, identifiés par la position dans la clause SELECT, qui fournit la valeur qui entre en ligne de compte pour le tri.

ASC	Le critère de tri est ascendant pour NOM_COLONNE ou EXPRESSION ou POSITION qui précède le critère. Les critères sont définis pour chaque expression si vous ne le précisez pas. Par défaut, il est ascendant.
DESC	Le critère de tri est descendant pour NOM_COLONNE ou EXPRESSION ou POSITION qui précède le critère. Par défaut, il est ascendant.

La requête suivante est une sélection de la table EMPLOYES pour extraire le nom, prénom et fonction, les résultats doivent être triés par le nom de l'employé.

```
SQL> SELECT NOM, PRENOM, FONCTION FROM EMPLOYES
  2* ORDER BY NOM;

NOM                  PRENOM      FONCTION
-------------------- ---------- --------------------------
Buchanan             Steven      Chef des ventes
Callahan             Laura       Assistante commerciale
Davolio              Nancy       Représentant(e)
Dodsworth            Anne        Représentant(e)
Fuller               Andrew      Vice-Président
King                 Robert      Représentant(e)
Leverling            Janet       Représentant(e)
Peacock              Margaret    Représentant(e)
Suyama               Michael     Représentant(e)
SQL>
SQL> SELECT NOM||' '||PRENOM "Employé", FONCTION FROM EMPLOYES
  2* ORDER BY "Employé" ASC;

Employé                          FONCTION
-------------------------------- ------------------------------
Buchanan Steven                  Chef des ventes
Callahan Laura                   Assistante commerciale
Davolio Nancy                    Représentant(e)
Dodsworth Anne                   Représentant(e)
Fuller Andrew                    Vice-Président
King Robert                      Représentant(e)
Leverling Janet                  Représentant(e)
Peacock Margaret                 Représentant(e)
Suyama Michael                   Représentant(e)
SQL>
SQL> SELECT NOM||' '||PRENOM "Employé", FONCTION FROM EMPLOYES
  2* ORDER BY 1 DESC;

Employé                          FONCTION
-------------------------------- ------------------------------
Suyama Michael                   Représentant(e)
Peacock Margaret                 Représentant(e)
Leverling Janet                  Représentant(e)
King Robert                      Représentant(e)
Fuller Andrew                    Vice-Président
Dodsworth Anne                   Représentant(e)
Davolio Nancy                    Représentant(e)
Callahan Laura                   Assistante commerciale
Buchanan Steven                  Chef des ventes
```

> **NOTE**
>
> Le tri se fait d'abord selon le premier critère spécifié dans la clause ORDER BY, puis les lignes ayant la même valeur pour le premier critère sont triées selon le deuxième critère de la clause ORDER BY, etc.

La requête suivante est une sélection de la table PRODUIT pour extraire les produits, les fournisseurs et les catégories de produits avec les résultats ordonnés par fournisseur et catégorie produits.

```
SQL> SELECT NOM_PRODUIT, NO_FOURNISSEUR, CODE_CATEGORIE
  2  FROM PRODUITS
  3* ORDER BY NO_FOURNISSEUR, CODE_CATEGORIE DESC;

NOM_PRODUIT                              NO_FOURNISSEUR CODE_CATEGORIE
---------------------------------------- -------------- --------------
Aniseed Syrup                                         1              2
Chai                                                  1              1
Chang                                                 1              1
Chef Anton's Cajun Seasoning                          2              2
Chef Anton's Gumbo Mix                                2              2
Louisiana Hot Spiced Okra                             2              2
Louisiana Fiery Hot Pepper Sauce                      2              2
Uncle Bob's Organic Dried Pears                       3              7
Grandma's Boysenberry Spread                          3              2
Northwoods Cranberry Sauce                            3              2
Ikura                                                 4              8
Longlife Tofu                                         4              7
Mishi Kobe Niku                                       4              6
...
```

ATTENTION

Si un attribut sur lequel porte un critère de tri contient la valeur NULL, les lignes correspondantes sont affichées en dernier.

La requête suivante est une sélection de la table EMPLOYES pour extraire le nom, le prénom le salaire et la commission avec les résultats ordonnés par commission.

```
SQL> RUN
  1  SELECT NOM,PRENOM,SALAIRE,COMMISSION
  2  FROM EMPLOYES
  3  WHERE SALAIRE > 3000
  4* ORDER BY COMMISSION;

NOM                  PRENOM      SALAIRE COMMISSION
-------------------- ---------- ---------- ----------
Leverling            Janet          3500       1000
Davolio              Nancy          3135       1500
Fuller               Andrew        10000
Buchanan             Steven         8000

SQL> RUN
  1  SELECT NOM,PRENOM,SALAIRE,COMMISSION
  2  FROM EMPLOYES
  3  WHERE SALAIRE > 3000
  4* ORDER BY NVL(COMMISSION,-1);

NOM                  PRENOM      SALAIRE COMMISSION
-------------------- ---------- ---------- ----------
Fuller               Andrew        10000
Buchanan             Steven         8000
Leverling            Janet          3500       1000
Davolio              Nancy          3135       1500
```

La pseudocolonne ROWNUM

```
SELECT NOM_PRODUIT,QUANTITE
FROM PRODUITS
WHERE ROWNUM < 8;
PRODUITS
```

REF PRODUIT	NOM PRODUIT	QUANTITE	...

```
NOM_PRODUIT                      QUANTITE
-------------------------------- ------------------------
Raclette Courdavault             1 carton (5 kg)
Chai                             10 boîtes x 20 sacs
Chang                            24 bouteilles (1 litre)
Aniseed Syrup                    12 bouteilles (550 ml)
Chef Anton's Cajun Seasoning 48 pots (6 onces)
Chef Anton's Gumbo Mix           36 boîtes
Grandma's Boysenberry Spread 12 pots (8 onces)

7 ligne(s) sélectionnée(s).
```

ROWNUM retourne une valeur numérique entière qui indique l'ordre de sélection de la ligne au moment de l'exécution de la requête. La valeur ROWNUM est associée à chaque ligne avant la prise en compte d'une éventuelle clause ORDER BY.

La requête suivante est une sélection de la table PRODUIT pour extraire, les dix premiers enregistrements, affichant les produits, les fournisseurs et les catégories de produits avec un ordre de tri par fournisseur et catégorie produits.

```
SQL> RUN
  1   SELECT NOM_PRODUIT, NO_FOURNISSEUR, CODE_CATEGORIE
  2   FROM PRODUITS
  3   WHERE ROWNUM <= 10
  4*  ORDER BY NO_FOURNISSEUR, CODE_CATEGORIE DESC;

NOM_PRODUIT                              NO_FOURNISSEUR CODE_CATEGORIE
---------------------------------------- -------------- --------------
Aniseed Syrup                                         1              2
Chai                                                  1              1
Chang                                                 1              1
Chef Anton's Cajun Seasoning                          2              2
Chef Anton's Gumbo Mix                                2              2
Uncle Bob's Organic Dried Pears                       3              7
Grandma's Boysenberry Spread                          3              2
Northwoods Cranberry Sauce                            3              2
Mishi Kobe Niku                                       4              6
Raclette Courdavault                                 28              4
```

Table DUAL

```
SELECT 'Aujourd''hui '||SYSDATE||' Utilisateur '||USER
FROM DUAL
```

```
'AUJOURD''HUI'||SYSDATE||'UTILISATEUR'||USER
---------------------------------------------------
Aujourd'hui 15/05/02 Utilisateur STAGIAIRE
```

Oracle fournit une petite table appelée DUAL qui se compose d'une ligne et d'une colonne qui est utilisée pour tester des fonctions ou effectuer des calculs rapides.

```
SQL> DESC DUAL
 Nom                        NULL ?   Type
 ----------------------- -------- ----------------
 DUMMY                               VARCHAR2(1)
```

Étant donné que les nombreuses fonctions d'Oracle peuvent opérer sur les colonnes et les littéraux, l'emploi de DUAL permet d'observer le fonctionnement des fonctions simplement en utilisant des chaînes.

Les colonnes qui existent dans DUAL n'ont aucune importance. Vous pouvez donc facilement expérimenter les formats et les calculs de date au moyen de cette table et des fonctions spéciales, afin d'en comprendre le fonctionnement avant de les appliquer sur des données de tables réelles.

Exemple : Dans ces exemples, l'instruction SELECT ne tient pas compte des colonnes de la table, et une seule ligne suffit à démontrer un fonctionnement. Par exemple, supposons que vous vouliez rapidement afficher la date de demain, le nom d'utilisateur et calculer (2434/3.14)*16.24.

```
SQL> SELECT USER, SYSDATE+1, ( 2434 / 3.14 )*16.24
  2* FROM DUAL;

USER                         SYSDATE+ (2434/3.14)*16.24
------------------------- -------- -----------------
STAGIAIRE                    16/05/02         12588,586
```

Atelier 2.5

- Utiliser le tri

- Extraire seulement les premières enregistrements

- L'utilisation des requêtes sans table

 Durée : 10 minutes

TP

L'objectif du TP est la mise en pratique des tris et de la gestion des tris pour une colonne qui peut comporter des valeurs NULL. L'utilisation des pseudo colonnes et de la table assistant DUAL.

Exercice n° 1

Affichez les employés par ordre alphabétique.

Affichez les employés depuis le plus récemment embauché jusqu'au plus ancien.

Affichez les fournisseurs dans l'ordre alphabétique de leur pays et ville de résidence.

Affichez les employés par ordre alphabétique de leur fonction et du plus grand salaire au plus petit.

Affichez les employés dans l'ordre de leur commission.

Exercice n° 2

Affichez l'utilisateur connecté et la date du jour.

- *Manipulation de chaînes*

- *Manipulation de dates*

- *Calcul arithmétique*

- *Conversions*

Les fonctions SQL

Objectifs

A la fin de ce module, vous serez à même d'effectuer les tâches suivantes :

- Manipuler des chaînes de caractères.
- Effectuer des calculs arithmétiques.
- Manipuler les expressions de type date.
- Effectuer des conversions entre les différents types de données.

Contenu

Expression SQL

```
SELECT [ALL|DISTINCT] {*,
                       [EXPRESSION1 [AS] ALIAS1
                       [,...] }
FROM NOM_TABLE
WHERE PREDICAT
ORDER BY [NOM_COLONNE1|POSITION1|EXPRESSION1] [ASC|DESC]
         [,...] ;
```

Le module précédent explique la syntaxe du langage SQL, plus précisément les modalités d'écriture d'une requête qui extrait à partir d'une table les informations que vous souhaitez.

Une requête extrait de la base une liste de colonnes, d'expressions et/ou de constantes.

Une expression est un ensemble d'une ou plusieurs colonnes, constantes et/ou fonctions combinées au moyen des opérateurs. La présence d'expressions dans les requêtes augmente les possibilités offertes pour les traitements des informations extraites et enrichit celles de conditions restrictives. Dans l'expression, on peut utiliser des fonctions.

Ce module décrit les types des fonctions SQL et la syntaxe de mise en place pour les plus significatives d'entre elles.

Les fonctions SQL sont utilisées pour effectuer les traitements suivants :

- Manipulation des chaînes des caractères
- Calcul arithmétique
- Manipulation de dates
- Conversion et transformation

Manipulation de chaînes

- LOWER
- UPPER
- INITCAP
- CONCAT

Dans Oracle, les fonctions de manipulation de chaînes de caractères opèrent de deux façons. Certaines créent de nouveaux objets à partir d'anciens et produisent comme résultat une modification des données originales, par exemple une conversion en minuscules de caractères majuscules. D'autres permettent d'obtenir des informations relatives à des données, comme le nombre de caractères contenus dans une phrase ou un mot.

LOWER

La fonction LOWER permet de convertir les majuscules en minuscules.

LOWER(CHAÎNE) = CHAÎNE

```
SQL> SELECT NOM,LOWER(NOM) FROM EMPLOYES
  2   WHERE ROWNUM < 3;

NOM                      LOWER(NOM)
-------------------      -------------------
Fuller                   fuller
Buchanan                 buchanan
```

UPPER

La fonction UPPER permet de convertir les minuscules en majuscules.

UPPER(CHAÎNE) = CHAÎNE

```
SQL> SELECT NOM_PRODUIT,UPPER(NOM_PRODUIT) FROM PRODUITS
  2   WHERE ROWNUM < 3 ;

NOM_PRODUIT                                    UPPER(NOM_PRODUIT)
------------------------------------------     --------------------
Raclette Courdavault                           RACLETTE COURDAVAULT
Chai                                           CHAI
```

INITCAP

La fonction INITCAP permet de convertir en majuscule la première lettre de chaque mot de la chaîne, et toutes les autres lettres en minuscule. Sont considérés comme **séparateurs de mots** tous les caractères qui ne sont pas des lettres.

INITCAP(CHAÎNE) = CHAÎNE

```
SQL> SELECT INITCAP('LE LANGE_SQL ET pL/sQL pOUR OrACLE') "Fonction INITCAP"
  2   FROM DUAL ;

Fonction INITCAP
----------------------------------
Le Lange_Sql Et Pl/Sql Pour Oracle
```

CONCAT

La fonction CONCAT effectue la concaténation de deux chaînes de caractères.

CONCAT(EXPRESSION1,EXPRESSION2)= EXPRESSION1||EXPRESSION2

```
SQL> SELECT CONCAT(CONCAT(NOM,' '), PRENOM), NOM||' '||PRENOM
  2   FROM EMPLOYES;

CONCAT(CONCAT(NOM,'')  ,PRENOM)    NOM||''||PRENOM
------------------------------     ------------------------------
Fuller Andrew                      Fuller Andrew
Buchanan Steven                    Buchanan Steven
Peacock Margaret                   Peacock Margaret
Leverling Janet                    Leverling Janet
Davolio Nancy                      Davolio Nancy
Dodsworth Anne                     Dodsworth Anne
King Robert                        King Robert
Suyama Michael                     Suyama Michael
Callahan Laura                     Callahan Laura
```

> **NOTE**
>
> Le caractère cote (') est le caractère qui délimite les constantes de type chaînes de caractères, pour l'afficher il suffit d'écrire deux fois le caractère (') dans la chaîne, comme dans l'exemple ci-dessous.

```
SQL> SELECT 'L''utilisation du caractère cote :'''
  2   FROM DUAL ;

'L''UTILISATIONDUCARACTÈRECOTE:'''
----------------------------------
L'utilisation du caractère cote :'
```

Manipulation de chaînes (suite)

- LPAD
- RPAD
- LTRIM
- RTRIM

LPAD

La fonction LPAD complète, ou tronque sur la gauche à une longueur donnée la chaîne de caractères.

`LPAD(CHAÎNE1,LONG[,CHAÎNE2]) = RETOUR`

CHAÎNE1	La chaîne à traite.
CHAÎNE2	Un ou plusieurs caractères utilisés comme modèle pour le remplissage. Le paramètre est optionnel ; par défaut, la chaîne est complétée par des espaces.
LONG	Le paramètre LONG est la longueur de la chaîne de caractères après le traitement.
RETOUR	La chaîne traitée redimensionne à la longueur LONG. Si LONG est supérieur à la longueur de la chaîne on remplit la chaîne avec le modèle CHAÎNE2, sinon la chaîne est tronquée en éliminant la fin.

```
SQL> SELECT NOM,LPAD(PRENOM, 10),LPAD(NOM,8,'*'),LPAD(NOM,25,'&*#')
  2  FROM EMPLOYES ;

NOM                 LPAD(PRENO LPAD(NOM LPAD(NOM,25,'&*#')
------------------- ---------- -------- -------------------------
Fuller                  Andrew **Fuller &*#&*#&*#&*#&*#&*#&Fuller
Buchanan                Steven Buchanan &*#&*#&*#&*#&*#&*Buchanan
Peacock               Margaret *Peacock &*#&*#&*#&*#&*#&*#Peacock
Leverling                Janet Leverlin &*#&*#&*#&*#&*#&Leverling
Davolio                  Nancy *Davolio &*#&*#&*#&*#&*#&*#Davolio
Dodsworth                 Anne Dodswort &*#&*#&*#&*#&*#&Dodsworth
King                    Robert ****King &*#&*#&*#&*#&*#&*#&*#King
Suyama                 Michael **Suyama &*#&*#&*#&*#&*#&*#&Suyama
Callahan                 Laura Callahan &*#&*#&*#&*#&*#&*Callahan
```

RPAD

La fonction RPAD complète, ou tronque sur la droite à une longueur donnée la chaîne de caractères.

RPAD(CHAÎNE1,LONG[,CHAÎNE2]) = RETOUR

CHAÎNE2	Un ou plusieurs caractères utilisés comme modèle pour le remplissage. Le paramètre est optionnel, par défaut, la chaîne est complétée par des espaces.
LONG	Le paramètre LONG est la longueur de la chaîne de caractères après le traitement.
RETOUR	La chaîne traitée redimensionne à la longueur LONG. Si LONG est supérieur à la longueur de la chaîne on remplit la chaîne avec le modèle CHAÎNE2, sinon la chaîne est tronquée en éliminant la fin.

```
SQL> SELECT NOM,RPAD(PRENOM, 10),RPAD(NOM,8,'*'),RPAD(NOM,25,'&*#')
  2  FROM EMPLOYES;

NOM                 RPAD(PRENO RPAD(NOM RPAD(NOM,25,'&*#')
------------------- ---------- -------- -------------------------
Fuller              Andrew     Fuller** Fuller&*#&*#&*#&*#&*#&*#&
Buchanan            Steven     Buchanan Buchanan&*#&*#&*#&*#&*#&*
Peacock             Margaret   Peacock* Peacock&*#&*#&*#&*#&*#&*#
Leverling           Janet      Leverlin Leverling&*#&*#&*#&*#&*#&
...
```

LTRIM

La fonction LTRIM supprime un ensemble des caractères indésirables à gauche de la chaîne de caractères.

LTRIM(CHAÎNE1[,CHAÎNE2]) = RETOUR

CHAÎNE1	La chaîne à traiter.
CHAÎNE2	Un caractère ou une liste de caractères indésirables. La requête recherche et efface **une série contiguë** d'un ou plusieurs caractères de la liste, positionnés à gauche de la chaîne de caractères. Le paramètre CHAÎNE2 est optionnel, par défaut, la chaîne efface tous les espaces.

```
SQL> SELECT LTRIM('             Chaîne avec des caractères indésirables')
  2  FROM DUAL ;

LTRIM('CHAÎNEAVECDESCARACTÈRESINDÉSIRAB
--------------------------------------
Chaîne avec des caractères indésirables
SQL>
SQL> SELECT LTRIM('***********Chaîne avec des caractères indésirables',
'*')
  2  FROM DUAL ;

LTRIM('***********CHAÎNEAVECDESCARACTÈ
------------------------------------
Chaîne avec des caractères indésirables
SQL>
SQL> SELECT LTRIM('ABDACBCD-Chaîne avec des caractères indésirables',
'ABCD')
  2  FROM DUAL;

LTRIM(' ABCDABCD-CHAÎNEAVECDESCARA
```

RTRIM

La fonction LTRIM supprime un ensemble des caractères indésirables à droite de la chaîne de caractères.

RTRIM(CHAÎNE1[,CHAÎNE2]) = RETOUR

CHAÎNE1   La chaîne à traiter.

CHAÎNE2   Un caractère ou une liste de caractères indésirables. La requête recherche et efface **une série contiguë** d'un ou plusieurs caractères de la liste, positionnés à droite de la chaîne de caractères. Le paramètre CHAÎNE2 est optionnel, par défaut, la chaîne efface tous les blancs.

```
SQL> SELECT RTRIM('Chaîne avec des caractères indésirables************', '*')
  2  FROM DUAL ;

RTRIM('CHAÎNEAVECDESCARACTÈRESINDÉSIRAB
---------------------------------------
Chaîne avec des caractères indésirables
```

Manipulation de chaînes (suite)

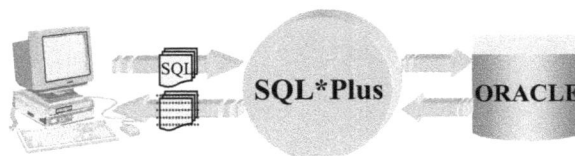

- SUBSTR
- LENGHT
- INSTR
- REPLACE

SUBSTR

La fonction SUBSTR extrait de la chaîne de caractère une sous-chaîne à partir d'une position et longueur donnée.

`SUBSTR(CHAÎNE1,POSITION[,LONGUEUR]) = RETOUR`

CHAÎNE1	La chaîne à traite.
POSITION	La position de départ pour la nouvelle chaîne.
LONGUEUR	Le paramètre LONGUEUR, est facultatif, détermine le nombre des caractères de la nouvelle chaîne, par défaut la sous-chaîne va jusqu'à l'extrémité de la chaîne.

```
SQL> SELECT NOM,
  2         SUBSTR(NOM,3,5)  "1",
  3         SUBSTR(NOM,3,25) "2",
  4         SUBSTR(NOM,3) "3"
  5  FROM EMPLOYES ;

NOM                  1     2                 3
-------------------- ----- ----------------- -----------------
Fuller               ller  ller              ller
Buchanan             chana chanan            chanan
Peacock              acock acock             acock
Leverling            verli verling           verling
Davolio              volio volio             volio
Dodsworth            dswor dsworth           dsworth
...
```

LENGTH

La fonction LENGTH renvoie la longueur, en nombre des caractères, de la chaîne.

`LENGTH(CHAÎNE) = NUMERIQUE`

```
SQL> SELECT LENGTH('Chaine') FROM DUAL;

LENGTH('CHAINE')
----------------
               6
```

INSTR

La fonction INSTR recherche la première occurrence du caractère ou de la chaîne de caractères donnée.

INSTR(CHAÎNE1,CHAÎNE2,POSITION,OCCURENCE) = NUMERIQUE

CHAÎNE1 — La chaîne à traiter.

CHAÎNE2 — Une sous-chaîne constituée d'un ou plusieurs caractères recherchés.

POSITION — La position de départ pour la recherche, paramètre facultatif vaut 1 par défaut. Une valeur négative pour POSITION signifie une recherche à partie de la fin de la chaîne.

OCCURENCE — Le paramètre, OCCURENCE, permet de rechercher la énième occurrence CHAÎNE2 dans la chaîne. Ce paramètre facultatif vaut 1 par défaut.

NUMERIQUE — La position trouvée dans la chaîne de caractère. Zéro signifie que la sous-chaîne n'a pas été trouvée.

```
SQL> SELECT QUANTITE,
  2          INSTR(QUANTITE,' ') "1",
  3          INSTR(QUANTITE,' ', 5, 2) "2",
  4          INSTR(QUANTITE,'kg', -1) "3",
  5          INSTR(QUANTITE,' ', -10, 2) "4"
  6   FROM PRODUITS ;

QUANTITE                          1     2     3     4
----------------------------- ----- ----- ----- -----
1 carton (5 kg)                   2    12    13     0
10 boîtes x 20 sacs               3    12     0     3
24 bouteilles (1 litre)           3    17     0     3
12 bouteilles (550 ml)            3    19     0     0
48 pots (6 onces)                 3    11     0     3
36 boîtes                         3     0     0     0
12 pots (8 onces)                 3    11     0     3
12 cartons (1 kg)                 3    14    15     0
...
```

Dans l'exemple précèdent vous pouvez voir les possibilités d'utilisation de la fonction INSTR.

La requête retourne les valeurs suivantes :

- 1 : la première occurrence, du caractère espace, trouvée dans QUANTITE, recherchée à partir du début.
- 2 : la deuxième occurrence, du caractère espace, trouvée dans QUANTITE, recherchée à partir du cinquième caractère.
- 3 : la première occurrence, de la chaîne de caractère 'kg', trouvée dans QUANTITE, recherchée à partir de la fin.
- 4 : la deuxième occurrence, du caractère espace, trouvée dans QUANTITE, recherchée à partir de 10e caractère à partir de la fin.

Manipulation de chaînes (suite)

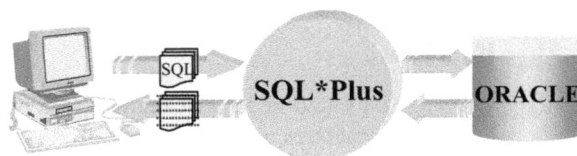

- REPLACE
- TRANSLATE
- SOUNDEX
- ASCII
- CHR

REPLACE

La fonction REPLACE permet de remplacer dans la chaîne de caractères, toutes les séquences du caractère ou de la chaîne de caractères donnée.

REPLACE(CHAÎNE1,CHAÎNE2,CHAÎNE3) = RETOUR

CHAÎNE1	La chaîne à traiter.
CHAÎNE2	Un caractère ou une chaîne de caractères à remplacer.
CHAÎNE3	Un caractère ou une chaîne pour remplacer CHAÎNE2. Si la chaîne est vide, la fonction efface les caractères recherchés.

```
SQL> SELECT REPLACE('JACK et JUE      ','J',  '') REPLACE1,
  2         REPLACE('JACK et JUE      ','J','BL') REPLACE2
  3  FROM DUAL;

REPLACE1         REPLACE2
---------------  -------------------
ACK et UE        BLACK et BLUE
```

TRANSLATE

La fonction TRANSLATE remplace dans une chaîne de caractère chaque caractère présent dans une liste source par son correspondant, caractère ayant la même position, dans une liste cible.

TRANSLATE(CHAÎNE1,CHAÎNE2,CHAÎNE3) = RETOUR

CHAÎNE1	La chaîne à traiter.
CHAÎNE2	Une chaîne de caractères considérée comme une liste de caractères source, qui doit être remplacée par les caractères de la liste cible.

CHAÎNE3

Une chaîne de caractères considérée comme une liste de caractères cible. Si la liste de caractères cible est plus courte que la liste des caractères source les caractères de la liste source qui n'ont pas de correspondant sont supprimés.

```
SQL> SELECT NOM, TRANSLATE(NOM,'ABCabc','12345') FROM EMPLOYES;

NOM                      TRANSLATE(NOM,'ABCAB
------------------------ --------------------
Fuller                   Fuller
Buchanan                 2uh4n4n
Peacock                  Pe4ok
Leverling                Leverling
Davolio                  D4volio
Dodsworth                Dodsworth
...
```

SOUNDEX

La fonction SOUNDEX permet de trouver des mots qui "sonnent" comme ceux spécifiés, quelle que soit leur orthographe. SOUNDEX est presque toujours utilisée dans une clause WHERE et il est particulièrement utile pour trouver des mots dont vous ne connaissez pas bien l'orthographe.

SOUNDEX(CHAÎNE1) = SOUNDEX(CHAÎNE2)

```
SQL> SELECT SOCIETE,ADRESSE
  2    FROM CLIENTS
  3    WHERE SOUNDEX(SOCIETE) = SOUNDEX('bllaumter');

SOCIETE                                       ADRESSE
--------------------------------------------- ------------------
Blondel père et fils                          24, place Kléber
```

ASCII

La fonction ASCII retourne le code ASCII du caractère.

ASCII('CARACTER') = NUMERIQUE

```
SQL> SELECT ASCII('A')
  2    FROM DUAL;

ASCII('A')
----------
        65
```

CHR

La fonction CHR retourne le caractère de la valeur ASCII.

CHR(NUMERIQUE) = 'CARACTER'

```
SQL> SELECT CHR(65) FROM DUAL;

C
-
A
```

Atelier 3.1

- Questionnaire

- Exercices de mise en pratique :

  - **Fonctions de formatage des chaînes**

  - **Fonctions de manipulation des chaînes**

Durée : 15 minutes

TP

L'objectif de l'atelier est de vous aider à mieux comprendre les fonctions de manipulation des chaînes et il est structuré en deux parties :

- Questionnaire,

- Mise en pratique à travers des exercices l

Questionnaire

Quelle fonction permet de convertir en majuscule la première lettre de chaque mot de la chaîne ?

La syntaxe de la requête suivante est correcte ?

```
SELECT CONCAT(NOM,' ',PRENOM) FROM EMPLOYES ;
```

Quelle est la requête qui permet d'afficher le résultat suivant ?

```
Format
--------------
xxxxxxxxxFULLER
xxxxxxxBUCHANAN
xxxxxxxxPEACOCK
xxxxxxLEVERLING
xxxxxxxxDAVOLIO
xxxxxxDODSWORTH
xxxxxxxxxxxKING
xxxxxxxxxSUYAMA
xxxxxxxCALLAHAN
```

   A.   SELECT LPAD(UPPER(NOM), 15,'x') FROM EMPLOYES

B. `SELECT UPPER(LPAD(NOM, 15,'x')) FROM EMPLOYES`

C. `SELECT LPAD('xxxxxxxxxxx'||UPPER(NOM)) FROM EMPLOYES`

D. `SELECT 'xxxxxxxxxxx'||UPPER(NOM) FROM EMPLOYES`

Quel est le résultat de la requête suivante ?

```
SQL> SELECT DISTINCT SUBSTR( QUANTITE,  INSTR(QUANTITE,' '),
  2                                     INSTR(QUANTITE,' ',1,2) -
  3                                     INSTR(QUANTITE,' ') )
  4  FROM PRODUITS ;
```

A.

```
Expression
------------------------------
bouteille (500 ml)
bouteille (750 cc)
bouteilles (0,5 litre)
bouteilles (1 litre)
bouteilles (12 onces)
bouteilles (250 ml)
...
```

B.

```
Expression
------------------------------
1 b
1 c
10 b
10 c
10 s
10 v
...
```

C.

```
Expression
------------------------------
bouteille
bouteilles
boîtes
canettes
carton
cartons
pièces
plaquettes
pots
sacs
unités
verres
```

Quelle fonction vous permet d'effacer plusieurs caractères parasites positionnés au début de la chaîne ?

Quelle fonction vous permet d'effacer plusieurs caractères parasites positionnés n'importe où dans la chaîne ?

Quelle fonction vous permet de remplacer une chaîne de caractères par un caractère ?

Exercice n° 1

Écrivez la requête permettant d'afficher les employés et leur âge comme dans l'exemple suivant.

```
Employé                          Âge
------------------------------   ---
FULLER Andrew                    50
BUCHANAN Steven                  47
CALLAHAN Laura                   44
PEACOCK Margaret                 43
KING Robert                      41
LEVERLING Janet                  38
SUYAMA Michael                   38
DAVOLIO Nancy                    33
DODSWORTH Anne                   32
```

Exercice n° 2

Affichez la liste des produits, type d'emballage (boîte, boîtes, pots, cartons, ...) et quantité du type d'emballage ('36 boîtes', '12 pots (12 onces)', ...) triés par ordre alphabétique du type d'emballage. Le résultat de la requête doit être comme dans l'exemple suivant :

```
NOM_PRODUIT                      Emballage                       Quantité
------------------------------   ------------------------------  --------
Konbu                            boîtes                          1
Chai                             boîtes                          10
Zaanse koeken                    boîtes                          10
Teatime Chocolate Biscuits       boîtes                          10
Ipoh Coffee                      boîtes                          16
Filo Mix                         boîtes                          16
Alice Mutton                     boîtes                          20
Boston Crab Meat                 boîtes                          24
Pâté chinois                     boîtes                          24
Pavlova                          boîtes                          32
Spegesild                        boîtes                          4
Chartreuse verte                 bouteille                       1
Lakkalikööri                     bouteille                       1
Aniseed Syrup                    bouteilles                      12
Côte de Blaye                    bouteilles                      12
...
```

Fonctions de calcul arithmétique

- MOD
- POWER
- SQRT
- EXP
- LOG
- LN

Une expression arithmétique est une combinaison de noms de colonnes, de constantes et de fonctions arithmétiques combinés au moyen des **opérateurs** arithmétiques addition (+), soustraction (-), multiplication (*) ou division (/).

Les constantes et opérateurs arithmétiques ont été présentés dans le chapitre précédent ; les principales fonctions arithmétiques sont exposées ci-après.

MOD

La fonction MOD ou l'opérateur % permet de calculer le reste de la division du premier argument par le deuxième.

```
ARGUMENT1 % ARGUMENT2 =
          MOD(ARGUMENT1, ARGUMENT2) = RESTE
```

```
SQL> SELECT MOD(7,2) FROM DUAL;

  MOD(7,2)
----------
         1
```

POWER

La fonction POWER permet d'élever un nombre à une puissance.

```
POWER(ARGUMENT1, ARGUMENT2) = ARGUMENT1ARGUMENT2
```

```
SQL> SELECT POWER(3,2) FROM DUAL;

POWER(3,2)
----------
         9
```

SQRT

La fonction SQRT permet de calculer une racine carrée. ARGUMENT doit être > 0.

SQRT(ARGUMENT) = POWER(ARGUMENT,0.5) = ARGUMENT 0.5

```
SQL> SELECT SQRT(9) FROM DUAL;

   SQRT(9)
---------
        3
SQL>
SQL> SELECT SQRT(-9) FROM DUAL
SELECT SQRT(-9) FROM DUAL ;
            *
ERREUR à la ligne 1 :
ORA-01428: argument '-9' hors limites
```

EXP

La fonction EXP permet de calculer un puissance de e (2,71828183...).

EXP(ARGUMENT) = POWER(e, ARGUMENT) = eARGUMENT

LOG

La fonction LOG permet de calculer un logarithme à base 10.

LOG(ARGUMENT1, ARGUMENT2)

ARGUMENT1 > 0 ; ARGUMENT1 • 1 ; ARGUMENT2 > 0

LN

La fonction LN permet de calculer un logarithme népérien.

LN(ARGUMENT)=LOG(e, ARGUMENT)

ARGUMENT > 0

```
SQL> SELECT POWER( 2.71828183, 10),
  2         EXP(10),
  3         LN(22026.4658),
  4         LN(10),
  5         LOG(2.71828183,10)
  6  FROM DUAL;

POWER(2.71828183,10)    EXP(10) LN(22026.4658)      LN(10) LOG(2.71828183,10)
-------------------- ---------- -------------- ---------- ------------------
         22026,4659 22026,4658             10 2,30258509         2,30258509
```

Fonctions trigonométriques

- SIN, COS, TAN
- ASIN, ACOS, ATAN
- SINH, COSH, TANH

SIN, COS, TAN

La fonction SIN, COS, TAN permet de calculer le sinus, cosinus et tangente et renvois les valeurs trigonométriques standard d'un angle exprimées en radians (degrés multipliés par π et divisés par 180).

ASIN, ACOS, ATAN

La fonction ASIN, ACOS, ATAN permet de calculer l'arc sinus, cosinus et tangente d'un angle exprimé en radians (degrés multipliés par π et divisés par 180).

```
SQL> SELECT 30*3.141593/180        "Angle(30*pi/180)",
  2         SIN(30*3.141593/180)   "SIN(Angle)",
  3         ASIN(SIN(30*3.141593/180)) "ASIN(sin(Angle))"
  4   FROM DUAL;

Angle(30*pi/180) SIN(Angle) ASIN(sin(Angle))
---------------- ---------- ----------------
      ,523598833  ,50000005       ,523598833
```

SINH, COSH, TANH

La fonction SINH, COSH, TANH permet de calculer le sinus, cosinus et tangente hyperbolique.

```
SQL> SELECT (EXP(10)-EXP(-10))/2,
  2         SINH(10),
  3         (EXP(10)+EXP(-10))/2,
  4         COSH(10)
  5   FROM DUAL;

(EXP(10)-EXP(-10))/2    SINH(10) (EXP(10)+EXP(-10))/2   COSH(10)
-------------------- ---------- -------------------- ----------
         11013,2329 11013,2329          11013,2329 11013,2329
```

Fonctions arithmétiques d'arrondis

- ABS
- SIGN
- CEIL
- FLOOR
- ROUND
- TRUNC

ABS

La fonction ABS permet de calculer la valeur absolue de l'argument.

ABS(ARGUMENT)

```
SQL> SELECT ABS(-10),ABS(0),ABS(1)
  2  FROM DUAL;

 ABS(-10)     ABS(0)     ABS(1)
---------- ---------- ----------
       10          0          1
```

SIGN

La fonction SIGN permet de calculer la signe de l'argument.

SIGN(ARGUMENT)=VALEUR

VALEUR   La valeur de retour est : 1 si ARGUMENT > 0, -1 si
               ARGUMENT < 0 et 0 si ARGUMENT = 0.

```
SQL> SELECT SIGN(-10),SIGN(0),SIGN(20)
  2  FROM DUAL;

 SIGN(-10)    SIGN(0)   SIGN(20)
---------- ---------- ----------
       -1          0          1
```

CEIL

La fonction CEIL permet de calculer le plus petit entier supérieur ou égal à
l'argument.

CEIL(ARGUMENT)

```
SQL> SELECT CEIL(-10.23),CEIL(0),CEIL(20.23)
  2  FROM DUAL;

CEIL(-10.23)    CEIL(0) CEIL(20.23)
------------ ---------- -----------
         -10          0          21
```

FLOOR

La fonction FLOOR permet de calculer le plus grand entier inférieur à l'argument.

FLOOR(ARGUMENT)

```
SQL> SELECT FLOOR(-10.23),FLOOR(0),FLOOR(20.23)
  2  FROM DUAL;

FLOOR(-10.23)   FLOOR(0) FLOOR(20.23)
------------- ---------- -----------
          -11          0          20
```

ROUND

La fonction ROUND permet de calculer une valeur arrondie avec une précision donnée.

ROUND(ARGUMENT,PRECISION)

PRECISION La précision peut prendre trois types de valeurs :
1. positive alors elle détermine le nombre de décimales à conserver,
2. zéro, est la valeur par défaut, on ne conserve pas de décimales,
3. négative alors l'arrondi se fait sur les valeurs entières.

La fonction arrondi a la valeur supérieure si la décimale est supérieure ou égale a 5.

```
SQL> SELECT ROUND(-10.2326,2),ROUND(10.2326,3),ROUND(-10.2326)
  2  FROM DUAL;

ROUND(-10.2326,2) ROUND(10.2326,3) ROUND(-10.2326)
----------------- ---------------- ---------------
           -10,23           10,233             -10

SQL> SELECT ROUND(102326,-2),ROUND(102326,-3),ROUND(102326)
  2  FROM DUAL

ROUND(102326,-2) ROUND(102326,-3) ROUND(102326)
---------------- ---------------- -------------
          102300           102000        102326
```

TRUNC

La fonction TRUNC permet de calculer une valeur tronquée à la précision indiquée.

TRUNC(ARGUMENT,PRECISION)

```
SQL> SELECT TRUNC(10.2326,2),TRUNC(10.2376,2),TRUNC(102826,-3),TRUNC(10.2326)
  2  FROM DUAL;

TRUNC(10.2326,2) TRUNC(10.2376,2) TRUNC(102826,-3) TRUNC(10.2326)
---------------- ---------------- ---------------- --------------
           10,23            10,23           102000             10
```

Atelier 3.2

- Fonctions arithmétiques

Durée : 10 minutes

TP

L'objectif de l'atelier est de vous aider à mieux comprendre les fonctions arithmétiques.

Exercice n° 1

Écrivez la requête permettant d'afficher les employés et leur salaire journalier (salaire / 20) arrondi à l'entier inférieur.

Écrivez la requête permettant d'afficher les employés et leur salaire journalier (salaire / 20) arrondi à l'entier supérieur.

Affichez les produits commercialisés, la valeur du stock arrondie à la centaine près.

Affichez les produits commercialisés, la valeur du stock arrondie à la dizaine inférieure.

Écrivez la requête permettant d'afficher les employés et leur revenu annuel (salaire*12 + commission) arrondi à la centaine près.

Manipulation des dates

- ADD_MONTHS
- MONTHS_BETWEEN
- LAST_DAY
- NEXT_DAY
- ROUND
- TRUNC

DATE est un type de données, comme CHAR et NUMBER, qui possède des propriétés qui lui sont propres. Il est stocké dans un format interne qui n'inclut pas seulement le mois, le jour et l'année, mais aussi l'heure, les minutes et les secondes.

SQL*Plus et SQL reconnaissent les colonnes de type DATE, et comprennent les instructions qui permettent d'effectuer des calculs sur des valeurs de ce type

Toutefois, étant donné que les dates Oracle peuvent inclure des heures, des minutes et des secondes, ces calculs particuliers peuvent se révéler complexes ;

Après les fonctions de manipulation des chaînes de caractères et les fonctions arithmétiques on va découvrir à présent les fonctions de manipulation de dates.

ADD_MONTHS

La fonction ADD_MONTHS permet d'ajouter ou soustraire un nombre de mois à une date.

ADD_MONTHS(DATE,ARGUMENT) = VALEUR

ARGUMENT   Le nombre des mois à ajouter ou soustraire.

VALEUR   La valeur de retour est de type date.

```
SQL> SELECT SYSDATE, ADD_MONTHS(SYSDATE,6) FROM DUAL;

SYSDATE   ADD_MONT
--------  --------
18/05/02  18/11/02
```

MONTHS_BETWEEN

La fonction MONTHS_BETWEEN permet trouver le nombre de mois qui séparent deux dates.

MONTHS_BETWEEN(DATE1,DATE2) = VALEUR

VALEUR	La différence entre DATE1 et DATE2 exprimé en nombre de mois, le résultat peut être un nombre décimal. La partie fractionnaire du résultat est calculée en considérant chaque jour comme égal à 1/31 de mois.

```
SQL> SELECT SYSDATE+35,
  2         SYSDATE,
  3         35/31,
  4         MONTHS_BETWEEN(SYSDATE+35,SYSDATE)
  5  FROM DUAL;

SYSDATE+ SYSDATE        35/31 MONTHS_BETWEEN(SYSDATE+35,SYSDATE)
-------- -------- ---------- ---------------------------------
22/06/02 18/05/02 1,12903226                         1,12903226
```

LAST_DAY

La fonction LAST_DAY permet de trouver la date du dernier jour du mois qui contient celle qui est passée en argument.

LAST_DAY(DATE) = VALEUR

VALEUR	La valeur de retour est de type date.

```
SQL> SELECT SYSDATE,
  2         LAST_DAY(SYSDATE),
  3         LAST_DAY(ADD_MONTHS(SYSDATE,1))
  4  FROM DUAL;

SYSDATE   LAST_DAY LAST_DAY
-------- -------- --------
18/05/02 31/05/02 30/06/02
```

NEXT_DAY

La fonction NEXT_DAY permet de trouver la date du prochain jour de la semaine spécifié.

NEXT_DAY(DATE,JOUR_SEMAINE) = VALEUR

JOUR_SEMAINE	Une chaîne de caractère qui indique le jour de la semaine ('Lundi', 'Mardi', etc.). La valeur du jour de la semaine doit être saisie dans la langue de la session courante.
VALEUR	La valeur de retour est de type date.

```
SQL> SELECT SYSDATE,
  2         NEXT_DAY(SYSDATE, 'Lundi'),
  3         NEXT_DAY(SYSDATE, 'Mardi'),
  4         NEXT_DAY(SYSDATE, 'Mercredi'),
  5         NEXT_DAY(SYSDATE, 'Jeudi'),
  6         NEXT_DAY(SYSDATE, 'vendredi'),
  7         NEXT_DAY(SYSDATE, 'samedi'),
  8         NEXT_DAY(SYSDATE, 'dimanche')
  9  FROM DUAL;

SYSDATE   NEXT_DAY NEXT_DAY NEXT_DAY NEXT_DAY NEXT_DAY NEXT_DAY NEXT_DAY
-------- -------- -------- -------- -------- -------- -------- --------
19/05/02 20/05/02 21/05/02 22/05/02 23/05/02 24/05/02 25/05/02 26/05/02
```

ROUND

La fonction ROUND permet de calculer l'arrondi d'une date selon une précision spécifiée.

ROUND(ARGUMENT,PRECISION)

PRECISION La précision est indiquée en utilisant un des masques de mise en forme de la date. On peut ainsi arrondir une date à l'année, au mois, à la minute, etc. Par défaut, la précision est le jour.

Sans l'argument format, cette fonction arrondit la valeur de date à 12 A.M. (minuit, le début du jour concerné) si la date est située avant midi, sinon, la fonction arrondit la date au jour suivant. L'emploi d'un format est étudié plus loin dans ce module.

```
SQL> SELECT NOM,
  2         SYSDATE-DATE_NAISSANCE "Dateheure",
  3         ROUND(SYSDATE)-DATE_NAISSANCE "Date"
  4  FROM EMPLOYES;

NOM                     Dateheure       Date
--------------------    ----------    ----------
Fuller                  18352,0228       18352
Buchanan                17243,0228       17243
Peacock                 15948,0228       15948
Leverling               14142,0228       14142
Davolio                 12215,0228       12215
Dodsworth               12009,0228       12009
King                    15330,0228       15330
Suyama                  14201,0228       14201
Callahan                16201,0228       16201

SQL>
SQL> SELECT SYSDATE,
  2         ROUND(SYSDATE, 'YEAR') "Année",
  3         ROUND(SYSDATE, 'MONTH') "Mois",
  4         ROUND(SYSDATE, 'Q') "Trimestre",
  5         ROUND(SYSDATE, 'W')"Semaine"
  6  FROM DUAL ;

SYSDATE  Année    Mois     Trimestr Semaine
-------- -------- -------- -------- --------
19/05/02 01/01/02 01/06/02 01/07/02 22/05/02
```

TRUNC

La fonction TRUNC permet de calculer une valeur tronquée d'une date selon une précision spécifiée.

TRUNC(ARGUMENT,PRECISION)

```
SQL> SELECT SYSDATE,
  2         TRUNC(SYSDATE, 'YEAR') "Année",
  3         TRUNC(SYSDATE, 'MONTH') "Mois",
  4         TRUNC(SYSDATE, 'Q') "Trimestre",
  5         TRUNC(SYSDATE, 'W')"Semaine"
  6  FROM DUAL ;

SYSDATE  Année    Mois     Trimestr Semaine
-------- -------- -------- -------- --------
19/05/02 01/01/02 01/05/02 01/04/02 15/05/02
```

Atelier 3.3

- Fonctions de manipulation des dates

Durée : 10 minutes

TP

L'objectif de l'atelier est de vous aider à mieux comprendre les fonctions de manipulation des dates.

Exercice n° 1

Affichez le prochain dimanche (à ce jour).

Affichez la date du premier jour du mois (format 'MM').

Affichez la date du premier jour du trimestre (format 'Q').

Exercice n° 2

Écrivez la requête permettant d'afficher le nom des employés, leur date de fin de période d'essai (3 mois) et leur ancienneté à ce jour en mois.

Affichez pour tous les employés le jour de leur première paie (dernier jour du mois de leur embauche).

Les fonctions de conversion

De \ Vers	CHAR ou VARCHAR2	NUMBER	DATE
CHAR ou VARCHAR2	Inutile	TO_NUMBER	TO_DATE
NUMBER	TO_CHAR	Inutile	TO_DATE
DATE	TO_CHAR	Invalide	Inutile

Le langage SQL propose de nombreuses fonctions de conversion entre les types de données. Bien que le moteur du SGBDR qui exécute chaque ordre SQL sache prendre en compte l'évaluation de certaines expressions qui utilisent des données de types différents, il est toujours préférable de programmer des expressions homogènes, dans lesquelles les conversions de types sont clairement indiquées par utilisation de fonctions de conversion.

Le tableau de l'image présente les fonctions de conversion entre les différents types de données que l'on va détailler.

TO_NUMBER

La fonction TO_NUMBER permet de convertir une chaîne de caractères, avec un certain format, en nombre.

`TO_NUMBER(CHAINE, FORMAT)`

CHAINE : L'argument CHAINE accepte la même syntaxe que celle d'une constante numérique.

FORMAT : Le format (masque) que doit avoir la chaîne de caractères, il est utilisé rarement. La définition du format est traitée plus loin dans la fonction TO_CHAR.

```
SQL> SELECT TO_NUMBER('-1234567890','S9999999999') "Colonne 1",
  2         TO_NUMBER('+1234567890','S9999999999') "Colonne 2",
  3         TO_NUMBER('+123.456'   ,'S999.999'    ) "Colonne 3",
  4         TO_NUMBER('-123.456'   ,'999.999'     ) "Colonne 4",
  5         TO_NUMBER('+1E+123'    ,'S9.9EEEE'    ) "Colonne 5",
  6         TO_NUMBER('-1E+123'    ,'9.9EEEE'     ) "Colonne 6"
  7  FROM DUAL ;

 Colonne 1  Colonne 2  Colonne 3  Colonne 4  Colonne 5  Colonne 6
---------- ---------- ---------- ---------- ---------- ----------
-1,235E+09 1234567890    123,456   -123,456 1,000E+123 -1,00E+123
```

TO_CHAR (numérique vers chaîne)

La fonction TO_CHAR permet de convertir un numérique, avec un certain format, en chaîne de caractères.

```
TO_CHAR(NUMBER,FORMAT)
```

NUMBER	L'argument NUMBER est une expression de type numérique.
FORMAT	Le format (masque) pour afficher la valeur numérique. Le tableau suivant présente les options des formats pour les types numériques.

Format	Description
,	Retourne une virgule, utilisée dans certains formats comme séparateur de milliers.
.	Retourne un point comme séparateur de décimale.
$	Retourne le symbole monétaire $, il précédera le premier chiffre significatif.
0	Retourne un chiffre, présent même si non significatif (zéro).
9	Retourne un chiffre, non représenté dans le cas d'un zéro non significatif.
B	Le nombre sera représenté par des blancs s'il vaut zéro.
C	Retourne le symbole monétaire ISO de votre environnement de travail.
D	Retourne le symbole de séparateur de décimales de votre système. Par défaut c'est « . ».
EEEE	Retourne un nombre représenté avec un exposant (le spécifier avant MI ou PR).
FM	Retourne une valeur sans espaces à gauche ou à droite.
G	Retourne le symbole de séparateur de milliers de votre système.
L	Retourne le symbole monétaire local de votre environnement de travail.
MI	Retourne le signe négatif à droite du masque.
PR	Retourne les nombres négatifs affichés entre <>
RN	Retourne une valeur numérique en chiffres romains. La valeur doit être un entier compris entre 1 et 3999.
S	Retourne une valeur précédée par le signe « - ».
U	Retourne le symbole monétaire Euro.
V	Retourne une valeur multipliée par 10^n, ou la valeur n égal au nombre des 9 après le caractère « V ».
X	Retourne une valeur en hexadécimal, si la valeur n'est pas un entier Oracle l'arrondi.

Nombre	Format	Résultat
-1234567890	9999999999S	'1234567890-'
-0.2	90.99	' -0.20'
0	9999	' 0'
0	B9999	' '
1	B9999	' 1'
+123.456	999.999	' 123.456'
+123.456	FM999.009	'123.456'
+123.456	9.9EEEE	' 1.2E+02'
+1E+123	9.9EEEE	' 1.0E+123'
+123.456	FM9.9EEEE	'1.2E+02'
+123.0	FM999D009	'123,00'
+123.45	L999D99	' F123,45'
+123.45	FML999.99	'F123.45'
123.45	999D99C	'123,45FRF'
123.45	999D99U	'123,45€'
123.45	RN	'CXXIII'
123.45	XX	'7B'
+1234567890	9999999999S	'1234567890+'

TO_CHAR (date vers chaîne)

La fonction TO_CHAR permet également de convertir une date, avec un certain format, en chaîne de caractères.

`TO_CHAR(DATE,FORMAT)`

DATE L'argument DATE est une expression de type date.

FORMAT Le format (masque) pour afficher la date numérique. Le tableau suivant présente les options des formats pour les types dates.

Format	Description
MM	Numéro du mois dans l'année
RM	Numéro du mois dans l'année en chiffres romains
MON	Le nom du mois abrégé sur trois lettres
MONTH	Le nom du mois écrit en entier
DDD	Numéro du jour dans l'année depuis le 01/01
DD	Numéro du jour dans le mois
D	Numéro du jour dans la semaine
DY	Le nom de la journée abrégé sur trois lettres
DAY	Le nom de la journée écrit en entier
YYYY	Année complète sur quatre chiffres
YYY	Les trois derniers chiffres de l'année
RR	Deux derniers chiffres de l'année de la date courante
CC	Le siècle
YEAR	Année écrite en lettres: TWO THOUSAND (option apparemment non francisée)
Q	Le numéro du trimestre
WW	Numéro de la semaine dans l'année
IW	Semaine de l'année selon le standard ISO
W	Numéro de la semaine dans le mois
J	Calendrier Julien -jours écoulés depuis le 31 décembre 4713 av. J.-C
HH	Heure du jour, toujours de format 1-12
HH24	Heure du jour, sur 24 heures
MI	Minutes écoulées dans l'heure
SS	Secondes écoulées dans une minute
SSSSS	Secondes écoulées depuis minuit, toujours 0-86399
AM, PM	Affiche AM ou PM selon qu'il s'agit du matin ou de l'après-midi

```
SQL> SELECT
  2        TO_CHAR( SYSDATE+50, 'D DD DDD DAY Day MM MON Mon MONTH Month')
  3        "Format Jours et Mois"
  4  FROM DUAL ;

Format Jours et Mois
------------------------------------------------------------
2 09 190 MARDI    Mardi    07 JUL Jul JUILLET   Juillet
SQL>
SQL> SELECT
  2        TO_CHAR( SYSDATE+50, 'DD/MM/YYYY Year Q WW iW W HH:MM:SS SSSSS')
  3        "Format Année Trimestre Heure"
  4  FROM DUAL ;

Format Année Trimestre Heure
---------------------------------------------------------------------------
09/07/2002 Two Thousand Two 3 28 28 2 01:07:22 06502
```

TO_DATE

La fonction TO_DATE permet de convertir une chaîne de caractères, avec un certain format, en date.

TO_DATE(CHAÎNE,FORMAT)

CHAÎNE   L'argument CHAÎNE est une expression de type chaîne de caractères.

FORMAT   Le format (masque) permet de lire la chaîne de caractère pour construire la date numérique.

```
SQL> SELECT TO_DATE( '10/10/2002','DD/MM/YYYY')-
  2         TO_DATE( '12/10/2002 12:12:00','DD/MM/YYYY HH:MI:SS') "TO_DATE"
  3  FROM DUAL ;

  TO_DATE
----------
-2,5083333
```

Atelier 3.4

■ Fonctions de conversions

Durée : 10 minutes

TP

L'objectif de l'atelier est de vous aider à mieux comprendre les fonctions de conversions.

Exercice n° 1

Écrivez la requête qui permet d'afficher le résultat suivant :

```
Nous somme le :
------------------------
Mardi    15 Avril    2003
```

Écrivez la requête qui permet d'afficher le résultat suivant :

```
------------------------------------
Il est : 14 heures et 01 minutes
```

Affichez les secondes écoulées depuis minuit.

Écrivez la requête permettant d'afficher les nom, prénom et salaire des employés de la manière suivante :

```
NOM                   PRENOM      Salaire en €          Salaire en francs
--------------------  ----------  --------------------  -----------------
Fuller                Andrew          10.000,00€           65.595,00FRF
Buchanan              Steven           8.000,00€           52.476,00FRF
Peacock               Margaret         2.856,00€           18.733,93FRF
Leverling             Janet            3.500,00€           22.958,25FRF
Davolio               Nancy            3.135,00€           20.564,03FRF
...
```

Les fonctions générales

- **GREATEST**
- **LEAST**
- **DECODE**
- **CASE**
- **NULLIF**
- **COALESCE**

Le langage SQL propose également des fonctions générales qui travaillent avec tous les types de données.

GREATEST

La fonction `GREATEST` permet de trouver la plus grande valeur dans une liste des valeurs.

GREATEST(EXPRESSION1,EXPRESSION2[,EXPRESSION3...])

EXPRESSION   Les arguments EXPRESSION peuvent être de type numérique, chaîne ou date. Le type de donnée du premier argument détermine le type de retour de la fonction. Les arguments suivants sont convertis automatiquement au type du premier.

```
SQL> SELECT GREATEST ('HARRY','Harry','HARRIOT', 'HAROLD') "Greatest" ,
  2          ASCII('A'), ASCII('a')
  3  FROM DUAL;

Great ASCII('A') ASCII('A')
----- ---------- ----------
Harry         65         97
SQL>
SQL> SELECT GREATEST ( TO_DATE('01/10/2002'),
  2                     TO_DATE('22/05/2002'),
  3                     TO_DATE('21/08/2002')) "Date",
  4          GREATEST ('01/10/2002',
  5                     TO_DATE('22/05/2002'),
  6                     TO_DATE('21/08/2002')) "Chaîne"
  7  FROM DUAL ;

Date     Chaîne
-------- ----------
01/10/02 22/05/02
```

LEAST

La fonction LEAST permet de trouver la plus petite valeur dans une liste des valeurs.

LEAST(EXPRESSION1,EXPRESSION2[,EXPRESSION3...])

EXPRESSION   Les arguments EXPRESSION peuvent être de type numérique, chaîne ou date. Le type de donnée du premier argument détermine le type de retour de la fonction. Les arguments suivant sont convertis automatiquement au type du premier.

```
SQL> SELECT LEAST ( TO_NUMBER('033'),
  2                 '22',
  3                 '21') "Numérique",
  4         LEAST ('033',
  5                 '22',
  6                 '21') "Chaîne"
  7  FROM DUAL ;

Numérique Cha
---------- ---
       21 033
```

DECODE

La fonction DECODE permet de choisir une valeur parmi une liste d'expressions, en fonction de la valeur prise par une expression servant de critère de sélection.

DECODE(EXPRESSION,VALEUR1,RESULTAT1
[,VALEUR2,RESULTAT2...]
[,DEFAUT])

EXPRESSION   L'argument EXPRESSION peut être de type numérique, chaîne ou date et retourne la valeur qui doit être évaluée.

VALEUR1...N   L'argument VALEUR1 est de même type que EXPRESSION. Si EXPRESSION retourne une valeur égale à VALEUR1 alors DECODE retourne RESULTAT1.

DEFAUT   L'argument DEFAUT est la valeur de retour pour DECODE si EXPRESSION n'a pas une valeur dans la liste VALEUR1,...VALEURN.

```
SQL> SELECT NOM,
  2         PRENOM,
  3         TRUNC(( DATE_EMBAUCHE - DATE_NAISSANCE)/365,-1) "Ancienneté",
  4         DECODE( TRUNC(( DATE_EMBAUCHE - DATE_NAISSANCE)/365,-1),
  5         20,'Nouveau', 30,'Ancien',
  6         'Senior')
  7  FROM EMPLOYES ;

NOM                 PRENOM     Ancienneté DECODE(
------------------- ---------- ---------- -------
Fuller              Andrew             40 Senior
Buchanan            Steven             30 Ancien
Peacock             Margaret           30 Ancien
Leverling           Janet              20 Nouveau
Davolio             Nancy              20 Nouveau
Dodsworth           Anne               20 Nouveau
King                Robert             30 Ancien
Suyama              Michael            30 Ancien
Callahan            Laura              30 Ancien
```

```
SQL> SELECT NO_FOURNISSEUR "N°",
  2         DECODE(MOD(ROWNUM,5),0,ROWNUM) "Ligne",
  3         SOCIETE
  4  FROM FOURNISSEURS;

       N°     Ligne SOCIETE
---------- ---------- ----------------------------------------
       11            Heli Süßwaren GmbH & Co. KG
       12            Plutzer Lebensmittelgroßmärkte AG
       13            Nord-Ost-Fisch Handelsgesellschaft mbH
       14            Formaggi Fortini s.r.l.
       15          5 Norske Meierier
       16            Bigfoot Breweries
       17            Svensk Sjöföda AB
       18            Aux joyeux ecclésiastiques
       19            New England Seafood Cannery
       20         10 Leka Trading
       21            Lyngbysild
...
```

```
SQL> SELECT DECODE(PAYS,'France',NO_FOURNISSEUR) "France",
  2         DECODE(PAYS,'Allemagne',NO_FOURNISSEUR) "Allemagne",
  3         DECODE(PAYS,'Royaume-Uni',NO_FOURNISSEUR) "Royaume-Uni",
  4         DECODE(PAYS,'France','',
  5                'Allemagne','','Royaume-Uni','',
  6                NO_FOURNISSEUR) "Autres"
  7  FROM FOURNISSEURS ;

    France  Allemagne Royaume-Uni Autres
---------- ---------- ----------- --------------------------------
                  11
                  12
                  13
                              14
                              15
                              16
                              17
        18
                              19
                              20
                              21
                              22
                              23
                              24
                              25
                              26
        27
        28
                              29
                           1
                              2
                              3
                              4
                              5
                              6
                              7
                           8
                              9
                              10
```

CASE

Oracle L'instruction CASE permet de mettre en place une condition d'instruction conditionnelle IF..THEN..ELSE directement dans une requête. Le fonctionnement est similaire à la fonction DECODE avec plus de flexibilité.

La première syntaxe de cette fonction est :

```
CASE EXPRESSION
    WHEN VALEUR1 THEN RESULTAT1
    [WHEN VALEUR2 THEN RESULTAT2,...]
    [ELSE RESULTAT]
END ;
```

EXPRESSION	L'argument EXPRESSION peut être de type numérique, chaîne, ou date, et retourne la valeur qui doit être évaluée.
VALEUR1...N	L'argument VALEUR1 est de même type que EXPRESSION.

```
SQL> SELECT NOM, PRENOM, FONCTION,
  2         CASE FONCTION
  3           WHEN 'Vice-Président'  THEN SALAIRE*1.1
  4           WHEN 'Chef des ventes' THEN SALAIRE*1.2
  5           WHEN 'Représentant(e)' THEN SALAIRE*1.1 + COMMISSION
  6           ELSE                        SALAIRE*1.1
  7         END "Salaire"
  8  FROM EMPLOYES;
```

La deuxième syntaxe de cette fonction est :

```
CASE
    WHEN CONDITION1 THEN RESULTAT1
    [WHEN CONDITION2 THEN RESULTAT2,...]
    [ELSE RESULTAT]
END ;
```

CONDITION	L'argument CONDITION est une expression logique.

```
SQL> SELECT NOM, PRENOM, FONCTION, SALAIRE,
  2         CASE
  3           WHEN FONCTION = 'Assistante commerciale'               THEN '10%'
  4           WHEN FONCTION = 'Représentant(e)' AND SALAIRE < 2600 THEN '30%'
  5           WHEN FONCTION = 'Représentant(e)' AND SALAIRE < 3200 THEN '20%'
  6           ELSE                             'Pas d''augmentation' END "Salaire"
  8  FROM EMPLOYES;
```

NULLIF

Oracle L'instruction NULLIF permet de comparer EXPRESSION1 et EXPRESSION2 si les deux expressions sont égales alors la valeur NULL est retournée, sinon EXPRESSION1.

La syntaxe de NULLIF est :

```
NULLIF ( EXPRESSION1, EXPRESSION2) ;
```

```
SQL> SELECT NOM, PRENOM,
  2         LENGTH(NOM)    EXPRESSION1,
  3         LENGTH(PRENOM) EXPRESSION2,
  4         NULLIF(LENGTH(NOM),LENGTH(PRENOM)) RETOUR
  5  FROM EMPLOYES;

NOM          PRENOM     EXPRESSION1 EXPRESSION2    RETOUR
------------ ---------- ------------ ----------- ----------
Fuller       Andrew               6           6
Buchanan     Steven               8           6          8
Peacock      Margaret             7           8          7
Leverling    Janet                9           5          9
Davolio      Nancy                7           5          7
Dodsworth    Anne                 9           4          9
King         Robert               4           6          4
Suyama       Michael              6           7          6
Callahan     Laura                8           5          8

9 ligne(s) sélectionnée(s).
```

COALESCE

L'instruction COALESCE permet de retourner la première expression NOT NULL de la liste des paramètres.

COALESCE (EXPRESSION1, EXPRESSION2 [,...]) ;

```
SQL> SELECT C.NOM, B.NOM, A.NOM
  2  FROM EMPLOYES A, EMPLOYES B, EMPLOYES C
  3  WHERE A.REND_COMPTE = B.NO_EMPLOYE(+) AND
  4        B.REND_COMPTE = C.NO_EMPLOYE(+) ;

NOM          NOM          NOM
------------ ------------ ------------
Fuller       Buchanan     Dodsworth
Fuller       Buchanan     King
Fuller       Buchanan     Suyama
             Fuller       Buchanan
             Fuller       Peacock
                          Fuller
             Fuller       Leverling
             Fuller       Callahan
             Fuller       Davolio

9 ligne(s) sélectionnée(s).

SQL> SELECT COALESCE(C.NOM, B.NOM, A.NOM), COALESCE(B.NOM, A.NOM),A.NOM
  2  FROM EMPLOYES A, EMPLOYES B, EMPLOYES C
  3  WHERE A.REND_COMPTE = B.NO_EMPLOYE(+) AND
  4        B.REND_COMPTE = C.NO_EMPLOYE(+) ;

COALESCE(C.NOM,B.NOM COALESCE(B.NOM,A.NOM NOM
-------------------- -------------------- ------------
Fuller               Buchanan             Dodsworth
Fuller               Buchanan             King
Fuller               Buchanan             Suyama
Fuller               Fuller               Buchanan
Fuller               Fuller               Peacock
Fuller               Fuller               Fuller
Fuller               Fuller               Leverling
Fuller               Fuller               Callahan
Fuller               Fuller               Davolio

9 ligne(s) sélectionnée(s).
```

Atelier 3.5

- Fonctions générales

Durée : 10 minutes

TP

L'objectif de l'atelier est de vous aider à mieux comprendre les fonctions générales.

Exercice n° 1

Écrivez la requête qui permet d'afficher le résultat suivant :

```
NOM                    PRENOM        SALAIRE Commission
------------------     ----------    ------- -----------------------
Fuller                 Andrew          10000 Pas de commission
Buchanan               Steven           8000 Pas de commission
Peacock                Margaret         2856 250
Leverling              Janet            3500 1000
Davolio                Nancy            3135 1500
Dodsworth              Anne             2180 0
King                   Robert           2356 800
Suyama                 Michael          2534 600
Callahan               Laura            2000 Pas de commission
```

Écrivez la requête permettant d'afficher le nom du produit et la plus grande valeur du stock ou de la commande (valeur négative). La valeur du stock ou de la commande est calculée en multipliant la plus grande valeur du stock ou de la commande par le prix unitaire.

```
NOM_PRODUIT                              Valeur Stock
-------------------------------------    -------------------
Raclette Courdavault                             21.725,00€
Chai                                              3.510,00€
Chang                                            -3.800,00€
Aniseed Syrup                                    -3.500,00€
...
```

- *Fonctions « verticales »*

- *Groupe*

- *Sélection du groupe*

4

Groupement des données

Objectifs

A la fin de ce module, vous serez à même d'effectuer les tâches suivantes :

- Utiliser les fonctions "verticales".
- Effectuer des regroupements dans le cadre des requêtes.
- Sélectionner les lignes du groupe.
- Effectuer des regroupements à deux niveaux.

Contenu

Fonctions « Horizontales »

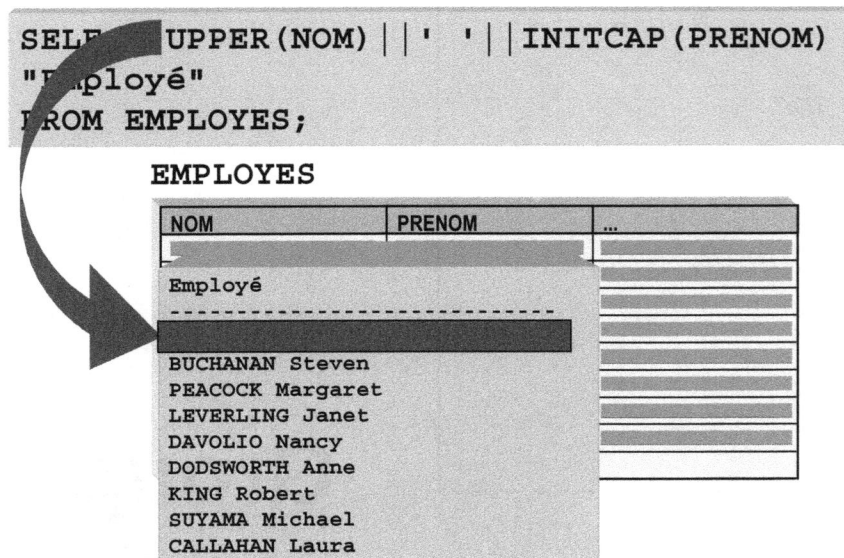

```
SEL    UPPER(NOM)||' '||INITCAP(PRENOM)
"  ployé"
 ROM EMPLOYES;
```

EMPLOYES

NOM	PRENOM	...
Employé		

BUCHANAN Steven		
PEACOCK Margaret		
LEVERLING Janet		
DAVOLIO Nancy		
DODSWORTH Anne		
KING Robert		
SUYAMA Michael		
CALLAHAN Laura		

Le module précédent explique l'utilisation des fonctions pour enrichir les requêtes de base et permettre de manipuler les données stockées dans la base.

Des fonctions SQL sont utilisées pour effectuer les traitements suivants :

- Manipulation des chaînes des caractères
- Calcul arithmétique
- Manipulation de dates
- Conversion et transformation

Les fonctions étudiées sont des fonctions "horizontales" qui manipulent des données d'une seule ligne (enregistrement).

Les fonctions "horizontales" fournissent un résultat et utilisent comme arguments les valeurs des colonnes, pour chaque ligne de la requête. Il est impossible, avec les fonctions "horizontales" de calculer des expressions entre plusieurs lignes.

Dans la pratique on a besoin d'effectuer des calculs qui portent sur les valeurs d'une ligne, mais aussi des calculs de synthèse, par exemple connaître le stock des produits, le cumul des salaires ou les produits vendus par client.

SQL fournie une série de fonctions "verticales" pour les regroupements et le calcul cumulatif.

Fonctions « Verticales »

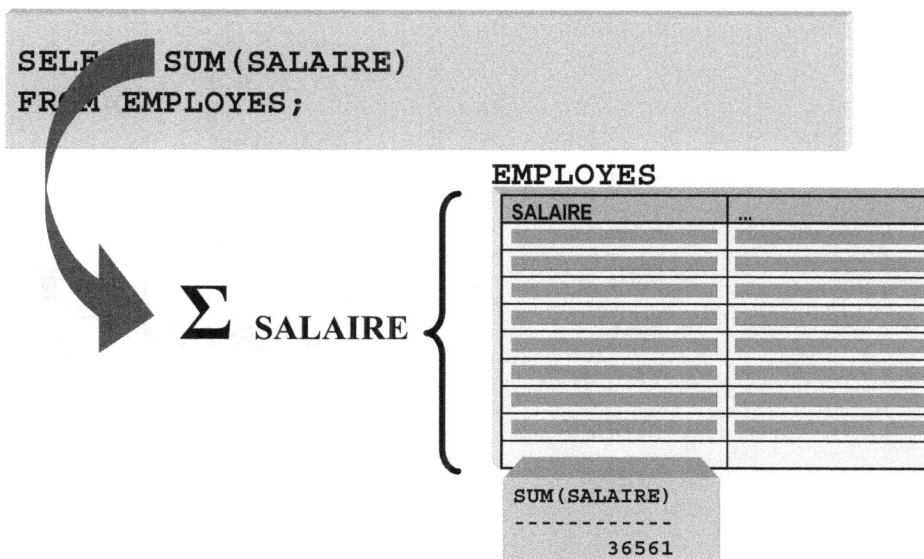

```
SELE    SUM(SALAIRE)
FR   M EMPLOYES;
```

EMPLOYES

SALAIRE	...

Σ SALAIRE

```
SUM(SALAIRE)
------------
       36561
```

Les fonctions "verticales" sont des fonctions qui opèrent sur des groupes de lignes. Les fonctions "verticales" ou les fonctions d'agrégat, sont utilisés pour des calculs cumulatifs de valeurs définis par requête. Ce sont essentiellement des fonctions de calcul qui assemblent des données de même type.

Le langage SQL offre un mécanisme permettant de travailler sur des valeurs obtenues par regroupement des lignes résultats de l'exécution d'une requête. Soit la requête :

```
SQL> SELECT NOM_PRODUIT, NO_FOURNISSEUR, CODE_CATEGORIE,
  2         PRIX_UNITAIRE, UNITES_STOCK, UNITES_COMMANDEES
  3* FROM PRODUITS;
```

Elle permet d'afficher pour chaque produit de chaque catégorie son nom, numéro fournisseur, prix unitaire, unités en stock et unités commandées, qui sont les données brutes de la base de données.

Il est aussi possible de connaître en une seule requête des informations complexes construites à partir des données enregistrées, telles que la quantité totale des unités en stock par catégorie, la quantité totale des unités commandées ou la catégorie qui cumule le plus d'unités commandées.

L'étude des fonctions "verticales" commence avec le calcul de synthèse sur l'ensemble des lignes retournées par la requête.

Fonctions d'agrégat

- SUM
- AVG
- MIN
- MAX
- VARIANCE
- STDDEV
- COUNT

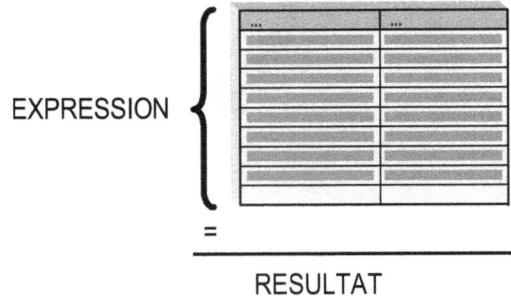

EXPRESSION

=

RESULTAT

Les fonctions "verticales" ou les fonctions d'agrégat, sont utilisées pour le calcul cumulatif des valeurs par rapport à un regroupement ou pour l'ensemble des lignes de la requête. La notion du groupe fait l'objet d'une présentation ultérieure, pour l'instant les fonctions d'agrégat sont utilisées pour l'ensemble des lignes de la requête.

Les fonctions "verticales" traitent les valeurs NULL différemment des fonctions "horizontales"» dans ce sens qu'elles n'en tiennent pas compte et calculent le résultat malgré leur présence.

SUM

La fonction SUM calcule la somme des expressions arguments pour l'ensemble des lignes correspondantes.

SUM(EXPRESSION) = RETOUR

```
SQL> SELECT SUM(SALAIRE),SUM(COMMISSION) FROM EMPLOYES ;

SUM(SALAIRE)  SUM(COMMISSION)
------------  ---------------
      36561             4150
```

AVG

La fonction AVG calcule la moyenne des expressions arguments pour l'ensemble des lignes correspondantes.

AVG(EXPRESSION) = RETOUR

```
SQL> SELECT AVG(COMMISSION),AVG(NVL(COMMISSION,0)) FROM EMPLOYES ;

AVG(COMMISSION)  AVG(NVL(COMMISSION,0))
---------------  ----------------------
     691,666667              461,111111
```

La fonction AVG est influencée par les valeurs NULL, la somme est calculée pour l'ensemble des lignes mais le nombre des lignes pris en compte est seulement celui pour la quelle la valeur EXPRESSION est NOT NULL.

MIN

La fonction MIN calcule la plus petite des valeurs pour les expressions arguments pour l'ensemble des lignes correspondantes.

MIN(EXPRESSION) = RETOUR

```
SQL> SELECT MIN(SALAIRE),MIN(COMMISSION) FROM EMPLOYES ;

MIN(SALAIRE) MIN(COMMISSION)
------------ ---------------
        2000               0
```

MAX

La fonction MAX calcule la plus grande des valeurs pour les expressions arguments pour l'ensemble des lignes correspondantes.

MAX(EXPRESSION) = RETOUR

```
SQL> SELECT MAX(SALAIRE),MAX(COMMISSION) FROM EMPLOYES ;

MAX(SALAIRE) MAX(COMMISSION)
------------ ---------------
       10000            1500
```

VARIANCE

La fonction VARIANCE calcule la variance de toutes les valeurs pour l'ensemble des lignes correspondantes.

VARIANCE(EXPRESSION) = RETOUR

STDDEV

La fonction STDDEV calcule l'écart type des valeurs pour l'ensemble des lignes correspondantes.

STDDEV(EXPRESSION) = RETOUR

COUNT

La fonction COUNT calcule le nombre des valeurs non NULL des expressions arguments pour l'ensemble des lignes correspondantes.

COUNT([ALL|DISTINCT] EXPRESSION) = RETOUR

```
SQL> SELECT COUNT(*),COUNT(FONCTION),COUNT(DISTINCT FONCTION)
  2* FROM EMPLOYES ;

  COUNT(*) COUNT(FONCTION) COUNT(DISTINCTFONCTION)
---------- --------------- -----------------------
         9               9                       4
```

Dans l'exemple vous pouvez distinguer trois utilisations de la fonction COUNT pour le calcul du nombre :

- des lignes distinctes de la table EMPLOYES,

- des valeurs non NULL de la colonne FONCTION, sans tenir compte des doublons,
- des valeurs non NULL et distinctes de la colonne FONCTION.

NOTE

L'argument DISTINCT est utilisé pour calculer les valeurs de l'expression distinctes et non NULL. Il peut être utilisé dans toutes les fonctions "verticales" pour éliminer les doublons, cependant il faut faire attention car l'élimination des doublons impacte sur le résultat.

Le groupe

```
SELECT FONCTION,SUM(SALAIRE)
FROM EMPLOYES
GROUP BY FONCTION;
```

Σ SALAIRE FONCTION 1

Σ SALAIRE FONCTION 2

Σ SALAIRE FONCTION ...

FONCTION	SALAIRE

```
FONCTION                          SUM(SALAIRE)
-------------------------------   ------------
Assistante commerciale                    2000
Chef des ventes                           8000
Représentant(e)                          16561
Vice-Président                           10000
```

Les fonctions "verticales" ou les fonctions d'agrégat, peuvent être utilisées pour le calcul cumulatif des valeurs par rapport à un regroupement ou pour l'ensemble des lignes de la requête.

Le groupe offre un mécanisme permettant de travailler sur un ou plusieurs regroupements de lignes dans l'ensemble des enregistrements de la requête. Un regroupement est formé d'un ensemble d'enregistrements ayant une ou plusieurs caractéristiques communes.

La définition du groupe se fait par l'intermédiaire de la clause GROUP BY.

Dans l'exemple on calcule la somme des salaires pour chaque élément du groupe FONCTION, le résultat étant le cumul des salaires pour chaque fonction.

La syntaxe de l'instruction SELECT :

```
SELECT [ALL | DISTINCT]{*,[EXPRESSION1 [AS] ALIAS1[,...]}
FROM NOM_TABLE
WHERE PREDICAT
GROUP BY [NOM_COLONNE1|EXPRESSION1],
         [NOM_COLONNE2|EXPRESSION2][,...]
ORDER BY [NOM_COLONNE1|POSITION1] [ASC|DESC][,...] ;
```

```
SQL> SELECT FONCTION,
  2         SUM(SALAIRE)
  3  FROM EMPLOYES
  4  GROUP BY FONCTION ;

FONCTION                          SUM(SALAIRE)
-------------------------------   ------------
Assistante commerciale                    2000
Chef des ventes                           8000
Représentant(e)                          16561
Vice-Président                           10000
```

NOTE

Le regroupement se fait d'abord selon le premier critère spécifié dans la clause GROUP BY, puis les lignes ayant le même groupe sont regroupées selon le deuxième critère de la clause GROUP BY, etc. L'ensemble des critères définit le groupe ; les fonctions" verticales" sont exécutées chaque fois que la valeur du groupe change.

```
SQL> SELECT NO_FOURNISSEUR,
  2         CODE_CATEGORIE,
  3         SUM(UNITES_STOCK)
  4  FROM PRODUITS
  5  GROUP BY NO_FOURNISSEUR,
  6*          CODE_CATEGORIE ;

NO_FOURNISSEUR CODE_CATEGORIE SUM(UNITES_STOCK)
-------------- -------------- -----------------
             1              1                56
             1              2                13
             2              2               133
             3              2               126
             3              7                15
             4              6                29
             4              7                 4
             4              8                31
             5              4               108
             6              2                39
             6              7                35
             6              8                24
             7              1                15
             7              2                24
             7              3                29
             7              6                 0
             7              8                42
```

Dans l'exemple précèdent vous pouvez remarquer que le groupe est formé par les deux critères précisés dans la clause GROUP BY, le numéro de fournisseur (NO_FOURNISSEUR) et le code catégorie (CODE_CATEGORIE). Le groupe détermine le niveau de détail, l'ensemble des lignes pour les quelles on exécute le calcul de la somme.

Pour les requêtes qui n'utilisent pas des fonctions "verticales" et groupes, le niveau de détail est défini par les enregistrements des tables. Pour les requêtes qui utilisent les groupes et fonctions "verticales", le niveau de détail est déterminé par le groupe.

```
SQL> SELECT SUM(UNITES_STOCK*PRIX_UNITAIRE),
  2         SUM(UNITES_COMMANDEES*PRIX_UNITAIRE)
  3  FROM PRODUITS
  4* WHERE  NO_FOURNISSEUR IN (1,2,5)

SUM(UNITES_STOCK*PRIX_UNITAIRE) SUM(UNITES_COMMANDEES*PRIX_UNITAIRE)
------------------------------- ------------------------------------
                          38594                                18950
```

Dans l'exemple précédent vous pouvez voir que la requête ne retourne qu'une seule ligne qui rassemble l'ensemble des lignes de la table qui respecteront les conditions de la clause WHERE.

```
SQL> SELECT NOM,FONCTION,SUM(SALAIRE+NVL(COMMISSION,0)) FROM EMPLOYES;
SELECT NOM,FONCTION,SUM(SALAIRE+NVL(COMMISSION,0)) FROM EMPLOYES
       *
ERREUR à la ligne 1 :
ORA-00937: La fonction de groupe ne porte pas sur un groupe simple
```

ATTENTION

Toute requête qui utilise des fonctions "verticales" sur un groupe défini, doit afficher, dans les expressions qui ne sont pas des arguments des fonctions "verticales" seulement les colonnes contenues dans la clause GROUP BY. Les colonnes affichables, en dehors des fonctions "verticales", sont celles qui ont une valeur unique dans le groupe.

```
SQL> SELECT CODE_CLIENT,
  2         DATE_ENVOI,
  3         SUM(PORT)
  4  FROM COMMANDES
  5  GROUP BY CODE_CLIENT,
                 6*        TO_CHAR(DATE_ENVOI,'YYYY')

       DATE_ENVOI,
       *
ERREUR à la ligne 2 :
ORA-00979: N'est pas une expression GROUP BY
```

Dans l'exemple précèdent vous pouvez voir que DATE_ENVOI, qui se trouve dans la clause GROUP BY dans la composition d'une expression, ne peut pas être affiché parce que sa valeur n'est pas unique dans le groupe.

Une colonne composant d'une expression critère d'un groupe doit, pour pouvoir être utilisée dans les expressions destinées à l'affichage, être employée avec la même expression de la clause GROUP BY.

```
SQL> SELECT NO_EMPLOYE,
  2         'Année '||TO_CHAR(DATE_COMMANDE,' YYYY ') "Année",
  3         TO_CHAR(SUM(PORT),'99G999D99U')
  4  FROM COMMANDES
  5  GROUP BY NO_EMPLOYE,
  6*          TO_CHAR(DATE_COMMANDE,' YYYY ')

NO_EMPLOYE Année        TO_CHAR(SUM(PORT),'9
---------- ------------ --------------------
         1 Année  1996            9.355,20€
         1 Année  1997           22.922,35€
         1 Année  1998           11.905,65€
         2 Année  1996            4.865,90€
         2 Année  1997           18.982,05€
         2 Année  1998           19.633,25€
         3 Année  1996            4.400,15€
         3 Année  1997           34.591,00€
         3 Année  1998           15.431,85€
...
```

La sélection de groupe

```
SELECT FONCTION,SUM(SALAIRE)
FROM EMPLOYES
GROUP BY FONCTION
HAVING SUM(SALAIRE) >= 10000;
```

Σ SALAIRE FONCTION 1

Σ SALAIRE FONCTION ...

FONCTION	SALAIRE

```
FONCTION                              SUM(SALAIRE)
----------------------------          ------------
Représentant(e)                             16561
Vice-Président                              10000
```

Les sélections dans une requête sans groupe sont effectuées dans la clause WHERE. Dans cette clause le prédicat (l'ensemble des critères de sélection) est exécuté pour chaque enregistrement de la table, le niveau de détail, le résultat de la requête étant formé par les lignes qui vérifient le prédicat.

Les requêtes groupées peuvent être sélectionnées à l'aide de la clause HAVING, pour spécifier le prédicat sur groupe.

La syntaxe de l'instruction SELECT :

```
SELECT [ALL | DISTINCT]{*,[EXPRESSION1 [AS] ALIAS1[,...]}
FROM NOM_TABLE
WHERE PREDICAT
GROUP BY [NOM_COLONNE1|EXPRESSION1] [,...]
HAVING PREDICAT
ORDER BY [NOM_COLONNE1|EXPRESSION1] [ASC|DESC][,...] ;
```

```
SQL> SELECT NO_EMPLOYE,
  2         TO_CHAR(DATE_COMMANDE,' YYYY ') "Année",
  3         TO_CHAR(SUM(PORT),'99G999D99U')
  4    FROM COMMANDES
  5   WHERE DATE_COMMANDE > '01/01/1997' AND
  6         NO_EMPLOYE    <= 5
  7   GROUP BY NO_EMPLOYE,
  8            TO_CHAR(DATE_COMMANDE,' YYYY ')
  9   HAVING SUM(PORT) > 18000
 10*  ORDER BY  SUM(PORT) DESC ;

NO_EMPLOYE Année  TO_CHAR(SUM(PORT),'9
---------- ------ --------------------
         3 1997            34.591,00€
         4 1997            33.242,25€
         1 1997            22.440,15€
         2 1998            19.633,25€
         2 1997            18.982,05€
```

Dans l'exemple précèdent vous pouvez remarquer que le groupe est formé par les deux critères précisés dans la clause GROUP BY, le numéro d'employé (NO_EMPLOYE) et l'année de la commande. Oracle exécute les clauses dans un ordre bien défini :

1. Sélectionne les lignes conformément à la clause WHERE.

2. Groupe les lignes conformément à la clause GROUP BY.

3. Calcule les résultats des fonctions d'agrégat pour chaque groupe.

4. Élimine les groupes conformément à la clause HAVING.

5. Ordonne les groupes conformément à la clause ORDER BY.

L'ordre d'exécution est important, car il affecte directement les performances des requêtes. En général, plus le nombre d'enregistrements éliminés par une clause WHERE est grand, plus l'exécution de la requête est rapide. Ce gain en performances provient de la réduction du nombre de lignes devant être traitées durant l'opération GROUP BY.

Lorsqu'une requête inclut une clause HAVING, il est préférable de la remplacer par une clause WHERE. Toutefois, cette substitution est généralement possible seulement lorsque la clause HAVING est utilisée pour éliminer des groupes basés sur la colonne de groupement. Prenez l'exemple précèdent NO_EMPLOYE peut être utilisé aussi bien dans la clause WHERE que dans la clause HAVING cependant la requête s'exécute plus vite si il est utilisé dans la clause WHERE étant donné que le nombre des lignes à regrouper est moins important.

ATTENTION

Les expressions utilisées dans la clause HAVING peuvent contenir seulement des colonnes et expressions contenues dans la clause GROUP BY ou des fonctions "verticales" qui respectent la même syntaxe que les expressions de l'affichage.

```
SQL> SELECT NO_EMPLOYE,
  2          TO_CHAR(DATE_COMMANDE,' YYYY ') "Année",
  3          TO_CHAR(SUM(PORT),'99G999D99U')
  4      FROM COMMANDES
  5      GROUP BY NO_EMPLOYE,
  6             TO_CHAR(DATE_COMMANDE,' YYYY ')
  7      HAVING SUM(PORT) > 18000 AND
  8             DATE_COMMANDE > '01/01/1997'
  9*     ORDER BY  SUM(PORT) DESC ;
        DATE_COMMANDE > '01/01/1997'
        *
ERREUR à la ligne 8 :
ORA-00979: N'est pas une expression GROUP BY
```

Une requête peut contenir à la fois une clause WHERE et une clause HAVING. Dans ce cas, la clause WHERE doit précéder la clause GROUP BY et la clause HAVING doit lui succéder.

Sachez que vous pouvez utiliser un alias de colonne dans une clause ORDER BY, mais pas dans une autre clause WHERE, GROUP BY ou HAVING.

Le groupe à deux niveaux

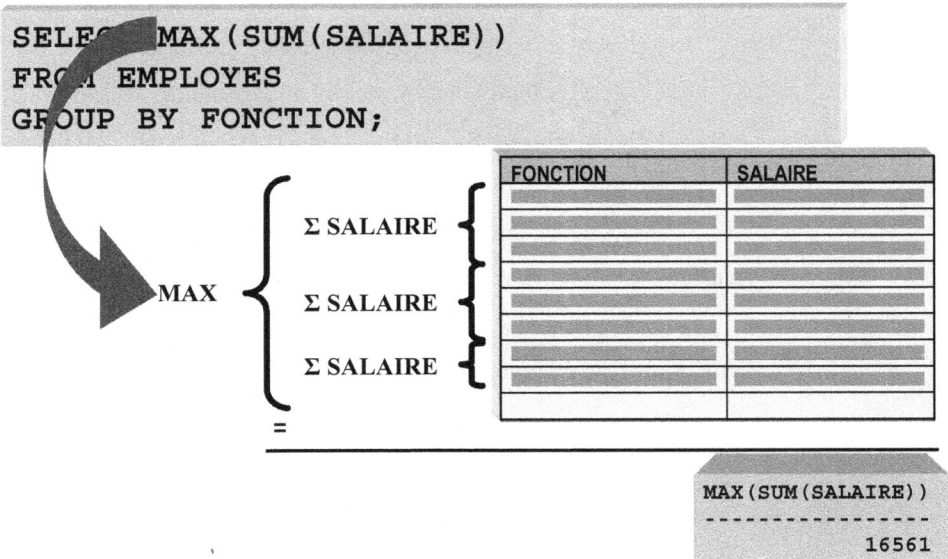

```
SELECT MAX(SUM(SALAIRE))
FROM EMPLOYES
GROUP BY FONCTION;
```

Il est possible d'appliquer au résultat d'un select qui utilise le partitionnement de groupe un second niveau de fonction de groupe.

Pour comprendre l'exemple précèdent il faut savoir que Oracle exécute la requête en deux pas :

    1. Sélectionne et groupe les lignes conformément à la clause GROUP BY.

```
SQL> SELECT FONCTION,
  2         SUM(SALAIRE)
  3  FROM EMPLOYES
  4* GROUP BY FONCTION ;

FONCTION                        SUM(SALAIRE)
------------------------------ ------------
Assistante commerciale                 2000
Chef des ventes                        8000
Représentant(e)                       16561
Vice-Président                        10000
```

    2. Exécute les fonctions "verticales" sur l'ensemble des lignes obtenues dans le passage précèdent comme si c'était des enregistrements provenant d'une table.

```
SQL> SELECT MAX(SUM(SALAIRE)),
  2         SUM(SUM(SALAIRE))
  3  FROM EMPLOYES
  4* GROUP BY FONCTION ;

MAX(SUM(SALAIRE)) SUM(SUM(SALAIRE))
----------------- -----------------
            16561             36561
```

Atelier 4.1

- Exercices de mise en pratique :
  - **Fonctions des fonctions « verticales »**
  - **Groupe**
  - **Sélection de Groupe**

  Durée : 25 minutes

TP

L'objectif de l'atelier est de vous aider à vérifier votre compréhension des fonctions "verticales", la gestion des regroupements et les sélections des groupes.

Exercice n° 1

Écrivez la requête qui permet d'afficher la valeur totale des produits en stock et la valeur totale des produits commandés.

Écrivez la requête qui permet d'afficher la masse salariale.

Exercice n° 2

Écrivez la requête qui permet d'afficher la masse salariale par fonction des employés.

Écrivez la requête qui permet d'afficher les frais de port pour chaque client et par année.

Exercice n° 3

Écrivez la requête qui permet d'afficher la valeur des produits en stock et la valeur des produits commandés pour les fournisseurs qui ont un numéro compris entre 3 et 6 et qui vendent au mois trois catégories de produits.

Affichez la valeur des commandes (prix unitaire multiplié par quantité) pour les commandes qui comportent plus de cinq produits.

- *Jointures*

- *Sous-requêtes*

- *Opérateurs ensemblistes*

5

Les requêtes multitables

Objectifs

A la fin de ce module, vous serez à même d'effectuer les tâches suivantes :

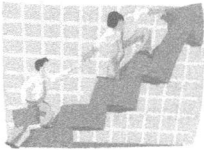

- Effectuer des requêtes multitables.
- Sélectionner des lignes avec des sous requêtes.
- Effectuer des interrogations avec les opérateurs ensemblistes.

Contenu

Requêtes multitables

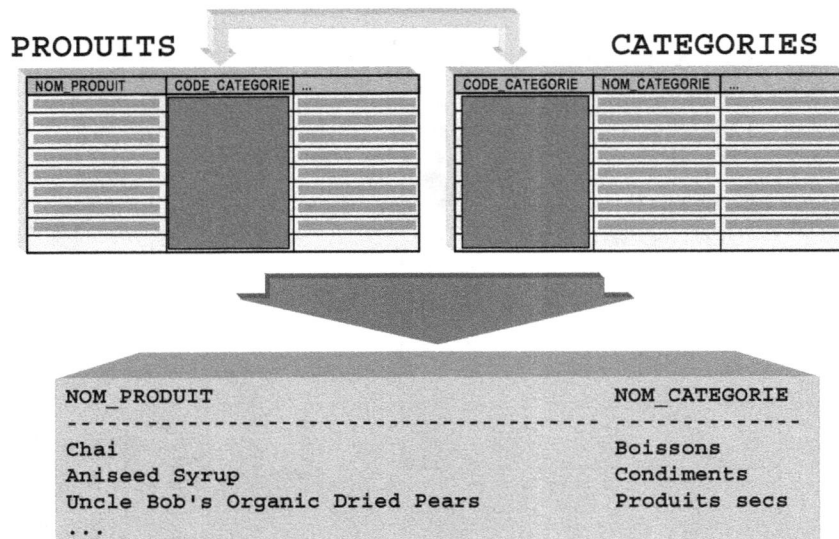

```
PRODUITS                                          CATEGORIES
NOM_PRODUIT   CODE_CATEGORIE  ...      CODE_CATEGORIE  NOM_CATEGORIE  ...
```

```
NOM_PRODUIT                                    NOM_CATEGORIE
----------------------------------------       --------------
Chai                                           Boissons
Aniseed Syrup                                  Condiments
Uncle Bob's Organic Dried Pears                Produits secs
...
```

Jusqu'ici, nous avons extrait des données, brutes ou dérivées, issues d'une seule table. Nous examinerons dans cette section comment coupler les lignes de deux ou plusieurs tables afin d'en extraire des données corrélées.

Dans un environnement réel de production, les informations utiles sont souvent contenues dans plusieurs tables. Par exemple, vous pouvez avoir besoin du nom des catégories de produits alors que la table PRODUITS ne contient que les codes des catégories. Vous devez alors coupler les deux tables, PRODUITS et la table CATEGORIES. Les bases de données relationnelles permettent dans leur principe d'associer deux ou plusieurs tables par des colonnes communes et qui participent à la formation de clés.

Il existe deux types de clés, primaire et étrangère. Une clé primaire, composée d'un ou de plusieurs champs, permet d'identifier de façon unique un enregistrement de la table. Dans la table CATEGORIES, la clé primaire est représentée par une seule colonne, CODE_CATEGORIE. La table PRODUITS contient aussi cette colonne, mais il s'agit pour elle d'une clé étrangère. Une clé étrangère permet d'extraire des informations contenues dans une autre table (étrangère). Une telle opération d'association de tables porte le nom de **jointure.**

Les jointures sont classifiées :

- La jointure sans condition.
- La jointure avec condition.
- La jointure externe
- L'auto jointure

La jointure sans condition

```
PRODUITS                                    CATEGORIES
```

Une requête sans condition affiche pour chaque ligne de la première table l'ensemble des lignes de la deuxième, si d'autres tables sont définies dans la clause FROM, pour chaque ligne du résultat précédent les lignes de la table suivante, etc.

```
SQL> SELECT COUNT(*) FROM PRODUITS;

  COUNT(*)
----------
        77

SQL> SELECT COUNT(*) FROM CATEGORIES ;

  COUNT(*)
----------
         8

SQL> SELECT NOM_PRODUIT,
  2          NOM_CATEGORIE
  3* FROM PRODUITS, CATEGORIES ;

NOM_PRODUIT                                 NOM_CATEGORIE
------------------------------------------- -------------------------
Chai                                        Boissons
Chai                                        Condiments
Chai                                        Produits laitiers
Chai                                        Viandes
Chai                                        Poissons et fruits de mer
Chai                                        Produits secs
Chai                                        Pâtes et céréales
Chai                                        Desserts
...
```

La requête précédente risque cependant d'être extrêmement coûteuse (le résultat contiendrait ici 77 x 8 = 616 lignes) et n'offrirait aucun intérêt. Cette opération est le **produit relationnel**, le plus souvent appelé (abusivement, car le résultat n'est pas un ensemble de couples de lignes) **produit cartésien** dans la littérature.

La jointure avec condition

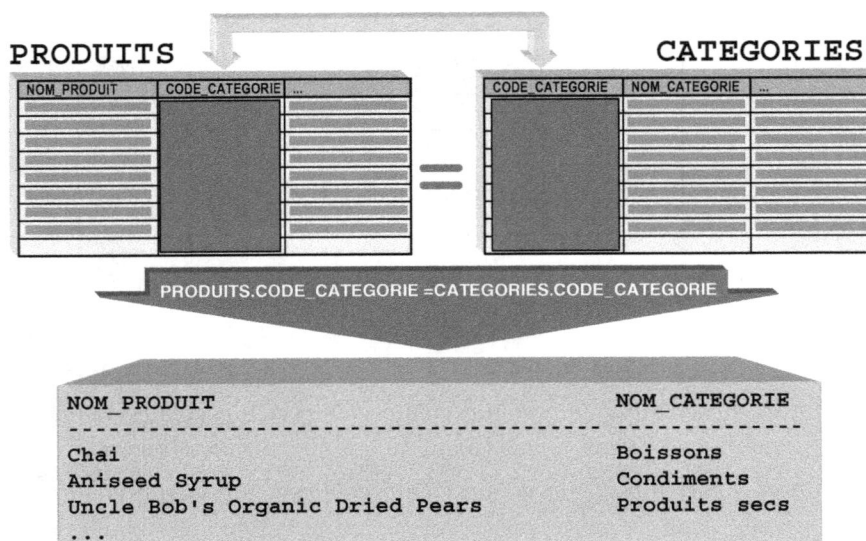

Pour coupler deux tables, il faut d'abord préciser les tables dans la clause FROM, ainsi que la règle d'association des lignes de ces deux tables, les conditions correspondantes dans la clause WHERE, dont les valeurs sont extraites. Cette règle se présente sous la forme d'une égalité des valeurs de deux colonnes.

```
SQL> SELECT NOM_PRODUIT,
  2         NOM_CATEGORIE
  3    FROM PRODUITS A, CATEGORIES B
  4    WHERE A.CODE_CATEGORIE=B.CODE_CATEGORIE
  5* ORDER BY REF_PRODUIT ;

NOM_PRODUIT                              NOM_CATEGORIE
--------------------------------------   -------------------------
Chai                                     Boissons
Chang                                    Boissons
Aniseed Syrup                            Condiments
Chef Anton's Cajun Seasoning             Condiments
Chef Anton's Gumbo Mix                   Condiments
Grandma's Boysenberry Spread             Condiments
Uncle Bob's Organic Dried Pears          Produits secs
Northwoods Cranberry Sauce               Condiments
Mishi Kobe Niku                          Viandes
Ikura                                    Poissons et fruits de mer
Queso Cabrales                           Produits laitiers
Queso Manchego La Pastora                Produits laitiers
Konbu                                    Poissons et fruits de mer
Tofu                                     Produits secs
Genen Shouyu                             Condiments
Pavlova                                  Desserts
Alice Mutton                             Viandes
...
```

La requête précédente affiche pour chaque produit le nom de la catégorie correspondante. Dans la clause FROM vous pouvez remarquer les alias A et B pour les tables PRODUITS et CATEGORIES, utilisées pour faciliter l'écriture de la requête et pour lever certaines ambiguïtés, comme dans notre cas où les deux tables possèdent une colonne de même nom CODE_CATEGORIE.

```
SQL> SELECT NOM||' '||PRENOM "Vendeur",
  2          SOCIETE "Client",
  3          TO_CHAR( DATE_COMMANDE,'DD Mon YYYY') "Commande",
  4          PORT "Port"
  5  FROM CLIENTS A,EMPLOYES B,COMMANDES C
  6  WHERE A.CODE_CLIENT = C.CODE_CLIENT AND
  7        B.NO_EMPLOYE  = C.NO_EMPLOYE  AND
  8*       DATE_COMMANDE > '01/05/1998';

Vendeur                Client                     Commande          Port
---------------------- -------------------------- ----------- ----------
Davolio Nancy          Drachenblut Delikatessen   04 Mai 1998       39,9
Callahan Laura         Queen Cozinha              04 Mai 1998     408,75
Davolio Nancy          Tortuga Restaurante        04 Mai 1998      78,35
Fuller Andrew          Lehmanns Marktstand        05 Mai 1998        680
Davolio Nancy          LILA-Supermercado          05 Mai 1998       4,65
Peacock Margaret       Ernst Handel               05 Mai 1998     1293,2
Fuller Andrew          Pericles Comidas clásicas  05 Mai 1998     124,75
King Robert            Simons bistro              06 Mai 1998       92,2
Callahan Laura         Richter Supermarkt         06 Mai 1998      30,95
Peacock Margaret       Bon app'                   06 Mai 1998      191,4
Davolio Nancy          Rattlesnake Canyon Grocery 06 Mai 1998      42,65

11 ligne(s) sélectionnée(s).
```

Les conditions telles que A.CODE_CLIENT = C.CODE_CLIENT sont appelées conditions de jointure, car elles régissent les associations entre les lignes de COMMANDES et CLIENTS.

Techniquement, cependant, il s'agit d'une condition ordinaire appliquée aux colonnes de chaque couple de lignes, et qui peut apparaître au milieu d'autres conditions de sélection, comme dans la requête précédente, pour limiter le résultat aux commandes ultérieures au 01 mai 1998.

La jointure externe

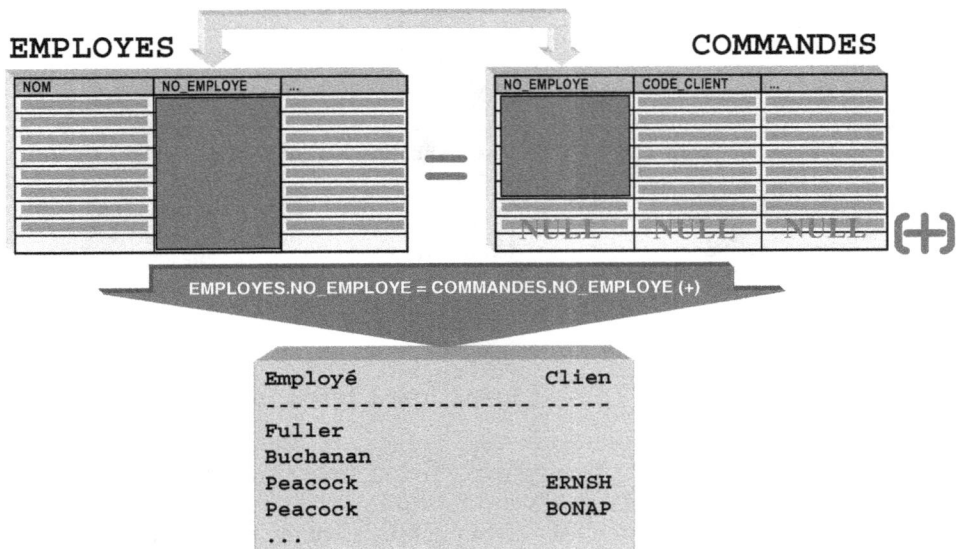

Dans le cas d'une jointure classique, lorsqu'une ligne d'une table ne satisfait pas à la condition de jointure, cette ligne n'apparaît pas dans le résultat final.

Il peut cependant être souhaitable de conserver les lignes d'une table qui ne répondent pas à la condition de jointure. On parle alors de **jointure externe** (outer join).

```
SQL> SELECT NOM "Employé",
  2         CODE_CLIENT "Client"
  3  FROM EMPLOYES A,COMMANDES B
  4  WHERE A.NO_EMPLOYE = B.NO_EMPLOYE (+) AND
  5*        NVL(DATE_COMMANDE,'02/05/1998') > '01/05/1998' ;

Employé              Clien
-------------------- -----
Fuller
Buchanan
Peacock              ERNSH
Peacock              BONAP
Davolio              DRACD
Davolio              TORTU
Davolio              LILAS
Davolio              RATTC
King                 SIMOB
Callahan

10 ligne(s) sélectionnée(s).
```

Dans l'exemple précédent la jointure externe consiste à ajouter au résultat de la jointure normale, l'ensemble des employés qui n'ont pas effectué des ventes. Ce résultat est obtenu en ajoutant le symbole (+) à coté de COMMANDES.NO_EMPLOYE.

Le signe (+) permet d'ajouter une ligne fictive de valeur nulle, mais qui vérifie la condition de jointure.

```
SQL> SELECT NOM "Employé",
  2         SOCIETE "Client"
  3  FROM EMPLOYES A,COMMANDES B,CLIENTS C
  4  WHERE A.NO_EMPLOYE = B.NO_EMPLOYE (+) AND
  5         B.CODE_CLIENT= C.CODE_CLIENT     AND
  6*        NVL(DATE_COMMANDE,'02/05/1998') > '01/05/1998'

Employé              Client
-------------------  -----------------------------------
Peacock              Ernst Handel
Peacock              Bon app'
Davolio              Drachenblut Delikatessen
Davolio              Tortuga Restaurante
Davolio              LILA-Supermercado
Davolio              Rattlesnake Canyon Grocery
King                 Simons bistro

7 ligne(s) sélectionnée(s).
```

La requête précédente ne retourne que les employés qui ont effectué des ventes, malgré la jointure externe entre la table EMPLOYES et COMMANDES. En effet la condition B.CODE_CLIENT = C.CODE_CLIENT impose l'existence d'un enregistrement dans la table B (COMMANDE). Pour pouvoir visualiser l'ensemble des employés et pour ceux qui ont effectués des ventes les clients correspondants, il faut transformer la jointure entre les tables COMMANDES et CLIENTS en jointure externe.

```
SQL> SELECT NOM "Employé",
  2         NVL(SOCIETE, '-- Pas de client --') "Client"
  3  FROM EMPLOYES A,COMMANDES B,CLIENTS C
  4  WHERE A.NO_EMPLOYE = B.NO_EMPLOYE (+) AND
  5         B.CODE_CLIENT= C.CODE_CLIENT(+) AND
  6*        NVL(DATE_COMMANDE,'02/05/1998') > '01/05/1998' ;

Employé              Client
-------------------  -----------------------------------
Fuller               -- Pas de client --
Buchanan             -- Pas de client --
Peacock              Ernst Handel
Peacock              Bon app'
Davolio              Drachenblut Delikatessen
Davolio              Tortuga Restaurante
Davolio              LILA-Supermercado
Davolio              Rattlesnake Canyon Grocery
King                 Simons bistro
Callahan             -- Pas de client --

10 ligne(s) sélectionnée(s).
```

L'autojointure

EMPLOYES

NOM	NO_EMPLOYE	REND_COMPTE

NO_EMPLOYE = REND_COMPTE

```
Employé              Supérieur
-------------------- ----------
Buchanan             Fuller
Peacock              Fuller
Leverling            Fuller
Davolio              Fuller
Callahan             Fuller
Dodsworth            Buchanan
King                 Buchanan
Suyama               Buchanan
```

L'autojointure met en corrélation les lignes d'une table avec d'autres lignes de la même table. Elle permet donc de ramener sur la même ligne de résultat des informations venant d'une ligne plus des informations venant d'une autre ligne de la même table.

La jointure d'une table à elle-même n'est possible qu'à condition d'utiliser des "alias" ou abréviations de table pour faire référence à une même table sous des noms différents.

L'utilisation d'un alias (ou nom d'emprunt ou synonyme) permet de renommer une des tables et évite les problèmes d'ambiguïté pour les noms de colonnes qui doivent être préfixés par le synonyme des différentes tables.

```
SQL> SELECT A.NOM "Employé",
  2         NVL(B.NOM,'-- Pas de supérieur --') "Supérieur"
  3  FROM EMPLOYES A,EMPLOYES B
  4* WHERE A.REND_COMPTE = B.NO_EMPLOYE (+) ;

Employé              Supérieur
-------------------- --------------------
Fuller               -- Pas de supérieur --
Buchanan             Fuller
Peacock              Fuller
Leverling            Fuller
Davolio              Fuller
Dodsworth            Buchanan
King                 Buchanan
Suyama               Buchanan
Callahan             Fuller

9 ligne(s) sélectionnée(s).
```

La requête comporte une jointure externe pour pouvoir afficher tous les employés même ce qui n'ont pas de supérieur hiérarchique.

Atelier 5.1

- Requêtes multi tables

Durée : 30 minutes

TP

L'objectif de l'atelier est de vous aider à vérifier votre compréhension des requêtes multitables.

Exercice n° 1

Ecrivez la requête qui permet d'afficher les employés qui ont effectué la vente pour les clients de Paris.

Ecrivez la requête qui permet d'afficher les clients qui sont localisés dans une ville d'un fournisseur (Il s'agit d'une jointure entre la table CLIENTS et FOURNISSEURS).

Affichez les clients qui ont commande plus de vingt cinq produits.

Affichez les produits et fournisseurs pour les produits des catégories 1, 4 et 7.

Exercice n° 2

Écrivez la requête qui permet d'afficher les clients qui ont commandé le produit numéro 1.

Écrivez la requête qui permet d'afficher tous les clients et le cumul des commandes pour les clients qui ont passé des commandes.

Écrivez la requête qui permet d'afficher le cumul des commandes par localité.

Écrivez la requête qui permet d'afficher les fournisseurs et les catégories de produits qu'ils vendent.

Affichez les employés et leurs supérieurs hiérarchiques.

Les sous-requêtes

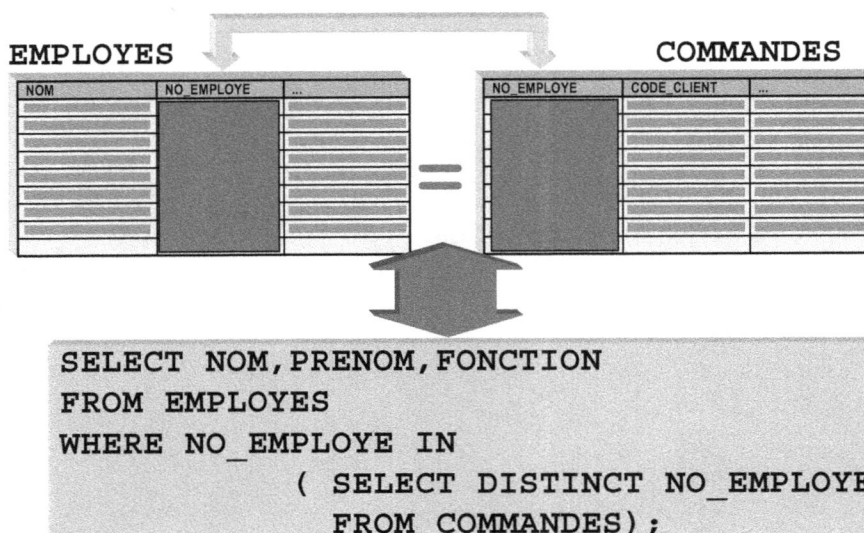

EMPLOYES   COMMANDES

```
SELECT NOM,PRENOM,FONCTION
FROM EMPLOYES
WHERE NO_EMPLOYE IN
            ( SELECT DISTINCT NO_EMPLOYE
              FROM COMMANDES);
```

La jointure peut aussi être exprimée d'une manière plus procédurale avec des blocs imbriqués reliés par l'opérateur IN. On dit alors que la requête, dont le résultat sert de valeur de référence dans le prédicat, est une requête imbriquée ou une sous requête.

Il est possible d'imbriquer plusieurs requêtes, le résultat de chaque requête imbriquée servant de valeur de référence dans la condition de sélection de la requête de niveau supérieur, appelée requête principale.

Il existe en fait plusieurs types de requêtes imbriquées, suivant les valeurs retournées, la dépendance ou non de la requête principale ou l'emplacement de la sous requête.

Typologie des sous requêtes :

- Sous requête renvoyant une seule ligne (**single-row subquery**)
- Sous requête renvoyant plusieurs lignes (**multiple-row subquery**)
- Sous requête renvoyant plusieurs expressions (**multiple-column subquery**)
- Sous requête synchronisée
- Sous interrogation dans la clause FROM

ATTENTION

Dans les sous requêtes il ne faut pas inclure de clause ORDER BY.

Sous-requête renvoyant une seule ligne

```
SELECT NOM,PRENOM,FONCTION
FROM EMPLOYES
WHERE SALAIRE >
            SELECT AVG(SALAIRE)
            FROM EMPLOYES           );
```

Le salaire moyen des tous les employés.

Une sous requête de ce type s'utilise lorsque la valeur de référence de la condition de sélection doit être unique.

La sous requête est entièrement évaluée avant la requête principale. Le résultat est identique à celui obtenu en exécutant dans une première étape la sous requête pour obtenir la valeur de référence et en utilisant cette valeur dans la seconde étape pour exécuter la requête principale.

```
SQL> SELECT NOM_PRODUIT
  2  FROM PRODUITS
  3* WHERE UNITES_STOCK = (SELECT MAX(UNITES_STOCK) FROM PRODUITS) ;

NOM_PRODUIT
-------------------------------------
Rhönbräu Klosterbier
```

ATTENTION

Pour que la requête s'exécute correctement, il faut que la sous requête retourne une ligne et une seule. Si la sous requête ne renvoie rien ou si elle renvoie plusieurs lignes, SQL génère une erreur.

```
SQL> SELECT NOM_PRODUIT
  2  FROM PRODUITS
  3* WHERE UNITES_STOCK = (SELECT UNITES_STOCK FROM PRODUITS)
WHERE UNITES_STOCK = (SELECT UNITES_STOCK FROM PRODUITS)
                      *
ERREUR à la ligne 3 :
ORA-01427: Sous-interrogation ramenant un enregistrement de plus d'une
ligne
```

Sous-requête renvoyant plusieurs lignes

```
SELECT SOCIETE
FROM FOURNISSEURS
WHERE NO_FOURNISSEUR IN
        ( SELECT DISTINCT NO_FOURNISSEUR
          FROM PRODUITS
          WHERE CODE_CATEGORIE = 1          ) ;
```

Sous-requête

CODE_CLIENT

Une sous requête de ce type s'utilise lorsque la condition de sélection fait référence à une liste de valeurs.

La sous requête est entièrement évaluée avant la requête principale. Le résultat est identique à celui obtenu en exécutant, dans une première étape, la sous requête pour obtenir la liste des valeurs et en utilisant cette liste, dans la seconde étape pour exécuter la requête principale.

La condition de sélection emploie alors un opérateur IN ou un opérateur simple (=, !=, <>, <, >, <=, >=) précédé de ALL ou de ANY :

- IN : la condition sera vraie si elle est vérifiée pour une des valeurs renvoyées par la sous-requête;

```
SQL> SELECT SOCIETE
  2    FROM FOURNISSEURS
  3    WHERE NO_FOURNISSEUR IN (SELECT DISTINCT NO_FOURNISSEUR FROM PRODUITS
  4*                    WHERE CODE_CATEGORIE = 1) ;

SOCIETE
----------------------------------------
Exotic Liquids
Pavlova, Ltd.
Refrescos Americanas LTDA
Plutzer Lebensmittelgroßmärkte AG
Bigfoot Breweries
Aux joyeux ecclésiastiques
Leka Trading
Karkki Oy

8 ligne(s) sélectionnée(s).
```

- ANY : la condition sera vraie si elle est vraie pour au moins une des valeurs renvoyées par la sous requête;

```
SQL> SELECT SOCIETE
  2  FROM FOURNISSEURS
  3  WHERE NO_FOURNISSEUR = (SELECT DISTINCT NO_FOURNISSEUR FROM PRODUITS
  4*                         WHERE CODE_CATEGORIE = 1) ;
WHERE NO_FOURNISSEUR = (SELECT DISTINCT NO_FOURNISSEUR FROM PRODUITS
                        *
ERREUR à la ligne 3 :
ORA-01427: Sous-interrogation ramenant un enregistrement de plus d'une ligne

SQL> SELECT SOCIETE
  2  FROM FOURNISSEURS
  3  WHERE NO_FOURNISSEUR = ANY (SELECT DISTINCT NO_FOURNISSEUR FROM PRODUITS
  4*                             WHERE CODE_CATEGORIE = 1) ;

SOCIETE
----------------------------------------
Exotic Liquids
Pavlova, Ltd.
Refrescos Americanas LTDA
Plutzer Lebensmittelgroßmärkte AG
Bigfoot Breweries
Aux joyeux ecclésiastiques
Leka Trading
Karkki Oy

8 ligne(s) sélectionnée(s).
```

Dans l'exemple précèdent vous pouvez remarquer que l'opérateur IN est équivalent à l'opérateur = ANY.

- ALL : la condition sera vraie si elle est vraie pour chacune des valeurs renvoyées par la sous-requête.

```
SQL> SELECT NOM_PRODUIT,UNITES_STOCK
  2  FROM PRODUITS
  3  WHERE UNITES_STOCK > ALL (SELECT UNITES_STOCK FROM PRODUITS
  4*                           WHERE CODE_CATEGORIE = 2) ;

NOM_PRODUIT                              UNITES_STOCK
---------------------------------------- ------------
Boston Crab Meat                                  123
Rhönbräu Klosterbier                              125
```

Dans l'exemple précèdent la requête affiche les produits pour lesquels la quantité du stock est supérieure a toutes les quantités des produits de la catégorie 2.

```
SQL> SELECT CODE_CLIENT,DATE_COMMANDE,PORT,NO_EMPLOYE
  2  FROM COMMANDES
  3  WHERE CODE_CLIENT = 'HANAR' AND
  4       NO_EMPLOYE != ALL (SELECT NO_EMPLOYE FROM EMPLOYES
  5*                          WHERE DATE_EMBAUCHE > '01/05/1992') ;

CODE_ DATE_COM       PORT NO_EMPLOYE
----- -------- ---------- ----------
HANAR 10/07/96     290,85          3
HANAR 02/10/97         79          1
HANAR 13/02/98      24,95          1
HANAR 24/02/98     183,55          3
HANAR 04/03/98      11,35          3
HANAR 27/03/98     966,85          1
HANAR 27/04/98      336,3          3
```

Dans l'exemple précèdent la requête affiche les commandes pour le client HANAR vendues par un employé embauché avant '01/05/1992'. L'opérateur NOT IN est équivalent à l'opérateur != ALL .

Sous-requête renvoyant plusieurs expressions

```
SELECT CODE_CLIENT, NOM_PRODUIT, DATE_COMMANDE
FROM COMMANDES A,DETAILS_COMMANDES B,PRODUITS C
WHERE A.NO_COMMANDE = B.NO_COMMANDE AND
      B.REF_PRODUIT = C.REF_PRODUIT AND
      (A.CODE_CLIENT,C.NO_FOURNISSEUR)
          IN ( SELECT CODE_CLIENT,NO_FOURNISSEUR
               FROM CLIENTS A,FOURNISSEURS B
               WHERE A.VILLE = B.VILLE);
```

Sous-requête

Oracle autorise la présence de plusieurs colonnes dans la clause SELECT d'une sous requête. Il convient dès lors de préciser dans le premier terme de comparaison de la requête, la liste des colonnes qui doivent être comparées aux lignes des valeurs renvoyées par la sous requête.

La sous requête est entièrement évaluée avant la requête principale.

```
SQL> SELECT CODE_CLIENT,
  2         NOM_PRODUIT,
  3         DATE_COMMANDE,
  4         B.PRIX_UNITAIRE*B.QUANTITE  "Achat"
  5  FROM COMMANDES A,DETAILS_COMMANDES B,PRODUITS C
  6  WHERE A.NO_COMMANDE = B.NO_COMMANDE AND
  7        B.REF_PRODUIT = C.REF_PRODUIT AND
  8        (A.CODE_CLIENT,C.NO_FOURNISSEUR) IN
  9        ( SELECT CODE_CLIENT,NO_FOURNISSEUR
 10          FROM CLIENTS A,FOURNISSEURS B
 11*         WHERE A.VILLE = B.VILLE) ;

CODE_ NOM_PRODUIT                                DATE_COM    Achat
----- ----------------------------------------- -------- ----------
EASTC Chai                                       24/04/98   225000
AROUT Chang                                      14/11/97   142500
BSBEV Aniseed Syrup                              26/08/96   120000
FAMIA Guaraná Fantástica                         18/12/96    27000
FAMIA Guaraná Fantástica                         21/04/97    22500
QUEEN Guaraná Fantástica                         14/10/97    78750
SPECD Côte de Blaye                              20/03/98   658750

7 ligne(s) sélectionnée(s).
```

Dans l'exemple précèdent, la requête affiche les clients, produits, date de commande et valeur partielle de la commande pour les produits achetés par les clients qui habitent dans la même ville que le fournisseur.

Sous-requête synchronisée

```
SELECT  CODE_CATEGORIE,
        NOM_PRODUIT,
        UNITES_STOCK,
        PRIX_UNITAIRE
FROM PRODUITS A
WHERE   UNITES_STOCK >
            ( SELECT AVG(UNITES_STOCK)
              FROM PRODUITS B
              WHERE  B.CODE_CATEGORIE =
              A.CODE_CATEGORIE );
```

Corrélation, même colonne

Oracle autorise également le traitement d'une sous requête faisant référence à une colonne de la table de l'interrogation principale. Le traitement est plus complexe dans ce cas, car il faut évaluer la sous requête pour chaque ligne traitée par la requête principale. On dit alors que la sous requête est synchronisée avec la requête principale. La sous requête est évaluée pour **chaque ligne** de la requête principale.

```
SQL> SELECT CODE_CATEGORIE,
  2         NOM_PRODUIT,
  3         UNITES_STOCK,
  4         PRIX_UNITAIRE
  5  FROM PRODUITS A
  6  WHERE  UNITES_STOCK > ( SELECT AVG(UNITES_STOCK) FROM PRODUITS B
  7*                  WHERE  B.CODE_CATEGORIE = A.CODE_CATEGORIE ) ;

CODE_CATEGORIE NOM_PRODUIT                           UNITES_STOCK PRIX_UNITAIRE
-------------- ------------------------------------- ------------ -------------
             4 Raclette Courdavault                            79           275
             2 Chef Anton's Cajun Seasoning                    53           110
             2 Grandma's Boysenberry Spread                   120           125
             6 Mishi Kobe Niku                                 29           485
             4 Queso Manchego La Pastora                       86           190
             7 Tofu                                            35        116,25
             3 Sir Rodney's Marmalade                          40           405
             5 Gustaf's Knäckebröd                            104           105
             5 Tunnbröd                                        61            45
             3 NuNuCa Nuß-Nougat-Creme                         76            70
             3 Schoggi Schokolade                              49         219,5
             7 Rössle Sauerkraut                               26           228
             4 Geitost                                        112          12,5
             1 Sasquatch Ale                                  111            70
...
```

Dans l'exemple précèdent la synchronisation entre la requête principale et la sous requête est indiquée ici par l'utilisation, dans la sous requête, de la colonne CODE_CATEGORIE de la table PRODUITS de la requête principale.

Opérateur EXISTS

Une des formes particulière de la sous requête synchronisée est celle testant l'existence de lignes de valeurs répondant à telle ou telle condition.

L'opérateur EXISTS permet de construire un prédicat évalué à Vrai si la sous requête renvoie au moins une ligne.

```
SQL> SELECT SOCIETE,B.NO_COMMANDE,REF_PRODUIT,PORT
  2  FROM CLIENTS A,COMMANDES B,DETAILS_COMMANDES C
  3  WHERE A.CODE_CLIENT = B.CODE_CLIENT AND
  4        B.NO_COMMANDE = C.NO_COMMANDE AND
  5        EXISTS  ( SELECT *
  6                  FROM   PRODUITS D,FOURNISSEURS E
  7                  WHERE E.NO_FOURNISSEUR = D.NO_FOURNISSEUR AND
  8                        C.REF_PRODUIT    = D.REF_PRODUIT    AND
  9*                       E.VILLE          = A.VILLE              ) ;

SOCIETE                                  NO_COMMANDE REF_PRODUIT       PORT
---------------------------------------- ----------- ----------- ----------
B's Beverages                                  10289           3     113,85
Familia Arquibaldo                             10386          24      69,95
Familia Arquibaldo                             10512          24      17,65
Queen Cozinha                                  10704          24       23,9
Around the Horn                                10741           2       54,8
Spécialités du monde                           10964          38      436,9
Eastern Connection                             11047           1      233,1

7 ligne(s) sélectionnée(s).
```

Dans l'exemple précèdent, la requête affiche les clients, numéro de commande, référence produit et les frais de port pour les produits achetés par les clients qui habitent dans la même ville que le fournisseur.

Il est à noter que la projection totale (*) de la sous requête est sans signification, puisque seul compte le fait que la sous requête renvoie ou non une ligne. La projection peut donc être une constante quelconque, par exemple

```
SQL> SELECT SOCIETE,B.NO_COMMANDE,REF_PRODUIT,PORT
  2  FROM CLIENTS A,COMMANDES B,DETAILS_COMMANDES C
  3  WHERE A.CODE_CLIENT = B.CODE_CLIENT AND
  4        B.NO_COMMANDE = C.NO_COMMANDE AND
  5        EXISTS  ( SELECT 'constante'
  6                  FROM   PRODUITS D,FOURNISSEURS E
  7                  WHERE E.NO_FOURNISSEUR = D.NO_FOURNISSEUR AND
  8                        C.REF_PRODUIT    = D.REF_PRODUIT    AND
  9*                       E.VILLE          = A.VILLE              ) ;

SOCIETE                                  NO_COMMANDE REF_PRODUIT       PORT
---------------------------------------- ----------- ----------- ----------
B's Beverages                                  10289           3     113,85
Familia Arquibaldo                             10386          24      69,95
Familia Arquibaldo                             10512          24      17,65
Queen Cozinha                                  10704          24       23,9
Around the Horn                                10741           2       54,8
Spécialités du monde                           10964          38      436,9
Eastern Connection                             11047           1      233,1

7 ligne(s) sélectionnée(s).
```

Sous-requête dans la clause FROM

```
SELECT A.NO_FOURNISSEUR,
       CODE_CATEGORIE,
       ROUND( 100*SUM(UNITES_STOCK)/B.SUM_FOUR)
FROM PRODUITS A,( SELECT NO_FOURNISSEUR,
                         SUM(UNITES_STOCK) SUM_FOUR
                  FROM PRODUITS
                  GROUP BY NO_FOURNISSEUR ) B
WHERE A.NO_FOURNISSEUR = B.NO_FOURNISSEUR
GROUP BY A.NO_FOURNISSEUR,CODE_CATEGORIE,B.SUM_FOUR;
```

Sous-requête

NO_FOURNISSEUR	SUM_FOUR

Depuis la version 7.2 d'Oracle vous pouvez utiliser directement une sous requête dans la clause FROM de la requête principale.

La sous requête est entièrement évaluée avant la requête principale.

```
SQL> SELECT A.NO_FOURNISSEUR,
  2         CODE_CATEGORIE,
  3         SUM(UNITES_STOCK) "Stock",
  4         ROUND( 100*SUM(UNITES_STOCK)/B.SUM_FOUR) "%Stock"
  5  FROM PRODUITS A,( SELECT NO_FOURNISSEUR,
  6                           SUM(UNITES_STOCK) SUM_FOUR
  7                    FROM PRODUITS
  8                    GROUP BY NO_FOURNISSEUR) B
  9  WHERE A.NO_FOURNISSEUR = B.NO_FOURNISSEUR
 10* GROUP BY A.NO_FOURNISSEUR,CODE_CATEGORIE,B.SUM_FOUR ;

NO_FOURNISSEUR CODE_CATEGORIE      Stock      %Stock
-------------- -------------- ---------- ----------
             1              1         56         81
             1              2         13         19
             2              2        133        100
             3              2        126         89
             3              7         15         11
             4              6         29         45
             4              7          4          6
             4              8         31         48
             5              4        108        100
             6              2         39         40
             6              7         35         36
             6              8         24         24
...
```

Dans l'exemple précédent la sous requête calcule pour chaque fournisseur la somme des produits en stock, cette somme est utilisée dans la requête principale pour calculer le pourcentage par fournisseur du stock de chaque catégorie.

Atelier 5.2

■ Sous-requêtes

Durée : 30 minutes

TP

L'objectif de l'atelier est de vous aider à vérifier votre compréhension des sous-requêtes.

Exercice n° 1

Affichez tous les produits pour lesquels la quantité en stock est inférieure à la moyenne.

Affichez tous les clients pour lesquels les frais de ports par commande dépassent la moyenne par commande.

Affichez les clients et leurs commandes pour tous les produits livrés par un fournisseur qui habite Paris.

Affichez les produits pour lesquels la quantité en stock est supérieure à tous les produits de catégorie 3.

Exercice n° 2

Affichez les produits, fournisseurs et unités en stock pour les produits qui ont un stock inférieur à la moyenne des produits pour le même fournisseur.

Affichez les clients et commandes pour les clients qui payent un port supérieur à la moyenne des commandes pour la même année.

Affichez les employés avec leur salaire et le pourcentage correspondant par rapport au total de la masse salariale par fonction.

Les opérateurs ensembliste

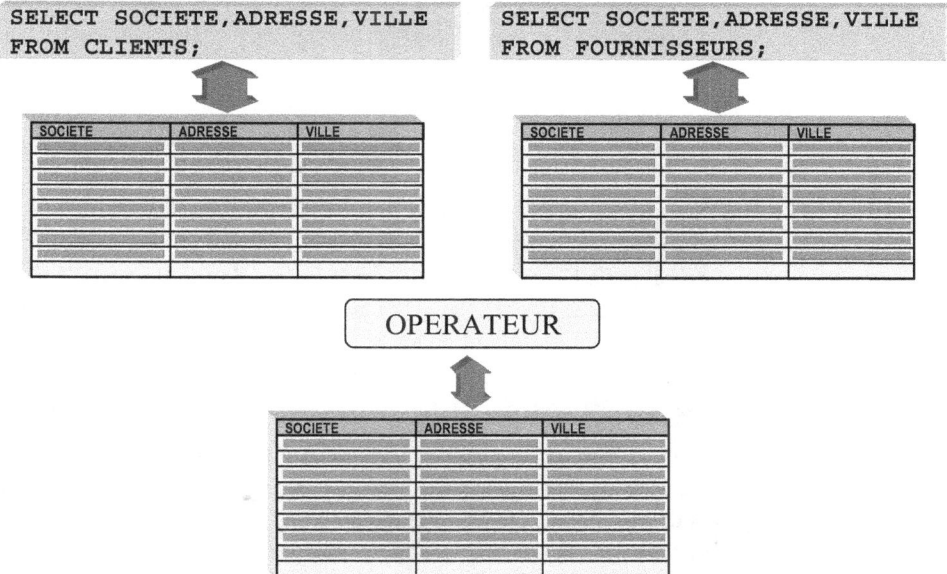

```
SELECT SOCIETE,ADRESSE,VILLE
FROM CLIENTS;
```

```
SELECT SOCIETE,ADRESSE,VILLE
FROM FOURNISSEURS;
```

SOCIETE	ADRESSE	VILLE

SOCIETE	ADRESSE	VILLE

OPERATEUR

SOCIETE	ADRESSE	VILLE

II est parfois nécessaire de combiner des informations de même type à partir de plusieurs tables. Un exemple classique est la fusion de plusieurs listes de mailing en vue d'un envoi en masse de publicité. Les conditions d'envoi suivantes doivent généralement pouvoir être spécifiées :

- à toutes les personnes dans les deux listes (en évitant d'envoyer la lettre deux fois à une même personne) ;
- seulement aux personnes qui se trouvent dans les deux listes ;
- seulement aux personnes qui se trouvent dans une des deux listes.

Dans Oracle, ces trois conditions sont définies à l'aide des opérateurs :

- UNION
- INTERSECT
- MINUS

La syntaxe de l'instruction SELECT :

```
SELECT {*,[EXPRESSION1 [AS] ALIAS1[,...]} FROM NOM_TABLE
WHERE PREDICAT
GROUP BY [NOM_COLONNE1|EXPRESSION1] [,...]
HAVING PREDICAT
```

OPERATEUR [ALL|DISTINCT]

```
SELECT {*,[EXPRESSION1 [AS] ALIAS1[,...]} FROM NOM_TABLE
WHERE PREDICAT
GROUP BY [NOM_COLONNE1|EXPRESSION1] [,...]
HAVING PREDICAT
```

ORDER BY [POSITION1] [ASC|DESC][,...] ;

Dans une requête utilisant des opérateurs ensemblistes :

- Tous les ordres SELECT doivent avoir le même nombre de colonnes sélectionnées, et leurs types doivent être compatibles. Les conversions éventuelles doivent être faites à l'intérieur de l'ordre SELECT à l'aide des fonctions de conversion (TO_CHAR, TO_DATE, etc.).

- Aucun attribut ne peut être de type LONG.

- Les doublons sont éliminés, DISTINCT est implicite.

- Les noms des colonnes où alias sont ceux du premier ordre SELECT.

- La largeur de chaque colonne est donnée par la plus grande de tous ordres SELECT confondus.

- Si une clause ORDER BY est utilisée, elle doit faire référence au numéro de la colonne et non à son nom, car le nom peut être différent dans chacun des ordres SELECT.

Combinaison de plusieurs opérateurs ensemblistes

On peut utiliser, dans une même requête, plusieurs opérateurs UNION, INTERSECT ou MINUS, combinés avec des opérations de projection, de sélection ou de jointure. Dans ce cas, la requête est évaluée en combinant les deux premiers ordres SELECT à partir de la gauche avec le premier opérateur ensembliste, puis en combinant le résultat avec le troisième ordre SELECT, etc.

Comme dans une expression arithmétique, il est possible de modifier l'ordre d'évaluation en utilisant des parenthèses.

L'opérateur UNION

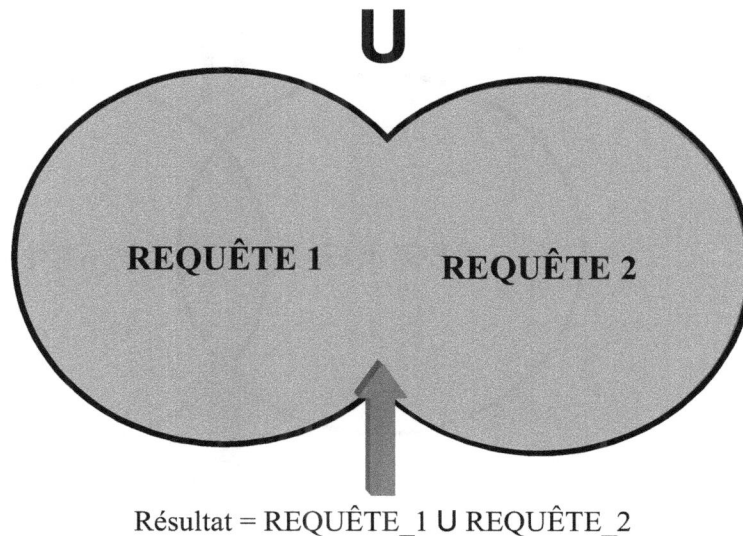

Résultat = REQUÊTE_1 U REQUÊTE_2

L'opérateur d'union entre deux requêtes permet de retrouver l'ensemble des lignes des deux requêtes de départ. Les attributs de même rang des requêtes de départ doivent être compatibles, c'est-à-dire définis de même type.

```
SQL> SELECT SOCIETE,VILLE FROM CLIENTS
  2   UNION
  3* SELECT SOCIETE,VILLE FROM FOURNISSEURS ;

SOCIETE                                    VILLE
------------------------------------------ --------------------
Alfreds Futterkiste                        Berlin
Ana Trujillo Emparedados y helados         México D.F.
Antonio Moreno Taquería                    México D.F.
Around the Horn                            London
Aux joyeux ecclésiastiques                 Paris
B's Beverages                              London
Berglunds snabbköp                         Luleå
Bigfoot Breweries                          Bend
Blauer See Delikatessen                    Mannheim
Blondel père et fils                       Strasbourg
Bon app'                                   Marseille
Bottom-Dollar Markets                      Tsawassen
Bólido Comidas preparadas                  Madrid
Cactus Comidas para llevar                 Buenos Aires
Centro comercial Moctezuma                 México D.F.
Chop-suey Chinese                          Bern
Comércio Mineiro                           São Paulo
Consolidated Holdings                      London
Cooperativa de Quesos 'Las Cabras'         Oviedo
Die Wandernde Kuh                          Stuttgart
Drachenblut Delikatessen                   Aachen
Du monde entier                            Nantes
...
```

Dans l'exemple précédent, la requête affiche l'ensemble des tiers de l'entreprise, aussi bien des clients que des fournisseurs.

L'opérateur INTERSECT

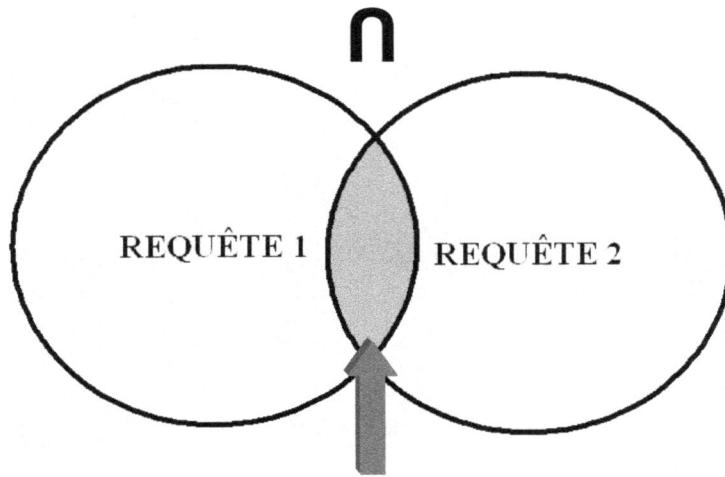

Résultat = REQUÊTE_1 ∩ REQUÊTE_2

L'opérateur d'intersection entre deux requêtes permet de retrouver le résultat composé des lignes qui appartiennent simultanément aux deux requêtes de départ.

```
SQL> SELECT A.NO_COMMANDE,DATE_COMMANDE
  2  FROM COMMANDES A,DETAILS_COMMANDES B,PRODUITS C
  3  WHERE A.NO_COMMANDE    = B.NO_COMMANDE AND
  4        B.REF_PRODUIT    = C.REF_PRODUIT AND
  5        C.CODE_CATEGORIE = 1
  6  INTERSECT
  7  SELECT A.NO_COMMANDE,DATE_COMMANDE
  8  FROM COMMANDES A,DETAILS_COMMANDES B,PRODUITS C
  9  WHERE A.NO_COMMANDE    = B.NO_COMMANDE AND
 10        B.REF_PRODUIT    = C.REF_PRODUIT AND
 11*       C.CODE_CATEGORIE = 2 ;

NO_COMMANDE DATE_COM
----------- --------
      10257 16/07/96
      10258 17/07/96
      10284 19/08/96
      10293 29/08/96
      10309 19/09/96
      10323 07/10/96
      10324 08/10/96
      10326 10/10/96
      10351 11/11/96
      10367 28/11/96
      10417 16/01/97
      10418 17/01/97
      10440 10/02/97
      10464 04/03/97
...
```

Dans l'exemple précèdent la requête affiche l'ensemble des commandes comportant, en même temps, des produits de catégorie 1 et de catégories 2.

L'opérateur DIFFERENCE

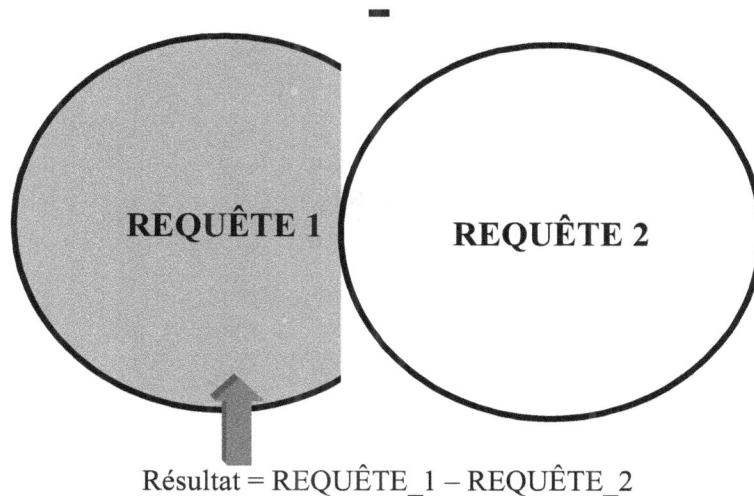

Résultat = REQUÊTE_1 – REQUÊTE_2

L'opérateur différence entre deux requêtes permet de retrouver le résultat composé des lignes qui appartiennent à la première requête et qui n'appartient pas à la deuxième requêtes. L'opérateur différence est le seul opérateur ensembliste non commutatif.

```
SQL> SELECT A.NO_COMMANDE,DATE_COMMANDE
  2  FROM COMMANDES A,DETAILS_COMMANDES B,PRODUITS C
  3  WHERE A.NO_COMMANDE    = B.NO_COMMANDE AND
  4        B.REF_PRODUIT    = C.REF_PRODUIT AND
  5        C.CODE_CATEGORIE = 1
  6  MINUS
  7  SELECT A.NO_COMMANDE,DATE_COMMANDE
  8  FROM COMMANDES A,DETAILS_COMMANDES B,PRODUITS C
  9  WHERE A.NO_COMMANDE    = B.NO_COMMANDE AND
 10        B.REF_PRODUIT    = C.REF_PRODUIT AND
 11*       C.CODE_CATEGORIE = 2 ;

NO_COMMANDE DATE_COM
----------- --------
      10253 10/07/96
      10255 12/07/96
      10260 19/07/96
      10261 19/07/96
      10263 23/07/96
      10264 24/07/96
      10267 29/07/96
      10270 01/08/96
      10273 05/08/96
      10275 07/08/96
      10281 14/08/96
      10285 20/08/96
      10294 30/08/96
...
```

Dans l'exemple précèdent, la requête affiche l'ensemble des commandes comportant des produits de catégorie 1 sans comporter des produits de catégories 2.

Atelier 5.3

- Opérateurs ensemblistes

Durée : 15 minutes

TP

L'objectif de l'atelier est de vous aider à vérifier votre compréhension des opérateurs ensemblistes.

Exercice n° 1

Affichez les sociétés, adresse et villes de résidence pour tous les tiers de l'entreprise.

Affichez toutes les commandes qui comportent en même temps des produits de catégorie 1 du fournisseur 1 et produits de catégorie 2 du fournisseur 2.

Affichez les produits qu'on ne commande pas dans Paris. Vous devez d'abord faire une liste de tous les produits pour Paris (produit relationnel) ensuite extraire les produits qui sont vendus dans Paris.

SQL : 1999

Oracle **9i**

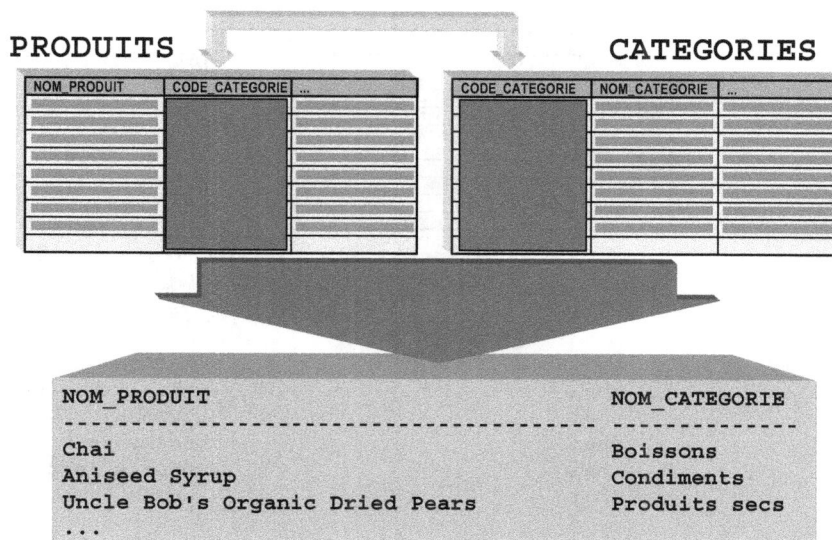

Oracle 9*i* propose également un ensemble d'opérateurs explicites pour réaliser la jointure de deux ou plusieurs tables. La syntaxe de SQL : 1999 n'apporte aucune amélioration en terme de performance. elle a été introduite par souci de conformité avec les standards **ANSI/ISO**.

Une jointure en SQL : 1999 vous permet de sélectionner des colonnes dans plusieurs tables en développant la clause FROM de l'instruction SELECT respectant la syntaxe suivante :

```
SELECT [ALL | DISTINCT]{*,[EXPRESSION1 [AS] ALIAS1[,...]}
FROM NOM_TABLE1
   { [ CROSS JOIN NOM_TABLE2] |
     [ NATURAL JOIN NOM_TABLE2] |
     [ JOIN NOM_TABLE2 USING (NOM_COLONNE1[,...])] |
     [ JOIN NOM_TABLE2 ON
       (NOM_TABLE1.NOM_COLONNE = NOM_TABLE2.NOM_COLONNE)] |
     [ {LEFT | RIGHT | FULL} OUTER JOIN NOM_TABLE2 ON
       (NOM_TABLE1.NOM_COLONNE = NOM_TABLE2.NOM_COLONNE)] }
```

CROSS JOIN	Le résultat est le même que celui d'une requête sans condition qui affiche pour chaque ligne de la première table l'ensemble des lignes de la deuxième.
NATURAL JOIN	La jointure entre les tables est effectuée à l'aide des colonnes qui portent le même nom.
JOIN USING	La jointure entre les tables est effectuée à l'aide de la ou des colonnes spécifiées.
JOIN ON	La jointure entre les tables est effectuée à l'aide de la condition spécifiée.
OUTER JOIN	La jointure externe entre les tables est effectuée à l'aide de la condition spécifiée.

L'opérateur CROSS JOIN

Oracle **9i**

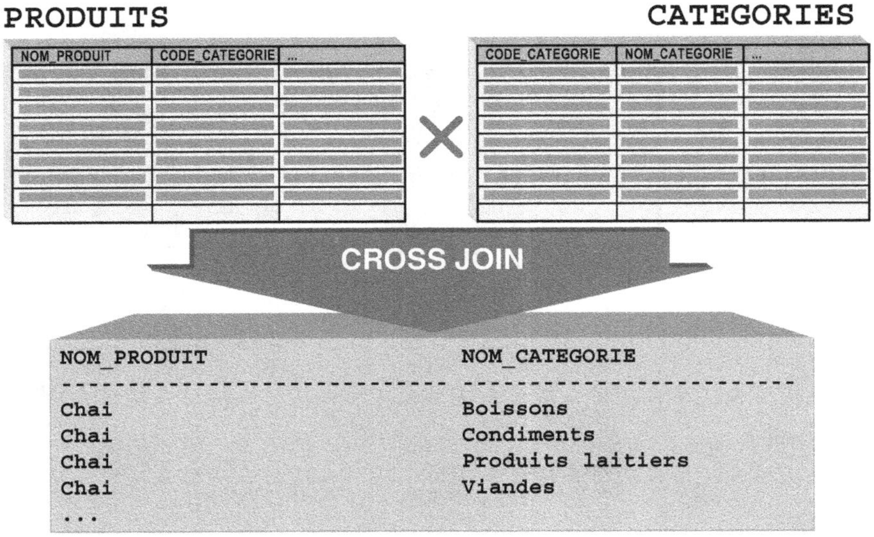

PRODUITS **CATEGORIES**

L'opérateur CROSS JOIN est un produit cartésien ; il donne le même résultat que celui d'une requête sans condition.

```
SQL> SELECT COUNT(*) FROM PRODUITS;

  COUNT(*)
----------
        77

SQL> SELECT COUNT(*) FROM CATEGORIES ;

  COUNT(*)
----------
         8

SQL> SELECT COUNT(*) FROM FOURNISSEURS;

  COUNT(*)
----------
        29

SQL> SELECT COUNT(*)
  2  FROM PRODUITS CROSS JOIN CATEGORIES;

  COUNT(*)
----------
       616

SQL> SELECT COUNT(*)
  2  FROM PRODUITS CROSS JOIN CATEGORIES CROSS JOIN FOURNISSEURS;

  COUNT(*)
----------
     17864
```

L'opérateur NATURAL JOIN

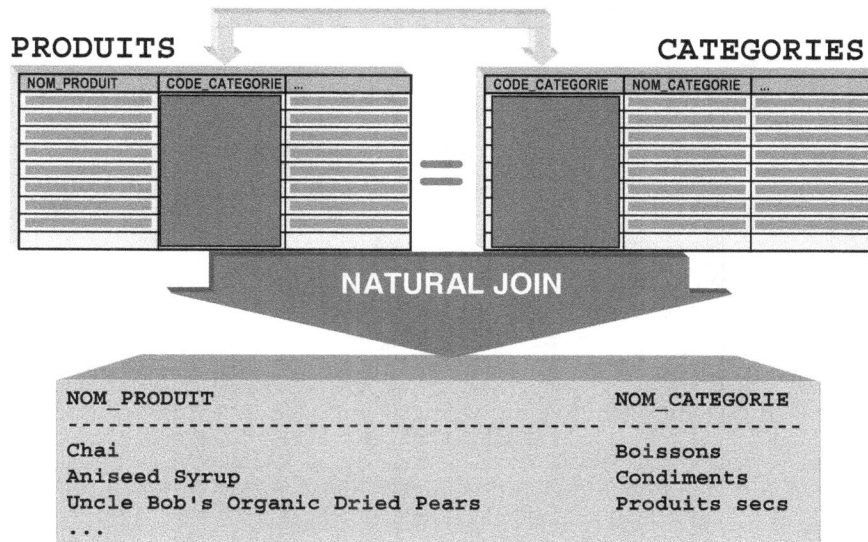

L'opérateur NATURAL JOIN effectue la jointure entre deux tables en se servant des colonnes des deux tables qui portent le même nom.

```
SQL> SELECT NOM_PRODUIT,
  2         NOM_CATEGORIE
  3  FROM PRODUITS NATURAL JOIN CATEGORIES
  4  ORDER BY REF_PRODUIT ;

NOM_PRODUIT                              NOM_CATEGORIE
---------------------------------------- ------------------------
Chai                                     Boissons
Chang                                    Boissons
Aniseed Syrup                            Condiments
Chef Anton's Cajun Seasoning             Condiments
Chef Anton's Gumbo Mix                   Condiments
Grandma's Boysenberry Spread             Condiments
Uncle Bob's Organic Dried Pears          Produits secs
Northwoods Cranberry Sauce               Condiments
Mishi Kobe Niku                          Viandes
Ikura                                    Poissons et fruits de mer
Queso Cabrales                           Produits laitiers
Queso Manchego La Pastora                Produits laitiers
Konbu                                    Poissons et fruits de mer
Tofu                                     Produits secs
Genen Shouyu                             Condiments
...
```

La requête précédente affiche, pour chaque produit, le nom de la catégorie correspondante.

ATTENTION

L'opérateur NATURAL JOIN réalise la jointure entre deux tables en utilisant des noms de colonnes identiques, et non pas l'intermédiaire de l'intégrité référentielle, à savoir les clés primaires et les clés étrangères.

```
SQL> SELECT *
  2  FROM CLIENTS NATURAL JOIN FOURNISSEURS;

aucune ligne sélectionnée

SQL>
SQL> SELECT *
  2  FROM CLIENTS, FOURNISSEURS
  3  WHERE CLIENTS.SOCIETE     = FOURNISSEURS.SOCIETE AND
  4        CLIENTS.ADRESSE     = FOURNISSEURS.ADRESSE AND
  5        CLIENTS.VILLE       = FOURNISSEURS.VILLE AND
  6        CLIENTS.CODE_POSTAL = FOURNISSEURS.CODE_POSTAL AND
  7        CLIENTS.PAYS        = FOURNISSEURS.PAYS AND
  8        CLIENTS.TELEPHONE   = FOURNISSEURS.TELEPHONE AND
  9        CLIENTS.FAX         = FOURNISSEURS.FAX;

aucune ligne sélectionnée
```

Dans l'exemple précèdent, la première requête joint les tables CLIENTS et FOURNISSEURS à l'aide de l'opérateur NATURAL JOIN, et la deuxième requête est la traduction dans l'ancienne syntaxe. Vous pouvez remarquer que la jointure porte sur l'ensemble des colonnes de même nom.

L'opérateur JOIN USING

Oracle **9i**

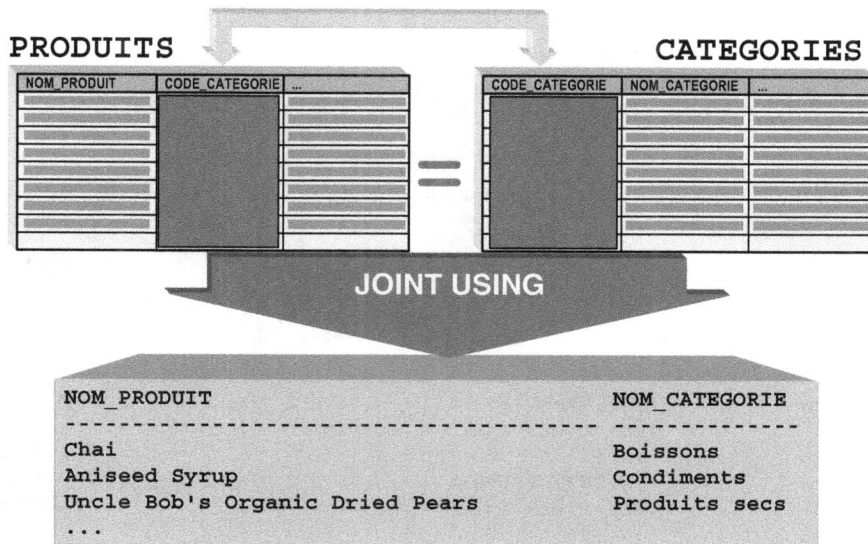

L'opérateur JOIN USING effectue la jointure entre deux tables en se servant des colonnes spécifiées respectant la syntaxe suivante :

```
SELECT [ALL | DISTINCT]{*,[EXPRESSION1 [AS] ALIAS1[,...]}
FROM NOM_TABLE1
    [ JOIN NOM_TABLE2 USING (NOM_COLONNE1[,...])] ;
```

```
SQL> SELECT CLIENTS.SOCIETE, FOURNISSEURS.SOCIETE
  2   FROM CLIENTS JOIN FOURNISSEURS USING(VILLE);

SOCIETE                              SOCIETE
------------------------------------ ----------------------------
Alfreds Futterkiste                  Heli Süßwaren GmbH & Co. KG
North/South                          Exotic Liquids
Around the Horn                      Exotic Liquids
Consolidated Holdings                Exotic Liquids
B's Beverages                        Exotic Liquids
Seven Seas Imports                   Exotic Liquids
Eastern Connection                   Exotic Liquids
Mère Paillarde                       Ma Maison
Spécialités du monde                 Aux joyeux ecclésiastiques
Paris spécialités                    Aux joyeux ecclésiastiques
Familia Arquibaldo                   Refrescos Americanas LTDA
Tradição Hipermercados               Refrescos Americanas LTDA
Comércio Mineiro                     Refrescos Americanas LTDA
Queen Cozinha                        Refrescos Americanas LTDA

14 ligne(s) sélectionnée(s).

SQL> SELECT CLIENTS.SOCIETE, FOURNISSEURS.SOCIETE
  2   FROM CLIENTS, FOURNISSEURS
  3   WHERE CLIENTS.VILLE = FOURNISSEURS.VILLE;
```

La requête précédente affiche les clients qui sont localisés dans une ville d'un fournisseur ; la deuxième requête est la traduction dans l'ancienne syntaxe.

L'opérateur JOIN ON

Oracle **9i**

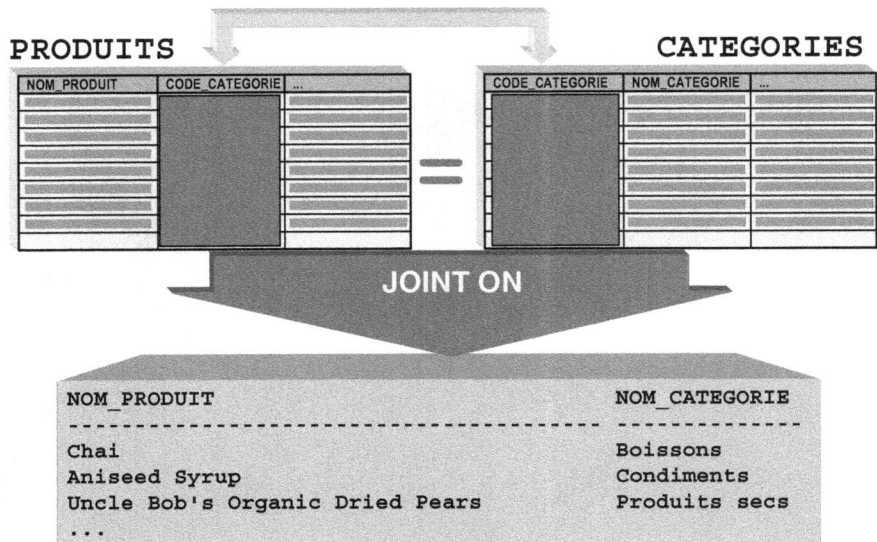

NOM_PRODUIT	NOM_CATEGORIE
Chai	Boissons
Aniseed Syrup	Condiments
Uncle Bob's Organic Dried Pears	Produits secs
...	

L'opérateur JOIN ON effectue la jointure entre deux tables en se servant des conditions spécifiées respectant la syntaxe suivante :

```
SELECT [ALL | DISTINCT]{*,[EXPRESSION1 [AS] ALIAS1[,...]}
FROM NOM_TABLE1
   [ JOIN NOM_TABLE2 ON
     (NOM_TABLE1.NOM_COLONNE = NOM_TABLE2.NOM_COLONNE)] ;
```

```
SQL> SELECT A.NOM "Employé",
  2         B.NOM "Supérieur"
  3  FROM EMPLOYES A JOIN EMPLOYES B
  4         ON ( A.REND_COMPTE = B.NO_EMPLOYE);

Employé              Supérieur
-------------------- --------------------
Buchanan             Fuller
Peacock              Fuller
Leverling            Fuller
Callahan             Fuller
Davolio              Fuller
Dodsworth            Buchanan
King                 Buchanan
Suyama               Buchanan

8 ligne(s) sélectionnée(s).

SQL> SELECT A.NOM "Employé",
  2         B.NOM "Supérieur"
  3  FROM EMPLOYES A, EMPLOYES B
  4  WHERE A.REND_COMPTE = B.NO_EMPLOYE;
```

La requête précédente affiche les employés et leur supérieur hiérarchique, la deuxième requête est la traduction dans l'ancienne syntaxe.

L'opérateur JOIN ON avec condition

Oracle **9i**

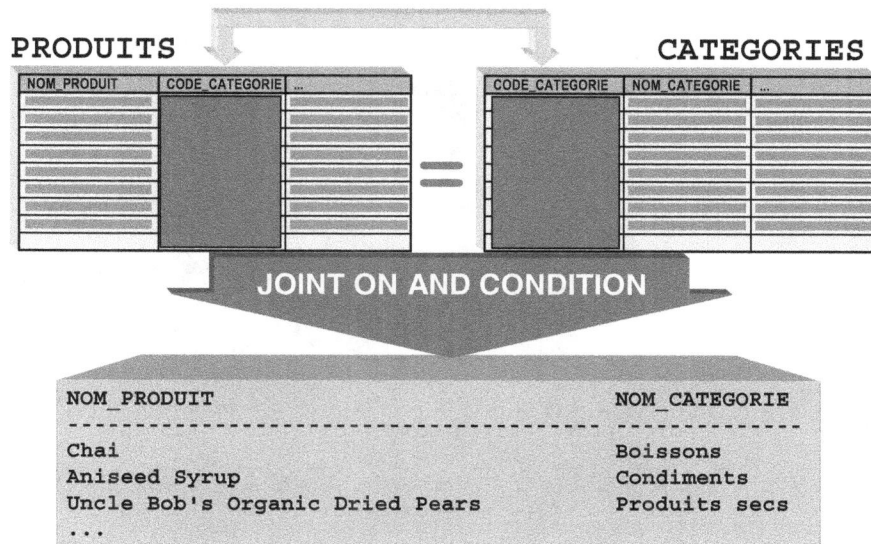

L'opérateur JOIN ON effectue la jointure entre deux tables en se servant des conditions spécifiées respectant la syntaxe suivante :

```
SELECT [ALL | DISTINCT]{*,[EXPRESSION1 [AS] ALIAS1[,...]}
FROM NOM_TABLE1
    [ JOIN NOM_TABLE2 ON
      (NOM_TABLE1.NOM_COLONNE = NOM_TABLE2.NOM_COLONNE)
          [{AND | OR} EXPRESSION ]] ;
```

```
SQL> SELECT NOM||' '||PRENOM "Vendeur", SOCIETE "Client",
  2        TO_CHAR( DATE_COMMANDE,'DD Mon YYYY') "Commande", PORT "Port"
  3  FROM CLIENTS A JOIN COMMANDES B
  4      ON ( A.CODE_CLIENT = B.CODE_CLIENT )
  5      JOIN EMPLOYES C
  6      ON ( B.NO_EMPLOYE  = C.NO_EMPLOYE  )
  7      AND  DATE_COMMANDE > '01/05/1998';

Vendeur             Client                     Commande        Port
----------------    ------------------------   ------------   ---------
Peacock Margaret    Ernst Handel               05 Mai 1998      1293,2
Peacock Margaret    Bon app'                   06 Mai 1998       191,4
Davolio Nancy       Drachenblut Delikatessen   04 Mai 1998        39,9
Davolio Nancy       Tortuga Restaurante        04 Mai 1998       78,35
Davolio Nancy       LILA-Supermercado          05 Mai 1998        4,65
Davolio Nancy       Rattlesnake Canyon Grocery 06 Mai 1998       42,65
King Robert         Simons bistro              06 Mai 1998        92,2

7 ligne(s) sélectionnée(s).

SQL> SELECT NOM||' '||PRENOM "Vendeur", SOCIETE "Client",
  2        TO_CHAR( DATE_COMMANDE,'DD Mon YYYY') "Commande", PORT "Port"
  3  FROM CLIENTS A,COMMANDES B,EMPLOYES C
  4  WHERE A.CODE_CLIENT = B.CODE_CLIENT AND
  5        B.NO_EMPLOYE  = C.NO_EMPLOYE   AND
  6        DATE_COMMANDE > '01/05/1998';
```

L'opérateur OUTER JOIN

Oracle **9i**

L'opérateur OUTER JOIN ON effectue une jointure externe entre deux tables en se servant des conditions spécifiées respectant la syntaxe suivante :

```
SELECT [ALL | DISTINCT]{*,[EXPRESSION1 [AS] ALIAS1[,...]}
FROM NOM_TABLE1
     [ {LEFT | RIGHT | FULL} OUTER JOIN NOM_TABLE2 ON
       (NOM_TABLE1.NOM_COLONNE = NOM_TABLE2.NOM_COLONNE)] ;
```

LEFT | RIGHT	Indique que la table de gauche/droite est dominante, celle dont on affiche tous les enregistrements.
FULL	Cette option est l'union des deux requêtes, LEFT OUTER JOIN et RIGHT OUTER JOIN.

```
SQL> SELECT A.NOM "Employé", NVL(B.NOM,'-- Pas de supérieur --') "Supérieur"
  2  FROM EMPLOYES A LEFT OUTER JOIN EMPLOYES B
  3        ON ( A.REND_COMPTE = B.NO_EMPLOYE);

Employé              Supérieur
-------------------- --------------------
Callahan             Fuller
Davolio              Fuller
Leverling            Fuller
Peacock              Fuller
Buchanan             Fuller
Suyama               Buchanan
King                 Buchanan
Dodsworth            Buchanan
Fuller               -- Pas de supérieur --

9 ligne(s) sélectionnée(s).

SQL> SELECT A.NOM "Employé", NVL(B.NOM,'-- Pas de supérieur --') "Supérieur"
  2  FROM EMPLOYES A,EMPLOYES B
  3  WHERE A.REND_COMPTE = B.NO_EMPLOYE (+) ;
```

Atelier 5.4

- SQL :1999

 Durée : 15 minutes

TP

L'objectif de l'atelier est de vous aider à mieux comprendre les requêtes multitables à l'aide de la syntaxe SQL :1999.

Exercice n° 1

Modifiez les requêtes de l'atelier 5.1 pour être compatible avec la norme ANSI/ISO SQL :1999.

- *Les ordres DML*

- *Transactions*

- *Lecture cohérente*

- *Les verrous*

6

Mise à jour
des données

Objectifs

A la fin de ce module, vous serez à même d'effectuer les tâches suivantes :

- Effectuer des insertions, mises à jour et suppressions d'enregistrements.
- Contrôler et structurer une transaction.
- Décrire le mécanisme de verrouillage d'Oracle.

Contenu

Mise à jour des données

Le LMD est exécuté lorsque vous :

- Ajoutez des nouvelles lignes dans une table,
- Modifiez des lignes existantes
- Supprimez des lignes d'une table

Ce chapitre présente le Langage de Manipulation de Données ou LMD (UPDATE, INSERT et DELETE) qui permet d'effectuer les trois types de modification (mise à jour de lignes, ajout de lignes et suppression de lignes sélectionnées). Bien que ces sujets n'aient pas été explicitement traités, les connaissances que vous avez acquises sur SQL (les types de données, les opérations de calcul, le formatage de chaînes, la clause WHERE, etc…) peuvent être mises à profit ici.

L'un des problèmes essentiels posé au SGBDR est la manipulation simultanée des données de la base par un grand nombre d'utilisateurs. Le SGBDR doit à la fois assurer une bonne disponibilité de l'information et en garantir la cohérence.

Une transaction est une unité logique de traitement formée d'une suite d'opérations interrogeant et/ou modifiant la base de données et pour laquelle l'ensemble des opérations doit être soit validé, soit annulé.

Ce chapitre étudie également les concepts de transaction, d'accès concurrents et de réplication, qui assurent cette cohérence.

Insertion des lignes

CATEGORIES

CODE_CATEGORIE	NOM_CATEGORIE	DESCRIPTION
1	Boissons	Boissons, cafés, thés, bières
2	Condiments	Sauces, assaisonnements et épices
3	Desserts	Desserts et friandises
4	Produits laitiers	Fromages
5	Pâtes et céréales	Pains, biscuits, pâtes et céréales
6	Viandes	Viandes préparées
7	Produits secs	Fruits secs, raisins, autres
8	Poissons et fruits de mer	Poissons, fruits de mer, escargots

Insertion d'une ligne dans la table CATEGORIES

La commande INSERT ajoute des lignes à une table. Avec cette instruction, vous fournissez des valeurs et des expressions littérales à enregistrer sous forme de lignes dans une table.

Le terme INSERT peut induire en erreur s'il laisse supposer qu'on peut déterminer où, dans une table, une ligne est insérée. Les bases de données relationnelles comportent une indépendance logique des données qu'elles manipulent, en d'autres termes, une table ne possède aucun ordre implicite. Une nouvelle ligne insérée est placée à un endroit arbitraire dans la table.

Deux possibilités sont offertes :

- création d'une nouvelle ligne dans une table à partir de valeurs extérieures transmises sous forme de constantes ;
- création d'une ou de plusieurs lignes dans une table en tant que résultat d'une requête sur la base de données.

Insertion d'une ligne

```
INSERT INTO CATEGORIES ( CODE_CATEGORIE,
        NOM_CATEGORIE, DESCRIPTION )
VALUES(8,
        'Poissons et fruits de mer',
        'Poissons, fruits de mer, escargots');
```

CODE_CATEGORIE	NOM_CATEGORIE	DESCRIPTION
1	Boissons	Boissons, cafés, thés, bières
2	Condiments	Sauces, assaisonnements et épices
3	Desserts	Desserts et friandises
4	Produits laitiers	Fromages
5	Pâtes et céréales	Pains, biscuits, pâtes et céréales
6	Viandes	Viandes préparées
7	Produits secs	Fruits secs, raisins, autres

La commande INSERT permet d'insérer une ligne dans une table en spécifiant les valeurs à insérer par la syntaxe

```
INSERT INTO NOM_TABLE [(COLONNE_1[,COLONNE_2])]
VALUES   (EXPRESSION_1[,EXPRESSION_2]);
```

NOM_TABLE	La table dans laquelle la requête insère un enregistrement et seulement un enregistrement.
COLONNE_N	La liste des noms de colonnes de la table qui font l'objet d'une insertion ; elle est optionnelle. Toute colonne qui ne se trouve pas dans la liste reçoit la valeur NULL. En l'absence d'une liste de colonnes, des valeurs doivent être spécifiées pour toutes les colonnes de la table dans l'ordre défini lors de la création de la table.
EXPRESSION_N	L'expression doit être évaluée avec succès pour chacune des colonnes de la table. Les valeurs possibles sont : une constante, le résultat de l'expression, la valeur nulle (NULL)

```
SQL> INSERT INTO CATEGORIES ( CODE_CATEGORIE, NOM_CATEGORIE, DESCRIPTION )
  2  VALUES ( 8, 'Poissons et fruits de mer',
  3*          'Poissons, fruits de mer, escargots') ;

1 ligne créée
```

La requête précédente permet d'insérer une ligne dans la table CATEGORIES en spécifiant les valeurs à insérer sous forme des constantes.

ATTENTION

La liste des noms de colonnes est optionnelle. Si elle est omise, la requête prendra par
défaut la liste de colonnes de la table dans l'ordre défini lors de la création de la table.

```
SQL> DESC EMPLOYES
Nom                              NULL ?   Type
-------------------------------- -------- --------------------
NO_EMPLOYE                       NOT NULL NUMBER(6)
REND_COMPTE                               NUMBER(6)
NOM                              NOT NULL VARCHAR2(20)
PRENOM                           NOT NULL VARCHAR2(10)
FONCTION                         NOT NULL VARCHAR2(30)
TITRE_COURTOISIE                 NOT NULL VARCHAR2(5)
DATE_NAISSANCE                   NOT NULL DATE
DATE_EMBAUCHE                    NOT NULL DATE
SALAIRE                                   NUMBER(8,2)

SQL> INSERT INTO EMPLOYES VALUES ( 10, 2, 'Davolio', 'Nancy',
  2                                'Représentant(e)', 'Mlle',
  3                                '08/12/1968', '01/05/1992',
  4*                               3135, 1500);

1 ligne créée
```

La requête précédente permet d'insérer une ligne dans la table EMPLOYES en
spécifiant les valeurs à insérer sous forme des constantes.

ATTENTION

Si la liste des noms de colonnes est spécifiée, les colonnes ne figurant pas dans la
liste auront la valeur NULL.
Une correspondance positionnelle s'effectue entre les noms de colonnes de la liste et
les valeurs introduites.

```
SQL> INSERT INTO EMPLOYES ( NO_EMPLOYE, NOM, PRENOM, FONCTION,
  2                          TITRE_COURTOISIE, DATE_NAISSANCE,
  3                          DATE_EMBAUCHE, SALAIRE )
  4  VALUES              ( 2, 'Fuller', 'Andrew', 'Vice-Président',
  5*                       'Dr.', '19/02/1952', '14/08/1992', '10000');

1 ligne crée

SQL> SELECT NO_EMPLOYE, NOM, REND_COMPTE, COMMISSION
  2 FROM EMPLOYES
  3 WHERE NO_EMPLOYE = 2;

NO_EMPLOYE NOM                  REND_COMPTE COMMISSION
---------- -------------------- ----------- ----------
         2 Fuller
```

La requête précédente effectue l'insertion d'une ligne dans la table EMPLOYES en
spécifiant les valeurs à insérer sous forme des constantes ; les colonnes
REND_COMPTE et COMMISSION ne figurant pas dans la liste des colonnes à insérer,
leur valeur est NULL.

```
SQL> INSERT INTO EMPLOYES ( NO_EMPLOYE, NOM, PRENOM, FONCTION,
  2                          TITRE_COURTOISIE, DATE_NAISSANCE,
  3                          DATE_EMBAUCHE, SALAIRE, COMMISSION )
  4       VALUES           ( 2, 'Fuller', 'Andrew', 'Vice-Président',
  5*                        'Dr.', '19/02/1952', SYSDATE, '10000', NULL);

1 ligne créée

SQL> SELECT NO_EMPLOYE, NOM, COMMISSION, DATE_EMBAUCHE
  2      FROM EMPLOYES
  3*     WHERE NO_EMPLOYE = 2

NO_EMPLOYE NOM                  COMMISSION DATE_EMB
---------- -------------------- ---------- --------
         2 Fuller                          10/12/02
```

La requête précédente effectue l'insertion d'une ligne dans la table EMPLOYES en spécifiant les valeurs à insérer sous forme des constantes, ainsi que la pseudo colonne SYSDATE et précise de manière explicite la valeur NULL pour la colonne COMMISSION.

ATTENTION

Si vous tentez d'insérer une valeur qui dépasse la largeur d'une colonne de type caractère ou l'étendue d'une colonne de type numérique, vous obtenez un message d'erreur. Vous devez respecter les contraintes définies pour vos colonnes.

```
SQL> DESC EMPLOYES
 Nom                              NULL ?    Type
 ------------------------------   --------  -------------------
 NO_EMPLOYE                       NOT NULL  NUMBER(6)
 REND_COMPTE                                NUMBER(6)
 NOM                              NOT NULL  VARCHAR2(20)
 PRENOM                           NOT NULL  VARCHAR2(10)
 FONCTION                         NOT NULL  VARCHAR2(30)
 TITRE_COURTOISIE                 NOT NULL  VARCHAR2(5)
 DATE_NAISSANCE                   NOT NULL  DATE
 DATE_EMBAUCHE                    NOT NULL  DATE
 SALAIRE                                    NUMBER(8,2)
 COMMISSION                                 NUMBER(8,2)

SQL> INSERT INTO EMPLOYES ( NO_EMPLOYE, NOM, PRENOM, FONCTION,
  2                          TITRE_COURTOISIE, DATE_NAISSANCE,
  3                          DATE_EMBAUCHE, SALAIRE )
  4       VALUES           ( 12, 'Fuller', 'Jean-William', 'Vice-Président',
  5                         'Dr.', '19/02/1952', '14/08/1992', '10000');
INSERT INTO EMPLOYES ( NO_EMPLOYE, NOM, PRENOM, FONCTION,
                 *
ERREUR à la ligne 1 :
ORA-01401: valeur insérée trop grande pour colonne
```

Dans l'exemple précédent le champ prénom ne peut contenir que dix caractères mais le prénom 'Jean-William' inséré contient douze caractères.

Insertion de plusieurs lignes

```
INSERT INTO CLIENTS (CODE_CLIENT,SOCIETE,
                     ADRESSE,VILLE,
                     CODE_POSTAL,PAYS)
SELECT
 UPPER(SUBSTR(REPLACE(SOCIETE,' ',''),1,5)),
 SOCIETE,ADRESSE,VILLE,CODE_POSTAL,PAYS
FROM FOURNISSEURS
WHERE PAYS = 'France';
```

Les fournisseurs de France

La commande INSERT permet d'insérer des données qui ont été sélectionnées dans une ou plusieurs tables.

```
INSERT INTO NOM_TABLE [(COLONNE_1[,COLONNE_2])]
    (SELECT ...);
```

NOM_TABLE	Table dans laquelle la requête insère les enregistrements.
COLONNE_N	Liste des noms de colonnes de la table qui font l'objet de l'insertion, elle est optionnelle. Toute colonne qui ne se trouve pas dans la liste reçoit la valeur NULL. En l'absence d'une liste de colonnes, des valeurs doivent être spécifiées pour toutes les colonnes de la table dans l'ordre défini lors de la création de la table.
SELECT ...	Requête SQL qui retourne la ou les lignes à insérer.

```
SQL> INSERT INTO CLIENTS (CODE_CLIENT,SOCIETE,
  2                        ADRESSE,VILLE,
  3                        CODE_POSTAL,PAYS)
  4  SELECT UPPER(SUBSTR(REPLACE(SOCIETE,' ',''),1,5)),
  5         SOCIETE,ADRESSE,VILLE,CODE_POSTAL,PAYS
  6  FROM FOURNISSEURS
  7* WHERE PAYS = 'France'

3 ligne(s) créée(s).
```

Dans l'exemple précédent les données extraites de la table FOURNISSEURS sont insérées dans la table CLIENTS. Notez que la clause WHERE de l'instruction SELECT peut extraire une ou plusieurs lignes. Vous pouvez remarquer que vous n'êtes pas tenu d'insérer telles qu'elles les valeurs sélectionnées, vous pouvez les modifier en utilisant des fonctions de chaîne, de date, ou numériques. Les valeurs insérées représentent le résultat de ces fonctions.

Modification des données

```
UPDATE EMPLOYES
SET SALAIRE = SALAIRE * 1.1
WHERE DATE_EMBAUCHE < '01/01/93';
```

NOM	PRENOM	
Fuller	Andrew	
Leverling	Janet	
Davolio	Nancy	

La commande UPDATE modifie les valeurs d'une ou de plusieurs colonnes, dans une ou plusieurs lignes existantes d'une table.

```
UPDATE NOM_TABLE
SET COLONNE_1 = EXPRESSION_1
    [,(COLONNE_2 = EXPRESSION_2)]
[WHERE PREDICAT];
```

NOM_TABLE Table dans laquelle la requête modifie un ou plusieurs enregistrements suivant la clause WHERE.

SET Désigne les colonnes à modifier pour chaque enregistrement sélectionné et indique le mode d'obtention de la nouvelle valeur.

COLONNE_N Colonnes mises à jour dans tous les enregistrements qui satisfont le prédicat. L'expression peut faire référence aux anciennes valeurs des colonnes de la ligne.

WHERE Clause agissant de façon analogue à la clause WHERE de l'ordre SELECT et qui permet d'indiquer les lignes concernées par la mise à jour.

```
SQL> UPDATE EMPLOYES
  2  SET SALAIRE      = SALAIRE*1.1,
  3*     COMMISSION   = COMMISSION*1.2 ;

10 ligne(s) mise(s) à jour.
```

Dans l'exemple précédent les salaires sont augmentes de 10% et les commissions de 20% pour l'ensemble des enregistrements de la table EMPLOYES.

Comme vous pouvez remarquer l'expression peut faire référence aux anciennes valeurs des colonnes de la ligne.

NOTE

Dans une commande UPDATE en l'absence de clause WHERE, tous les enregistrements de la table sont miss à jour.

```
SQL> SELECT CODE_CLIENT, SOCIETE, ADRESSE
  2   FROM CLIENTS
  3* WHERE CODE_CLIENT = 'BLONP';

CODE_ SOCIETE                    ADRESSE
----- -------------------------- ------------------------------------------
BLONP Blondel père et fils       24, place Kléber

SQL> UPDATE CLIENTS
  2   SET ADRESSE  = '104, rue Mélanie'
  3* WHERE CODE_CLIENT = 'BLONP';

1 ligne mise à jour.

SQL> SELECT CODE_CLIENT, SOCIETE, ADRESSE
  2   FROM CLIENTS
  3* WHERE CODE_CLIENT = 'BLONP';

CODE_ SOCIETE                    ADRESSE
----- -------------------------- ------------------------------------------
BLONP Blondel père et fils       104, rue Mélanie
```

Dans l'exemple précédent, la modification porte seulement sur le client 'BLONP' qui est le seul enregistrement de la table CLIENTS qui respecte la clause WHERE.

```
SQL> SELECT NOM, SALAIRE
  2   FROM EMPLOYES
  3* WHERE NOM LIKE 'Peacock';

NOM                    SALAIRE
-------------------- ----------
Peacock                   2856

SQL> UPDATE EMPLOYES
  2   SET SALAIRE = ( SELECT AVG(SALAIRE)
  3              FROM EMPLOYES
  4              WHERE FONCTION LIKE 'Rep%' )
  5* WHERE NOM LIKE 'Peacock';

1 ligne mise à jour.

SQL> SELECT NOM, SALAIRE
  2   FROM EMPLOYES
  3* WHERE NOM LIKE 'Peacock';

NOM                    SALAIRE
-------------------- ----------
Peacock                2813,71
```

Dans l'exemple précédent, le salaire de l'employé(e) 'Peacock' est le résultat d'un ordre SELECT qui ramène la valeur du salaire moyen pour les employé(e)s qui ont une FONCTION de 'Représentant(e)'.

ATTENTION

L'ordre SELECT doit ramener une seule ligne. Il peut être également synchronisé avec la requête principale UPDATE. L'ordre SELECT de la clause SET peut aussi ramener plusieurs valeurs en utilisant la syntaxe :
SET (COLONNE_1, ...) = (SELECT ATTRIBUT_1, ...)

```
SQL> UPDATE EMPLOYES A
  2    SET (SALAIRE, COMMISSION) = (SELECT AVG(SALAIRE), MAX(COMMISSION)
  3                                   FROM EMPLOYES B
  4*                                  WHERE B.FONCTION = A.FONCTION);

10 ligne(s) mise(s) à jour.
```

Dans l'exemple précédent le salaire et la commission de chaque employé sont mis à jours avec la moyenne des salaires et la commission maximum des employés qui occupent la même FONCTION.

NOTE

Lorsque vous employez les commandes INSERT, UPDATE et DELETE, il est essentiel de construire la clause WHERE de façon qu'elle affecte (ou insère) uniquement les lignes souhaitées.
Exécutez d'abord une instruction de type SELECT avec cette clause WHERE et après exécutez l'instruction LMD souhaitée.

Suppression des données

```
DELETE DETAILS_COMMANDES
WHERE NO_COMMANDE = 11077;
```

L'instruction DELETE supprime une ou plusieurs lignes d'une table.

DELETE NOM_TABLE
[WHERE PREDICAT];

NOM_TABLE   Table dans laquelle la requête supprime un ou plusieurs enregistrements suivant la clause WHERE.

WHERE   Clause agissant de façon analogue à la clause WHERE de l'ordre SELECT et qui permet d'indiquer les lignes concernées par la suppression.

```
SQL> DELETE DETAILS_COMMANDES
  2* WHERE NO_COMMANDE = 11077

25 ligne(s) supprimée(s).
```

Dans l'exemple précèdent les détails de la commandes 11077 sont effacés.

NOTE

Dans une commande DELETE en l'absence de clause WHERE, l'ensemble des enregistrements de la table sont supprimés.

```
SQL> DELETE DETAILS_COMMANDES ;

1537 ligne(s) supprimée(s).
```

Dans l'exemple précèdent tous les détails des commandes sont effacés.

Contraintes d'intégrité

```
DELETE COMMANDES
WHERE NO_EMPLOYE = 3;
```

```
DELETE COMMANDES
*
ERREUR à la ligne 1 :
ORA-02292: violation de contrainte
(STAGIAIRE.FK_DETAILS__COMMANDES_COMMANDE)
d'intégrité - enregistrement fils existant
```

Une requête de modification du contenu de la base de données INSERT, UPDATE ou DELETE, ne sera exécutée que si le résultat respecte toutes les contraintes d'intégrité définies sur cette base.

```
SQL> UPDATE EMPLOYES
  2   SET DATE_NAISSANCE = NULL
  3* WHERE NO_EMPLOYE = 2;

UPDATE EMPLOYES
*
ERREUR à la ligne 1 :
ORA-01407: impossible de mettre à jour
("STAGIAIRE"."EMPLOYES"."DATE_NAISSANCE") avec NULL
```

Dans l'exemple précédent la contrainte d'intégrité NOT NULL interdit la mise à jour de la colonne DATE_NAISSANCE.

```
SQL> DELETE EMPLOYES
  2   WHERE NO_EMPLOYE = 2;
  3* UPDATE EMPLOYES

DELETE EMPLOYES
*
ERREUR à la ligne 1 :
ORA-02292: violation de contrainte (STAGIAIRE.FK_EMPLOYES_EMPLOYES__EMPLOYES)
d'intégrité - enregistrement fils existant
```

Dans l'exemple précédent la contrainte d'intégrité référentielle interdit la suppression de l'enregistrement.

Transactions

Atomicité

Cohérence

Isolation

Durabilité

Une transaction est un ensemble de modifications de la base qui forment un tout indivisible. Il faut effectuer ces modifications entièrement ou pas du tout, sous peine de laisser la base dans un état incohérent.

Au cours d'une transaction, l'utilisateur travaille sur une copie privée des tables qu'il modifie; ainsi, il est le seul à voir les modifications qu'il a effectuées.

Pour rendre ces modifications effectives pour l'ensemble des utilisateurs, il doit les valider. Après validation il est impossible d'annuler les modifications.

Il a aussi la possibilité de revenir à tout moment à l'état dans lequel étaient les tables avant le début de mise à jour.

Les transactions devraient être aussi petites que possible, avec toutes les opérations adaptées pour le changement simple des données. Afin qu'une série d'opérations soit considérée comme une transaction, elle doit présenter les propriétés :

Atomicité   Une transaction doit être une unité atomique de travail; elle ne peut réussir que si toutes ses opérations réussissent.

Cohérence   Quand une transaction est terminée, elle doit laisser les données dans un état cohérent incluant toutes les règles d'intégrité de données.

Isolation   Les transactions doivent être isolées des changements effectués par d'autres transactions, soit avant que la transaction ne démarre, soit avant le démarrage de chaque opération dans la transaction. Ce niveau d'isolation est configurable par l'application.

Durabilité   Une transaction doit être validée aussitôt qu'elle est terminée. Même si un échec du système se produit après la fin de la transaction, les effets de la transaction sont permanents dans le système.

Début et fin de transaction

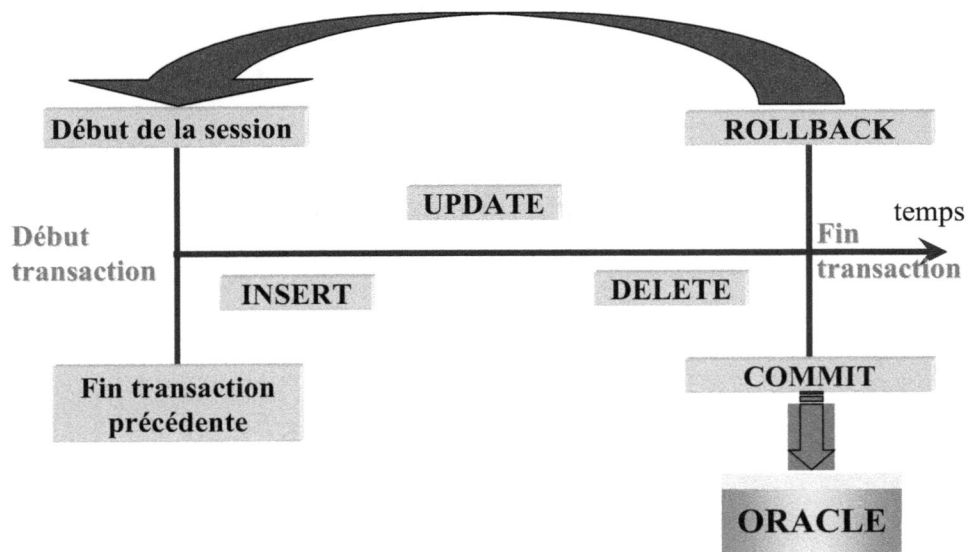

Une transaction démarre par la connexion initiale ou la fin de la transaction précédente.

La fin d'une transaction peut être définie explicitement par l'un des ordres COMMIT ou ROLLBACK :

- COMMIT termine une transaction par la validation des données. Il rend définitives et accessibles aux autres utilisateurs toutes les modifications effectuées pendant la transaction en les sauvegardant dans la base de données et annule tous les verrous positionnés pendant la transaction (voir Mécanismes de verrouillage);
- ROLLBACK termine une transaction en annulant toutes les modifications de données effectuées et annule tous les verrous positionnés pendant la transaction.

```
SQL> SELECT COUNT(*) FROM  DETAILS_COMMANDES
  2* WHERE NO_COMMANDE = 11077;

  COUNT(*)
----------
        25

SQL> DELETE DETAILS_COMMANDES
  2* WHERE NO_COMMANDE = 11077;

25 ligne(s) supprimée(s).

SQL> COMMIT;

Validation effectuée.

SQL> SELECT COUNT(*) FROM  DETAILS_COMMANDES
  2* WHERE NO_COMMANDE = 11077;

  COUNT(*)
----------
         0
```

Dans l'exemple précédent, la suppression des enregistrements de la table
DETAILS_COMMANDES est validée par la commande COMMIT, les modifications de
la transaction sont rendues permanentes dans la base.

```
SQL> SELECT COUNT(*) FROM  DETAILS_COMMANDES
  2* WHERE NO_COMMANDE = 11076;

  COUNT(*)
----------
         3

SQL> DELETE DETAILS_COMMANDES
  2* WHERE NO_COMMANDE = 11076;

3 ligne(s) supprimée(s).

SQL> ROLLBACK;

Annulation (ROLLBACK) effectuée.

SQL> SELECT COUNT(*) FROM  DETAILS_COMMANDES
  2* WHERE NO_COMMANDE = 11076;

  COUNT(*)
----------
         3
```

La suppression des trois enregistrements pour la commande 11076 est rejetée par la
commande ROLLBACK la base de données est dans le même état qu'au démarrage de
la transaction.

La fin d'une transaction peut aussi être implicite et correspondre à l'un des événements
suivants :

- l'exécution d'un ordre de définition d'objet (CREATE :, DROP :, ALTER :, etc.)
  par validation de la transaction en cours;
- l'arrêt normal d'une session par EXIT par validation de la transaction en cours;
- l'arrêt anormal d'une session par annulation de la transaction en cours.

```
SQL> SELECT COUNT(*) FROM  DETAILS_COMMANDES
  2* WHERE NO_COMMANDE = 11076;

  COUNT(*)
----------
         3

SQL> DELETE DETAILS_COMMANDES
  2* WHERE NO_COMMANDE = 11076;

3 ligne(s) supprimée(s).

SQL> ALTER INDEX PK_DETAILS_COMMANDES REBUILD;

Index modifié.

SQL> ROLLBACK;

Annulation (ROLLBACK) effectuée.

SQL> SELECT COUNT(*) FROM  DETAILS_COMMANDES
  2* WHERE NO_COMMANDE = 11076;

  COUNT(*)
----------
         0
```

Dans la transaction précédente la fin de la transaction est effectuée implicitement par l'exécution de la commande de description d'objet (DDL) ALTER INDEX, la commande ROLLBACK ne change plus l'état de la base de données.

L'option AUTOCOMMIT

Lorsque vous insérez, mettez à jour ou supprimez des données de la base, vous avez la possibilité d'annuler ces opérations si vous découvrez une erreur comme l'on vient de le voir précédemment.

SQL*Plus permet de valider automatiquement de telles opérations à l'aide de l'option de l'environnement AUTOCOMMIT (voir SQL*Plus Environnement).

```
SQL> SET AUTOCOMMIT ON

SQL> SHOW AUTOCOMMIT

autocommit ON

SQL> DELETE DETAILS_COMMANDES
  2* WHERE NO_COMMANDE = 11076;

3 ligne(s) supprimée(s).

SQL> ROLLBACK;

Annulation (ROLLBACK) effectuée.

SQL> SELECT COUNT(*) FROM  DETAILS_COMMANDES
  2* WHERE NO_COMMANDE = 11076;

  COUNT(*)
----------
         0
```

La commande ROLLBACK est sans effet la transaction est validée automatiquement par l'environnement SQL*Plus. A l'instar des autres options d'environnement, vous pouvez savoir comment elle a été définie en utilisant la commande SHOW.

> **NOTE**
>
> La valeur OFF est celle par défaut. Vous pouvez aussi spécifier un nombre comme valeur de AUTOCOMMIT pour déterminer le nombre de commandes à l'issue desquelles Oracle effectuera un commit.

```
SQL> SET AUTOCOMMIT 2

SQL> SHOW AUTOCOMMIT

AUTOCOMMIT ON pour chaque instruction DML 2

SQL> DELETE DETAILS_COMMANDES
  2* WHERE NO_COMMANDE = 11076;

3 ligne(s) supprimée(s).

SQL> ROLLBACK;

Annulation (ROLLBACK) effectuée.

SQL> SELECT COUNT(*) FROM  DETAILS_COMMANDES
  2* WHERE NO_COMMANDE = 11076 OR NO_COMMANDE = 11077;

  COUNT(*)
----------
        28

SQL> DELETE DETAILS_COMMANDES
  2* WHERE NO_COMMANDE = 11076;

3 ligne(s) supprimée(s).

SQL> DELETE DETAILS_COMMANDES
  2* WHERE NO_COMMANDE = 11077;

25 ligne(s) supprimée(s).

SQL> ROLLBACK;

Annulation (ROLLBACK) effectuée.

SQL> SELECT COUNT(*) FROM  DETAILS_COMMANDES
  2* WHERE NO_COMMANDE = 11076 OR NO_COMMANDE = 11077;

  COUNT(*)
----------
         0
```

L'exemple précédent est composé de deux transactions. L'environnement est configuré en mode AUTOCOMMIT ON après la deuxième instruction DML exécute.

Dans la première transaction il y a une seule instruction DML, puis la commande ROLLBACK annule l'opération ; la base de données est alors dans le même état qu'au démarrage de la transaction.

La deuxième transaction est composée de deux instructions DML ce qui lance la validation de la transaction par l'environnement SQL*Plus ; la commande ROLLBACK est sans effet.

Structuration de la transaction

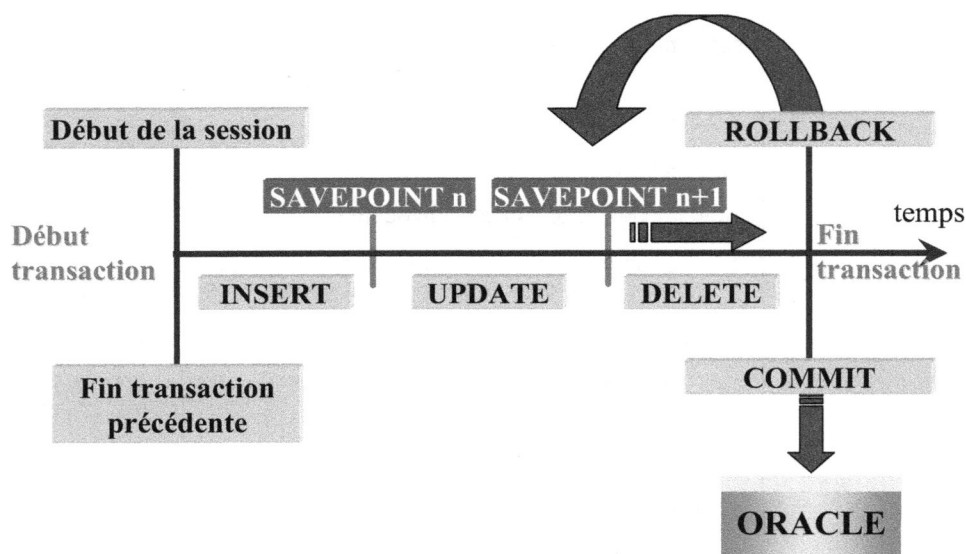

Il est possible de subdiviser une transaction en plusieurs étapes en sauvegardant les informations modifiées à la fin de chaque étape, tout en gardant la possibilité soit de valider l'ensemble des mises à jour, soit d'annuler tout ou partie des mises à jour à la fin de la transaction.

Le découpage de la transaction en plusieurs parties se fait en insérant des points de repère, ou SAVEPOINT. La création d'un point de repère se fait par l'ordre :

```
SAVEPOINT NOM_SAVEPOINT;
```

ATTENTION

Si le nom du SAVEPOINT existe déjà dans la même transaction le nouveau SAVEPOINT créé efface l'ancien.

Pour annuler la partie de la transaction en cours depuis un "point de repère", on utilise la commande :

```
ROLLBACK TO SAVEPOINT NOM_SAVEPOINT;
```

ATTENTION

L'annulation des mises à jour effectuées depuis un SAVEPOINT de la transaction conserve les mises à jour antérieures, SAVEPOINT inclus, et rejette les modifications ultérieures, SAVEPOINT inclus.

```
SQL> INSERT INTO CATEGORIES ( CODE_CATEGORIE, NOM_CATEGORIE, DESCRIPTION )
  2* VALUES ( 9,'Légumes et fruits','Légumes et fruits frais');

1 ligne créée.

SQL> SAVEPOINT POINT_REPERE_1;

Point de sauvegarde (SAVEPOINT) créé.

SQL> INSERT INTO FOURNISSEURS (NO_FOURNISSEUR, SOCIETE, ADRESSE,
  2                              VILLE, CODE_POSTAL, PAYS, TELEPHONE, FAX)
  3  VALUES ( 30, 'Légumes de Strasbourg', '104, rue Mélanie',
  4*
'Strasbourg',67200,'France','03.88.83.00.68','03.88.83.00.62');

1 ligne créée.

SQL> SAVEPOINT POINT_REPERE_2;

Point de sauvegarde (SAVEPOINT) créé.

SQL> UPDATE PRODUITS SET CODE_CATEGORIE = 9
  2* WHERE   CODE_CATEGORIE = 2;

12 ligne(s) mise(s) à jour.

SQL> SAVEPOINT POINT_REPERE_3;

Point de sauvegarde (SAVEPOINT) créé.

SQL> UPDATE PRODUITS SET NO_FOURNISSEUR = 30
  2* WHERE   NO_FOURNISSEUR = 2;

4 ligne(s) mise(s) à jour.

SQL> SELECT NOM_PRODUIT, NO_FOURNISSEUR, CODE_CATEGORIE
  2  FROM PRODUITS
  3  WHERE NO_FOURNISSEUR = 30 AND
  4*        CODE_CATEGORIE = 9;

NOM_PRODUIT                               NO_FOURNISSEUR CODE_CATEGORIE
---------------------------------------- -------------- --------------
Chef Anton's Cajun Seasoning                         30              9
Chef Anton's Gumbo Mix                               30              9
Louisiana Fiery Hot Pepper Sauce                     30              9
Louisiana Hot Spiced Okra                            30              9

SQL> ROLLBACK TO POINT_REPERE_2;

Annulation (ROLLBACK) effectuée.

SQL> SELECT NOM_PRODUIT, NO_FOURNISSEUR, CODE_CATEGORIE
  2  FROM PRODUITS
  3  WHERE NO_FOURNISSEUR = 2 AND
  4        CODE_CATEGORIE = 9;

NOM_PRODUIT                               NO_FOURNISSEUR CODE_CATEGORIE
---------------------------------------- -------------- --------------
Chef Anton's Cajun Seasoning                          2              2
Chef Anton's Gumbo Mix                                2              2
Louisiana Fiery Hot Pepper Sauce                      2              2
Louisiana Hot Spiced Okra                             2              2

SQL> ROLLBACK TO POINT_REPERE_3;
ROLLBACK TO POINT_REPERE_3
*
ERREUR à la ligne 1 :
ORA-01086: le point de sauvegarde 'POINT_REPERE_3' n'a jamais été établi
```

L'exemple précèdent illustre l'utilisation du SAVEPOINT pour la structuration d'une transaction. La transaction insère un enregistrement dans la table CATEGORIES et un autre dans la table FOURNISEURS, après chaque insertion on sauvegarde les modifications avec les "points de repère" POINT_REPERE_1 et POINT_REPERE_2. La suite de la transaction continue avec la modification de la table PRODUITS, on attribue tous les produits fournis par le fournisseur numéro 2 au nouveau fournisseur et on modifie la catégorie des ces produits par la nouvelle catégorie crée.

Annulation des mises à jour effectuées depuis le "point de repère" POINT_REPERE_2 en conservant les mises à jours effectués avant lui. Le POINT_REPERE_3 est ultérieur au ² et n'est plus, alors, reconnu par le système.

Gestion des accès concurrents

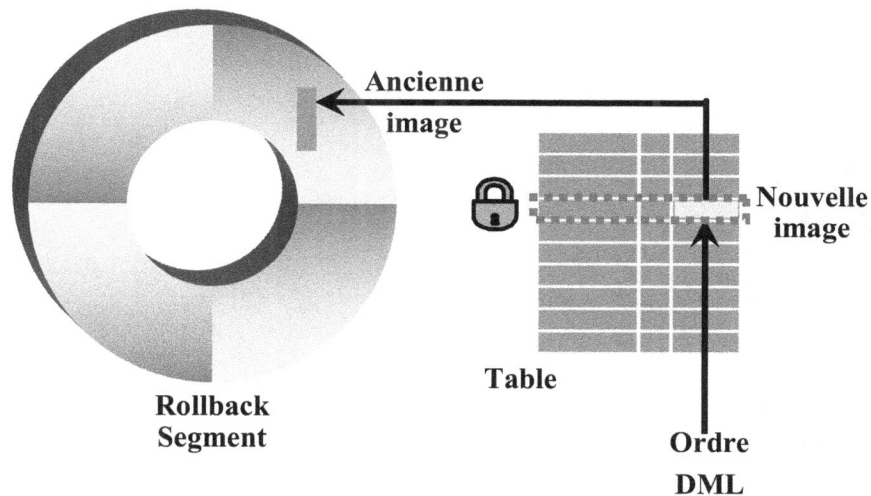

Il y a accès concurrent lorsque plusieurs utilisateurs (transactions) accèdent à la même donnée dans la base de données.

La gestion des accès concurrents consiste à s'assurer que l'exécution simultanée d'un ensemble de transactions qui accèdent à un même ensemble de données produit le même résultat que si les transactions avaient été exécutées en séquence. La gestion de l'accès concurrent repose sur les concepts de consistance et d'intégrité des données.

Il y a consistance des données lorsque le système garantit que les données utilisées par la requête ne sont pas modifiées par d'autres opérations pendant toute la durée de l'exécution de ladite requête.

L'intégrité des données d'une base de données est assurée lorsque la base passe d'un état cohérent avant prise en compte des mises à jour à un autre état cohérent après les mises à jour. La notion de cohérence est définie par le respect des contraintes d'intégrité déclarées au moment de la création des objets de la base.

Oracle utilise un mécanisme de verrouillage afin de protéger les données utilisées par une transaction jusqu'à la fin des mises à jour. La transaction qui a posé les verrous peut utiliser les données. Les autres transactions qui voudraient accéder aux mêmes données sont mises en attente.

Consistance des données en consultation

Un utilisateur qui exécute une requête (SELECT) sur une table (ou sur plusieurs tables) est sûr de voir toutes les données telles qu'elles étaient au début de l'interrogation, même si d'autres utilisateurs modifient la table et valident leurs modifications pendant ce temps.

Pour mettre en oeuvre cette possibilité, Oracle enregistre la date de début de la transaction. Ensuite, si une table utilisée dans la transaction est modifiée par un autre utilisateur, Oracle prend un SNAPSHOT (un cliché) de la table, c'est-à-dire que les blocs modifiés de la table sont copiés dans un ROLLBACK SEGMENT avant modification afin de pouvoir reconstituer la version initiale de la table.

L'exécution de ROLLBACK ou de COMMIT libère les ROLLBACK SEGMENT ainsi créés.

Consistance des données en mise à jour

Les modifications des données non validées par un COMMIT sont visibles uniquement à l'intérieur de la transaction en cours. Elles ne deviennent accessibles aux autres utilisateurs qu'après la validation de la transaction.

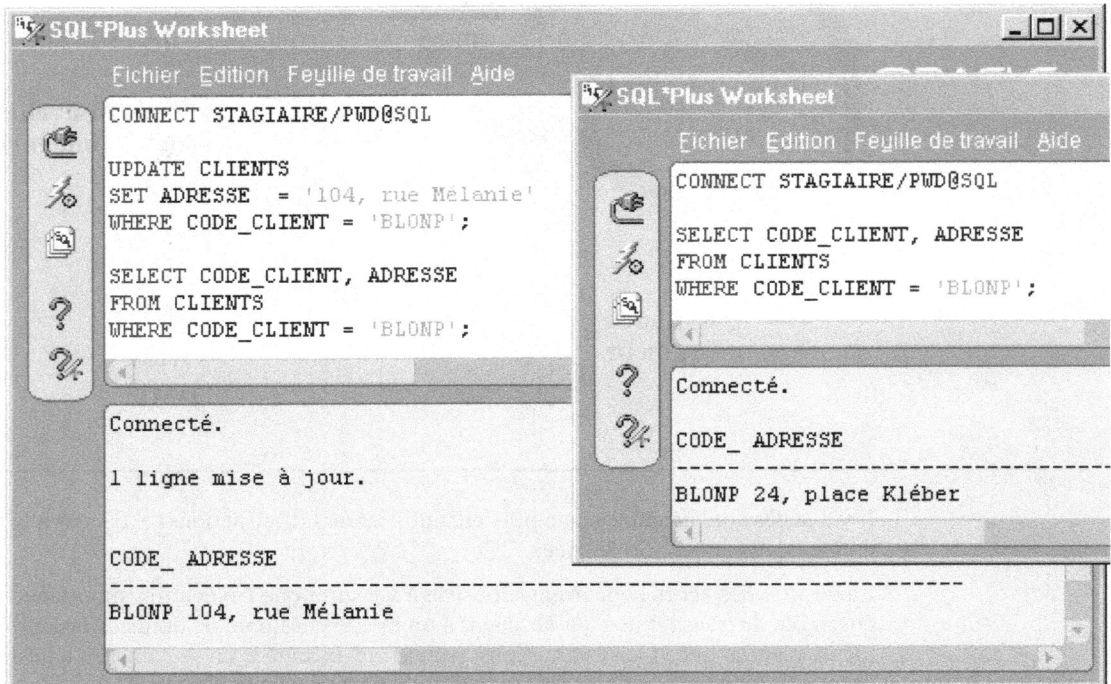

La fenêtre de gauche continent une transaction en cours d'exécution, la modification d'un enregistrement de la table CLIENTS est visible à l'intérieur de cette transaction. Dans la fenêtre de droite, le même utilisateur mais dans une transaction distincte bénéficie d'une lecture cohérente des données validées.

Atelier 6.1

■ Mise à jour des données

Durée : 45 minutes

TP

L'objectif de l'atelier est de vous aider à vérifier votre compréhension de la mise à jour des données et de la gestion des transactions.

Exercice n° 1

Insérez une nouvelle catégorie de produits nommé « Légumes et fruits » tout en respectant les contraintes d'insertion et mise à jour de la table CATEGORIES, à savoir que le CODE_CATEGORIE doit être unique et que les colonnes NOM_CATEGORIE et DESCRIPTION doivent être renseignées. Affichez l'enregistrement inséré et validez la transaction.

Exercice n° 2

Le fournisseur "Nouvelle-Orléans Cajun Delights" est racheté par le fournisseur "Grandma Kelly's Homestead".

Créez un nouveau fournisseur qui s'appelle « Kelly » avec les mêmes coordonnées que le fournisseur "Grandma Kelly's Homestead".

Tous les produits livrés anciennement par les fournisseurs "Nouvelle-Orléans Cajun Delights" et "Grandma Kelly's Homestead" seront distribués par le nouveau fournisseur.

Effacez les deux anciens fournisseurs.

Affichez les produits livrés par le nouveau fournisseur et validez la transaction.

Exercice n° 3

Effacez les commandes effectuées par l'employée numéro trois.

L'opération s'est déroulée correctement ? Justifiez votre réponse.

Exercice n° 4

Créez deux nouvelles catégories de produits, une « Boissons non alcoolisées » et une autre « Boissons alcoolisées » ; après la création insérez un point de sauvegarde POINT_REPERE_1.

Attribuez les produit 1 et 43 à la première catégorie et insérez un point de sauvegarde POINT_REPERE_2.

Attribuez les produits (2, 24, 34, 35, 38, 39, 67) à la deuxième catégorie et insérez un point de sauvegarde POINT_REPERE_3.

Supprimez la catégorie de produits « Boissons ».

L'opération s'est déroulée correctement ?

Annulez les opérations depuis le point de sauvegarde POINT_REPERE_2.

Exécutez la commande ROLLBACK TO SAVEPOINT POINT_REPERE_3 ; Justifiez le message d'erreur.

Attribuez tous les produits qui sont encore de catégorie « Boissons » à la deuxième catégorie, « Boissons alcoolisées » ; insérez un point de sauvegarde POINT_REPERE_3.

Supprimez la catégorie de produits « Boissons ».

Affichez les produits ainsi que les deux catégories qui sont l'objet de cette transaction.

Validez la transaction.

- *Les Tables*
- *Les Contraintes*
- *Les Objets*
- *Les Vues*
- *Les Index*
- *Les Séquences*
- *Les Synonymes*

7

Les objets
de base de données

Objectifs

A la fin de ce module, vous serez à même d'effectuer les tâches suivantes :

- Créer et supprimer des tables.
- Créer et supprimer des types de données définis par l'utilisateur.
- Décrire les différents types d'intégrité de données.
- Implémenter l'intégrité des données.
- Activer et désactiver des contraintes.

Contenu

Objets de la base de données

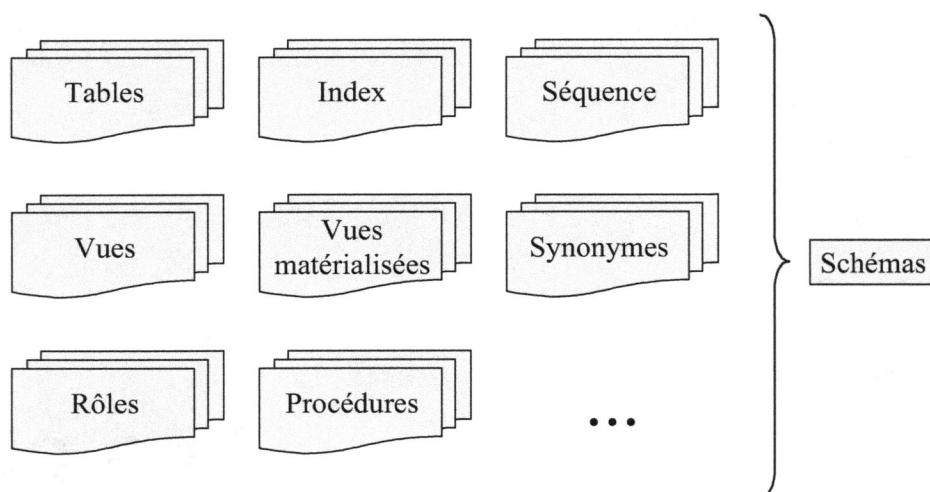

Les chapitres précédents ont traité des éléments relatifs à l'extraction des données tout en ignorant les questions d'implémentation du modèle relationnel dans une base de données. Il en sera question dans ce chapitre. Vous sera présenté, le langage de définition de données, ou LDD, qui se compose d'instructions SQL utilisées pour créer, modifier et supprimer des objets de base de données.

Le langage de définition de données ou LDD est composé d'instructions SQL responsables de la création ou de la modification des structures de bases de données, telles que les tables, les vues et les index.

Si vous êtes impliqué dans le développement de nombreuses bases de données, vous devriez absolument envisager l'utilisation d'un outil d'aide à la modélisation fonctionnant sous Windows, tel que Designer d'Oracle, ERwin de LogicWork, AMC-Designer de Sybase ou Visio de Microsoft.

Ces produits permettent de définir graphiquement un modèle logique et de générer les instructions SQL appropriées permettant de créer la base.

Les objets de base de données varient par leur taille et leur forme. Voici les plus courants :

- les tables ;
- les vues ;
- les index ;
- les déclencheurs ;
- les synonymes ;
- les séquences ;
- les rôles ;
- les fonctions, les procédures et les paquetages.

Vous allez découvrir comment créer chacun de ces objets ainsi que leurs rôles dans la base de données.

Attribution des noms

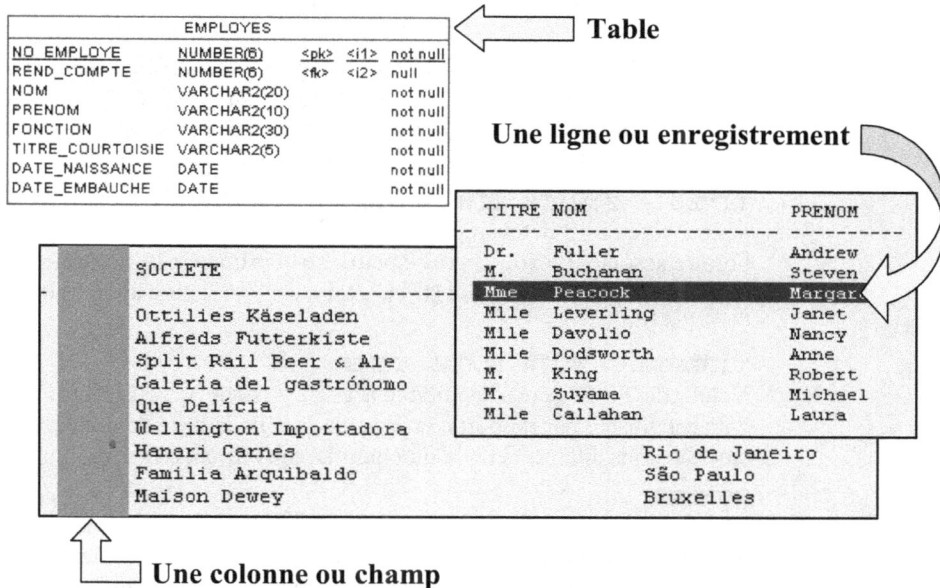

Les tables représentent le mécanisme de stockage des données dans une base Oracle. Ainsi que nous l'avons vu dans le Chapitre 1, une table contient un ensemble fixe de colonnes. Chaque colonne possède un nom ainsi que des caractéristiques spécifiques.

Une colonne se voit attribuer un type de données et une longueur. Pour les colonnes de type NUMBER, il est possible de spécifier des caractéristiques supplémentaires relatives à la précision et à l'étendue. La précision détermine le nombre de chiffres que peut prendre la valeur numérique, l'étendue le nombre de chiffres que peut prendre la portion décimale. La précision par défaut (maximale) est de trente-huit chiffres. Les types de données disponibles sont :

CHAR
Champ de longueur fixe pouvant atteindre 2 000 octets.

NCHAR
Champ de longueur fixe pour des jeux de caractères multioctets pouvant atteindre 2 000 caractères ou 2 000 octets selon le jeu de caractères utilisé. Sa taille par défaut est de 1 octet.

VARCHAR2
Champ de longueur variable pouvant atteindre 4 000 caractères.

NVARCHAR2
Champ de longueur variable pour des jeux de caractères multioctets pouvant atteindre 4 000 caractères ou 4 000 octets selon le jeu de caractères utilisé. Sa taille par défaut est **DE** 1 octet.

DATE
Champ de longueur fixe de 7 octets utilisé pour stocker n'importe quelle date, incluant l'heure.

INTERVAL DAY TO SECOND
Intervalle de temps fixé à 11 octets et exprimé en jours, heures, minutes et secondes. Un littéral entier entre 0 et 9 doit être utilisé pour spécifier le nombre de chiffres acceptés pour représenter les jours et les secondes (2 et 6 étant respectivement les valeurs par défaut).

INTERVAL YEAR TO MONTH

Intervalle de temps fixé à 5 octets et exprimé en années et en mois. Un littéral entier entre 0 et 4 doit être utilisé pour spécifier le nombre de chiffres acceptés pour représenter les années (2 étant la valeur par défaut).

TIMESTAMP

Valeur de 7 à 11 octets représentant une date et une heure, incluant des fractions de seconde, et se fondant sur la valeur d'horloge du système d'exploitation. Une valeur de précision - un entier de 0 à 9 (6 étant la précision par défaut) - permet de choisir le nombre de chiffres voulus dans la partie décimale des secondes.

TIMESTAMP WITH TIME ZONE

Valeur fixée à 13 octets représentant une date et une heure, avec un paramètre de zone horaire associé. La zone horaire peut être exprimée sous la forme d'un décalage par rapport à l'heure universelle (UTC), tel que "-5:0", ou d'un nom de zone, tel que "US/Pacific".

TIMESTAMP WITH LOCAL TIME

Valeur de 7 à 11 octets semblable à TIMESTAMP WITH TIME ZONE, sauf que la date est ajustée par rapport à la zone horaire de la base de données lorsqu'elle est stockée, puis adaptée à celle du client lorsqu'elle est extraite.

NUMBER

Champ de longueur variable acceptant la valeur zéro ainsi que des nombres négatifs et positifs. Le nombre d'octets nécessaires pour stocker une valeur de ce type équivaut approximativement à la moitié du nombre de chiffres significatifs qui constituent cette valeur. Par exemple, considérez une valeur de 9 chiffres, divisez-la par 2, arrondissez le résultat à un nombre entier, puis ajoutez 1 pour un nombre positif. Le stockage de cette valeur nécessiterait donc 6 octets.

LONG

Champ de longueur variable pouvant atteindre 2 Go.

RAW

Champ de longueur variable utilisé pour stocker des données binaires et pouvant atteindre 2 000 octets.

LONG RAW

Champ de longueur variable utilisé pour stocker des données binaires et pouvant atteindre 2 Go.

BLOB

Binary Large Object (grand objet binaire) pouvant atteindre 4 Go.

CLOB

Character Large Object (grand objet caractère) pouvant atteindre 4 Go.

NCLOB

Type de donnée CLOB pour des jeux de caractères multioctets pouvant atteindre 4 Go.

BTILE

Fichier binaire externe dont la taille est limitée par le système d'exploitation.

ROWID

Valeur binaire représentant un identifiant de ligne (ROWID). Pour des index normaux définis sur des tables non partitionnées, des index locaux définis sur des tables partitionnées et des pointeurs de lignes utilisés pour des lignes chaînées ou migrées, cette valeur fait 6 octets. Pour des index globaux définis sur des tables partitionnées, elle fait 10 octets.

UROWID

Valeur binaire pouvant atteindre 4 000 octets, utilisée pour adresser des données. Supporte des ROWID logiques et physiques, ainsi que des ROWID de tables étrangères accessibles via une passerelle.

Outre les types de données intégrées présentées auparavant Oracle reconnaît les types standard ANSI, et assure leur conversion de la manière suivante :

- types ANSI `character` et `char` : le type **char** d'Oracle est utilisé ;
- types ANSI `character varying` et `char varying` : le type `varchar2` d'Oracle est utilisé ;
- types ANSI `numeric`, `decimal`, `dec`, `integer`, `int` et `smallint` : le type `number` d'Oracle est utilisé ;
- types ANSI `float`, `real` et `double precision` : Oracle supporte le type `float` dans PL/SQL.

Le système impose certaines limitations ; la dénomination des objets doit respecter les règles suivantes :

- Chaque objet d'un schéma même pour des types d'objets différents doit être unique.
- La longueur du nom ne peut excéder 30 caractères.
- Il doit commencer par un caractère alphabétique ou par _ ou $ ou #.
- Ne doit pas être un mot réservé SQL.
- Il peut comporter des caractères minuscules ou majuscules. Oracle ne tient pas compte de la casse tant que les noms de tables ou de colonnes ne sont pas indiqués entre guillemets.

ATTENTION

Si les noms d'objets sont entre guillemets Oracle utilise la casse donnée entre guillemets pour référencer l'objet. Chaque fois que l'objet est appelé il faut utiliser les guillemets, autrement Oracle opère automatiquement une conversion en majuscules. Il est déconseillé d'utiliser cette possibilité, du fait de la lourdeur d'écriture et des risques d'erreur de syntaxe qu'elle engendre.

Création d'une table

```
create table COMMANDES (
    NO_COMMANDE        NUMBER(6)      not null,
    CODE_CLIENT        CHAR(5)        not null,
    NO_EMPLOYE         NUMBER(6)      not null,
    DATE_COMMANDE      DATE DEFAULT SYSDATE,
    DATE_ENVOI         DATE                   ,
    PORT               NUMBER(8,2)            );
```

COMMANDES		
NO_COMMANDE	NUMBER(6)	not null
CODE_CLIENT	CHAR(5)	not null
NO_EMPLOYE	NUMBER(6)	not null
DATE_COMMANDE	DATE	not null
DATE_ENVOI	DATE	null
PORT	NUMBER(8,2)	null

En raison de ses nombreuses options et clauses, l'instruction SQL CREATE TABLE peut être relativement complexe. Par conséquent, au lieu d'examiner la syntaxe complète de cette instruction, nous allons commencer par découvrir la syntaxe au fur et à mesure de son utilisation.

```
CREATE TABLE [SCHEMA.]NOM_TABLE
(
NOM_COLONNE1 TYPE [DEFAULT EXPRESSION1][NOT NULL],
NOM_COLONNE2 TYPE [DEFAULT EXPRESSION2][NOT NULL],
...
NOM_COLONNEN TYPE [DEFAULT EXPRESSIONN][NOT NULL]
);
```

SCHEMA	Propriétaire de la table ; par défaut, c'est l'utilisateur qui crée la table.
NOM_TABLE	Nom de la table, il doit être unique pour le schéma.
NOM_COLONNE	Nom de chaque colonne ; plusieurs tables peuvent avoir des noms de colonne identiques.
TYPE	Type de colonne ; peut être un type implicite Oracle, un type implicite ANSI ou un type explicite.
NOT NULL	La colonne correspondante est obligatoire.
DEFAULT EXPRESSION	Permet de définir une valeur par défaut pour la colonne, qui sera prise en compte si aucune valeur n'est spécifiée dans une commande INSERT. Ce peut être une constante, USER ou SYSDATE.

```
SQL> CREATE TABLE UTILISATEURS (
  2      NO_UTILISATEUR  NUMBER(6)                     NOT NULL,
  3      NOM_PRENOM      VARCHAR2(20)                  NOT NULL,
  4      DATE_CREATION   DATE          DEFAULT SYSDATE NOT NULL,
  5      UTILISATEUR     VARCHAR2(20)  DEFAULT USER    NOT NULL,
  6      DESCRIPTION     VARCHAR2(100)                         );

Table créée.

SQL> DESC UTILISATEURS
 Nom                                         NULL ?   Type
 ------------------------------------------- -------- ------------------------
 NO_UTILISATEUR                              NOT NULL NUMBER(6)
 NOM_PRENOM                                  NOT NULL VARCHAR2(20)
 DATE_CREATION                               NOT NULL DATE
 UTILISATEUR                                 NOT NULL VARCHAR2(20)
 DESCRIPTION                                          VARCHAR2(100)

SQL> INSERT INTO UTILISATEURS( NO_UTILISATEUR, NOM_PRENOM, DATE_CREATION)
  2  VALUES ( 1, 'Razvan BIZOÏ', DEFAULT);

1 ligne créée.

SQL> COMMIT;

Validation effectuée.

SQL> SELECT NO_UTILISATEUR, NOM_PRENOM, DATE_CREATION,
  2         UTILISATEUR, DESCRIPTION
  3  FROM  UTILISATEURS;

NO_UTILISATEUR NOM_PRENOM          DATE_CRE UTILISATEUR          DESCRIPTION
-------------- ------------------- -------- -------------------- -----------
             1 Razvan BIZOÏ        01/03/03 STAGIAIRE
```

Tout d'abord, la table ainsi que ses colonnes se voient assigner un nom, respectivement UTILISATEURS et NO_EMPLOYE, NOM_PRENOM, DATE_CREATION, etc. Chaque colonne possède un type et une longueur spécifiques. La colonne NO_EMPLOYE est définie avec le type NUMBER, sans étendue, ce qui équivaut à un entier. La colonne NOM_PRENOM est définie avec le type VARCHAR2(20) ;il s'agit donc d'une colonne de longueur variable, qui accepte un maximum de 20 caractères.

Une colonne peut aussi avoir une contrainte DEFAULT. Cette contrainte génère une valeur lorsqu'une ligne qui est insérée dans la table ne contient pas de valeur pour cette colonne.

Une colonne peut être définie comme étant NOT NULL, ce qui signifie que chaque ligne stockée dans la table doit contenir une valeur pour cette colonne.

Choix de la largeur pour les types CHAR et VARCHAR2

Une colonne de type caractère dont la largeur est insuffisante pour y stocker vos données peut provoquer l'échec d'opérations INSERT.

```
SQL> CREATE TABLE DEPARTEMENT( DEPARTEMENT_ID NUMBER(2)    NOT NULL,
  2                            DEPARTEMENT    VARCHAR2(15) NOT NULL);

Table créée.

SQSQL> SELECT DISTINCT SUBSTR( QUANTITE, INSTR(QUANTITE,' '),
  2                                   INSTR(QUANTITE,' ',1,2) -
  3                                   INSTR(QUANTITE,' ') )
  4* FROM PRODUITS ;
LFormat
```

Soyez prévoyant lorsque vous définissez la largeur pour une colonne de type CHAR et VARCHAR2. Dans l'exemple précédent, une largeur VARCHAR2 (15) pour un nom du département pose des problèmes. Vous devrez soit modifier la table soit tronquer ou changer le nom de certains départements.

> **NOTE**
>
> Il n'est pas gênant de définir d'importantes largeurs pour des colonnes de type VARCHAR2, car Oracle ne remplit pas la fin d'une telle colonne avec des espaces. Et si une colonne ne contient pas de valeur, Oracle n'y stocke rien, pas même des espaces (il stocke deux octets d'information de contrôle interne à la base, mais cela n'affecte pas la taille que vous spécifiez).

Choix de la précision pour le type NUMBER

Une colonne de type NUMBER avec une précision inappropriée provoque soit l'échec d'opérations INSERT soit une diminution de la précision des données insérées. Les instructions suivantes tentent d'insérer quatre lignes dans la table PERSONNE.

```
SQL> CREATE TABLE PERSONNE(
  2     NOM          VARCHAR2(10)  ,
  3     PRENOM       VARCHAR2(15)  ,
  4     COMM         NUMBER(3,1)   );

Table créée.

SQL> INSERT INTO PERSONNE ( NOM, PRENOM, COMM)
  2   VALUES ( 'JANET'  , 'Jean-Baptiste', 25.98);

1 ligne créée.

SQL> INSERT INTO PERSONNE ( NOM, PRENOM, COMM)
  2   VALUES ( 'POIDATZ', 'Guy', 52.35);

1 ligne créée.

SQL> INSERT INTO PERSONNE ( NOM, PRENOM, COMM)
  2   VALUES ( 'ROESSEL', 'Marcel', 99.156);

1 ligne créée.

SQL> INSERT INTO PERSONNE ( NOM, PRENOM, COMM)
  2   VALUES ( 'STEIB'  , 'Suzanne', 102.35);
VALUES ( 'STEIB'  , 'Suzanne', 102.35)
                          *
ERREUR à la ligne 2 :
ORA-01438: valeur incohérente avec la précision indiquée pour cette colonne

SQL> SELECT NOM, PRENOM, COMM FROM PERSONNE;

NOM        PRENOM                COMM
---------- --------------- ----------
JANET      Jean-Baptiste           26
POIDATZ    Guy                   52,4
ROESSEL    Marcel                99,2
```

Toutes les lignes ont été insérées sauf la quatrième, car la valeur 102,35 dépasse la précision indiquée pour cette colonne NUMBER (3,1).

Oracle arrondit en fait la portion décimale à la valeur supérieure ou inférieure la plus proche, en fonction de la précision spécifiée.

Création d'une table temporaire

Les tables temporaires ont été introduites dans **Oracle8i** et représentent un moyen de mettre en tampon des résultats ou un ensemble de résultats lorsque vos applications doivent exécuter plusieurs instructions LMD au cours d'une transaction ou d'une session.

A l'instar d'une table traditionnelle, une table temporaire constitue un mécanisme de stockage de données dans une base Oracle. Elle compte également des colonnes qui se voient assigner chacune un type de données et une longueur. Par contre, même si la définition d'une table temporaire est maintenue de façon permanente dans la base de données, les données qui y sont insérées sont conservées seulement le temps d'une session ou d'une transaction. Le fait de créer une table temporaire en tant que table temporaire globale permet à toutes les sessions qui se connectent à la base d'accéder à cette table et de l'utiliser.

Plusieurs sessions peuvent y insérer des lignes de données, mais chaque ligne sera visible uniquement par la session qui l'a insérée.

La syntaxe de la commande CREATE GLOBAL TEMPORARY TABLE est :

```
CREATE [GLOBAL] TEMPORARY TABLE [SCHEMA.]NOM_TABLE
(
NOM_COLONNE TYPE [DEFAULT EXPRESSION][NOT NULL],
...
) [ON COMMIT { DELETE | PRESERVE } ROWS];
```

GLOBAL TEMPORARY	Signale qu'il s'agit d'une table temporaire et que sa définition est visible par toutes les sessions. Les données ne sont visibles que par la session qui les insère dans la table.
ON COMMIT	Cette clause ne s'applique que si vous créez une table temporaire. Elle indique si les données dans la table

temporaire existent pour la durée d'une transaction ou d'une session.

DELETE   Pour une table temporaire spécifique à une transaction (choix par défaut), cette clause demande au système de vider la table, TRUNCATE, après chaque instruction COMMIT.

PRESERVE   Pour une table temporaire spécifique à une session, cette clause demande au système de vider la table, TRUNCATE, lorsque la session se termine.

ATTENTION

Vous ne pouvez pas spécifier, pour les tables temporaires, de contraintes d'intégrité référentielle (clé étrangère).
Elles ne peuvent pas être partitionnées, organisées en index ou placées dans un cluster.

```
SQL> CREATE GLOBAL TEMPORARY TABLE UTILISATEURS (
  2     NO_UTILISATEUR  NUMBER(6)                     NOT NULL,
  3     NOM_PRENOM      VARCHAR2(20)                  NOT NULL,
  4     DATE_CREATION   DATE          DEFAULT SYSDATE NOT NULL,
  5     UTILISATEUR     VARCHAR2(20)  DEFAULT USER    NOT NULL,
  6     DESCRIPTION     VARCHAR2(100)                             )
  7  ON COMMIT DELETE ROWS;

Table créée.

SQL> INSERT INTO UTILISATEURS( NO_UTILISATEUR, NOM_PRENOM)
  2     VALUES ( 1, 'Razvan BIZOÏ');

1 ligne créée.

SQL> SELECT NO_UTILISATEUR, NOM_PRENOM, DATE_CREATION
  2    FROM  UTILISATEURS;

NO_UTILISATEUR NOM_PRENOM           DATE_CRE
-------------- -------------------- --------
             1 Razvan BIZOÏ         05/03/03

SQL> COMMIT;

Validation effectuée.

SQL> SELECT NO_UTILISATEUR, NOM_PRENOM, DATE_CREATION
  2    FROM  UTILISATEURS;

aucune ligne sélectionnée
```

La table temporaire ainsi créée accepte l'insertion du premier enregistrement, les données sont gardées seulement dans la transaction en cours.

Types de données abstraits

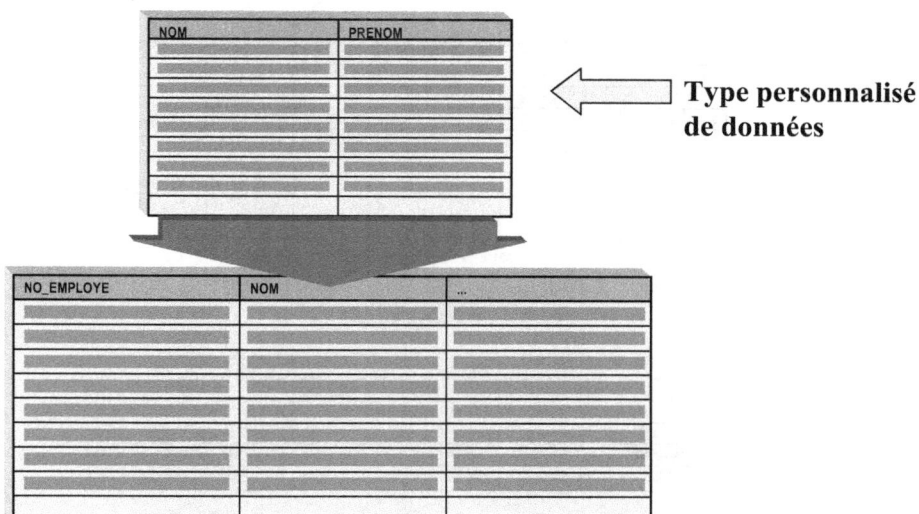

Type personnalisé de données

Depuis **Oracle8i**, vous avez la possibilité de définir vos propres types de données, lorsque vous installez l'option **Object**, pour standardiser le traitement des données dans vos applications.

La syntaxe de création de l'objet est identique à celle de la création d'une table :

```
CREATE [OR REPLACE] TYPE [SCHEMA.]NOM_TYPE AS OBJECT
       ( NOM_COLONNE TYPE, ...);
```

L'exemple suivant illustre la création d'un type de données NOM_TY. Le type NOM_TY est utilisé dans la table EMPLOYES pour la définition de la colonne NOM.

```
SQL> CREATE OR REPLACE TYPE NOM_TY AS OBJECT (
  2     NOM  VARCHAR2(20), PRENOM VARCHAR2(10));
  3  /

Type créé.

SQL> CREATE TABLE EMPLOYES   (
  2     NO_EMPLOYE            NUMBER(6)      PRIMARY KEY ,
  3     NOM                   NOM_TY ,
  4     DATE_EMBAUCHE         DATE           DEFAULT SYSDATE NOT NULL);

Table créée.

SQL> INSERT INTO EMPLOYES VALUES ( 1, NOM_TY('Razvan', 'BIZOÏ'), DEFAULT);

1 ligne créée.

SQL> SELECT NO_EMPLOYE, DATE_EMBAUCHE, NOM FROM EMPLOYES;

NO_EMPLOYE DATE_EMB NOM(NOM, PRENOM)
---------- -------- -------------------------------------------------------
         1 05/03/03 NOM_TY('Razvan', 'BIZOÏ')
```

Création d'une table comme …

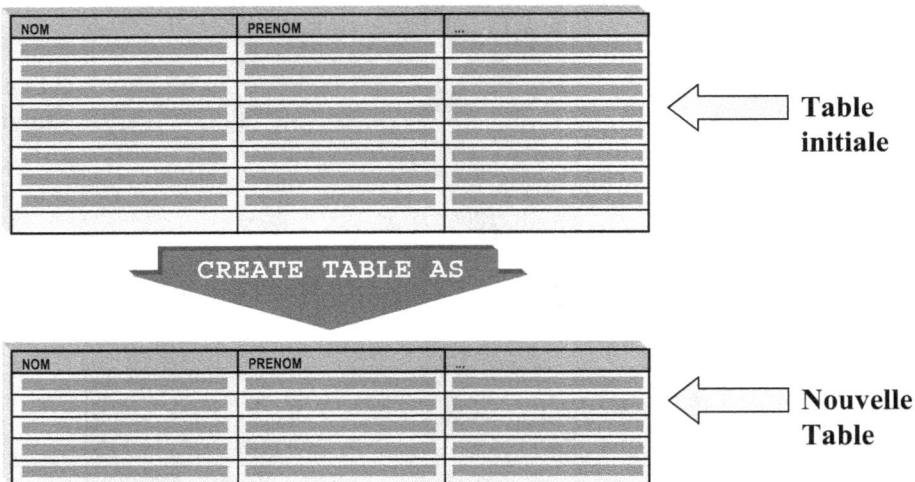

Table initiale

CREATE TABLE AS

Nouvelle Table

Depuis **Oracle8i**, avez la possibilité de créer une table à partir d'une table existante. Cette fonctionnalité peut notamment être exploitée pour obtenir rapidement une copie d'une table tout entière ou d'une partie seulement. Elle peut se révéler très utile pour créer un environnement de test.

La syntaxe pour la création d'une table à partir d'une requête est :

CREATE TABLE [SCHEMA.]NOM_TYPE AS SOUS_REQUETE;

Lorsque la nouvelle table est décrite, on constate qu'elle a hérité des définitions de colonnes sélectionnées dans la table PRODUITS. Les valeurs retournées par la sous requête sont insérées dans la table PRODUITS_DESERTS.

```
SQL> SELECT COUNT(*) FROM PRODUITS WHERE CODE_CATEGORIE = 3;

  COUNT(*)
----------
        13

SQL> CREATE TABLE PRODUITS_DESSERTS AS
  2      SELECT NOM_PRODUIT, CODE_CATEGORIE FROM PRODUITS
  3      WHERE CODE_CATEGORIE = 3;

Table créée.

SQL> DESC PRODUITS_DESSERTS
 Nom                                        NULL ?   Type
 ------------------------------------------ -------- ------------
 NOM_PRODUIT                                NOT NULL VARCHAR2(40)
 CODE_CATEGORIE                             NOT NULL NUMBER(6)

SQL> SELECT COUNT(*) FROM PRODUITS_DESSERTS;

  COUNT(*)
----------
        13
```

Atelier 7.1

■ Créations des tables

Durée : 20 minutes

TP

L'objectif de l'atelier est de vous aider à vérifier votre compréhension de la création des tables ; il est structuré en deux parties :

- Questionnaire,
- Mise en pratique à l'aide des exercices

Questionnaire

Quelles sont les erreurs de syntaxe, s'il y en a, dans la requête suivante ?

```
CREATE TABLE NOUVELLE_TABLE (
ID NUMBER,
CHAMP_1 char(40),
CHAMP_2 char(80),
ID char(40);
```

Quels sont les noms de table valides ?

A. TEST_DE_NOM_DE_TABLE

B. P#_$TEST_TABLE

C. 7_NOM_TABLE

D. SELECT

Quelles sont les instructions d'insertion non valides dans la table suivante ?

```
SQL> DESC UTILISATEURS
 Nom                                       NULL ?   Type
 ---------------------------------------- -------- ----------------
 NO_UTILISATEUR                           NOT NULL NUMBER(6)
 NOM_PRENOM                               NOT NULL VARCHAR2(20)
 DATE_CREATION                            NOT NULL DATE
 UTILISATEUR                              NOT NULL VARCHAR2(20)
 SESSIONS                                          NUMBER(1)
```

D.

```
SQL> INSERT INTO UTILISATEURS( NO_UTILISATEUR, NOM_PRENOM)
  2  VALUES ( 1, 'Razvan BIZOÏ');
```

E.

```
SQL> INSERT INTO UTILISATEURS( NO_UTILISATEUR, NOM_PRENOM, SESSIONS)
  2  VALUES ( 2, 'Razvan BIZOÏ', 10);
```

F.

```
SQL> INSERT INTO UTILISATEURS( NO_UTILISATEUR, NOM_PRENOM,
  2                     DATE_CREATION, SESSIONS)
  3  VALUES ( 3, 'Razvan BIZOÏ', 10);
```

G.

```
SQL> INSERT INTO UTILISATEURS( NO_UTILISATEUR, DATE_CREATION, SESSIONS)
  2  VALUES ( 4, SYSDATE, 1);
```

H.

```
SQL> INSERT INTO UTILISATEURS( NO_UTILISATEUR, NOM_PRENOM, SESSIONS)
  2  VALUES ( 5, 'BERNHARD Marie-Thérèse', 1);
```

Est-ce que la syntaxe de création de table suivante est valide ?

```
SQL> CREATE TABLE "Employés"(
  2  "N° employé" NUMBER(6)    NOT NULL,
  3  "Nom"        VARCHAR2(20) NOT NULL,
  4  "Prénom"     VARCHAR2(20) NOT NULL);
```

Quelle est la syntaxe correcte pour visualiser les enregistrements de l'exercice précèdent ?

A.

```
SQL> SELECT Nom, Prénom FROM Employés;
```

B.

```
SQL> SELECT Nom, Prénom FROM "Employés";
```

C.

```
SQL> SELECT "Nom","Prénom"  FROM "Employés";
```

Exercice n° 1

Ecrivez les requêtes permettant de créer les tables suivantes. Pour la colonne
DATE_CREATION de la table PRODUITS initialisez une valeur par défaut égale à la
date et l'heure de l'insertion.

PRODUITS		
REF_PRODUIT	NUMBER(6)	not null
NOM_PRODUIT	VARCHAR2(40)	not null
PRIX_UNITAIRE	NUMBER(8,2)	null
UNITES_STOCK	NUMBER(5)	null
DATE_CREATION	DATE	not null

CATEGORIES		
CODE_CATEGORIE	NUMBER(6)	not null
NOM_CATEGORIE	VARCHAR2(25)	not null

Définition de contraintes (1)

- Contraintes de colonne
- Contraintes de table

Vous pouvez créer des contraintes sur les colonnes d'une table. Lorsqu'une contrainte est appliquée à une table, chacune de ses lignes doit satisfaire les conditions spécifiées dans la définition de la contrainte.

Plusieurs types de contraintes peuvent être définis dans une instruction CREATE TABLE. Une clause CONSTRAINT peut être appliquée à une ou plusieurs colonnes dans une table. L'intérêt d'employer des contraintes est qu'Oracle assure en grande partie l'intégrité des données. Par conséquent, plus vous ajoutez de contraintes à une définition de table, moins, vous aurez de travail pour la maintenance des données. D'un autre côté, plus une table possède de contraintes, plus la mise à jour des données nécessite de temps.

Dénomination des contraintes

Les contraintes peuvent être nommées afin d'être plus facilement manipulées ultérieurement. Dans le cas où aucun nom n'est affecté explicitement à une contrainte, Oracle génère automatiquement un nom de la forme SYS_CXXXXXX (XXXXXX est un nombre entier unique). De tels noms ne sont pas parlants, aussi est-il préférable que vous les fournissiez vous-même.

L'emploi d'une stratégie pour affecter des noms permet de mieux les identifier et les gérer. Lors de l'affectation explicite d'un nom à une contrainte, il est pratique d'utiliser la convention de dénomination suivante :

TABLE_COLONNE_TYPEDECONTRAINTE

TABLE	Nom de la table sur laquelle est définie la contrainte.
COLONNE	Nom de la ou des colonnes sur laquelle est définie la contrainte.

TYPEDECONTRAINTE	Abréviation mnémotechnique associé au type de contrainte :

NN	NOT NULL
CK	CHECK
UQ	UNIQUE
PK	PRIMARY KEY
FK	FOREIGN KEY
RF	REFERENCES

Il existe deux façons de spécifier des contraintes :

Contrainte de colonne

Permet de définir une contrainte particulière sur une colonne, spécifiée dans la définition de la colonne.

```
COLONNE [CONSTRAINT CONSTRAINT_NAME] CONSTRAINT_TYPE,
```

Contraintes de table (portant sur plusieurs colonnes)

Permet de définir une contrainte particulière sur une ou plusieurs colonnes, spécifiée à la fin d'une instruction CREATE TABLE.

```
..., [CONSTRAINT CONSTRAINT_NAME] CONSTRAINT_TYPE
                    (COLONNE1, COLONNE2, ...),
```

Définition de contraintes (2)

- NOT NULL
- CHECK
- PRIMARY KEY
- UNIQUE
- FOREIGN KEY

NULL/NOT NULL

Autorise, NULL, ou interdit, NOT NULL, l'insertion de valeur NULL pour cet attribut.

```
SQL> CREATE TABLE UTILISATEURS (
  2      NOM_PRENOM      VARCHAR2(20)  CONSTRAINT
  3                                    UTILISATEURS_NOM_PRENOM_NN NOT NULL,
  4      DATE_CREATION   DATE          DEFAULT SYSDATE NOT NULL,
  5      DESCRIPTION     VARCHAR2(100)                            );

Table créée.

SQL> DESC UTILISATEURS
 Nom                                        NULL ?   Type
 ------------------------------------------ -------- --------------------
 NOM_PRENOM                                 NOT NULL VARCHAR2(20)
 DATE_CREATION                              NOT NULL DATE
 DESCRIPTION                                         VARCHAR2(100)

SQL> INSERT INTO UTILISATEURS( NOM_PRENOM)
  2  VALUES ( 'Razvan BIZOÏ');

1 ligne créée.

SQL> SELECT NOM_PRENOM, DATE_CREATION, DESCRIPTION
  2  FROM  UTILISATEURS;

NOM_PRENOM           DATE_CRE DESCRIPTION
-------------------- -------- -------------------------------------------
Razvan BIZOÏ         03/03/03
```

Dans l'exemple précédent, la création de la table UTILISATEURS est effectuée en utilisant une syntaxe de type contrainte de colonnes. Le nom de la contrainte pour la colonne DATE_CREATION n'a pas été spécifié explicitement ; alors Oracle génère automatiquement un nom ; pour la contrainte NOT NULL de la colonne NOM_PRENOM, un nom a été spécifié.

CHECK

Avec la contrainte CHECK, vous spécifiez une condition pour une ou plusieurs colonnes, qui doit être vraie pour chaque ligne de la table.

ATTENTION

Une contrainte CHECK de niveau colonne ne peut pas se référer à d'autres colonnes et ne peut pas utiliser les pseudo colonnes SYSDATE, USER ou ROWNUM.
Vous pouvez utiliser une contrainte de table pour vous référer à plusieurs colonnes dans une contrainte CHECK.

```
SQL> CREATE TABLE UTILISATEURS (
  2      NOM_PRENOM      VARCHAR2(20)   CONSTRAINT
  3                                     UTILISATEURS_NOM_PRENOM_NN NOT NULL,
  4      DATE_CREATION   DATE           DEFAULT SYSDATE NOT NULL,
  5      DATE_MISEAJOUR  DATE           DEFAULT SYSDATE NOT NULL,
  6      CONNECTIONS     NUMBER(6)      CHECK ( CONNECTIONS BETWEEN 1 AND 10),
  7      CONSTRAINT UTILISATEURS_DATE_MISEAJOUR_CK
  8                              CHECK ( DATE_CREATION <= DATE_MISEAJOUR) );

Table créée.
```

Dans notre exemple, la colonne CONNECTIONS doit contenir une valeur supérieure ou égale à 1 et inférieure ou égale à 10. Pour contrôler la colonne DATE_MISEAJOUR par rapport à la colonne DATE_CREATION il a fallu créer une contrainte CHECK de type table.

PRIMARY KEY

Une clé primaire définie sur une ou plusieurs colonnes spécifie que chaque ligne de la table peut être identifiée de façon unique par les valeurs de cette clé. Une table peut contenir une seule clé primaire, et une clé primaire ne peut pas contenir de valeurs NULL.

```
SQL> CREATE TABLE PERSONNE(
  2      PERSONNE    NUMBER(3)    PRIMARY KEY,
  3      NOM         VARCHAR2(10) ,
  4      PRENOM      VARCHAR2(15) );

Table créée.

SQL> INSERT INTO PERSONNE VALUES ( 1,'CLEMENT','Marcelle');

1 ligne créée.

SQL> INSERT INTO PERSONNE VALUES ( 1,'LABRUNE','Gilbert');
INSERT INTO PERSONNE VALUES ( 1,'LABRUNE','Gilbert')
*
ERREUR à la ligne 1 :
ORA-00001: violation de contrainte unique (STAGIAIRE.SYS_C002343)
```

Le nom d'une contrainte est défini lors de sa création. Si vous n'en spécifiez pas, Oracle en génère un. Comme vous pouvez le remarquer dans l'exemple précédent, de tels noms ne sont pas parlants ; aussi est-il préférable que vous les fournissiez vous-même.

Dans la requête suivante une contrainte PRIMARY KEY est définie sur la colonne PERSONNE ; la syntaxe spécifie explicitement le nom de la contrainte. Vous pouvez utiliser ce nom par la suite pour désactiver ou activer la contrainte.

Pour la colonne PERSONNE, il n'est pas nécessaire de préciser explicitement la contrainte NOT NULL ; la contrainte PRIMARY KEY crée automatiquement cette contrainte.

```
SQL> CREATE TABLE PERSONNE (
  2      PERSONNE    NUMBER(3) CONSTRAINT PERSONNE_PK PRIMARY KEY,
  3      NOM         VARCHAR2(10) ,
  4      PRENOM      VARCHAR2(15) );

Table créée.

SQL> DESC PERSONNE
 Nom                                            NULL ?   Type
 ---------------------------------------------- -------- -------------------
 PERSONNE                                       NOT NULL NUMBER(3)
 NOM                                                     VARCHAR2(10)
 PRENOM                                                  VARCHAR2(15)
```

Lorsqu'une clé primaire s'applique à plusieurs colonnes, vous pouvez définir à la place d'une contrainte de colonne, une contrainte de table comme suit :

```
SQL> CREATE TABLE EMPLOYE (
  2      NOM                VARCHAR2(20)                    ,
  3      PRENOM             VARCHAR2(10)                    ,
  4      FONCTION           VARCHAR2(30)           not null,
  5      DATE_NAISSANCE     DATE                   not null,
  6      DATE_EMBAUCHE      DATE                   not null,
  7      CONSTRAINT EMPLOYE_PK PRIMARY KEY (NOM,PRENOM,DATE_NAISSANCE)   );

Table créée.

SQL> DESC EMPLOYE
 Nom                                            NULL ?   Type
 ---------------------------------------------- -------- -------------------
 NOM                                            NOT NULL VARCHAR2(20)
 PRENOM                                         NOT NULL VARCHAR2(10)
 FONCTION                                       NOT NULL VARCHAR2(30)
 DATE_NAISSANCE                                 NOT NULL DATE
 DATE_EMBAUCHE                                  NOT NULL DATE
```

L'exemple précédent définit une contrainte PRIMARY KEY de type table sur les colonnes NOM, PRENOM et DATE_NAISSANCE.

UNIQUE

Une clé UNIQUE définie sur une ou plusieurs colonnes autorise uniquement des valeurs uniques dans chacune d'elles. Elle désigne la colonne ou l'ensemble des colonnes comme clé secondaire de la table.

Des colonnes de clé UNIQUE font souvent partie de la clé primaire d'une table, mais cette contrainte est également utile lorsque certaines colonnes sont essentielles pour la signification des lignes de données.

Dans le cas de contrainte UNIQUE portant sur une seule colonne, l'attribut peut prendre la valeur NULL. Cette contrainte peut apparaître plusieurs fois dans l'instruction.

La requête suivante illustre la définition d'une contrainte UNIQUE sur la table EMPLOYE. Une clé **UNIQUE** est ici définie sur les colonnes NOM, PRENOM et DATE_NAISSANCE.

Notez qu'elles sont aussi déclarées comme étant NOT NULL, signifiant que les enregistrements insérés dans la table doivent contenir des valeurs pour ces colonnes.

En effet, à quoi serviraient des informations se rapportant aux employés sans indiquer leur NOM, PRENOM et DATE_NAISSANCE ?

```
SQL> CREATE TABLE EMPLOYE (
  2       EMPLOYE              NUMBER(3)    CONSTRAINT EMPLOYE_PK PRIMARY KEY,
  3       NOM                  VARCHAR2(20) NOT NULL,
  4       PRENOM               VARCHAR2(10) NOT NULL,
  5       FONCTION             VARCHAR2(30) ,
  6       DATE_NAISSANCE       DATE         NOT NULL,
  7       CONSTRAINT EMPLOYE_UQ UNIQUE (NOM,PRENOM,DATE_NAISSANCE)   );

Table créée.

SQL> DESC EMPLOYE
 Nom                                      NULL ?   Type
 ---------------------------------------- -------- --------------------------
 EMPLOYE                                  NOT NULL NUMBER(3)
 NOM                                      NOT NULL VARCHAR2(20)
 PRENOM                                   NOT NULL VARCHAR2(10)
 FONCTION                                          VARCHAR2(30)
 DATE_NAISSANCE                           NOT NULL DATE

SQL> INSERT INTO EMPLOYE VALUES
  2        ( 1,'CLEMENT','Marcelle', 'Manager', '01/01/1950');

1 ligne créée.

SQL> INSERT INTO EMPLOYE VALUES
  2        ( 2,'CLEMENT','Marcelle', 'Manager', '01/01/1950');
INSERT INTO EMPLOYE VALUES
*
ERREUR à la ligne 1 :
ORA-00001: violation de contrainte unique (STAGIAIRE.EMPLOYE_UQ)

SQL> INSERT INTO EMPLOYE VALUES
  2        ( 2,'CLEMENT','Marcelle', 'Manager', '01/01/1951');

1 ligne créée.
```

Vous pouvez remarquer que la deuxième instruction INSERT se solde avec un échec ; le trinôme qui forme la clé unique NOM, PRENOM et DATE_NAISSANCE est identique au premier enregistrement inséré. La troisième instruction INSERT est valide, la DATE_NAISSANCE étant différente (trinôme unique).

REFERENCES

Une clé étrangère, REFERENCES, définie sur une ou plusieurs colonnes d'une table garantit que les valeurs de cette clé sont identiques aux valeurs de PRIMARY KEY ou UNIQUE d'une autre table. Les valeurs admises, pour la colonne ou les colonnes contrôlées par cette contrainte, doivent exister dans l'ensemble des valeurs de la colonne ou les colonnes correspondantes dans la table maître. Une contrainte FOREIGN KEY est également appelée contrainte d'intégrité référentielle.

Vous pouvez vous référer à une PRIMARY KEY ou UNIQUE au sein d'une même table. Pensez à utiliser une contrainte de table et non de colonne pour définir une clé étrangère sur plusieurs colonnes.

La syntaxe d'une contrainte d'intégrité référentielle comporte deux formes selon qu'elle est de type colonne ou de type table.

Lorsque vous initialisez la contrainte d'intégrité référentielle comme contrainte de type colonne, la syntaxe est la suivante :

CONSTRAINT CONSTRAINT_NAME
        REFERENCES TABLE [(COLONNE)]

ATTENTION

Dans le cas d'une contrainte de type colonne le type de la contrainte FOREIGN KEY ne figure pas dans la syntaxe.
Le nom de la colonne de référence de la table maître est facultatif s'il s'agit de la clé primaire de la table maître ; sinon il est impératif de le renseigner.

Par exemple, les valeurs de la colonne MANAGER de la table UTILISATEUR se réfèrent aux valeurs de la colonne UTILISATEUR de la même table.

La valeur pour la colonne MANAGER est soit une des valeurs de la colonne UTILISATEUR ou bien la valeur NULL étant donné que la contrainte NOT NULL n'a pas été définie pour cette colonne.

```
SQL> CREATE TABLE UTILISATEURS (
  2     UTILISATEUR    NUMBER(2)      PRIMARY KEY,
  3     MANAGER        NUMBER(2)
  4          CONSTRAINT UTILISATEURS_UTILISATEURS_FK
  5                  REFERENCES UTILISATEURS(UTILISATEUR),
  6     NOM_PRENOM     VARCHAR2(20)  NOT NULL );

Table créée.

SQL> INSERT INTO UTILISATEURS( UTILISATEUR,MANAGER,NOM_PRENOM)
  2  VALUES ( 1,NULL,'LABRUNE Gilbert');

1 ligne créée.

SQL> INSERT INTO UTILISATEURS( UTILISATEUR,MANAGER,NOM_PRENOM)
  2  VALUES ( 2,   0,'CHATELAIN Nicole');
INSERT INTO UTILISATEURS( UTILISATEUR,MANAGER,NOM_PRENOM)
*
ERREUR à la ligne 1 :
ORA-02291: violation de contrainte
(STAGIAIRE.UTILISATEURS_UTILISATEURS_FK) d'intégrité - touche parent
introuvable

SQL> INSERT INTO UTILISATEURS( UTILISATEUR,MANAGER,NOM_PRENOM)
  2  VALUES ( 2,   1,'CHATELAIN Nicole');

1 ligne créée.
```

Lorsque vous avez besoin de référencer plusieurs colonnes où vous voulez initialiser une contrainte FOREIGN KEY de type table il faut utiliser la syntaxe suivante :

CONSTRAINT CONSTRAINT_NAME FOREIGN KEY (COLONNE,...)
         REFERENCES TABLE [(COLONNE,...)]

Lorsque le mot clé REFERENCES est utilisé dans une contrainte de table, il doit être précédé de FOREIGN KEY. Une contrainte de table peut se référer à plusieurs colonnes de clé étrangère.

Le nom de la colonne ou des colonnes de référence de la table maître est facultatif s'il s'agit de la clé primaire de la table maître, sinon il est impératif de le renseigner.

L'exemple suivant illustre les modalités de création d'une contrainte d'intégrité référentielle. Les valeurs de la colonne MANAGER de la table EMPLOYE se réfèrent aux valeurs de la colonne EMPLOYE de la même table. Dans la deuxième instruction, les valeurs du NOM et PRENOM de la table UTILISATEUR se réfèrent au NOM et PRENOM de la table EMPLOYE. La table EMPLOYE contenant les colonnes NOM et PRENOM doivent exister pour que le référencement soit possible.

```
SQL> CREATE TABLE EMPLOYE (
  2      EMPLOYE          NUMBER(3)
  3                          CONSTRAINT EMPLOYE_PK PRIMARY KEY,
  4      NOM              VARCHAR2(20)  NOT NULL,
  5      PRENOM           VARCHAR2(10)  NOT NULL,
  6      MANAGER          NUMBER(2)      ,
  7      CONSTRAINT EMPLOYE_NOM_PRENOM_UQ UNIQUE (NOM,PRENOM) ,
  8      CONSTRAINT EMPLOYE_EMPLOYE_FK
  9                          FOREIGN KEY (MANAGER) REFERENCES EMPLOYE );

Table créée.

SQL> CREATE TABLE UTILISATEUR (
  2      UTILISATEUR      NUMBER(2)    PRIMARY KEY,
  3      NOM              VARCHAR2(20)  NOT NULL,
  4      PRENOM           VARCHAR2(10)  NOT NULL,
  5      CONSTRAINT UTILISATEUR_EMPLOYE_FK
  6                  FOREIGN KEY (NOM,PRENOM)
  7                  REFERENCES EMPLOYE(NOM,PRENOM));

Table créée.
```

Lorsque vous supprimez des lignes auxquelles se réfèrent d'autres lignes, il faut définir une stratégie a suivre. Le type d'opération de suppression, modification à appliquer à une valeur de clé étrangère, doit être déclaré dans la définition de la table associée.

Trois stratégies sont possibles. Elles seront illustrées par rapport à la syntaxe d'une contrainte REFERENCES de type table suivante :

```
CONSTRAINT CONSTRAINT_NAME FOREIGN KEY (COLONNE,...)
        REFERENCES TABLE [(COLONNE,...)]
                [ON DELETE {CASCADE | SET NULL}]
```

Interdiction

Suppression interdite d'une ligne dans la table maître s'il existe au moins une ligne dans la table fille. C'est l'option par défaut.

```
SQL> CREATE TABLE CATEGORIE (
  2      CODE_CATEGORIE       NUMBER(6)      PRIMARY KEY,
  3      NOM_CATEGORIE        VARCHAR2(25)   NOT NULL);

Table créée.

SQL> CREATE TABLE PRODUIT (
  2      REF_PRODUIT          NUMBER(6)      PRIMARY KEY,
  3      NOM_PRODUIT          VARCHAR2(40)   NOT NULL,
  4      CODE_CATEGORIE       NUMBER(6)      NOT NULL,
  5      CONSTRAINT PRODUITS_CATEGORIES_FK FOREIGN KEY (CODE_CATEGORIE)
  6                  REFERENCES CATEGORIE (CODE_CATEGORIE));

Table créée.

SQL> INSERT INTO CATEGORIE VALUES (1,'Desserts');

1 ligne créée.

SQL> INSERT INTO PRODUIT VALUES (1,'Teatime Chocolate Biscuits',1);

1 ligne créée.

SQL> DELETE CATEGORIE;
DELETE CATEGORIE
*
ERREUR à la ligne 1 :
ORA-02292: violation de contrainte (FORMATEUR.PRODUITS_CATEGORIES_FK)
d'intégrité - enregistrement fils existant
```

Suppression interdite d'une ligne dans la table CATEGORIE s'il existe au moins une ligne dans la table PRODUIT pour cette catégorie.

ON DELETE CASCADE :

Demande la suppression des lignes dépendantes dans la table en cours de définition, si la ligne contenant la clé primaire correspondante dans la table maître est supprimée.

```
SQL> CREATE TABLE CATEGORIE (
  2      CODE_CATEGORIE        NUMBER(6)      PRIMARY KEY,
  3      NOM_CATEGORIE         VARCHAR2(25)   NOT NULL);

Table créée.

SQL> CREATE TABLE PRODUIT (
  2      REF_PRODUIT           NUMBER(6)      PRIMARY KEY,
  3      NOM_PRODUIT           VARCHAR2(40)   NOT NULL,
  4      CODE_CATEGORIE        NUMBER(6)      NOT NULL
  5                            CONSTRAINT PRODUITS_CATEGORIES_FK
  6                            REFERENCES CATEGORIE ON DELETE CASCADE);

Table créée.

SQL> INSERT INTO CATEGORIE VALUES (1,'Desserts');

1 ligne créée.

SQL> INSERT INTO PRODUIT VALUES (2,'Tarte au sucre',1);

1 ligne créée.

SQL> SELECT REF_PRODUIT, NOM_PRODUIT, CODE_CATEGORIE
  2  FROM PRODUIT;

REF_PRODUIT NOM_PRODUIT                                CODE_CATEGORIE
----------- ------------------------------------------ --------------
          2 Tarte au sucre                                          1

SQL> DELETE CATEGORIE;

1 ligne supprimée.

SQL> SELECT REF_PRODUIT, NOM_PRODUIT, CODE_CATEGORIE
  2  FROM PRODUIT;

aucune ligne sélectionnée
```

Suppression d'une ligne dans la table CATEGORIE indique à Oracle de supprimer les lignes dépendantes dans la table PRODUIT. L'intégrité référentielle est ainsi automatiquement maintenue.

ON DELETE SET NULL

Demande la mise à NULL des colonnes constituant la clé étrangère qui font référence à la ligne supprimée. Cette stratégie impose que les clés étrangères ne soient pas déclarées en NOT NULL.

Dans l'exemple suivant, les valeurs de la colonne **MANAGER** de la table UTILISATEUR se réfèrent aux valeurs de la colonne UTILISATEUR de la même table. La valeur pour la colonne MANAGER est soit une des valeurs de la colonne UTILISATEUR ou bien la valeur **NULL**, étant donné que la contrainte NOT NULL n'a pas été définie pour cette colonne.

La suppression du premier enregistrement entraîne la mise à NULL de la colonne clé étrangère MANAGER pour l'enregistrement dépendant.

```
SQL> CREATE TABLE UTILISATEUR (
  2     UTILISATEUR    NUMBER(2)      PRIMARY KEY,
  3     MANAGER        NUMBER(2)
  4             CONSTRAINT UTILISATEURS_UTILISATEURS_FK
  5                     REFERENCES UTILISATEUR
  6                     ON DELETE SET NULL,
  7     NOM_PRENOM     VARCHAR2(20)   NOT NULL );

Table créée.

SQL> INSERT INTO UTILISATEUR( UTILISATEUR,MANAGER,NOM_PRENOM)
  2   VALUES ( 1,NULL,'LABRUNE Gilbert');

1 ligne créée.

SQL> INSERT INTO UTILISATEUR( UTILISATEUR,MANAGER,NOM_PRENOM)
  2   VALUES ( 2,   1,'CHATELAIN Nicole');

1 ligne créée.

SQL> SELECT UTILISATEUR, MANAGER, NOM_PRENOM FROM UTILISATEUR;

UTILISATEUR    MANAGER NOM_PRENOM
----------- ---------- --------------------
          1            LABRUNE Gilbert
          2          1 CHATELAIN Nicole

SQL> DELETE UTILISATEUR WHERE UTILISATEUR = 1;

1 ligne supprimée.

SQL> SELECT UTILISATEUR, MANAGER, NOM_PRENOM FROM UTILISATEUR;

UTILISATEUR    MANAGER NOM_PRENOM
----------- ---------- --------------------
          2            CHATELAIN Nicole
```

L'ordre CREATE TABLE permet de définir, comme cela a déjà été mentionné
auparavant, la structure logique de la table sous forme d'un ensemble de colonnes et de
contraintes. La syntaxe de l'instruction CREATE TABLE est :

```
CREATE TABLE [SCHEMA.]NOM_TABLE
(
NOM_COLONNE1 TYPE [DEFAULT EXPRESSION1][NOT NULL]
  [[CONSTRAINT CONSTRAINT_COLONNE_NAME1] CONSTRAINT_TYPE],
NOM_COLONNE2 TYPE [DEFAULT EXPRESSION2][NOT NULL]
  [[CONSTRAINT CONSTRAINT_COLONNE_NAME2] CONSTRAINT_TYPE],
...
NOM_COLONNEN TYPE [DEFAULT EXPRESSIONN][NOT NULL]
  [[CONSTRAINT CONSTRAINT_COLONNE_NAMEN] CONSTRAINT_TYPE],
[CONSTRAINT CONSTRAINT_TABLE_NAME1
        CONSTRAINT_TYPE (COLONNE,...),...]
);
```

Atelier 7.2

- Créations des contraintes de colonnes
- Créations des contraintes de tables

Durée : 30 minutes

TP

L'objectif de l'atelier est de vous aider à mieux comprendre la création des contraintes de colonnes et des contraintes de tables ; il est structuré en deux parties :

- Questionnaire,
- Mise en pratique à l'aide des exercices

Questionnaire

Quel est l'avantage de déclarer une contrainte CHECK ?

Quelle est la différence entre une contrainte CHECK de colonne et une contrainte CHECK de table ?

Argumentez pourquoi la syntaxe suivante, de création d'une clé étrangère, est incorrecte ?

```
SQL> CREATE TABLE CATEGORIE (
  2     CODE_CATEGORIE        NUMBER(6)      PRIMARY KEY,
  3     NOM_CATEGORIE         VARCHAR2(25)   NOT NULL);

Table créée.

SQL> CREATE TABLE PRODUIT (
  2     REF_PRODUIT           NUMBER(6)      PRIMARY KEY,
  3     NOM_PRODUIT           VARCHAR2(40)   NOT NULL,
  4     CODE_CATEGORIE        NUMBER(6)      NOT NULL
  5                           CONSTRAINT PRODUITS_CATEGORIES_FK
  6                           FOREIGN KEY
  7                           REFERENCES CATEGORIE);
```

Quelles sont les requêtes qui créent une table comme la suivante ?

```
SQL> DESC PRODUIT
Nom                                              NULL ?    Type
----------------------------------------- -------- -------------
REF_PRODUIT                                      NOT NULL NUMBER(6)
NOM_PRODUIT                                      NOT NULL VARCHAR2(40)
CODE_CATEGORIE                                   NOT NULL NUMBER(6)
```

A.

```
SQL> CREATE TABLE PRODUIT (
  2     REF_PRODUIT          NUMBER(6)      PRIMARY KEY,
  3     NOM_PRODUIT          VARCHAR2(40)   NOT NULL,
  4     CODE_CATEGORIE       NUMBER(6)      NOT NULL
  5          REFERENCES CATEGORIE ON DELETE SET NULL);
```

B.

```
SQL> CREATE TABLE PRODUIT (
  2     REF_PRODUIT          NUMBER(6)      PRIMARY KEY,
  3     NOM_PRODUIT          VARCHAR2(40)   NOT NULL,
  4     CODE_CATEGORIE       NUMBER(6)
  5          REFERENCES CATEGORIE ON DELETE SET NULL);
```

C.

```
SQL> CREATE TABLE PRODUIT (
  2     REF_PRODUIT          NUMBER(6)      NOT NULL,
  3     NOM_PRODUIT          VARCHAR2(40)   NOT NULL,
  4     CODE_CATEGORIE       NUMBER(6)      NOT NULL);
```

Exercice n° 1

Ecrivez les requêtes permettant de créer les tables avec les contraintes suivantes.
Pour la table EMPLOYES, créer une contrainte CHECK qui contrôle l'antériorité de la
DATE_NAISSANCE à la DATE_EMBAUCHE.

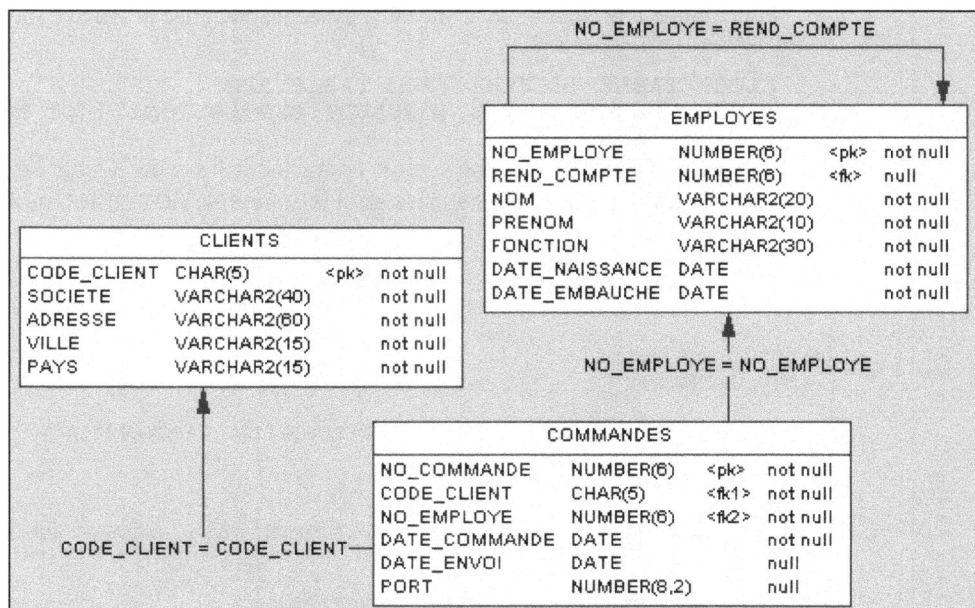

Modification d'une table

- ▪ Ajouter une nouvelle colonne
- ▪ Modification d'une nouvelle colonne
- ▪ Supprimer une colonne
- ▪ Changement de nom

Lorsque le contexte d'une application change, il faut modifier la structure existante sans remettre en cause le contenu.

Il est possible de modifier dynamiquement la structure d'une table par l'ordre ALTER TABLE Plusieurs modifications peuvent être combinées dans une même exécution de l'ordre

Ajouter une nouvelle colonne

Pour ajouter une colonne dans une table existante on utilise la syntaxe suivante :

```
ALTER TABLE [SCHEMA.]NOM_TABLE ADD
( NOM_COLONNE1 TYPE [DEFAULT EXPRESSION1][NOT NULL],...);
```

La valeur initiale des colonnes créées pour chaque ligne de la table est NULL. Il n'est possible d'ajouter une colonne possédant la contrainte NOT NULL que si la table est vide.

```
SQL> DESC CATEGORIE
Nom                                                 NULL ?   Type
--------------------------------------------------- -------- ------------
CODE_CATEGORIE                                      NOT NULL NUMBER(6)
NOM_CATEGORIE                                       NOT NULL VARCHAR2(25)

SQL> ALTER TABLE CATEGORIE ADD ( DESCRIPTION VARCHAR2(100));

Table modifiée.

SQL> SELECT CODE_CATEGORIE, NOM_CATEGORIE, NVL( DESCRIPTION, 'colonne vide')
  2  FROM CATEGORIE;

CODE_CATEGORIE NOM_CATEGORIE   DESCRIPTION
-------------- --------------- -----------------------------------------------
             1 Desserts        colonne vide
```

Dans l'exemple précèdent la table CATEGORIE est modifie par l'ajout d'une colonne DESCRIPTION ; vous pouvez remarquer que la valeur pour cette colonne dans l'enregistrement courant est NULL.

Modification d'une nouvelle colonne

Pour chaque colonne, il est possible de modifier la taille, le type, l'option NULL | NOT NULL ou l'expression DEFAULT par la syntaxe :

```
ALTER TABLE [SCHEMA.]NOM_TABLE MODIFY
( NOM_COLONNE1 TYPE [DEFAULT EXPRESSION1][NOT NULL],...);
```

Il n'est possible de changer le type ou de diminuer la taille d'une colonne que si elle ne contient pas de valeur pour l'ensemble des lignes de la table.

Il n'est possible de changer l'option NULL en NOT NULL pour une colonne que si la colonne possède une valeur pour toutes les lignes.

La modification de l'expression DEFAULT pour une colonne n'affecte que les insertions futures.

```
SQL> DESC CATEGORIE
 Nom                                                NULL ?   Type
 -------------------------------------------------- -------- -------------
 CODE_CATEGORIE                                     NOT NULL NUMBER(6)
 NOM_CATEGORIE                                      NOT NULL VARCHAR2(50)
 DESCRIPTION                                                 VARCHAR2(100)

SQL> ALTER TABLE CATEGORIE MODIFY ( NOM_CATEGORIE VARCHAR2(50) NULL);

Table modifiée.

SQL> DESC CATEGORIE
 Nom                                                NULL ?   Type
 -------------------------------------------------- -------- -------------
 CODE_CATEGORIE                                     NOT NULL NUMBER(6)
 NOM_CATEGORIE                                               VARCHAR2(50)
 DESCRIPTION                                                 VARCHAR2(100)
```

Dans l'exemple précèdent, la colonne NOM_CATEGORIE de la table CATEGORIE est modifiée, passant de VARCHAR2(25) à VARCHAR2(50) ; vous pouvez remarquer également que la contrainte NOT NULL a été enlevée.

Supprimer une colonne

Vous pouvez supprimer une colonne de table ; cette opération est plus complexe que l'ajout ou la modification d'une colonne, en raison du travail de maintenance interne supplémentaire.

Vous avez le choix entre supprimer une colonne pendant le fonctionnement de la base ou bien la marquer comme étant "inutilisée" afin qu'elle soit supprimée ultérieurement. Si elle est supprimée immédiatement, les performances peuvent s'en ressentir. Si elle est marquée comme étant inutilisée, cela n'a aucun effet sur les performances, et elle peut ainsi être supprimée lorsque la charge de la base est moins forte.

Pour supprimer une colonne immédiatement, la syntaxe est :

```
ALTER TABLE [SCHEMA.]NOM_TABLE DROP
{COLUMN NOM_COLONNE | (NOM_COLONNE1,...)};
```

Lors de la suppression de plusieurs colonnes, le mot clé COLUMN ne devrait pas être utilisé dans la commande ALTER TABLE. Il provoque une erreur de syntaxe. Les noms de colonnes doivent être placés entre parenthèses.

Dans l'exemple suivant, la colonne REND_COMPTE est supprimée immédiatement de la table EMPLOYE, à l'aide de la syntaxe pour une seule colonne qui contient le mot clé COLUMN. Vous pouvez aussi supprimer plusieurs colonnes à l'aide d'une seule commande, comme dans l'exemple suivant où l'on supprime immédiatement les colonnes TITRE_COURTOISIE et DATE_EMBAUCHE.

```
SQL> DESC EMPLOYE
Nom                                              NULL ?    Type
-------------------------------------------      --------  --------------
NO_EMPLOYE                                       NOT NULL  NUMBER(6)
REND_COMPTE                                                NUMBER(6)
NOM                                              NOT NULL  VARCHAR2(20)
PRENOM                                           NOT NULL  VARCHAR2(10)
FONCTION                                         NOT NULL  VARCHAR2(30)
TITRE_COURTOISIE                                 NOT NULL  VARCHAR2(5)
DATE_NAISSANCE                                   NOT NULL  DATE
DATE_EMBAUCHE                                    NOT NULL  DATE

SQL> ALTER TABLE EMPLOYE DROP COLUMN REND_COMPTE;

Table modifiée.

SQL> DESC EMPLOYE
Nom                                              NULL ?    Type
-------------------------------------------      --------  --------------
NO_EMPLOYE                                       NOT NULL  NUMBER(6)
NOM                                              NOT NULL  VARCHAR2(20)
PRENOM                                           NOT NULL  VARCHAR2(10)
FONCTION                                         NOT NULL  VARCHAR2(30)
TITRE_COURTOISIE                                 NOT NULL  VARCHAR2(5)
DATE_NAISSANCE                                   NOT NULL  DATE
DATE_EMBAUCHE                                    NOT NULL  DATE

SQL> ALTER TABLE EMPLOYE DROP (TITRE_COURTOISIE, DATE_EMBAUCHE );

Table modifiée.

SQL> DESC EMPLOYE
Nom                                              NULL ?    Type
-------------------------------------------      --------  --------------
NO_EMPLOYE                                       NOT NULL  NUMBER(6)
NOM                                              NOT NULL  VARCHAR2(20)
PRENOM                                           NOT NULL  VARCHAR2(10)
FONCTION                                         NOT NULL  VARCHAR2(30)
DATE_NAISSANCE                                   NOT NULL  DATE
```

Vous pouvez aussi marquer une colonne comme étant inutilisée. Marquer une colonne comme étant inutilisée ne libère pas l'espace qu'elle occupait tant que vous ne la supprimez pas. Lorsqu'une colonne est marquée comme étant inutilisée, elle n'est plus accessible.

Pour marquer une colonne comme étant inutilisée, la syntaxe est :

```
ALTER TABLE [SCHEMA.]NOM_TABLE SET UNUSED
{COLUMN NOM_COLONNE | (NOM_COLONNE1,...)};

ALTER TABLE [SCHEMA.]NOM_TABLE DROP UNUSED COLUMNS;
```

Dans l'exemple suivant REND_COMPTE, TITRE_COURTOISIE et
DATE_EMBAUCHE sont marquées comme étant inutilisées ; elles ne sont plus
accessibles comme vous pouvez le remarquer dans la description de la table. Par la
suite, elles peuvent ainsi être supprimées lorsque la charge de la base est moins forte.

```
SQL> DESC EMPLOYE
Nom                                      NULL ?    Type
---------------------------------------- --------- -----------
NO_EMPLOYE                               NOT NULL  NUMBER(6)
REND_COMPTE                                        NUMBER(6)
NOM                                      NOT NULL  VARCHAR2(20)
PRENOM                                   NOT NULL  VARCHAR2(10)
FONCTION                                 NOT NULL  VARCHAR2(30)
TITRE_COURTOISIE                         NOT NULL  VARCHAR2(5)
DATE_NAISSANCE                           NOT NULL  DATE
DATE_EMBAUCHE                            NOT NULL  DATE

SQL> ALTER TABLE EMPLOYE SET UNUSED
  2          (REND_COMPTE, TITRE_COURTOISIE, DATE_EMBAUCHE );

Table modifiée.

SQL> DESC EMPLOYE
Nom                                      NULL ?    Type
---------------------------------------- --------- -----------
NO_EMPLOYE                               NOT NULL  NUMBER(6)
NOM                                      NOT NULL  VARCHAR2(20)
PRENOM                                   NOT NULL  VARCHAR2(10)
FONCTION                                 NOT NULL  VARCHAR2(30)
DATE_NAISSANCE                           NOT NULL  DATE

SQL> ALTER TABLE EMPLOYE DROP UNUSED COLUMNS;

Table modifiée.
```

ATTENTION

Les colonnes supprimées ou marquées comme inutilisées ne sont pas récupérables.
Par conséquent, prenez le temps de la réflexion avant de supprimer une colonne.

Pour supprimer une colonne qui fait partie d'une contrainte de clé primaire ou
d'unicité, et en même temps d'une intégrité référentielle, vous devez ajouter la clause
CASCADE CONSTRAINTS : dans la commande ALTER TABLE.

```
SQL> ALTER TABLE CATEGORIE DROP COLUMN CODE_CATEGORIE;
ALTER TABLE CATEGORIE DROP COLUMN CODE_CATEGORIE
                                  *
ERREUR à la ligne 1 :
ORA-12992: impossible de supprimer la colonne clé parent

SQL> ALTER TABLE CATEGORIE DROP COLUMN CODE_CATEGORIE CASCADE CONSTRAINTS;

Table modifiée.
```

Changement de nom d'une table

Oracle 9i — Depuis **Oracle9i**, vous avez la possibilité de renommer une table mais également les vues, les séquences et les synonymes privés à l'aide de l'instruction RENAME.

La syntaxe est la suivante :

```
RENAME  [SCHEMA.]ANCIEN_NOM_TABLE TO
        [SCHEMA.]NOUVEAU_NOM_TABLE;
```

Dans l'exemple suivant la table EMPLOYES est renommée en table PERSONNES.

```
SQL> RENAME EMPLOYES TO PERSONNE;

Table renommée.
```

Modification d'une contrainte

- Ajouter une contrainte
- Supprimer une contrainte
- Activer et Désactiver une contrainte d'intégrité

Il est possible de modifier dynamiquement la structure des contraintes de table par l'ordre ALTER TABLE. Plusieurs modifications peuvent être combinées dans une même exécution de l'ordre.

Ajouter une contrainte

Lorsque l'administrateur de la base utilise les contraintes d'intégrité référentielle, il doit ordonnancer les ordres de création des tables en commençant par les tables maîtres.

Dans certains cas, il est impossible d'ordonnancer les ordres de création des tables (contrainte référentielle mutuelle).

L'administrateur peut créer toutes les tables relationnelles sans utiliser les contraintes référentielles dans l'ordre de création de table.

Après la création de toutes les tables, on modifie les tables en rajoutant les contraintes référentielles par la syntaxe suivante :

```
ALTER TABLE [SCHEMA.]NOM_TABLE ADD
( CONSTRAINT CONSTRAINT_TABLE_NAME1
          CONSTRAINT_TYPE (COLONNE,...),...);
```

```
SQL> ALTER TABLE PRODUIT ADD (
  2       CONSTRAINT PRODUITS_REF_PRODUIT_PK
  3                        PRIMARY KEY (REF_PRODUIT),
  4       CONSTRAINT PRODUITS_NOM_PRODUIT_UQ
  5                        UNIQUE (NOM_PRODUIT),
  6       CONSTRAINT PRODUITS_CATEGORIES_FK
  7                        FOREIGN KEY (CODE_CATEGORIE)
  8                        REFERENCES CATEGORIE );

Table modifiée.
```

Supprimer une contrainte

Vous pouvez supprimer une contrainte de table en utilisant l'option DROP de
l'instruction ALTER TABLE, à l'aide de la syntaxe suivante :

```
ALTER TABLE [SCHEMA.]NOM_TABLE DROP
{ CONSTRAINT CONSTRAINT_TABLE_NAME | PRIMARY KEY };
```

Dans l'exemple suivant, la suppression de la contrainte clé primaire est effectuée avec la
syntaxe unique pour les clés primaires comportant le mot clé PRIMARY KEY.

```
SQL> ALTER TABLE PRODUIT ADD (
  2        CONSTRAINT PRODUITS_REF_PRODUIT_PK
  3                        PRIMARY KEY (REF_PRODUIT),
  4        CONSTRAINT PRODUITS_NOM_PRODUIT_UQ
  5                        UNIQUE (NOM_PRODUIT),
  6        CONSTRAINT PRODUITS_CATEGORIES_FK
  7                        FOREIGN KEY (CODE_CATEGORIE)
  8                        REFERENCES CATEGORIE );

Table modifiée.

SQL>
SQL> ALTER TABLE PRODUIT DROP PRIMARY KEY;

Table modifiée.

SQL>
SQL> ALTER TABLE PRODUIT DROP
  2        CONSTRAINT PRODUITS_CATEGORIES_FK;

Table modifiée.
```

ATTENTION

Pour supprimer une contrainte de clé primaire ou d'unicité qui fait partie d'une
intégrité référentielle, vous devez ajouter la clause CASCADE : dans la commande
ALTER TABLE.

Vous pouvez remarquer que la première instruction n'utilise pas la clause CASCADE ;
Oracle refuse alors d'effacer la clé primaire ; la deuxième syntaxe est par contre acceptée.

```
SQL> ALTER TABLE CATEGORIE DROP PRIMARY KEY;
ALTER TABLE CATEGORIE DROP PRIMARY KEY
*
ERREUR à la ligne 1 :
ORA-02273: cette clé unique/primaire est référencée par des clés étrangères

SQL> ALTER TABLE CATEGORIE DROP PRIMARY KEY CASCADE;

Table modifiée.
```

Activer et Désactiver une contrainte d'intégrité

La commande ALTER TABLE permet également d'activer et de désactiver les
contraintes d'intégrité. Cette opération peut être intéressante lors d'un import massif
de données afin, par exemple, de limiter le temps nécessaire à cette importation.

La désactivation est particulièrement recommandée lors de chargement de clés
étrangères d'auto référencement.

La syntaxe utilisée pour la commande ALTER TABLE est la suivante :

```
ALTER TABLE [SCHEMA.]NOM_TABLE {ENABLE | DISABLE}
        CONSTRAINT CONSTRAINT_NAME [CASCADE];
```

L'option CASCADE permet de désactiver toutes les dépendances associées.

Pour désactiver une clé primaire ou unique utilisée dans une contrainte référentielle, il faut désactiver les clés étrangères en utilisant l'option CASCADE.

```
SQL> CREATE TABLE CATEGORIE (
  2     CODE_CATEGORIE          NUMBER(6)      PRIMARY KEY,
  3     NOM_CATEGORIE           VARCHAR2(25)   NOT NULL);

Table créée.

SQL> CREATE TABLE PRODUIT (
  2     REF_PRODUIT             NUMBER(6)      PRIMARY KEY,
  3     NOM_PRODUIT             VARCHAR2(40)   NOT NULL,
  4     CODE_CATEGORIE          NUMBER(6)      NOT NULL
  5                                CONSTRAINT PRODUITS_CATEGORIES_FK
  6                                REFERENCES CATEGORIE);

Table créée.

SQL> INSERT INTO CATEGORIE VALUES (1,'Desserts');

1 ligne créée.

SQL> ALTER TABLE CATEGORIE DISABLE PRIMARY KEY CASCADE;

Table modifiée.

SQL> INSERT INTO CATEGORIE VALUES (1,'Produits laitiers');

1 ligne créée.

SQL> ALTER TABLE CATEGORIE ENABLE PRIMARY KEY;
ALTER TABLE CATEGORIE ENABLE PRIMARY KEY
*
ERREUR à la ligne 1 :
ORA-02437: impossible de valider (FORMATEUR.SYS_C002700) - violation de
la clé primaire
```

Désactivation de la contrainte PRIMARY KEY de la table CATEGORIES : il faut utiliser la clause CASCADE pour pouvoir désactiver également la contrainte de clé étrangère de la table PRODUIT. Insertion dans cette table d'une valeur incompatible avec la contrainte désactivée. Tentative infructueuse de réactivation de la contrainte.

ATTENTION

L'activation de la contrainte dans la table maître n'active pas les contraintes d'intégrité référentielle désactivées ; il faut activer chaque contrainte à part.

Suppression d'une table

```
DROP TABLE COMMANDES CASCADE CONSTRAINTS;
```

COMMANDES		
NO_COMMANDE	NUMBER(6)	not null
CODE_CLIENT	CHAR(5)	not null
NO_EMPLOYE	NUMBER(6)	not null
DATE_COMMANDE	DATE	not null
DATE_ENVOI	DATE	null
PORT	NUMBER(8,2)	null

La suppression d'une table supprime sa définition et toutes ses données, ainsi que les spécifications d'autorisation sur cette table. Supprimer une table est une opération très simple. L'instruction DROP TABLE est simplement employée avec le nom de la table à supprimer, l'aide de la syntaxe suivante :

```
DROP TABLE [SCHEMA.]NOM_TABLE [CASCADE CONSTRAINTS:];
```

ATTENTION

Cette opération est irréversible.

Suppression de lignes

```
TRUNCATE TABLE COMMANDES;
```

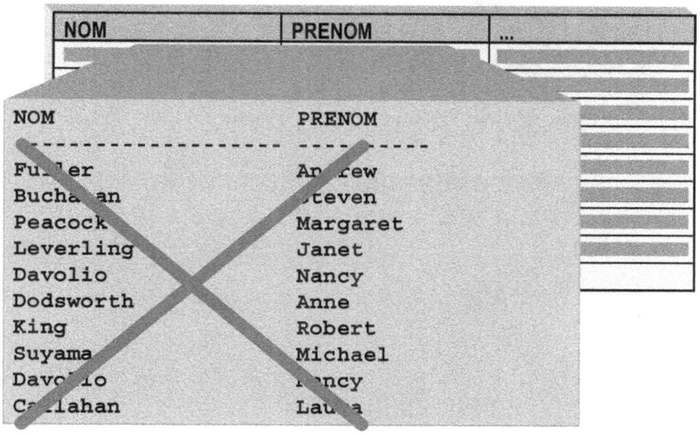

NOM	PRENOM	...

```
NOM                 PRENOM
--------------      -------------
Fu_ler              An_rew
Bucha_an            _teven
Peacock             Margaret
Leverling           Janet
Davolio             Nancy
Dodsworth           Anne
King                Robert
Suyama              Michael
Davo_io             _ncy
C_llahan            Lau_a
```

Dans Oracle, la commande TRUNCATE permet de supprimer toutes les lignes d'une table et de récupérer l'espace qu'elles occupaient sans éliminer la définition de la table dans la base, à l'aide de la syntaxe suivante :

```
TRUNCATE TABLE [SCHEMA.]NOM_TABLE;
```

> **ATTENTION**
>
> La commande TRUNCATE est un ordre LDD ; donc pas de transaction et donc pas de ROLLBACK ; ainsi cette opération est irréversible. Lorsqu'il existe des déclencheurs pour supprimer les lignes qui dépendent de celles éliminées de la table, ils ne sont pas exécutés.

```
SQL> SELECT COUNT(*) FROM EMPLOYE;

  COUNT(*)
----------
        10

SQL> TRUNCATE TABLE EMPLOYE;

Table tronquée.

SQL> ROLLBACK;

Annulation (ROLLBACK) effectuée.

SQL> SELECT COUNT(*) FROM EMPLOYE;

  COUNT(*)
----------
         0
```

Atelier 7.3

- Modifications des tables et contraintes
- Suppressions des tables et contraintes

Durée : 20 minutes

TP

L'objectif de l'atelier est de vous aider à mieux comprendre la modification des tables et des colonnes ; il est structuré en deux parties :

- Questionnaire,
- Mise en pratique à l'aide des exercices

Questionnaire

Est-ce que la commande DROP TABLE TABLE_NAME est équivalente à la commande DELETE FROM TABLE_NAME ?

Est-ce que les colonnes supprimées sont récupérables ?

Est-ce que l'activation de la contrainte de la table maître active les contraintes d'intégrité référentielles désactivées avec cette contrainte par la clause CASCADE ?

Argumentez pourquoi la syntaxe suivante, de suppression de plusieurs colonnes, est incorrecte ?

```
SQL> ALTER TABLE CLIENTS DROP COLUMNS (TELEPHONE ,FAX );
```

Décrivez une instruction SQL qui pourrait entraîner le message d'erreur suivant :

```
ERREUR à la ligne 1 : ORA-00955: Ce nom d'objet existe déjà
```

Décrivez une instruction SQL qui pourrait entraîner le message d'erreur suivant :

```
ERREUR à la ligne 1 :
ORA-02273: cette clé unique/primaire est référencée par des clés
étrangères
```

Exercice n° 1

Écrivez le script de création des tables avec les contraintes suivantes. Le script doit contenir la destruction des objets pour pouvoir s'exécuter même si les objets existent déjà. Pour vous faciliter la tâche, créez d'abord les tables sans aucune contrainte et ensuite les contraintes.

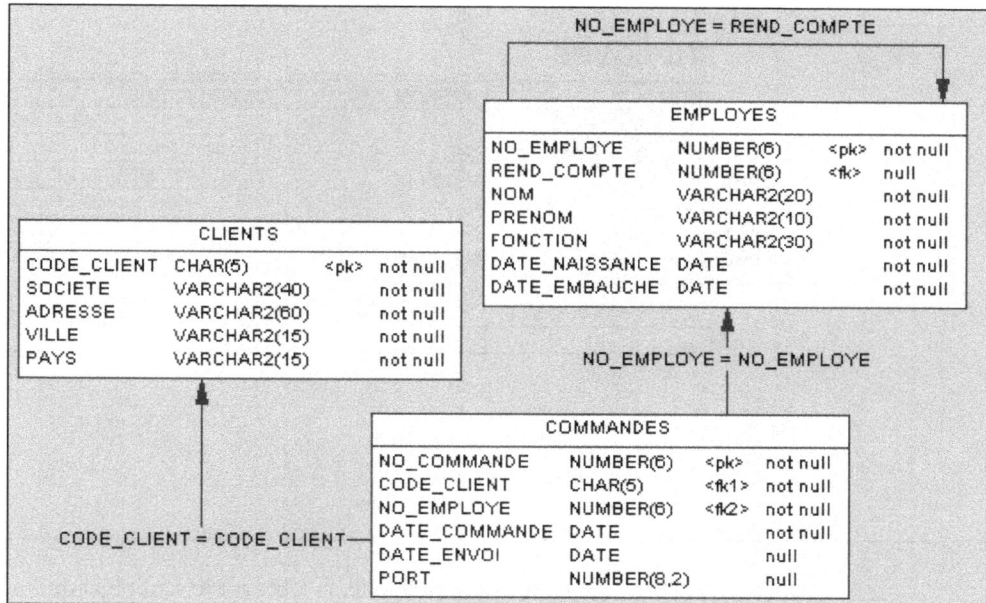

Création d'une Vue

EMPLOYES

NOM	PRENOM	COMMISSION	...

```
NOM                 PRENOM
----------------    ----------
Fuller              Andrew
Buchanan            Steven
Callahan            Laura
```

Dans une base de données relationnelle, la table est le seul objet qui reçoit les données de l'utilisateur et du SGBDR lui-même. Autour de cet objet central, des objets complémentaires fournissent des mécanismes qui facilitent ou optimisent la gestion des données.

L'objet vue, étudié dans ce chapitre, introduit une vision logique des données contenues dans une ou plusieurs tables.

La vue, ou table virtuelle, n'a pas d'existence propre; aucune donnée ne lui est associée. Seule sa description est stockée, sous la forme d'une requête faisant intervenir des tables de la base ou d'autres vues. Les vues peuvent être utilisées pour :

- répondre à des besoins de confidentialité ;
- maîtriser les mises à jour en assurant des contrôles de cohérence ;
- offrir plus de commodité aux utilisateurs dans la manipulation des données, en ne leur présentant de façon simplifiée que le sous-ensemble de données qu'ils ont à manipuler ;
- sauvegarder des requêtes dans le dictionnaire de données.

La syntaxe pour créer une vue est :

```
CREATE [OR REPLACE] [FORCE | NOFORCE]
VIEW [SCHEMA.]NOM_VUE [(NOM_ALIAS,...)]
AS SOUS_REQUETE [WITH
 {CHECK OPTION [CONSTRAINT NOM_CONTRAINTE] | READ ONLY}];
```

SCHEMA	Propriétaire de la vue ; par défaut, c'est l'utilisateur qui crée la vue.
NOM_VUE	Nom de la vue qui doit être unique pour le schéma.
NOM_ALIAS	Nom de chaque colonne de la vue, alias qui permet d'identifier les colonnes de la vue.

FORCE	La clause permet la création de la vue même en présence d'une erreur, par exemple si la table n'existe pas ou si l'utilisateur n'a pas les droits correspondants.
NOFORCE	La clause ne permet pas la création de la vue en présence d'une erreur. C'est l'option par défaut.
SOUS_REQUETE	L'expression de la requête définissant une vue peut contenir toutes les clauses d'un ordre SELECT, à l'exception des clauses ORDER BY.
CHECK OPTION	La clause permet de vérifier que les mises à jour ou les insertions ne produisent que des lignes qui feront partie de la sélection de la vue.
READ ONLY	La clause interdit toute modification de données en utilisant le nom de la vue dans un ordre INSERT, UPDATE ou DELETE.

Dans l'exemple suivant la vue V_CLIENTS_FRANCAIS constitue une restriction de la table CLIENTS aux clients français.

```
SQL> CREATE OR REPLACE VIEW V_CLIENTS_FRANCAIS AS
  2   SELECT SOCIETE, ADRESSE, VILLE FROM CLIENTS
  3   WHERE PAYS = 'France' ;

Vue créée.

SQL> SELECT SOCIETE, ADRESSE, VILLE FROM V_CLIENTS_FRANCAIS;

SOCIETE                        ADRESSE                        VILLE
------------------------------ ------------------------------ ------------
France restauration            54, rue Royale                 Nantes
Vins et alcools Chevalier      59 rue de l'Abbaye             Reims
La corne d'abondance           67, avenue de l'Europe        Versailles
Du monde entier                67, rue des Cinquante Otages  Nantes
La maison d'Asie               1 rue Alsace-Lorraine          Toulouse
Bon app'                       12, rue des Bouchers           Marseille
Folies gourmandes              184, chaussée de Tournai      Lille
Victuailles en stock           2, rue du Commerce             Lyon
Blondel père et fils           104, rue Mélanie              Strasbourg
Spécialités du monde          25, rue Lauriston              Paris
Paris spécialités            265, boulevard Charonne        Paris

11 ligne(s) sélectionnée(s).
```

Interrogation

Une vue peut être référencée dans un ordre SELECT en lieu et place d'une table. Ainsi, lors de l'exécution de la requête SELECT * FROM VUE_NOM, tout se passe comme s'il existait une table VUE_NOM. En réalité, cette table est virtuelle et est recomposée à chaque appel de la vue VUE_NOM par une exécution de l'ordre SELECT constituant la définition de la vue.

Mise à jour

Il est possible d'effectuer des modifications de données par INSERT, DELETE et UPDATE dans une vue, en tenant compte des restrictions suivantes :

- la vue doit être construite sur une seule table ;
- l'ordre SELECT utilisé pour définir la vue ne doit comporter ni jointure, ni clause GROUP BY, CONNECT BY ou START WITH ;
- les colonnes résultats de l'ordre SELECT doivent être des colonnes réelles d'une table de base et non des expressions ;

- la vue contient toutes les colonnes ayant l'option NOT NULL de la table de base.

Dans l'exemple suivant, on utilise la vue V_CLIENTS_FRANCAIS créée auparavant, pour modifier le client habitant Toulouse qui a déménage à Bordeaux ; par conséquent, il faut changer la ville de résidence du client.

```
SQL> UPDATE V_CLIENTS_FRANCAIS
  2    SET VILLE = 'Bordeaux'
  3    WHERE VILLE = 'Toulouse';

1 ligne mise à jour.

SQL> SELECT SOCIETE, ADRESSE, VILLE FROM V_CLIENTS_FRANCAIS;

SOCIETE                        ADRESSE                       VILLE
------------------------------ ----------------------------- ------------
France restauration            54, rue Royale                Nantes
Vins et alcools Chevalier      59 rue de l'Abbaye            Reims
La corne d'abondance           67, avenue de l'Europe        Versailles
Du monde entier                67, rue des Cinquante Otages  Nantes
La maison d'Asie               1 rue Alsace-Lorraine         Bordeaux
Bon app'                       12, rue des Bouchers          Marseille
Folies gourmandes              184, chaussée de Tournai      Lille
Victuailles en stock           2, rue du Commerce            Lyon
Blondel père et fils           104, rue Mélanie              Strasbourg
Spécialités du monde           25, rue Lauriston             Paris
Paris spécialités              265, boulevard Charonne       Paris

11 ligne(s) sélectionnée(s).
```

Contrôle d'intégrité

Une vue peut être utilisée pour contrôler l'intégrité des données, grâce à la clause CHECK OPTION, qui interdit :

- d'insérer des lignes qui ne seraient pas affichées par l'utilisation de la vue dans la clause FROM d'un ordre SELECT ;

- de modifier une ligne de telle sorte qu'avec les nouvelles valeurs, elle ne soit plus sélectionnée par la requête de définition de la vue.

```
SQL> CREATE OR REPLACE VIEW V_EMPLOYES_CHEF_VENTES AS
  2    SELECT NO_EMPLOYE, REND_COMPTE, NOM, PRENOM, FONCTION,
  3           TITRE_COURTOISIE, DATE_NAISSANCE, DATE_EMBAUCHE
  4    FROM EMPLOYES WHERE REND_COMPTE = 5 WITH CHECK OPTION;

Vue créée.

SQL> INSERT INTO  V_EMPLOYES_CHEF_VENTES VALUES
  2    (10,2,'Thibaut','SCHMITT','Représentant(e)','M.',
  3           TO_DATE('02/07/1963'), TO_DATE('01/01/2003'));
INSERT INTO        V_EMPLOYES_CHEF_VENTES VALUES
                   *
ERREUR à la ligne 1 :
ORA-01402: vue WITH CHECK OPTION - violation de clause WHERE

SQL> UPDATE V_EMPLOYES_CHEF_VENTES SET REND_COMPTE=2
  2    WHERE NO_EMPLOYE = 7;
UPDATE V_EMPLOYES_CHEF_VENTES SET REND_COMPTE=2
       *
ERREUR à la ligne 1 :
ORA-01402: vue WITH CHECK OPTION - violation de clause WHERE
```

Dans l'exemple précèdent la vue V_EMPLOYES_CHEF_VENTES représente les employés qui sont gérés par le chef de ventes.

Lors de l'insertion ou de la modification d'un employé dans la table EMPLOYES à travers la vue V_EMPLOYES_CHEF_VENTES, on veut s'assurer que ce sont uniquement ces employés qui sont traités.

```
SQL> CREATE OR REPLACE VIEW V_CATEGORIES AS
  2  SELECT * FROM CATEGORIES WITH READ ONLY;

Vue créée.

SQL>
SQL> UPDATE V_CATEGORIES SET NOM_CATEGORIE='';
UPDATE V_CATEGORIES SET NOM_CATEGORIE=''
                        *
ERREUR à la ligne 1 :
ORA-01733: les colonnes virtuelles ne sont pas autorisées ici
```

La modification d'une vue en lecture seule est interdite.

Affichage de la structure d'une vue :

A partir de SQL*Plus, vous pouvez afficher les noms de colonnes ainsi que le type de données associé.

DESCRIBE [SCHEMA.]NOM_VUE;

Suppression d'une vue

Une vue peut être détruite par la commande suivante :

DROP VIEW: [SCHEMA.]NOM_VUE;

Renommer une vue

On peut renommer une vue par la commande suivante :

RENAME [SCHEMA.]ANCIEN_NOM TO [SCHEMA.]NOUVEAU_NOM;

Atelier 7.4

- Créations des vues

- Mise à jour des données avec les vues

 Durée : 15 minutes

TP

L'objectif de l'atelier est de vous aider à mieux comprendre la création et modification des vues ainsi que la mise à jour de données à l'aide des vues.

Questionnaire

Décrivez une instruction SQL qui pourrait entraîner le message d'erreur suivant :

```
ERREUR à la ligne 1 :
ORA-01733: les colonnes virtuelles ne sont pas autorisées ici
```

Décrivez une instruction SQL qui pourrait entraîner le message d'erreur suivant :

```
ERREUR à la ligne 1 :
ORA-01402: vue WITH CHECK OPTION - violation de clause WHERE
```

Exercice n° 1

Créez une vue de la table des employés affichant le nom et prénom de l'employé ainsi que le nom du supérieur hiérarchique pour les employés de moins de quarante ans.

Créez une vue qui permette de valider, en saisie et en mise à jour, des commandes uniquement de l'employé 'King'.

Créez une vue qui affiche le nom de la société, l'adresse, le téléphone et la ville des clients qui habitent à Toulouse, à Strasbourg, à Nantes ou à Marseille.

Les index

- Index d'arbre binaire (B*Tree)
- Index bitmap

Un index est une structure de base de données utilisée par le serveur pour localiser rapidement une ligne dans une table.

Pour permettre à Oracle de localiser les données d'une table, chaque ligne se voit assigner un identifiant de ligne, appelé ROWID, qui indique à la base son emplacement. Oracle stocke ces entrées dans des index de type arbre binaire, ce qui garantit un chemin d'accès rapide aux valeurs de clé. Lorsqu'un index est utilisé pour répondre à une requête, les entrées qui correspondent aux critères spécifiés sont recherchées. Le ROWID associé aux entrées trouvées indique à Oracle l'emplacement physique des lignes recherchées, ce qui réduit la charge d'E/S nécessaire à la localisation des données. Un index peut être créé sur une ou plusieurs colonnes d'une table.

Conseils pour définir vos index :

- Ne pas créer d'index pour des tables de petite taille. Le gain de vitesse de recherche n'est pas supérieur au temps d'ouverture et de recherche dans l'index.
- Ne pas créer d'index sur des colonnes avec peu de valeurs différentes. Par exemple la colonne sexe ou situation familiale.
- Ne pas créer d'index si la plupart de vos requêtes ramènent plus de 5% des lignes.
- Ne pas créer d'index sur une table fréquemment mise à jour.
- En cas de sélections fréquentes effectuées sur une colonne avec une condition unique, créer un index sur cette colonne.
- En cas de jointures fréquentes effectuées entre deux colonnes de deux tables, créer un index sur cette colonne.

Cependant il est recommandé de ne pas abuser des index car :

- Les index utilisent de l'espace disque supplémentaire ; ceci est très important lors des sélections sur plusieurs tables avec des index importants car la mémoire centrale nécessaire sera également accrue.

- La modification des colonnes indexées dans la table entraîne une éventuelle mise à jour de l'index. De ce fait, les index alourdissent le processus de mise à jour des valeurs d'une table relationnelle.

Création d'index

Les index d'arbre binaire sont les plus couramment utilisés.

Vous pouvez également procéder à la création à l'aide de la syntaxe suivante :

```
CREATE [UNIQUE | BITMAP] INDEX [SCHEMA.]NOM_INDEX ON
[SCHEMA.]NOM_TABLE
        (NOM_COLONNE1 [ASC | DESC].[,NOM_COLONNE2...]);
```

SCHEMA	Propriétaire de l'index ; par défaut, c'est l'utilisateur qui crée l'index ou la table.
NOM_INDEX	Nom de l'index ; il doit être unique pour le schéma.
NOM_COLONNE	Nom d'une colonne de la table : un index bitmap peut contenir au maximum 30 colonnes, les autres peuvent comprendre jusqu'à 32 colonnes ; il peut être une expression.
ASC	DESC	Spécifié si l'index devait être créé dans un ordre croissant ou décroissant.
UNIQUE	Indique que la valeur de la colonne (ou des colonnes) sur laquelle l'index se base doit être unique.
BITMAP	Spécifie que l'index doit être créé avec un bitmap pour chaque valeur distincte plutôt que d'indexer chaque ligne séparément. Les index bitmap stockent les ROWID associés à une valeur de clé sous la forme d'un bitmap. Chaque bit dans le bitmap correspond à un ROWID possible. Si le bit est activé, cela signifie que la ligne avec le ROWID correspondant contient la valeur de clé.

ATTENTION

Oracle crée automatiquement un index lorsqu'une clause de contrainte UNIQUE ou PRIMARY KEY est spécifiée dans une commande CREATE TABLE.

Depuis **Oracle7.3**, vous pouvez créer des index bitmap. Ces index sont utiles dans le cas de données peu sélectives, c'est-à-dire lorsqu'ils sont définis sur des colonnes qui contiennent peu de valeurs distinctes. Ils accélèrent la recherche lorsque de telles colonnes sont employées en tant que conditions restrictives dans des requêtes.

La représentation interne des bitmaps convient le mieux pour les applications qui supportent un faible nombre de transactions concurrentes, telles que les DATAWAREHOUSE.

Dans l'exemple de la table EMPLOYES, Oracle crée automatiquement un index UNIQUE sur la colonne NO_EMPLOYE, car elle est définie dans la contrainte PRIMARY KEY. Le fait de supprimer un index n'affecte pas les données de la table sous-jacente. Il est possible de créer un index de table UNIQUE sur l'ensemble des colonnes NOM, PRENOM, DATE_NAISSANCE pour garantir l'unicité des enregistrements. Cette opération équivaut au placement d'une clé unique sur l'ensemble des colonnes.

```
SQL> CREATE UNIQUE INDEX EMPLOYES_UQ
  2    ON EMPLOYES (NOM, PRENOM, DATE_NAISSANCE) ;

Index créé.

SQL> INSERT INTO  EMPLOYES VALUES
  2    (10,2,'Thibaut','SCHMITT','Représentant(e)','M.',
  3         TO_DATE('02/07/1963'), TO_DATE('01/01/2003'), 2000, 100);

1 ligne créée.

SQL> INSERT INTO  EMPLOYES VALUES
  2    (11,2,'Thibaut','SCHMITT','Représentant(e)','M.',
  3         TO_DATE('02/07/1963'), TO_DATE('01/01/2003'), 2000, 100);
INSERT INTO  EMPLOYES VALUES
*
ERREUR à la ligne 1 :
ORA-00001: violation de contrainte unique (STAGIAIRE.EMPLOYES_UQ)
```

Suppression d'index

Pour supprimer un index, utilisez la syntaxe suivante :

DROP INDEX [SCHEMA.]NOM_INDEX ;

```
SQL> DROP INDEX EMPLOYES_UQ ;

Index supprimé.
```

Atelier 7.5

■ Création des index

 Durée : 10 minutes

TP

L'objectif de l'atelier est de vous aider à mieux comprendre les index.

Exercice n° 1

Dans l'Atelier 7.3, vous avez créé le script pour l'ensemble des tables ; il y a lieu d'enrichir à présent le script avec les informations concernant les index.

Quels sont les index qui ont été créés automatiquement ?

Créez un index pour toutes les clés étrangères.

Est-ce que ces index doivent être de type UNIQUE ?

Créez un index sur la table COMMANDE pour empêcher de saisir deux fois dans la même journée (DATE_COMMANDE), une commande pour un client (CODE_CLIENT) effectuée par le même employé (NO_EMPLOYE).

Les séquences

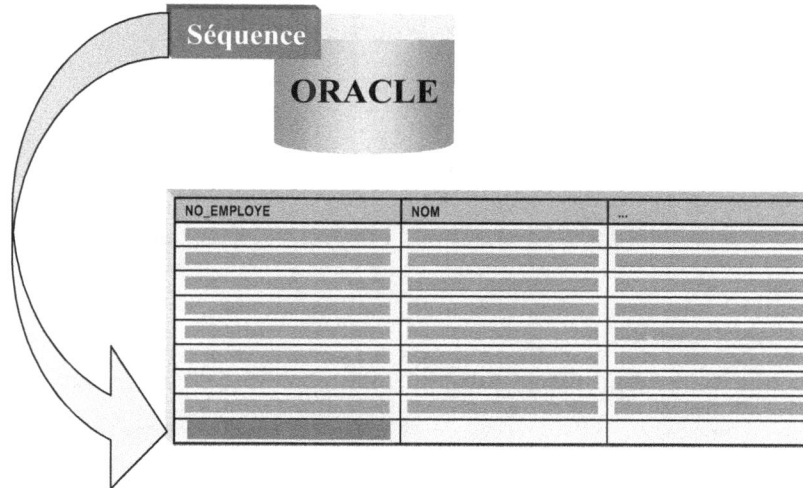

Les séquences représentent un moyen très efficace de générer des séries de numéros séquentiels uniques pouvant servir notamment de valeurs de clé primaire. Elles ne dépendent d'aucune table et sont placées en mémoire dans l'attente de requêtes.

Pour créer une séquence, il faut respecter la syntaxe suivante :

```
CREATE SEQUENCE [SCHEMA.]NOM_SEQUENCE
     [INCREMENT BY VALEUR]
     [START WITH   VALEUR]
     [{MAXVALUE VALEUR | NOMAXVALUE}]
     [{MINVALUE VALEUR | NOMINVALUE}]
     [{CYCLE | NOCYCLE}]
     [{CACHE VALEUR | NOCACHE}] ;
```

NOM_SEQUENCE	Nom de séquence ; il doit être unique pour le schéma.
INCREMENT	Pas d'incrémentation du numéro de séquence. Peut être positif ou négatif.
START WITH	Valeur de départ du numéro de séquence. Elle est par défaut égale à MINVALUE pour une séquence ascendante et à MAXVALUE pour une séquence descendante.
CYCLE	Lorsque le numéro de séquence atteint la valeur MAXVALUE, respectivement MINVALUE compte tenu du sens ascendant ou descendant de la génération, il repart à MINVALUE, respectivement MAXVALUE.
NOCYCLE	Pas de reprise après MAXVALUE ou après MINVALUE.
MAXVALUE	Valeur limite haute.
MINVALUE	Valeur limite basse.
CACHE	Force l'anticipation de la génération des valeurs suivantes de la séquence en mémoire.

Modification

Il est possible de modifier certains paramètres d'un générateur de numéros de séquence par la syntaxe :

```
ALTER SEQUENCE [SCHEMA.]NOM_SEQUENCE
    [INCREMENT BY VALEUR]
    [START WITH   VALEUR]
    [{MAXVALUE VALEUR | NOMAXVALUE}]
    [{MINVALUE VALEUR | NOMINVALUE}]
    [{CYCLE | NOCYCLE}]
    [{CACHE VALEUR| NOCACHE}] ;
```

Les nouvelles valeurs sont prises en compte pour la génération de la première valeur qui suit l'exécution de l'ordre ALTER.

Suppression

Il est possible de supprimer une génération de numéros de séquence par l'ordre :

```
DROP SEQUENCE [SCHEMA.]NOM_SEQUENCE
```

UTILISATION

Une séquence peut être appelée dans un ordre SELECT, INSERT ou UPDATE en tant que pseudo colonne, par :

NOM_SEQUENCE.CURRVAL

Donne la valeur actuelle de la séquence. Cette pseudo colonne n'est pas valorisée par la création de la séquence ni lors de l'ouverture d'une nouvelle session.

NOM_SEQUENCE.NEXTVAL

Incrémente la séquence et retourne la nouvelle valeur de la séquence. Cette pseudo colonne doit être la première référencée après la création de la séquence.

La même séquence peut être utilisée simultanément par plusieurs utilisateurs. Les numéros de séquence générés étant uniques, il est alors possible que la suite des valeurs acquises par chaque utilisateur présente des "trous".

```
SQL> CREATE SEQUENCE S_EMPLOYES START WITH 10;

Séquence créée.

SQL> INSERT INTO  EMPLOYES VALUES
  2  ( S_EMPLOYES.NEXTVAL, 2,'Thibaut','SCHMITT','Représentant(e)','M.',
  3        TO_DATE('02/07/1963'), TO_DATE('01/01/2003'), 2000, 100);

1 ligne créée.

SQL> SELECT NO_EMPLOYE, NOM, PRENOM
  2  FROM EMPLOYES WHERE NOM = 'Thibaut';

NO_EMPLOYE NOM          PRENOM
---------- ------------ ----------
        11 Thibaut      SCHMITT
```

Création d'un synonyme

```
CREATE SYNONYM SYN_EMP FOR SCOTT.EMP;
```

Un synonyme est tout simplement un autre nom pour une table, une vue, une séquence ou une unité de programme. On emploie généralement des synonymes dans les situations suivantes :

- Pour dissimuler le nom du propriétaire d'un objet de base de données ;
- Pour masquer l'emplacement d'un objet de base de données dans un environnement distribué ;
- Pour pouvoir se référer à un objet en utilisant un nom plus simple.

Un synonyme peut être privé ou bien public. Lorsqu'il est privé, il est accessible uniquement à son propriétaire ainsi qu'aux utilisateurs auxquels ce dernier a accordé une permission. Lorsqu'il est public, il est disponible pour tous les utilisateurs de la base.

Pour créer un synonyme, il faut respecter la syntaxe suivante :

```
CREATE [PUBLIC] SYNONYM [SCHEMA.]NOM_SYNONYM
      FOR [SCHEMA.]NOM_OBJET ;
```

```
SQL> CREATE SYNONYM EMP FOR EMPLOYES;

Synonyme créé.

SQL> SELECT NO_EMPLOYE, NOM, PRENOM
  2  FROM EMP;

NO_EMPLOYE NOM                  PRENOM
---------- -------------------- --------
         2 Fuller               Andrew
         5 Buchanan             Steven
         4 Peacock              Margaret
         3 Leverling            Janet
         1 Davolio              Nancy
...
```

Atelier 7.6

- Création des séquences

Durée : 10 minutes

TP

L'objectif de l'atelier est de vous aider à vérifier votre compréhension des séquences.

Exercice n° 1

Dans l'Atelier 7.3, vous avez créé le script pour l'ensemble des tables ; dans l'Atelier 7.5, vous avez enrichi le script avec les informations concernant les index, à présent l'exercice porte sur les séquences et les synonymes.

Créez une séquence pour toutes les clés primaires.

Créez pour toutes les tables des synonymes publiques.

- *Les Utilisateurs*

- *Les Rôles*

- *Les Privilèges*

8

Contrôle des accès

Objectifs

A la fin de ce module, vous serez à même d'effectuer les tâches suivantes :

- Créer et supprimer des utilisateurs.
- Créer et supprimer des rôles.
- Décrire les différents types de privilèges.
- Octroyer et révoquer des privilèges.

Contenu

Le contrôle d'accès

**Administrateurs
de base de données**

UTILISATEUR/PASSWORD
PRIVILEGES

ORACLE

Utilisateur

Oracle prévoit des fonctionnalités de sécurité pour accorder ou refuser des privilèges à des utilisateurs individuels ou à des groupes d'utilisateurs.

Chaque utilisateur Oracle dispose d'un nom et d'un mot de passe, et possède aussi des tables, des vues et d'autres ressources qu'il a créées ou qu'on a créées pour lui.

Tout objet possède un créateur, l'utilisateur qui donne le nom du schéma, il possède tous les privilèges sur cet objet. Un privilège est le droit d'exécuter un type d'instruction SQL spécifique.

Un rôle est un regroupement de privilèges, pour simplifier la gestion des utilisateurs.

Vous pouvez assigner des privilèges spécifiques à des rôles, puis assigner ces rôles aux utilisateurs appropriés. Un utilisateur peut aussi attribuer des privilèges à d'autres utilisateurs.

Il existe deux types de privilèges :

Privilège de niveau système. Un tel privilège donne le droit d'exécuter une action particulière sur n'importe quel type d'objet. Par exemple, le droit de consulter n'importe quelle table de n'importe quel utilisateur.

Privilège de niveau objet. Un tel privilège donne le droit d'exécuter une action particulière sur un objet spécifique.

Création d'un utilisateur

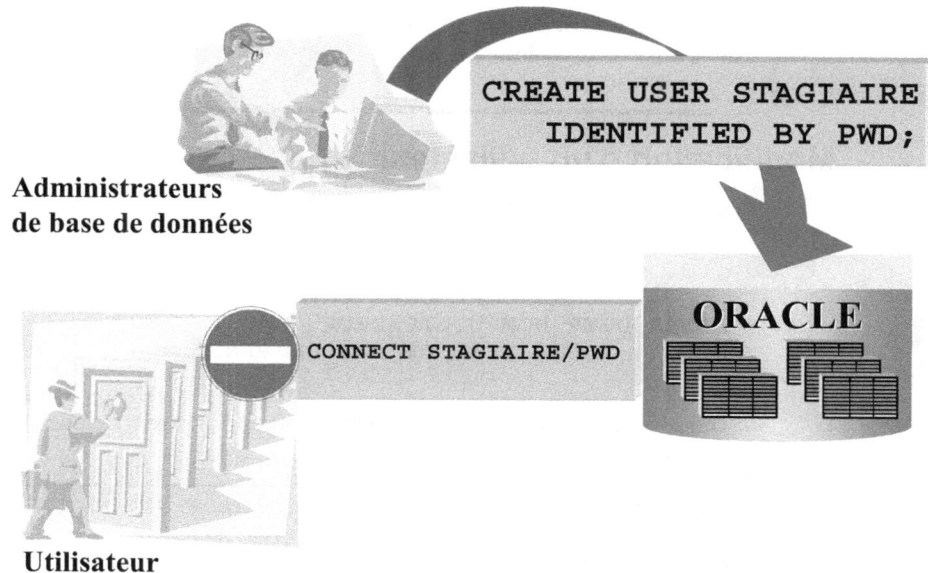

Le système Oracle est livré avec deux utilisateurs prédéfinis, SYSTEM et SYS. Vous vous connectez avec l'utilisateur SYSTEM pour créer d'autres utilisateurs, car il possède ce privilège.

La syntaxe pour la création d'un utilisateur est :

```
CREATE USER NOM_UTLISATEUR
        IDENTIFIED BY MOT_DE_PASSE ;
```

ATTENTION

Une fois créé, le compte ne possède aucun droit, et son propriétaire ne peut même pas se connecter tant que ce privilège n'a pas été accordé.
Pour pouvoir se connecter à Oracle il faut avoir les privilèges de création d'une session, CREATE SESSION.

L'exemple suivant illustre la création d'un utilisateur STAGIAIRE1 avec un mot de passe PWD, l'utilisateur ainsi créé ne peut pas se connecter.

```
SQL> CREATE USER STAGIAIRE1 IDENTIFIED BY PWD;

Utilisateur créé.

SQL> CONNECT STAGIAIRE1/PWD
ERROR:
ORA-01045: user STAGIAIRE1 lacks CREATE SESSION privilege; logon denied


Avertissement : vous n'êtes plus connecté à Oracle.
```

Un utilisateur particulier, PUBLIC (sans mot de passe), créé à l'initialisation de la base de données, permet à l'ensemble des utilisateurs d'avoir accès à certains objets de la base de données.

Modification d'un utilisateur

L'administrateur dispose de la possibilité de modifier les objets utilisateurs par l'intermédiaire de la syntaxe suivante :

```
ALTER USER NOM_UTLISATEUR
        IDENTIFIED BY MOT_DE_PASSE ;
```

Dans l'exemple suivant l'administrateur modifie le mot de passe pour l'utilisateur STAGIAIRE1 précédemment créé.

```
SQL> ALTER USER STAGIAIRE1 IDENTIFIED BY NOUVEAU_PWD;

Utilisateur modifié.
```

Vous pouvez employer la commande PASSWORD dans SQL*Plus pour changer un mot de passe ; lorsque vous saisissez un nouveau mot de passe, il n'est pas affiché à l'écran. Les utilisateurs qui possèdent des privilèges de **DBA** peuvent changer le mot de passe de n'importe quel utilisateur avec cette commande, tandis que les autres utilisateurs sont autorisés à modifier uniquement le leur.

Lorsque vous saisissez la commande PASSWORD, vous êtes invité à indiquer l'ancien mot de passe, comme dans l'exemple suivant.

```
SQL> PASSWORD
Modification de mot de passe pour STAGIAIRE
Ancien mot de passe : **********
Nouveau mot de passe : ***
Entrer le nouveau mot de passe : ***
Mot de passe modifié
```

Supprimer un utilisateur

La suppression des utilisateurs est effectuée avec la commande :

```
DROP USER NOM_UTLISATEUR [CASCADE] ;
```

L'option CASCADE permet de supprimer tous les objets d'un utilisateur avant de supprimer le compte. Lorsqu'un utilisateur possède encore un objet dans la base, l'option CASCADE est obligatoire pour pouvoir supprimer le compte.

Création d'un rôle

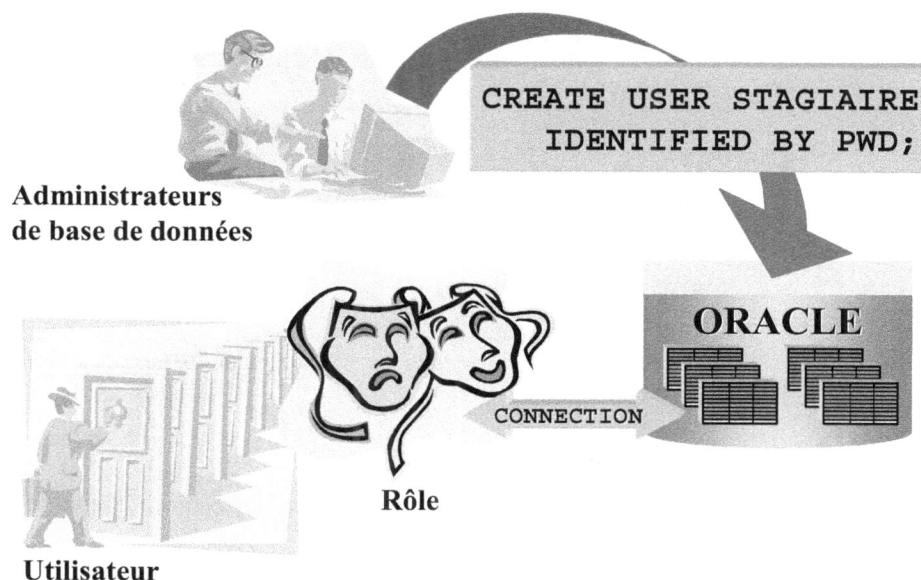

Pour simplifier la gestion des utilisateurs, il est possible de regrouper un ensemble d'utilisateurs ayant des besoins identiques vis-à-vis du système. Pour cela, on crée un rôle auquel sont affectés des privilèges objets et systèmes.

Un rôle est une agrégation de droits d'accès aux données et de privilèges système qui renforcent la sécurité et réduit la difficulté d'administration. Cet ensemble de privilèges est donné soit à des utilisateurs soit à d'autres rôles.

Les utilisateurs sont affectés à un ou plusieurs rôles. Les privilèges effectifs d'un utilisateur sont alors la réunion des privilèges qui lui ont été directement affectés et de ceux obtenus à partir des rôles dont il est membre.

La gestion des privilèges à travers un rôle permet :

- de réduire l'administration des privilèges,
- de gérer de façon dynamique les privilèges,
- d'augmenter la sécurité des applications.

Avant de recevoir des privilèges, un rôle doit être créé par l'ordre CREATE ROLE, de syntaxe :

```
CREATE ROLE: NOM_ROLE
         [{NOT IDENTIFIED | IDENTIFIED BY MOT_DE_PASSE }];
```

MOT_DE_PASSE   L'option indique que le mot de passe est obligatoire pour activer le rôle.

```
SQL> CREATE ROLE FORMATION IDENTIFIED BY PWD;

Rôle créé.
```

Modification

La modification d'un rôle ne concerne que son mot de passe :

```
ALTER ROLE NOM_ROLE
       [{NOT IDENTIFIED | IDENTIFIED BY MOT_DE_PASSE }];
```

Suppression

La suppression d'un rôle s'effectue par :

```
DROP ROLE NOM_ROLE
```

Le rôle est alors retiré de tous les utilisateurs et de tous les autres rôles auxquels il avait été affecté.

Activation d'un rôle

Sert à activer et désactiver des rôles pour la session courante.

Lorsqu'un utilisateur ouvre une session, Oracle active tous les privilèges qui lui ont été explicitement octroyés et tous les privilèges inclus dans les rôles dont il bénéficie par défaut.

Au cours de la session, l'utilisateur ou une application peut exécuter des instructions SET ROLE pour changer les rôles activés pour la session. Vous devez avoir reçu les rôles que vous spécifiez dans une instruction SET ROLE.

```
SET ROLE
  { NOM_ROLE [IDENTIFIED BY MOT_DE_PASSE] [,...] |
    ALL [EXCEPT NOM_ROLE [,...]] |
    NONE
  } ;
```

```
SQL> CONNECT STAGIAIRE/PWD
Connecté.
SQL> SET ROLE NONE;

Rôle défini.

SQL> CREATE TABLE TEST AS SELECT * FROM EMPLOYES;
 CREATE TABLE TEST AS SELECT * FROM EMPLOYES
                                           *
ERREUR à la ligne 1 :
ORA-01031: privilèges insuffisants

SQL> SET ROLE ALL;

Rôle défini.

SQL> CREATE TABLE TEST AS SELECT * FROM EMPLOYES;

Table créée.
```

Dans l'exemple précédent pour l'utilisateur STAGIAIRE, on désactive l'ensemble des ses rôles ; tous les privilèges cet utilisateur sont accordés par ses rôles. La deuxième instruction essaie de créer une table à partir de la table EMPLOYES, cette requête échoue faute des privilèges suffisants. Après la réactivation des rôles de l'utilisateur STAGIAIRE, la même requête aboutit sans problème.

Oracle prévoit trois rôles standard par souci de compatibilité avec les versions précédentes CONNECT, RESOURCE et DBA.

Rôle CONNECT

Le rôle CONNECT représente simplement le droit d'utiliser Oracle; il permet de créer des tables, des vues, des séquences, des synonymes, des sessions etc... Mais, pour qu'il soit réellement utile, les utilisateurs qui disposent de ce rôle doivent pouvoir accéder à des tables appartenant à d'autres utilisateurs, et sélectionner, insérer, mettre à jour et supprimer des lignes dans ces tables.

Normalement, les utilisateurs occasionnels, en particulier ceux qui n'ont pas besoin de créer de tables, reçoivent uniquement le rôle CONNECT.

Rôle RESOURCE

Le rôle RESOURCE accorde des droits supplémentaires pour la création de tables, de séquences, de procédures, de déclencheurs, d'index et de clusters.

Les utilisateurs réguliers et plus avancés, spécialement les développeurs qui ont besoin de créer des objets dans la base de donnée, peuvent recevoir le rôle RESOURCE.

Rôle DBA

Le rôle DBA regroupe tous **les privilèges de niveau système**. Il inclut des quotas d'espace illimités et la possibilité d'accorder n'importe quel privilège à un autre utilisateur. Le compte SYSTEM est employé par un utilisateur disposant du rôle DBA. Certains des droits qui sont réservés à l'administrateur de base de données ne sont jamais accordés à d'autres utilisateurs ; les droits dont peuvent aussi bénéficier les autres utilisateurs sont abordés un peu plus loin.

Inconvénients

Étant donné que les rôles ne peuvent pas posséder d'objets, ils ne peuvent donc pas être propriétaires de synonymes. Cela signifie que vous devez soit coder en dur le propriétaire de l'objet chaque fois que vous vous y référez, soit créer un synonyme public, c'est-à-dire un synonyme accessible à tous. Mais l'inconvénient avec ce type de synonyme est que si vous maintenez dans votre base de données deux applications qui utilisent un même nom de table pour désigner des tables contenant des données différentes, vous ne pouvez pas utiliser le même nom de synonyme public pour chaque table.

Le second problème est qu'il n'est pas possible d'autoriser un utilisateur à créer des procédures stockées, des packages et des fonctions par le biais d'un rôle ; l'utilisateur doit avoir reçu directement des privilèges de niveau objet pour pouvoir le faire. C'est là un point très important. En raison de cette limitation, il est généralement préférable dans un environnement de production qu'un seul utilisateur possède tous les objets ainsi que les procédures qui y accèdent. De cette façon, vous êtes certain que l'application dispose des privilèges nécessaires pour fonctionner correctement.

Gestion des privilèges

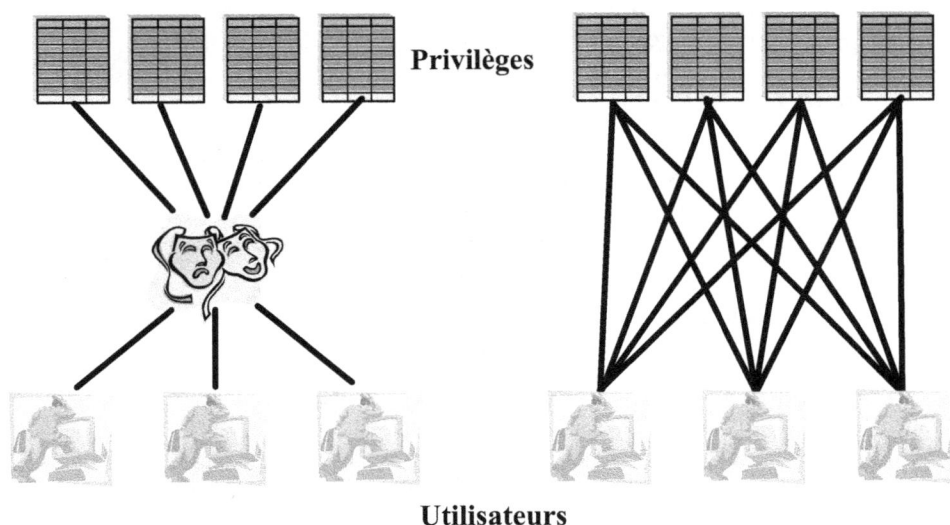

Un privilège est le droit d'exécuter un type d'instruction **SQL** spécifique.

Pour faciliter le contrôle d'accès, Oracle a donc introduit les rôles. Ainsi, au lieu d'accorder des privilèges individuels directement aux utilisateurs, vous assignez d'abord ces privilèges à des rôles, puis octroyez ces derniers aux utilisateurs qui en ont besoin. Lorsque vous ajoutez un nouvel objet dans la base, il suffit simplement d'autoriser un ou plusieurs rôles à y accéder pour que tous les utilisateurs qui ont reçu ces rôles héritent du même droit. Lorsqu'un utilisateur supprimé, il n'est pas nécessaire de révoquer explicitement ses privilèges puisque les rôles dont il bénéficiait sont automatiquement révoqués lorsqu'il est supprimé, sans que cela n'affecte les autres utilisateurs qui ont reçu les mêmes rôles.

Les privilèges d'une base de données Oracle peuvent être répartis en deux catégories distinctes :

- Les privilèges système
- Les privilèges d'objets de schémas

Les privilèges système

Un privilège au niveau système, ou un rôle, peut être attribué à un utilisateur ou à un autre rôle avec la syntaxe suivante :

```
GRANT {PRIVILEGE_SYSTEME | NOM_ROLE} [,...]
TO {NOM_UTILISATEUR | NOM_ROLE | PUBLIC}[,...]
    [IDENTIFIED BY MOT_DE_PASSE]
    [WITH ADMIN OPTION] ;
```

WITH ADMIN OPTION   Cette option autorise celui qui a reçu le privilège ou le rôle à le transmettre à un autre utilisateur ou rôle.

PUBLIC   Cette option permet d'affecter le privilège ou le rôle à tous les utilisateurs.

IDENTIFIED BY   Cette option permet d'identifier spécifiquement un utilisateur existant au moyen d'un mot de passe ou crée un utilisateur.

L'exemple suivant illustre la création d'un utilisateur STAGIAIRE1 avec un mot de passe PWD, l'utilisateur ainsi créé ne peut pas se connecter ; il a besoin pour pouvoir se connecter du privilège système CREATE SESSION.

```
SQL> CREATE USER STAGIAIRE1 IDENTIFIED BY PWD;

Utilisateur créé.

SQL> GRANT CREATE SESSION TO STAGIAIRE1;

Autorisation de privilèges (GRANT) acceptée.

SQL> CONNECT STAGIAIRE1/PWD
Connecté.
```

Vous pouvez également définir directement un nouvel utilisateur dans la commande GRANT comme dans l'exemple suivant. La première instruction essaie de supprimer l'utilisateur STG, vous pouvez remarquer qu'il n'existe pas. La deuxième instruction est une commande GRANT avec l'option IDE²NTIFIED qui crée un utilisateur s'il n'existe pas.

```
DROP USER STG
          *
ERREUR à la ligne 1 :
ORA-01918: utilisateur 'STG' n'existe pas

SQL>
SQL> GRANT CONNECT, RESOURCE TO STG IDENTIFIED BY PWD;

Autorisation de privilèges (GRANT) acceptée.

SQL>
SQL> CONNECT STG/PWD
Connecté.
```

Les privilèges d'objets de schémas

Un utilisateur qui crée un objet possède tous les droits sur celui-ci. Les autres utilisateurs, sauf les utilisateurs qui ont affecté un rôle DBA, n'ont aucun droit.

Le créateur, peut donner des droits soit de façon sélective à quelques utilisateurs ou rôles, soit à tous les utilisateurs par l'option PUBLIC. Dans ce cas, l'accès peut être simplifié par la création de synonymes.

L'attribution d'un privilège objet se fait à l'aide de la syntaxe suivante :

```
GRANT PRIVILEGE_OBJET[,...]
ON [SCHEMA.]OBJET
TO {NOM_UTILISATEUR | NOM_ROLE | PUBLIC}[,...]
    [WITH ADMIN OPTION] ;
```

ATTENTION

Un utilisateur peut octroyer des privilèges au niveau d'objet, uniquement sur les objets lui appartenant, sauf s'il a bénéficié à son tour d'un octroi des privilèges avec l'option WITH GRANT OPTION.

Les privilèges qui peuvent être attribués sur un objet sont :

SELECT	Droit de lecture.
INSERT	Droit d'insertion de lignes.
UPDATE	Droit de modification de lignes, éventuellement limité à certaines colonnes).
DELETE	Droit de suppression de lignes.
EXECUTE	Droit d'exécuter une procédure, une fonction ou un package.
ALTER :	Droit de modification de la description de l'objet.
INDEX	Droit de création d'index.
REFERENCES	Droit de faire référence à des contraintes définies sur un objet.
READ	Droit d'accès en consultation.
ALL	Tous les droits.

Suppression de privilèges

Tout droit accordé peut être supprimé par l'ordre REVOKE, selon la syntaxe :

```
REVOKE {PRIVILEGE_OBJET[,...] | [ALL [PRIVILEGES]]}
ON [SCHEMA.]OBJET
FROM {NOM_UTILISATEUR | NOM_ROLE | PUBLIC}[,...]
    [CASCADE CONSTRAINTS] ;
```

L'option CASCADE CONSTRAINTS n'est utilisable qu'avec le privilège REFERENCES et supprime les possibilités de contraintes référentielles accordées.

Atelier 8.1

- Créations des utilisateurs
- Créations des rôles
- Attribution des privilèges

Durée : 15 minutes

TP

L'objectif de l'atelier est de vous aider à mieux comprendre la création et modification des utilisateurs, des rôles ainsi que la gestion des privilèges.

Attention : Cet atelier ne peut pas être effectué si vous n'avez pas les privilèges nécessaires pour la création d'un utilisateur ou d'un rôle.

Questionnaire

Quel est le privilège système nécessaire pour une connexion ?

Quel est le rôle standard Oracle nécessaire pour la connexion ?

Quels sont les rôles standard Oracle nécessaires pour un utilisateur qui a besoin de créer des objets ?

Exercice n° 1

Créez un rôle FORMATION octroyez lui les deux rôles CONNECT et RESOURCE.

Créez un utilisateur FORM_STG ayant comme mot de passe PWD.

Affectez le rôle FORMATEUR à l'utilisateur FORM_STG.

Connectez vous avec l'utilisateur FORM_STG et exécutez le script de l'atelier 7.6.

- *Le Dictionnaire*

- *Les Scripts*

9

La génération
des scripts

Objectifs

A la fin de ce module, vous serez à même d'effectuer les tâches suivantes :

- Interroger le dictionnaire de données.
- Créer des scripts dynamiques.
- Créer des scripts interactifs.

Contenu

Dictionnaire de données

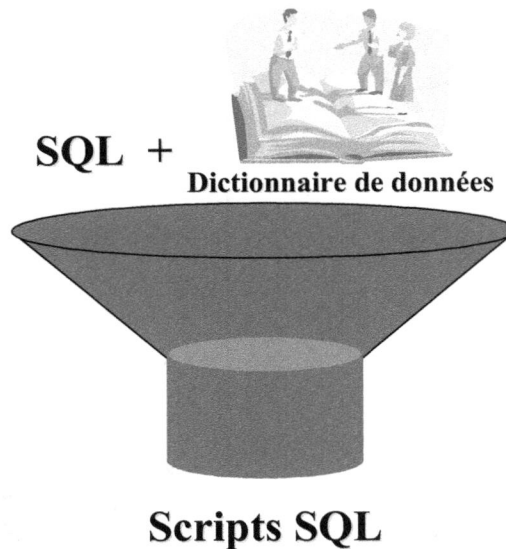

SQL +

Dictionnaire de données

Scripts SQL

L'ensemble des informations nécessaires au noyau Oracle pour gérer la base est contenu dans des tables qui forment le dictionnaire de données. Ces informations généralement inconnues du développeur sont très utiles aux administrateurs pour évaluer le comportement de la base de données.

Ce chapitre présente les mécanismes d'accès à ces informations à travers les vues du dictionnaire de données.

Le dictionnaire est créé lors de l'initialisation de la base de données. Les tables du dictionnaire sont gérées par le noyau Oracle, qui est le seul à pouvoir y accéder en lecture et en écriture.

Les tables du dictionnaire contiennent d'une part les informations sur les structures des objets de la base manipulés par les ordres du langage de description de données, et d'autre part des données relatives à l'activité de la base.

La plupart des tables et vues du dictionnaire sont accessibles par tous les utilisateurs. L'accès à certaines tables et vues est réservé à l'administrateur.

Ces informations sont accessibles, en consultation seule, au moyen de vues, qui complètent le dictionnaire de données.

Les utilisateurs peuvent consulter les informations contenues dans le dictionnaire de données par l'exécution de requêtes SQL sur les vues du dictionnaire. Quatre classes de vues sont disponibles en fonction du privilège de l'utilisateur.

Classe DBA

Ces vues sont préfixées par DBA_, V$ ou V_$. Elles ne sont accessibles qu'aux utilisateurs qui ont le privilège SELECT ANY TABLE. Elles permettent un contrôle de tous les objets de la base.

Les vues préfixées par V_$ ou V$ contiennent des informations sur les activités de la base de données et permettent un suivi des performances. Elles sont appelées vues dynamiques car leur contenu évolue lors de l'utilisation de la base.

Classe USER

Ces vues sont préfixées par USER_ et permettent un contrôle de tous les objets (tables, vues, procédures, etc.) dont l'utilisateur est propriétaire.

Classe ALL

Ces vues sont préfixées par ALL_. Elles donnent une vision plus large que celles de la classe précédente à l'utilisateur en lui permettant un contrôle de tous les objets qui lui sont accessibles.

Vues spécifiques

DICTIONARY, ou DICT, contient la liste de toutes les tables, vues et synonymes constituant le dictionnaire de données d'Oracle.

DICT_COLUMNS donne la description des tables et des vues du dictionnaire de données.

TABLE_PRIVIGEGES donne les privilèges attribués aux utilisateurs sur les objets de la base.

COLUMN_PRIVILEGES donne les privilèges accordés aux utilisateurs sur les colonnes des tables.

CONSTRAINT_COLUMNS et CONSTRAINT_DEFS permettent de connaître les contraintes d'intégrité définies sur les colonnes des tables.

Accès au dictionnaire des données

Les informations du dictionnaire de données sont accessibles à travers les vues du dictionnaire en utilisant le langage SQL.

D'autre part, certains logiciels, tels qu'**Oracle Enterprise Manager**, permettent d'effectuer toutes les opérations d'administration de la base de données dans un environnement convivial.

```
SQL> SELECT 'SELECT * FROM '||TABLE_NAME||';' "Requête dynamique"
  2   FROM USER_TABLES ;
Requête dynamique
------------------------------------------------
SELECT * FROM CATEGORIES;
SELECT * FROM CLIENTS;
SELECT * FROM COMMANDES;
SELECT * FROM DETAILS_COMMANDES;
SELECT * FROM EMPLOYES;
SELECT * FROM FOURNISSEURS;
SELECT * FROM PRODUITS;

7 ligne(s) sélectionnée(s).

SQL> SELECT A.TABLE_NAME, B.COLUMN_NAME, DATA_TYPE
  2   FROM USER_TABLES A, USER_TAB_COLUMNS B
  3   WHERE A.TABLE_NAME = B.TABLE_NAME;

TABLE_NAME                      COLUMN_NAME                     DATA_TYPE
-----------------------------   -----------------------------   ---------
CATEGORIES                      CODE_CATEGORIE                  NUMBER
CATEGORIES                      NOM_CATEGORIE                   VARCHAR2
CATEGORIES                      DESCRIPTION                     VARCHAR2
CLIENTS                         CODE_CLIENT                     CHAR
CLIENTS                         SOCIETE                         VARCHAR2
...
```

SQL*Plus

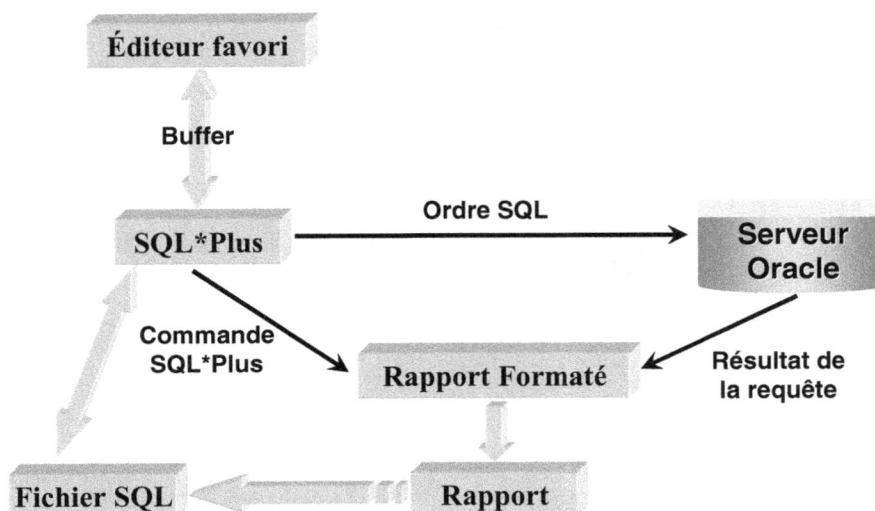

L'outil **SQL*Plus** vous permet de réaliser les fonctions suivantes :

- Entrer, éditer, sauvegarder et exécuter des commandes SQL.
- Sauvegarder, effectuer des calculs et mettre en forme le résultat des requêtes.
- Lister les définitions des colonnes de chaque table.
- Exécuter des requêtes interactives.

Vous pouvez travailler interactivement avec SQL*Plus, pour créer automatiquement des scripts SQL avec les données issues de la base de données Oracle.

La **première étape** consiste à créer un ordre SQL qui recherche l'information et qui formate cette information suivant le besoin.

Dans l'exemple suivant vous pouvez remarquer la récupération des noms des tables du schéma courant et la mise en forme de ces noms de tables.

```
SQL> SELECT 'GRANT SELECT ON '||TABLE_NAME||' TO STG;'
  2                "--GRANT Script"
  3  FROM USER_TABLES;

--GRANT Script
--------------------------------------------------------
GRANT SELECT ON CATEGORIES TO STG;
GRANT SELECT ON CLIENTS TO STG;
GRANT SELECT ON COMMANDES TO STG;
GRANT SELECT ON DETAILS_COMMANDES TO STG;
GRANT SELECT ON EMPLOYES TO STG;
GRANT SELECT ON FOURNISSEURS TO STG;
GRANT SELECT ON PRODUITS TO STG;

7 ligne(s) sélectionnée(s).
```

La **deuxième étape** exécutera ce script et stockera le résultat dans un nouveau script.

```
SQL> SELECT 'GRANT SELECT ON '||TABLE_NAME||' TO STG;'
  2                  "--GRANT Script"
  3  FROM USER_TABLES;

--GRANT Script
-------------------------------------------------------
GRANT SELECT ON CATEGORIES TO STG;
GRANT SELECT ON CLIENTS TO STG;
GRANT SELECT ON COMMANDES TO STG;
GRANT SELECT ON DETAILS_COMMANDES TO STG;
GRANT SELECT ON EMPLOYES TO STG;
GRANT SELECT ON FOURNISSEURS TO STG;
GRANT SELECT ON PRODUITS TO STG;

7 ligne(s) sélectionnée(s).

SQL>
SQL> SPOOL OFF
SQL>
SQL> GET C:\GRANT_PUBLIC.SQL
  1  SQL>
  2  SQL> SELECT 'GRANT SELECT ON '||TABLE_NAME||' TO STG;'
  3  2                  "--GRANT Script"
  4  3  FROM USER_TABLES;
  5  --GRANT Script
  6  -------------------------------------------------------
  7  GRANT SELECT ON CATEGORIES TO STG;
  8  GRANT SELECT ON CLIENTS TO STG;
  9  GRANT SELECT ON COMMANDES TO STG;
 10  GRANT SELECT ON DETAILS_COMMANDES TO STG;
 11  GRANT SELECT ON EMPLOYES TO STG;
 12  GRANT SELECT ON FOURNISSEURS TO STG;
 13  GRANT SELECT ON PRODUITS TO STG;
 14  7 ligne(s) sélectionnée(s).
 15  SQL>
 16* SQL> SPOOL OFF
```

La **troisième étape** est effectuée à la fin du script principal par l'exécution du script crée.

Le script final qui sera exécuté dans l'environnement SQL*Plus est :

```
SET HEADING OFF
SET ECHO OFF
SET FEEDBACK OFF
SET PAGESIZE 0

SPOOL C:\GRANT_PUBLIC.SQL

SELECT 'GRANT SELECT ON '||TABLE_NAME||' TO STG;'
                "--GRANT Script"
FROM USER_TABLES;

SPOOL OFF

@C:\GRANT_PUBLIC.SQL

SET PAGESIZE 24
SET FEEDBACK ON
SET ECHO ON
SET HEADING ON
```

Ce script crée d'abord le fichier de script "C:\GRANT_PUBLIC.SQL", puis exécute ce script qui octroie des privilèges de lecture sur l'ensemble des tables du schéma courant.

Atelier 9.1

- Dictionnaire de données
- Créations de scripts

Durée : 35 minutes

TP

L'objectif de l'atelier est de vous aider à mieux comprendre l'utilisation du dictionnaire des données et la création des requêtes dynamique.

Exercice n° 1

Ecrivez un script qui créé un utilisateur STG, octroyez lui les privilèges de lecture sur les tables de l'utilisateur STAGIAIRE à l'aide d'un script dynamique.

Créez pour l'utilisateur STG l'ensemble des tables de l'utilisateur STAGIAIRE à l'aide d'un script dynamique.

Variables

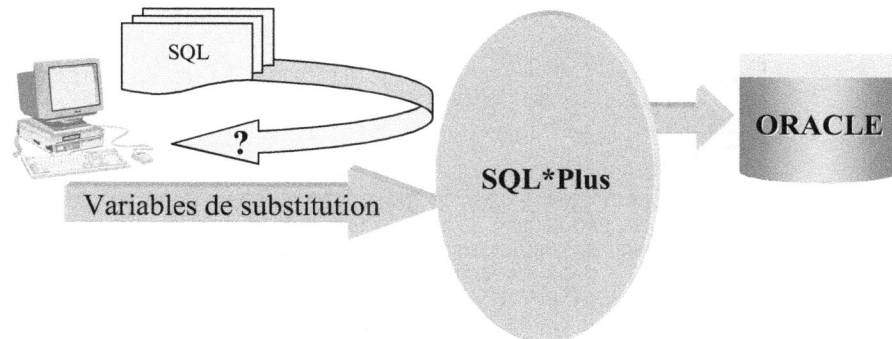

SQL*Plus prévoit les variables de substitution qui vous seront utiles pour recevoir les entrées utilisateur et stocker des informations à travers plusieurs exécutions successives.

Variables de substitution

Dans une instruction SQL, les variables de substitution sont introduites par le caractère & (si vous le souhaitez, vous changerez ce caractère en vous servant de la commande SET DEFINE). Avant l'envoi de l'instruction SQL au serveur, SQL*Plus effectuera une substitution textuelle complète de la variable.

Il est à remarquer qu'aucune mémoire n'est effectivement allouée aux variables de substitution.

La procédure de remplacement de la variable de substitution par la valeur entrée est accomplie par SQL*Plus avant l'envoi du bloc pour exécution à la base de données.

La définition des variables de substitution peut-être réalisée de trois manières :

- Préfixer une variable par un simple **&**
- Préfixer une variable par un double **&&**
- Utiliser les commandes DEFINE et ACCEPT

Utilisation des variables de substitution & et &&

Il existe deux types de variables :

- **&** : pour une variable temporaire, doivent être introduites à chaque utilisation.
- **&&** : pour une variable permanente, ne sont introduites que lors de la première utilisation.

```
SQL> SELECT NOM_PRODUIT, NO_FOURNISSEUR, CODE_CATEGORIE
  2  FROM PRODUITS
  3  WHERE NO_FOURNISSEUR = &var_no_fournisseur and
  4       CODE_CATEGORIE = &&var_code_categorie;
Entrez une valeur pour var_no_fournisseur : 1
ancien   3 : WHERE NO_FOURNISSEUR = &var_no_fournisseur and
nouveau  3 : WHERE NO_FOURNISSEUR = 1 and
Entrez une valeur pour var_code_categorie : 1
ancien   4 :       CODE_CATEGORIE = &&var_code_categorie
nouveau  4 :       CODE_CATEGORIE = 1

NOM_PRODUIT                              NO_FOURNISSEUR CODE_CATEGORIE
---------------------------------------- -------------- --------------
Chai                                                  1              1
Chang                                                 1              1

SQL> SELECT NOM_PRODUIT, NO_FOURNISSEUR, CODE_CATEGORIE
  2  FROM PRODUITS
  3  WHERE NO_FOURNISSEUR = &var_no_fournisseur and
  4       CODE_CATEGORIE = &&var_code_categorie;
Entrez une valeur pour var_no_fournisseur : 7
ancien   3 : WHERE NO_FOURNISSEUR = &var_no_fournisseur and
nouveau  3 : WHERE NO_FOURNISSEUR = 7 and
ancien   4 :       CODE_CATEGORIE = &&var_code_categorie
nouveau  4 :       CODE_CATEGORIE = 1

NOM_PRODUIT                              NO_FOURNISSEUR CODE_CATEGORIE
---------------------------------------- -------------- --------------
Outback Lager                                         7              1
```

Dans l'exemple précédent la variable temporaire `&var_no_fournisseur` doit être renseignée à chaque utilisation par contre la variable permanente `&&var_code_categorie` n'est renseigné que lors de la première utilisation.

```
SQL> SELECT NOM_PRODUIT, NO_FOURNISSEUR, CODE_CATEGORIE
  2  FROM PRODUITS
  3  &var_substitution;
Entrez une valeur pour var_substitution : WHERE NO_FOURNISSEUR = 1
ancien   3 : &var_substitution
nouveau  3 : WHERE NO_FOURNISSEUR = 1

NOM_PRODUIT                              NO_FOURNISSEUR CODE_CATEGORIE
---------------------------------------- -------------- --------------
Chai                                                  1              1
Chang                                                 1              1
Aniseed Syrup                                         1              2
```

Dans l'exemple précédent, vous pouvez remarquer que la variable de substitution, porte bien son nom, elle peut remplacer toute une partie de l'ordre SQL.

Pour éviter l'affichage de vérification de substitution, l'utilisateur peut activer ou désactiver cette option par la commande suivante :

SET VERIFY [ON | OFF]

```
SQL> SET VERIFY OFF
SQL>  SELECT NOM_PRODUIT, NO_FOURNISSEUR, CODE_CATEGORIE FROM PRODUITS
  2   WHERE NO_FOURNISSEUR = &var_no_fournisseur and
  3        CODE_CATEGORIE = &var_code_categorie;
Entrez une valeur pour var_no_fournisseur : 1
Entrez une valeur pour var_code_categorie : 2

NOM_PRODUIT                              NO_FOURNISSEUR CODE_CATEGORIE
---------------------------------------- -------------- --------------
Aniseed Syrup                                         1              2
```

Définition des variables de substitution avec ACCEPT

La commande ACCEPT permet de lire une valeur entrée par un utilisateur et de stocker la valeur saisie dans une variable à l'aide la syntaxe suivante :

```
ACC[EPT] nom_variable {NUM[BER] | CHAR | DATE}
         [PROMPT "Invite :" [HIDE]]
```

nom_variable	Nom de la variable dans laquelle vous voulez stocker une valeur.
NUM[BER]	Le type de variable de substitution est un numérique
CHAR	Le type de variable de substitution est une chaîne de caractère. Longueur maximale 240 bytes.
DATE	Le type de variable de substitution est une date.
PROMPT	Texte affiche à l'écran avant de saisir la valeur de la variable.
HIDE	L'option permet de supprimer la visualisation sur l'écran quand l'utilisateur tape sur son clavier, généralement utilisée pour saisir un mot de passe.

```
SQL> SET VERIFY OFF
SQL> ACCEPT var_no_fournisseur NUMBER PROMPT "Numéro du fournisseur :"
Numéro du fournisseur :1
SQL> ACC    var_code_categorie NUM    PROMPT "Numéro de la catégorie :"
Numéro de la catégorie :2
SQL> SELECT NOM_PRODUIT, NO_FOURNISSEUR, CODE_CATEGORIE
  2  FROM PRODUITS
  3  WHERE NO_FOURNISSEUR = &var_no_fournisseur and
  4        CODE_CATEGORIE = &var_code_categorie;

NOM_PRODUIT                             NO_FOURNISSEUR CODE_CATEGORIE
--------------------------------------- -------------- --------------
Aniseed Syrup                                        1              2
```

Dans l'exemple précédent, on initialise les variables var_no_fournisseur et var_code_categorie à l'aide la commande SQL*Plus ACCEPT. À l'exécution de la requête les variables sont déjà renseignées et sont remplacées automatiquement.

Définition des variables de substitution avec DEFINE

La création d'une variable à l'aide de la commande DEFINE a la syntaxe suivante :

```
DEF[INE] nom_variable = "valeur_texte"
```

nom_variable	Nom de la variable dans laquelle vous voulez stocker une valeur.
valeur_texte	une valeur de type CHAR affectée à la variable. La variable créée est obligatoirement de type texte.

Pour annuler la déclaration d'une variable, vous pouvez quitter SQL*Plus ou utiliser la commande UNDEFINE avec la syntaxe :

```
DEF[INE] nom_variable = "valeur_texte"
```

```
SQL> SET VERIFY OFF
SQL> DEFINE var_no_fournisseur=1
SQL> DEFINE var_code_categorie=1
SQL> SELECT NOM_PRODUIT, NO_FOURNISSEUR, CODE_CATEGORIE
  2  FROM PRODUITS
  3  WHERE NO_FOURNISSEUR = &var_no_fournisseur and
  4       CODE_CATEGORIE = &var_code_categorie;

NOM_PRODUIT                                 NO_FOURNISSEUR CODE_CATEGORIE
------------------------------------------- -------------- --------------
Chai                                                     1              1
Chang                                                    1              1

SQL>
SQL> UNDEFINE var_no_fournisseur
SQL>
SQL> SELECT NOM_PRODUIT, NO_FOURNISSEUR, CODE_CATEGORIE
  2  FROM PRODUITS
  3  WHERE NO_FOURNISSEUR = &var_no_fournisseur and
  4       CODE_CATEGORIE = &var_code_categorie;
Entrez une valeur pour var_no_fournisseur : 2

aucune ligne sélectionnée
```

Dans l'exemple précédent, on initialise les variables var_no_fournisseur et var_code_categorie à l'aide la commande SQL*Plus DEFINE. A l'exécution de la première requête, les variables sont déjà renseignées et sont remplacées automatiquement, par contre dans la deuxième requête, après la suppression de la variable var_no_fournisseur, SQL*Plus demande la valeur pour cette variable.

Remarque : pour définir une variable valide à chaque ouverture de session, insérez sa définition dans le fichier LOGIN.SQL .

Atelier 9.2

- Utilisation des variables de substitution

Durée : 15 minutes

TP

L'objectif de l'atelier est de vous aider à mieux comprendre l'utilisation des variables de substitution.

Exercice n° 1

Ecrivez un script qui vous propose un masque de saisie pour l'ensemble des champs de la table EMPLOYE. Les valeurs ainsi récupérées sont insérées dans la table.

Créez un script qui permet d'afficher la valeur des produits en stock pour un fournisseur saisi.

- *L'architecture PL/SQL*

- *Le jeu de caractères*

- *Le bloc PL/SQL*

- *Sortie à l'écran*

- *Déboguage*

10

Présentation PL/SQL

Objectifs

A la fin de ce module, vous serez à même d'effectuer les tâches suivantes :

- Décrire la syntaxe PL/SQL.
- Écrire un bloc PL/SQL.
- Afficher les informations de déboguage.

Contenu

Pourquoi PL/SQL

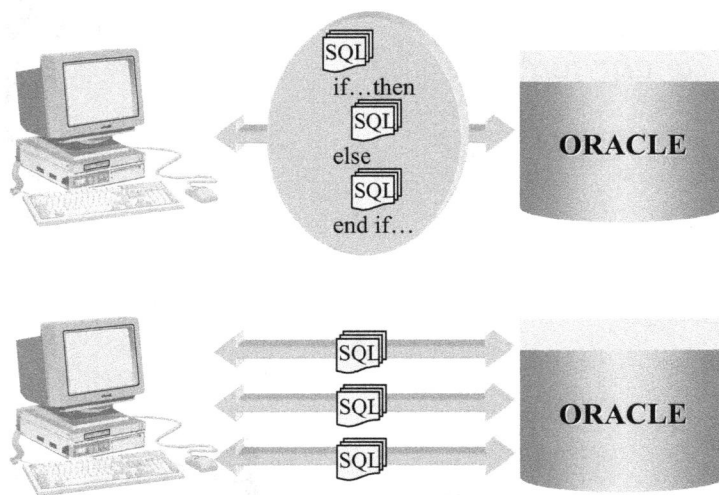

Les chapitres précédents ont traité du langage SQL qui est un langage "ensembliste", c'est-à-dire qu'il ne manipule qu'un ensemble de données satisfaisant des critères de recherche. PL/SQL est un langage "procédural", il permet de traiter de manière conditionnelle les données retournées par un ordre SQL.

Le langage PL/SQL, abréviation de "Procedural Language extensions to SQL", comme son nom l'indique, étend SQL en lui ajoutant des éléments, tels que :

- Les variables et les types.
- Les structures de contrôle et les boucles.
- Les procédures et les fonctions.
- Les types d'objets et les méthodes.

Ce ne sont plus des ordres SQL qui sont transmis un à un au moteur de base de données Oracle, mais un bloc de programmation. Le traitement des données est donc interne à la base, ce qui réduit considérablement le trafic entre celle-ci et l'application. Combiné à l'optimisation du moteur PL/SQL, cela diminue les échanges réseau et augmente les performances globales de vos applications.

Toutes les bases de données Oracle comportent un moteur d'exécution PL/SQL. Comme Oracle est présent sur un très grand nombre de plates-formes matérielles, le PL/SQL permet une grande portabilité de vos applications.

Le langage PL/SQL est simple d'apprentissage et de mise en oeuvre. Sa syntaxe claire offre une grande lisibilité en phase de maintenance de vos applications. De nombreux outils de développement, en dehors de ceux d'Oracle, autorisent la programmation en PL/SQL dans la base de données.

Ce chapitre présente l'environnement de développement et l'intégration du PL/SQL dans Oracle.

Architecture PL/SQL

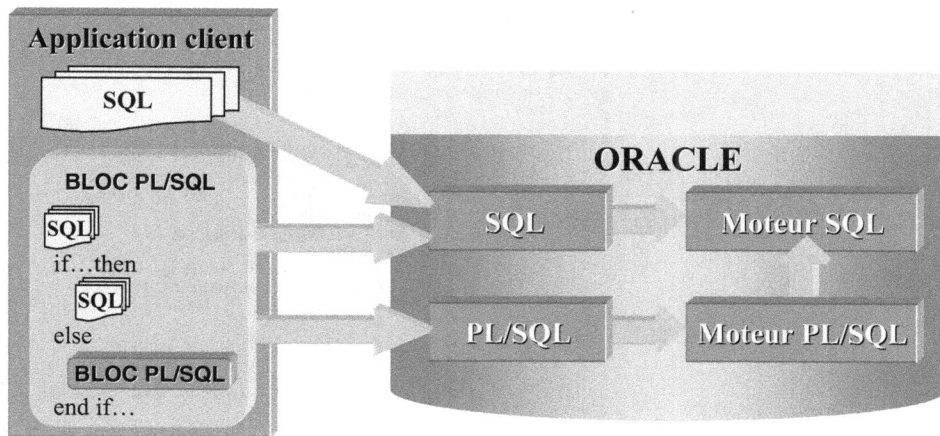

Le moteur de base de données, Oracle, coordonne tous les appels en direction de la base. Le SQL et le PL/SQL comportent chacun un "moteur d'exécution" associé, respectivement le SQL STATEMENT EXECUTOR et le PROCEDURAL STATEMENT EXECUTOR.

Lorsque le serveur reçoit un appel pour exécuter un programme PL/SQL, la version compilée du programme est chargée en mémoire puis exécutée par les moteurs PL/SQL et SQL. Le moteur PL/SQL gère les structures mémoire et le flux logique du programme, tandis que le moteur SQL transmet à la base les requêtes de données.

Le PL/SQL est utilisé dans de nombreux produits Oracle, parmi lesquels :

- Oracle Forms et Oracle Reports ;
- Oracle Warehouse Builder ;
- Oracle Portal.

Les programmes PL/SQL peuvent être appelés à partir des environnements de développement Oracle suivants :

- SQL*Plus ;
- Oracle Enterprise Manager;
- les précompilateurs Oracle (tels que Pro*C, Pro*COBOL, etc.) ;
- Oracle Call Interface (OCI) ;
- Server Manager;
- Java Virtual Machine (JVM).

Un bloc PL/SQL peut être traité dans un outil de développement Oracle (SQL*Plus, Oracle Forms, Oracle Reports). Dans ce cas, seules les instructions sont traitées par le moteur PL/SQL embarqué dans l'outil de développement, les ordres SQL incorporés dans les blocs PL/SQL sont toujours traités par la base de données.

Outils de développement

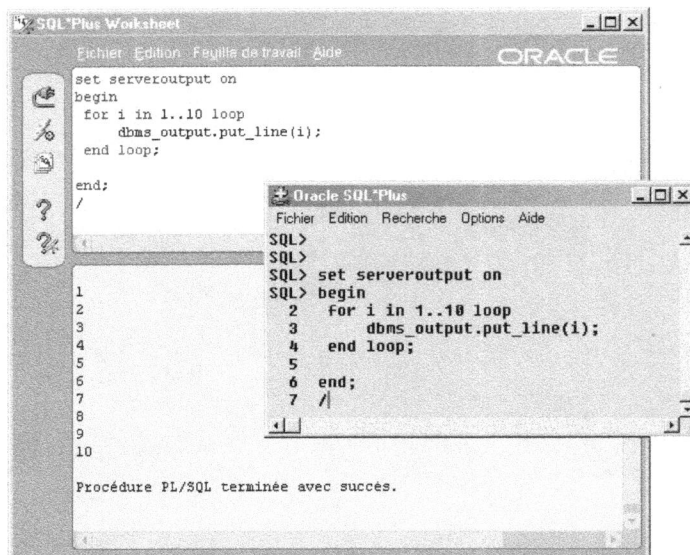

Il y a plusieurs outils qui permettent le développement et le déboguage d'une application PL/SQL, chacun étant diversement doté d'avantages et d'inconvénients.

SQL*Plus et **SQL*Plus Worksheet** sont proposés en standard avec le produit client par Oracle Corporation et l'on pourra se procurer d'autres outils auprès de fabricants tiers.

Les outils les plus connus sont :

- SQL*Plus™   Oracle Corporation
- Rapid SQL™   Embarcadero Technologies, Inc.
- DBPartener™   Compuware
- SQL Navigator™   Quest Software
- TOAD™   Quest Software
- SQL Programmer™   BMC Software
- PL/SQL Developer™   Allround Automations

Nous étudierons plus particulièrement les fonctionnalités de SQL*Plus pour le développement des applications en PL/SQL.

La syntaxe PL/SQL

Tout langage de programmation possède une syntaxe, un vocabulaire et un jeu de caractères. Cette section présente les caractères valides en PL/SQL ainsi que les opérateurs arithmétiques et relationnels qu'il accepte.

Un programme PL/SQL est une série de déclarations, chacune composée d'une ou plusieurs lignes de texte. Une ligne de texte est faite de combinaisons des caractères décrits ci-après :

- Les lettres majuscules et minuscules : **A÷Z** et **a÷z**
- Les chiffres entre **0÷9**
- Les symboles suivants : **( ) + - * / < > = ! ~ ; : . @ % " ' # ^ & _ | { } ? [ ]**

> **NOTE**
>
> Dans le langage PL/SQL comme dans SQL, les majuscules sont traitées de la même manière que les minuscules, excepté lorsqu'elles représentent la valeur d'une variable ou une constante de type chaîne de caractères.

Certains de ces caractères, qu'ils soient seuls ou combinés à d'autres, ont une signification spéciale en PL/SQL.

L'écriture des opérateurs, des constantes, ainsi que des commentaires, suit les mêmes règles qu'en SQL.

Structure de bloc

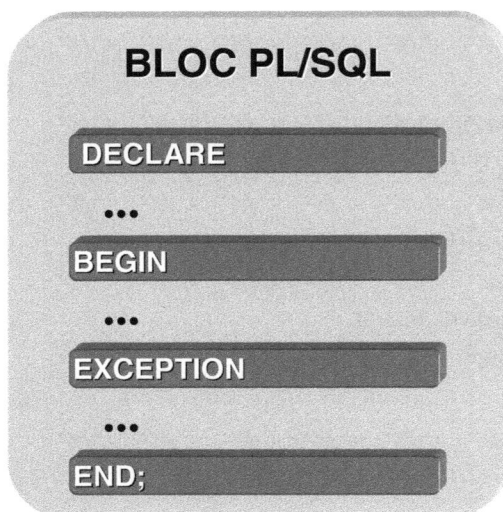

BLOC PL/SQL

```
DECLARE
   ...
BEGIN
   ...
EXCEPTION
   ...
END;
```

Le **PL/SQL** est un langage structuré. Chaque élément de base de votre application est une entité cohérente. Le bloc **PL/SQL** vous permet de refléter cette structure logique dans la conception physique de vos programmes.

Les programmes **PL/SQL** sont écrits sous forme de blocs de code définissant plusieurs sections comme la déclaration de variables, le code exécutable et la gestion d'exceptions (erreurs). Le code PL/SQL peut être stocké dans la base sous forme d'un sous-programme doté d'un nom ou il peut être codé directement dans SQL*Plus en tant que "bloc de code anonyme", c'est-à-dire sans nom. Lorsqu'il est stocké dans la base, le sous-programme inclut une section d'en-tête dans laquelle il est nommé, mais qui contient également la déclaration de son type et la définition d'arguments optionnels.

La structure type d'un bloc PL/SQL est la suivante :

```
[DECLARE]
      ...
BEGIN
      ...
[EXCEPTION]
      ...
END ;
```

DECLARE
: La section DECLARE contient la définition et l'initialisation des structures et des variables utilisées dans le bloc. Elle est facultative si le programme n'a aucune variable.

BEGIN
: La section corps du bloc contient les instructions du programme et la section de traitement des erreurs. Cette section est obligatoire et elle se termine par le mot clé END.

EXCEPTION La section EXCEPTION contient l'instruction de gestion des erreurs. Elle est facultative.

Lorsque vous exécutez une instruction SQL dans SQL*Plus, elle se termine par un point-virgule. Il ne s'agit que de la terminaison de l'instruction, non d'un élément qui en est constitutif. A la lecture du point-virgule, SQL*Plus est informé que l'instruction est complète et l'envoie à la base de données.

Dans un bloc PL/SQL, tout au contraire, le point-virgule n'est pas un simple indicateur de terminaison, mais fait partie de la syntaxe même du bloc. Lorsque vous spécifiez le mot-clé DECLARE ou BEGIN, SQL*Plus détecte qu'il s'agit d'un bloc PL/SQL et non d'une instruction SQL. Il doit cependant savoir quand se termine le bloc. La barre oblique « / », raccourci de la commande SQL*Plus RUN, lui en fournit l'indication.

Instruction NULL précise qu'aucune action ne doit être entreprise et que l'exécution du programme se poursuit normalement.

```
SQL> begin
  2     DELETE DETAILS_COMMANDES WHERE NO_COMMANDE > 11070;
  3     INSERT INTO CATEGORIES VALUES ( 9,'Cosmétiques','Produits beautés' );
  4     COMMIT;
  5  end;
  6  /

Procédure PL/SQL terminée avec succès.
```

ATTENTION

Le corp du bloc peut contenir les instructions SQL de type Langage de Manipulation de Données, mais il ne peut comporter aucune instruction du Langage de Définition de Données.

Le mot clé PRAGMA

Le mot clé PRAGMA signifie que le reste de l'ordre PL/SQL est une directive de compilation. Les pragmas sont évaluées lors de la compilation, elles ne sont pas exécutables.

Une pragma est une instruction spéciale pour le compilateur. Egalement appelée pseudo-instruction, la pragma ne change pas la sémantique d'un programme. Elle ne fait que donner une information au compilateur.

EXCEPTION_INIT indique au compilateur que l'on souhaite associer une exception déclarée dans un programme à un code d'erreur spécifique.

Oracle 9i AUTONOMOUS_TRANSACTION indique au compilateur que le bloc s'exécute dans une transaction indépendante, une instruction COMMIT ou ROLLBACK exécutée dans le bloc n'impacte pas les autres transactions.

L'exemple suivant montre l'utilisation du bloc PL/SQL qui s'exécute dans une transaction indépendante. La première commande SQL efface les enregistrements de la table DETAILS_COMMANDES pour les numéros de commandes supérieurs à 11070. Le bloc PL/SQL insère un enregistrement dans la table CATEGORIES ; l'insertion effectuée dans une transaction indépendante est ensuite validée.

L'annulation de l'effacement des enregistrements de la table DETAILS_COMMANDES peut encore être effectuée.

```
SQL> DELETE DETAILS_COMMANDES WHERE NO_COMMANDE > 11070;

40 ligne(s) supprimée(s).

SQL>
SQL> declare
  2      pragma autonomous_transaction;
  3  begin
  4      INSERT INTO CATEGORIES VALUES ( 9,'Cosmétiques','Produits beautés' );
  5      COMMIT;
  6  end;
  7  /

Procédure PL/SQL terminée avec succès.

SQL> ROLLBACK;

Annulation (ROLLBACK) effectuée.

SQL>
SQL> SELECT COUNT(*) FROM DETAILS_COMMANDES WHERE NO_COMMANDE > 11070;

  COUNT(*)
----------
        40
```

Bloc imbriqué

Le PL/SQL permet d'imbriquer ou d'encapsuler des blocs anonymes dans d'autres blocs PL/SQL. On peut également imbriquer des blocs anonymes dans d'autres blocs anonymes à plusieurs niveaux.

Un bloc PL/SQL imbriqué à l'intérieur d'un autre bloc PL/SQL peut être appelé :

- Bloc imbriqué
- Bloc secondaire
- Bloc enfant
- Sous-bloc

Un bloc PL/SQL qui appelle un autre bloc PL/SQL peut être appelé bloc principal ou bien bloc parent.

Le principal avantage, et l'une des raisons d'utiliser, du bloc imbriqué est qu'il fournit une portée à tous les objets et à toutes les commandes de ce bloc. Vous pouvez utiliser cette portée pour améliorer le contrôle que vous avez sur les actions effectuées par votre programme.

Sortie à l'écran

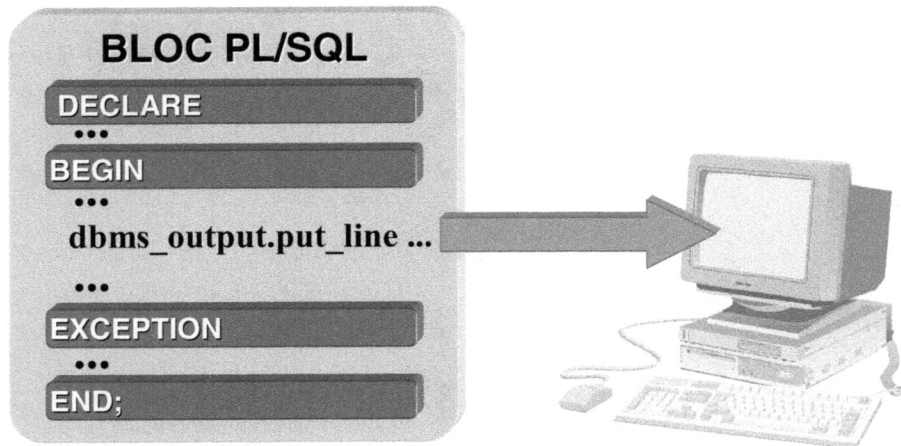

Le langage PL/SQL ne dispose d'aucune gestion intégrée des entrées/sorties. Il s'agit en fait d'un choix de conception, car l'affichage des valeurs de variables ou de structures de données n'est pas une fonction utile à la manipulation des données stockées dans la base.

La possibilité de gérer les sorties a toutefois été introduite, sous la forme d'une application intégrée DBMS_OUTPUT ; elle est décrite en détail dans le chapitre concernant les applications standards Oracle.

L'application DBMS_OUTPUT permet d'envoyer des messages depuis un bloc PL/SQL. La procédure PUT_LINE de cette application permet de placer des informations dans un tampon qui pourra être lu par un autre bloc PL/SQL.

Si la récupération et l'affichage des informations placées dans le tampon ne sont pas gérés et si l'exécution ne se déroule pas sous SQL*Plus, alors les informations sont ignorées. Le principal intérêt de ce package est de faciliter la mise au point des programmes.

Oracle Enterprise Manager et SQL*Plus, possèdent le paramètre SERVEROUTPUT qu'il faut activer à l'aide de la commande SET SERVEROUTPUT ON pour connaître les informations qui ont été écrites dans le tampon après l'exécution d'une commande INSERT, UPDATE, DELETE, d'une fonction, d'une procédure ou d'un bloc PL/SQL anonyme.

Le script qui crée DBMS_OUTPUT accorde au groupe PUBLIC la permission EXECUTE sur cette application et crée un synonyme public pour ce dernier.

Dans l'exemple suivant, vous pouvez remarquer que, dans le bloc PL/SQL, il y a quatre ordres qui se terminent par un point virgule. La procédure PUT_LINE accepte comme argument, soit une expression de type chaîne de caractères, soit une expression numérique ou une expression de type date.

```
SQL> SET SERVEROUTPUT ON
SQL> begin
  2         dbms_output.put_line( 'Bonjour utilisateur '||user||
  3              ' aujourd''hui est le '||
  4              to_char(sysdate,'dd month yyyy'));
  5         dbms_output.put_line( uid);
  6         dbms_output.put_line( user);
  7         dbms_output.put_line( sysdate);
  8  end;
  9  /
Bonjour utilisateur STAGIAIRE aujourd'hui est le 16 mars      2003
69
STAGIAIRE
16/03/03

Procédure PL/SQL terminée avec succès.
```

Atelier 10.1

- Le bloc PL/SQL

- L'affichage des informations de déboguage

Durée : 10 minutes

TP

L'objectif de l'atelier est de vous aider à mieux comprendre la création et modification d'un bloc PL/SQL.

Questionnaire

Quelles sont les sections qui font partie d'un bloc ?

Quel est le rôle de la section DECLARE ?

Décrivez pourquoi l'instruction suivante n'a aucun affichage.

```
SQL> begin
  2      dbms_output.put_line( 'Utilisateur : '||user);
  3  end;
  4  /

Procédure PL/SQL terminée avec succès.
```

Exercice n° 1

Créez un bloc PL/SQL qui affiche la description suivante :

```
Utilisateur : STAGIAIRE aujourd'hui est le 16 mars 2003
```

- *Les variables PL/SQL*
- *Les tableaux*
- *Les enregistrements*
- *%TYPE*
- *%ROWTYPE*
- *La visibilité des variables*
- *Les variables de liaison*

11

Les variables PL/SQL

Objectifs

A la fin de ce module, vous serez à même d'effectuer les tâches suivantes :

- Décrire les types de données.
- Déclarer des variables PL/SQL.
- Gérer la visibilité des variables.
- Affecter des variables.

Contenu

Noms de variables

Ce chapitre décrit les différents types de données utilisables, ainsi que les façons de les nommer.

Dans un programme **PL/SQL** vous avez besoin de manipuler des chaînes de texte, nombres, valeurs booléennes, enregistrements, tableaux, dates, etc. La manipulation est possible grâce à des conteneurs pour ces valeurs de travail, ces conteneurs sont des variables.

L'utilisation des variables est diverse; elles peuvent servir à stocker des données récupérées dans les colonnes de tables, ou à conserver des résultats de calculs internes au programme. Les variables peuvent être scalaires (une valeur simple) ou composées (de valeurs ou composants divers).

La variable est une zone mémoire nommée permettant de stocker une valeur, elle est définie par son nom, son type et sa valeur.

Le nom d'une variable PL/SQL (également appelé son identifiant) doit respecter les conditions suivantes :

- La longueur ne doit pas dépasser **30** caractères.
- Il est composé des lettres **A+Z** et **a+z**, chiffres **0+9, $, _** ou **#** .
- Il doit commencer par une lettre, mais peut être suivi par un des caractères autorisés.
- Il n'est pas un mot réservé.

ATTENTION

Les variables doivent être obligatoirement déclarées avant leur utilisation.

Types de données

- Scalaires
- Composés
- Références
- Grand objets

Toute constante, toute variable utilisée dans un programme possède un type. Le type de données définit le format de stockage, les restrictions d'utilisation de la variable, et les valeurs qu'elle peut prendre.

Le programmeur PL/SQL dispose de l'ensemble des types utilisables dans la définition des colonnes des tables dans le but de faciliter les échanges de données entre les tables et les blocs de code.

Le langage PL/SQL est structuré en quatre catégories de types de données :

Scalaires	Un type scalaire est atomique; il n'est pas composé d'autres types de données, c'est un des types de colonne des tables.
Composés	Un type composé comprend plus d'un élément ou composant, un groupe d'éléments, pour chacun une valeur propre est allouée.
Références	Un type qui contient une valeur qui référence un autre programme. Le type référence ou pointeur n'est pas détaillé dans ce module.
Grands objets	Un type de données qui spécifient la localisation des grands objets.

Types de données scalaires

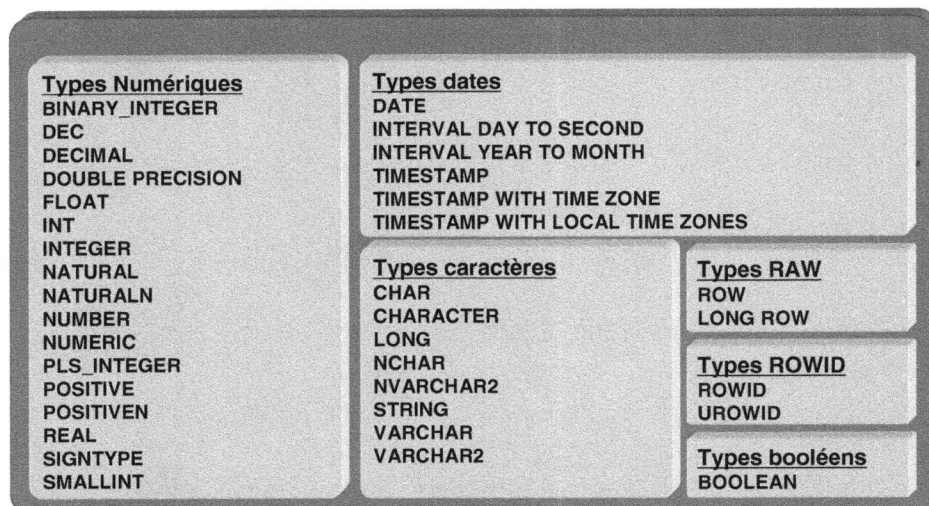

```
Types Numériques          Types dates
BINARY_INTEGER            DATE
DEC                       INTERVAL DAY TO SECOND
DECIMAL                   INTERVAL YEAR TO MONTH
DOUBLE PRECISION          TIMESTAMP
FLOAT                     TIMESTAMP WITH TIME ZONE
INT                       TIMESTAMP WITH LOCAL TIME ZONES
INTEGER
NATURAL                   Types caractères      Types RAW
NATURALN                  CHAR                  ROW
NUMBER                    CHARACTER             LONG ROW
NUMERIC                   LONG
PLS_INTEGER               NCHAR                 Types ROWID
POSITIVE                  NVARCHAR2             ROWID
POSITIVEN                 STRING                UROWID
REAL                      VARCHAR
SIGNTYPE                  VARCHAR2              Types booléens
SMALLINT                                        BOOLEAN
```

Les types scalaires se répartissent en quatre catégories :

- Numériques
- Caractères (RAW, RAWID)
- Dates
- Booléens

Types numériques

- NUMBER (P,S)
  Champ de longueur variable acceptant la valeur zéro ainsi que des nombres
  négatifs et positifs. La précision maximum de NUMBER, est de 38 chiffres de
  1E-130 ÷ 10E125. Lors de la déclaration, il est possible de définir la
  précision P chiffres significatifs stockés et un arrondi à droite de la marque
  décimale à S chiffres.

```
Déclaration      Affectation Valeur
NUMBER           1234.5678   1234.5678
NUMBER(3)        123         123
NUMBER(3)        1234        erreur numérique : précision de NUMBER trop élevée
NUMBER(4,3)      123.4567    erreur numérique : précision de NUMBER trop élevée
NUMBER(4,3)      1.234567    1.235'
NUMBER(7,2)      12345.67    12345.67
NUMBER(3,-3)     1234        10002
NUMBER(3, -1)    1234        12302
```

BINARY_INTEGER

Nombre entier signé compris entre -2 147 483 647 ÷ +2 147 483 647.

Il y a plusieurs types dérivés qui possèdent le même format de stockage que
BINARY_INTEGER, mais n'autorisent qu'un sous-ensemble des valeurs.

```
Type dérivés              Valeurs autorisées
NATURAL                   0 ... 2 147 483 647
NATURALN                  0 ... 2 147 483 647 NOT NULL
POSITIVE                  1 ... 2 147 483 647
POSITIVEN                 1 ... 2 147 483 647 NOT NULL
SIGNTYPE                  -1,0,1
```

PLS_INTEGER

Nombre entier compris entre -2 147 483 647 ÷ +2 147 483 647.

Les types numériques restant sont tous dérivés de NUMBER. Ils existent dans le SQL et dans PL/SQL à fins de compatibilité avec les types de données SQL ANSI.

Types caractères

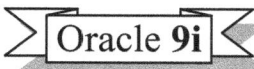
Oracle 9i

VARCHAR2(L [CHAR | BYTE])
Chaîne de caractères de longueur variable comprise entre 1 ÷ 32 767 octets. L représente la longueur maximale de la variable. CHAR ou BYTE spécifie respectivement si L est mesuré en caractères ou en bytes. Par exemple, pour jeux de caractères **UTF8** le stockage est effectué sur 3 octets, alors que pour VARCHAR2(300 BYTE) vous pouvez stocker uniquement 100 caractères. L'option BYTE est accessible uniquement sur la version Oracle 9i.

CHAR(L [CHAR | BYTE])
Chaîne de caractères de longueur fixe avec L compris entre 1 ÷ 32 767. Si aucune taille maximale n'est précisée alors la valeur utilisée par défaut est 1. L'option BYTE est identique à celle de VARCHAR2.

LONG
Chaîne de caractères de longueur variable comprenant au maximum 32 760 octets.

NCHAR
Champ de longueur fixe pour des jeux de caractères multi octets pouvant atteindre 2 000 caractères ou 2 000 octets selon le jeu de caractères utilisé. Sa taille par défaut est de 1 octet.

NVARCHAR2
Champ de longueur variable pour des jeux de caractères multi octets pouvant atteindre 4 000 caractères ou 4 000 octets selon le jeu de caractères utilisé. Sa taille par défaut est de 1 octet.

RAW
Champ de longueur variable utilisé pour stocker des données binaires et pouvant atteindre 2 000 octets.

LONG RAW
Champ de longueur variable utilisé pour stocker des données binaires et pouvant atteindre 2 Go.

ROWID
Valeur binaire représentant un identifiant de ligne (ROWID). Pour des index normaux définis sur des tables non partitionnées, des index locaux définis sur des tables partitionnées et des pointeurs de lignes utilisés pour des lignes chaînées ou migrées, cette valeur fait 6 octets. Pour des index globaux définis sur des tables partitionnées, elle fait 10 octets.

UROWID
Valeur binaire pouvant atteindre 4 000 octets, utilisée pour adresser des données. Supporte des ROWID logiques et physiques, ainsi que des ROWID de tables étrangères accessibles via une passerelle.

Types date/heure

DATE
Champ de longueur fixe de **7** octets utilisé pour stocker n'importe quelle date, incluant l'heure.

Oracle 9i

INTERVAL DAY TO SECOND
Intervalle de temps fixé à 11 octets et exprimé en jours, heures, minutes et secondes. Un littéral entier entre 0 et 9 doit être utilisé pour spécifier le nombre de chiffres acceptés pour représenter les jours et les secondes (2 et 6 étant respectivement les valeurs par défaut).

INTERVAL YEAR TO MONTH
Intervalle de temps fixé à 5 octets et exprimé en années et en mois. Un littéral entier entre 0 et 4 doit être utilisé pour spécifier le nombre de chiffres acceptés pour représenter les années (2 étant la valeur par défaut).

TIMESTAMP [(P)]
Valeur de 7 à 11 octets représentant une date et une heure, incluant des fractions de seconde, et se fondant sur la valeur d'horloge du système d'exploitation. Une valeur de précision **P** un entier de 0 à 9 (6 étant la précision par défaut) - permet de choisir le nombre de chiffres voulus dans la partie décimale des secondes.

TIMESTAMP [(P)] WITH TIME ZONE
Valeur fixée à 13 octets représentant une date et une heure, avec un paramètre de zone horaire associé. La zone horaire peut être exprimée sous la forme d'un décalage par rapport à l'heure universelle (UTC), tel que "-5:0", ou d'un nom de zone, tel que "US/Pacific".

TIMESTAMP [(P)] WITH LOCAL TIME
Valeur de 7 à 11 octets semblable à TIMESTAMP WITH TIME ZONE, sauf que la date est ajustée par rapport à la zone horaire de la base de données lorsqu'elle est stockée, puis adaptée à celle du client lorsqu'elle est extraite.

Type booléen

BOOLEAN
Stocke des valeurs logiques TRUE, FALSE ou la valeur NULL.

Déclaration de variables

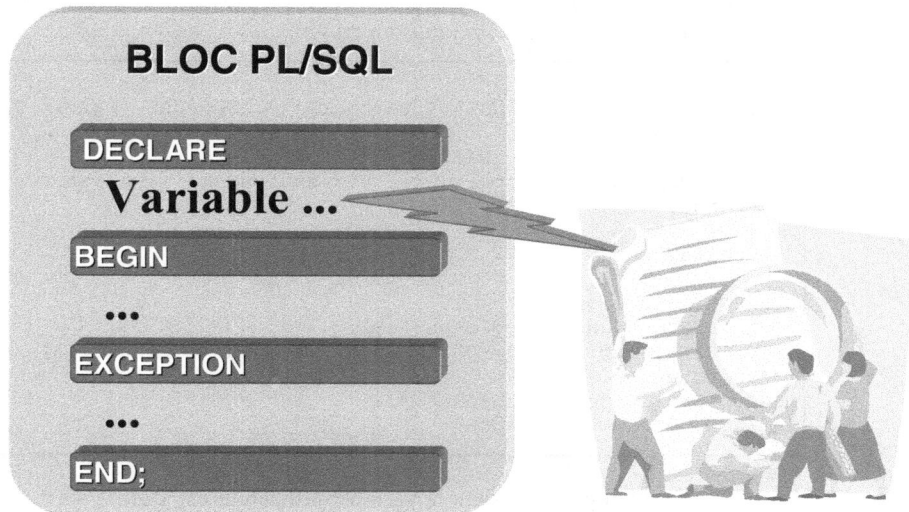

BLOC PL/SQL

DECLARE
Variable ...
BEGIN
...
EXCEPTION
...
END;

Les variables sont déclarées dans la section DECLARE du bloc PL/SQL à l'aide de la syntaxe suivante :

```
Nom_Variable [CONSTANT] TYPE [NOT NULL]
                        [{DEFAULT | :=} VALEUR] ;
```

Nom_Variable	Nom de la variable ; il doit être unique dans le bloc.
TYPE	Le type de la variable qui peut être un des types scalaires décrits auparavant ou un type composite.
CONSTANT	La variable est une constante sa valeur ne change plus dans le bloc.
NOT NULL	La variable doit être automatiquement renseignée, sinon une erreur est affichée à la compilation du bloc.
:= VALUE	La variable est affectée avec VALEUR. Il faut respecter le type et la précision de la variable.

```
SQL> declare
  2     utilisateur_id number       := UID;
  3     utilisateur    varchar2(12) := USER;
  4     date_du_jour   date         := SYSDATE;
  5  begin
  6      dbms_output.put_line( ' L''identifiant utilisateur : '||uid||
  7                           ' Utilisateur : '||utilisateur||
  8                           ' Aujourd''hui :'||date_du_jour);
  9     utilisateur      := 'Razvan BIZOI';
 10     dbms_output.put_line( ' Utilisateur : '||utilisateur);
 11  end;
 12  /
L'identifiant utilisateur : 69 Utilisateur : STAGIAIRE Aujourd'hui :16/03/03
Utilisateur : Razvan BIZOI

Procédure PL/SQL terminée avec succès.
```

Dans l'exemple précédent vous pouvez voir la déclaration des trois variables de type numérique, chaîne de caractères et date. Les variables ont été initialisées directement dans la commande de déclaration. La première ligne affichée est une concaténation de l'ensemble des trois variables avec plusieurs constantes de chaînes de caractères.

La variable utilisateur est assignée avec une nouvelle valeur, vous pouvez remarquer que l'opérateur d'affectation est « := ».

```
SQL> declare
  2     utilisateur CONSTANT varchar2(12) DEFAULT 'Razvan BIZOI';
  3  begin
  4     utilisateur := USER;
  5     dbms_output.put_line( ' Utilisateur : '||utilisateur);
  6  end;
  7  /
   utilisateur := USER;
   *
ERREUR à la ligne 4 :
ORA-06550: Ligne 4, colonne 3 :
PLS-00363: expression 'UTILISATEUR' ne peut être utilisée comme cible
d'affectation
ORA-06550: Ligne 4, colonne 3 :
PL/SQL: Statement ignored
```

Dans l'exemple précédent la variable utilisateur est CONSTANT, elle ne peut pas être modifiée.

```
SQL> declare
  2     utilisateur_id number NOT NULL := UID;
  3     utilisateur    varchar2(12);
  4  begin
  5     utilisateur       := 'Razvan BIZOI';
  6     utilisateur_id    := NULL;
  7     dbms_output.put_line( ' Utilisateur : '||utilisateur||utilisateur_id);
  8  end;
  9  /
   utilisateur_id    := NULL;
                         *
ERREUR à la ligne 6 :
ORA-06550: Ligne 6, colonne 23 :
PLS-00382: expression du mauvais type
ORA-06550: Ligne 6, colonne 3 :
PL/SQL: Statement ignored
```

Dans l'exemple précédent, la variable utilisateur_id qui comporte l'option NOT NULL dans sa déclaration ne peut pas être mise à NULL.

```
SQL> declare
  2     utilisateur_id number NOT NULL;
  3  begin
  4     utilisateur_id    := 13;
  5     dbms_output.put_line( ' Utilisateur : '||utilisateur_id);
  6  end;
  7  /
   utilisateur_id number NOT NULL;
                    *
ERREUR à la ligne 2 :
ORA-06550: Ligne 2, colonne 18 :
PLS-00218: une variable déclarée NOT NULL doit avoir une affectation
d'initialisation
```

L'option NOT NULL implique automatiquement, pour une variable, l'affectation dans sa déclaration.

Variables de liaison

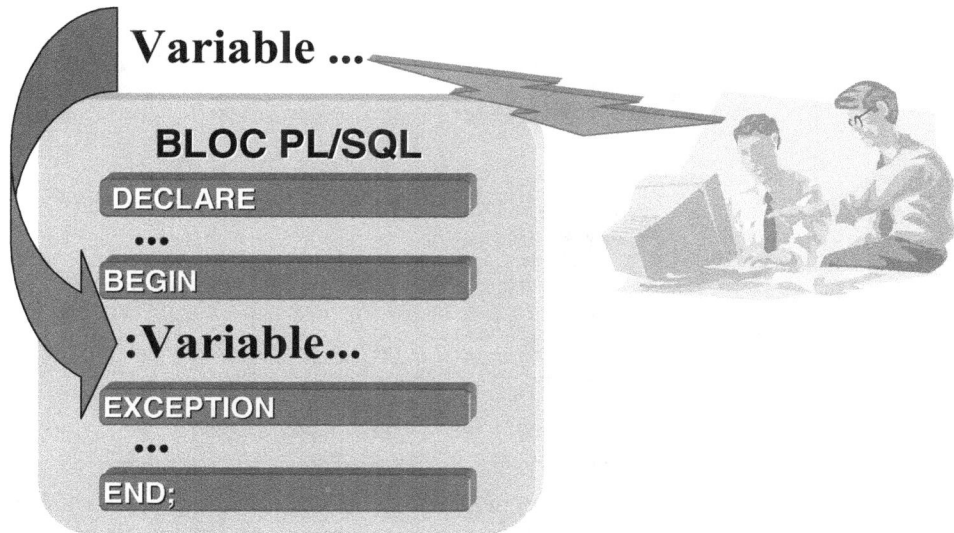

SQL*Plus prévoit deux types de variables : les variables de substitution et les variables de liaison, qui vous seront utiles pour recevoir les entrées utilisateur et stocker des informations à travers plusieurs exécutions successives.

Comme on a déjà vu précédemment, aucune mémoire n'est allouée aux variables de substitution. SQL*Plus peut néanmoins allouer un espace mémoire sous forme d'une variable de liaison, dont le contenu est utilisable à l'intérieur d'un bloc PL/SQL ou d'une instruction SQL. Etant donné que l'espace alloué est extérieur au bloc, son contenu peut être utilisé successivement par plusieurs blocs ou instructions et faire l'objet d'un affichage en fin de traitement.

L'allocation d'une variable de liaison est réalisée au moyen de la commande VARIABLE de SQL*Plus. Sachez que celle-ci n'est valide qu'à partir de l'invite de commande de SQL*Plus et pas à l'intérieur d'un bloc PL/SQL. A l'intérieur d'un tel bloc, la variable de liaison est introduite par le signe « : ». La commande PRINT affiche la valeur de la variable après exécution du bloc.

```
SQL> VARIABLE utilisateur varchar2(12)
SQL> begin
  2     :utilisateur := user;
  3     dbms_output.put_line(:utilisateur);
  4  end;
  5  /
STAGIAIRE

Procédure PL/SQL terminée avec succès.

SQL> PRINT utilisateur

UTILISATEUR
-------------------------------
STAGIAIRE
```

Dans l'exemple précédent, vous pouvez remarquer que la variable de liaison utilisateur bénéficie d'une allocation mémoire dans laquelle on peut stocker une valeur du même type que la variable, en occurrence le nom de l'utilisateur SQL.

```
SQL> VAR v_liaison VARCHAR2(20);
SQL>
SQL> declare
  2      v_plsql VARCHAR2(20) := 'Tintin';
  3  begin
  4
  5  :v_liaison       := v_plsql;
  6  &&v_substitution := USER;
  7  dbms_output.put_line( 'v_plsql            = '||v_plsql);
  8  dbms_output.put_line( 'v_liaison          = '||:v_liaison);
  9  dbms_output.put_line( '&&v_substitution = '||&&v_substitution);
 10
 11  end;
 12  /
Entrez une valeur pour v_substitution : v_plsql
ancien    6 : &&v_substitution := USER;
nouveau   6 : v_plsql := USER;
ancien    9 : dbms_output.put_line( '&&v_substitution = '||&&v_substitution);
nouveau   9 : dbms_output.put_line( 'v_plsql = '||v_plsql);
v_plsql          = STAGIAIRE
v_liaison        = Tintin
v_plsql = STAGIAIRE

Procédure PL/SQL terminée avec succès.
```

L'exemple précédent montre la différence entre une variable de liaison et une variable de substitution, à savoir qu'une variable de substitution n'a pas d'allocation mémoire. La variable de liaison est initialisé avec la valeur de la pseudo colonne USER. A l'exécution du bloc PL/SQL, l'environnement ne demande la valeur que pour la variable de substitution. La variable de substitution v_substitution est une variable globale, toute occurrence de cette variable dans le bloc est remplacée par la chaîne de substitution v_plsql. Vous pouvez remarquer que même l'occurrence positionnée dans la chaîne de caractère de la troisième opération d'affichage put_line est remplacée. En conclusion, une variable de substitution est un moyen simple de remplacer des parties du code par une saisie utilisateur.

Visibilité des variables

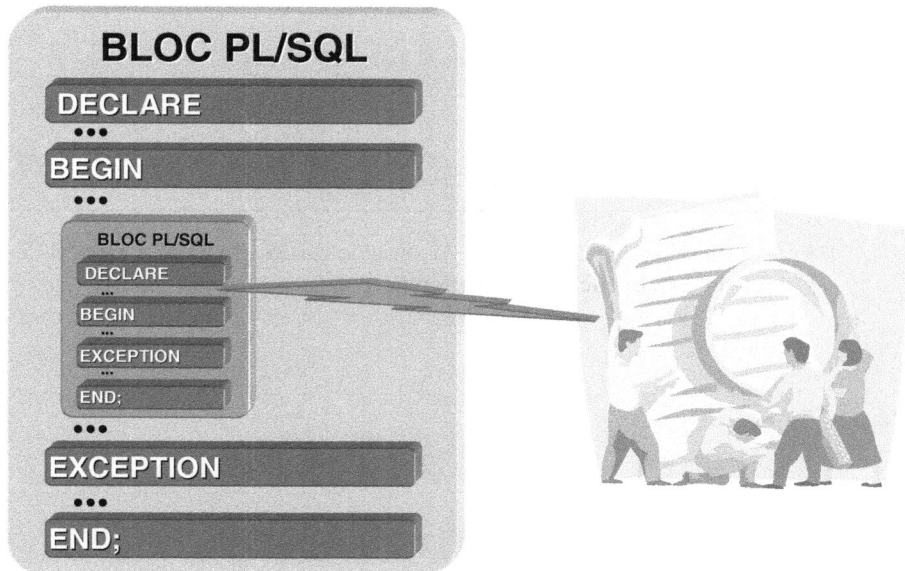

La portée d'une variable est la partie du programme dans laquelle vous pouvez faire référence à cette variable et que celle-ci soit résolue par le compilateur. Une variable est visible dans un programme lorsqu'elle peut être référencée en utilisant son nom.

La visibilité d'une variable porte sur le bloc où elle a été déclarée, et dans tous les blocs imbriqués si le nom n'a pas été réutilisé pour une déclaration.

```
SQL> VARIABLE utilisateur varchar2(50)
SQL> declare
  2    utilisateur varchar2(50) := 'Bloc principal :'||USER;
  3  begin
  4    :utilisateur := 'Variable de liaison :'||USER;
  5    declare
  6       utilisateur varchar2(50) := 'Premier Bloc imbriqué :'||USER;
  7    begin
  8      declare
  9          utilisateur varchar2(50) := 'Deuxième Bloc imbriqué :'||USER;
 10      begin
 11        dbms_output.put_line( utilisateur);
 12        dbms_output.put_line( :utilisateur);
 13      end;
 14      dbms_output.put_line( utilisateur);
 15    end;
 16    dbms_output.put_line( utilisateur);
 17  end;
 18  /
Deuxième Bloc imbriqué :STAGIAIRE
Variable de liaison :STAGIAIRE
Premier Bloc imbriqué :STAGIAIRE
Bloc principal :STAGIAIRE
```

Dans l'exemple précédent, vous pouvez voir la création des trois blocs imbriqués. Dans chaque bloc, il y a une déclaration et un affichage de la variable utilisateur. La variable utilisateur affichée dans chaque bloc est la variable définie dans le bloc respectif. Vous pouvez voir également que la variable de liaison peut être utilisée même dans les blocs imbriqués.

```
SQL> declare
  2    date_du_jour date;
  3  begin
  4    begin
  5       date_du_jour := SYSDATE;
  6    end;
  7    dbms_output.put_line( date_du_jour);
  8  end;
  9  /
17/03/03

Procédure PL/SQL terminée avec succès.
```

Dans l'exemple précédent, la variable date_du_jour est définie dans le bloc principal et elle peut être référencée dans le bloc secondaire.

Types définis par l'utilisateur

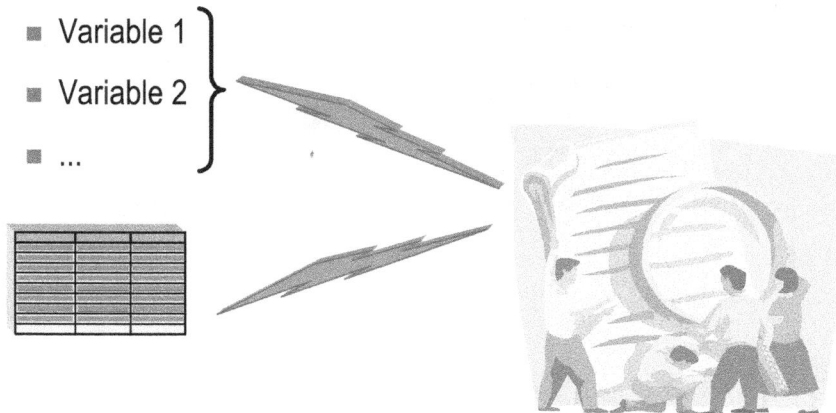

Dans le langage PL/SQL, il est possible de définir des types de données dérivés des types prédéfinis. Un type dérivé est une déclinaison d'un type original, qui en reprend les règles mais peut en restreindre le domaine de valeurs.

Il y a deux catégories de types dérivés :

- Les types bornés
- Les types non bornés

Un type dérivé borné restreint le domaine des valeurs autorisées par le type original, POSITIVE est un type dérivé borné de BINARY INTEGER.

Un type dérivé non borné ne restreint pas le domaine des valeurs possibles du type original pour les variables déclarées avec le type dérivé, FLOAT est un exemple de type dérivé (de NUMBER) non borné. En clair, un type dérivé non borné est un alias ou un synonyme du type de données original.

```
SUBTYPE NOM_SUBTYPE IS
        TYPE_BASE[(CONSTRAINT)]  [NOT NULL];
```

```
SQL> declare
  2      SUBTYPE Numeral IS NUMBER(1,0);
  3      x_axis Numeral;
  4  BEGIN
  5      x_axis := 10;
  6  END;
declare
*
ERREUR à la ligne 1 :
ORA-06502: PL/SQL : erreur numérique ou erreur sur une valeur: précision de
NUMBER trop élevée
ORA-06512: à ligne 5
```

Dans l'exemple précédent, vous pouvez remarquer que le type dérivé Numeral ne peut contenir que des valeurs entre -9 et 9, l'affectation déclenche une erreur.

Les enregistrements

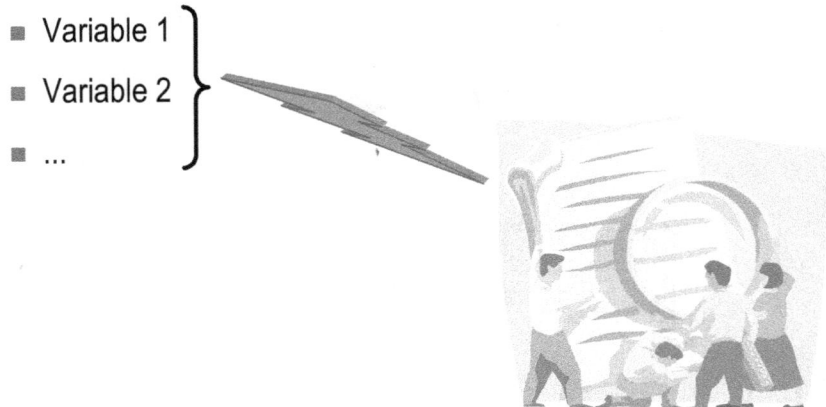

- Variable 1
- Variable 2
- ...

Le langage PL/SQL connaît deux types composés : TABLE et RECORD. Leur utilisation est particulière. Ils doivent tout d'abord faire l'objet d'une déclaration préalable de type de données. Ensuite seulement, une table ou un record PL/SQL peuvent être déclarés comme correspondant au type en question.

Les enregistrements utilisés dans les programmes PL/SQL sont largement semblables, en termes de concept et de structure, aux lignes d'une table de la base de données. Un enregistrement est une structure de données composée, ce qui signifie qu'il comprend plus d'un élément ou composant, avec chacun une valeur propre. L'enregistrement lui-même n'a pas de valeur propre; il permet de stocker des données et d'y accéder en tant que groupe.

La structure de données de type enregistrement offre des possibilités de haut niveau en termes d'adressage et de manipulation de données dans les programmes. Cette approche offre les avantages suivants :

- **Abstraction de données.** Au lieu de travailler avec les attributs individuels d'une entité ou d'un objet, on référence et on manipule cette entité comme "un élément en soi".
- **Regroupement des opérations.** On peut exécuter des opérations qui s'appliquent à toutes les colonnes d'un enregistrement.
- **Un code plus propre et plus léger.** On peut écrire moins de code et rendre ce que l'on écrit plus compréhensible.

Pour déclarer un enregistrement, on doit passer par deux étapes distinctes :

1. Déclarer ou définir un TYPE d'enregistrement comprenant la structure voulue pour l'enregistrement.

2. Utiliser ce TYPE d'enregistrement comme base de déclaration des enregistrements de même structure.

Déclaration des TYPE d'enregistrement utilisateur

On déclare le type d'un enregistrement avec l'ordre TYPE. L'ordre TYPE définit le nom de la nouvelle structure d'enregistrement, et les éléments ou zones qui composent cet enregistrement.

La syntaxe générale de déclaration d'un TYPE d'enregistrement est :

```
TYPE NOM_TYPE IS RECORD (
        NOM_CHAMP1 TYPE [NOT NULL] [:= EXPRESSION1],
        [,...]);
```

NOM_TYPE	Nom du type d'enregistrement.
NOM_CHAMP	Le nom de chaque champ de l'enregistrement.
TYPE	Le type d'un champ peut être un type implicite Oracle, un type implicite ANSI ou un type explicite.
NOT NULL	Le champ correspondant est obligatoire.
EXPRESSION1	Permet de définir une valeur par défaut pour le champ.

Une fois que l'on a créé ses propres types d'enregistrement, on peut les utiliser pour déclarer des enregistrements spécifiques. La déclaration de l'enregistrement réel possède le format suivant :

```
NOM_ENREGISTEMENT TYPE_ENREGISTEMENT;
```

Les champs d'une variable de type enregistrement peuvent être référencés à l'aide de l'opérateur point (.).

```
SQL> declare
  2      TYPE adresse IS RECORD ( ADRESSE      VARCHAR2(60),
  3                               VILLE        VARCHAR2(15),
  4                               CODE_POSTAL VARCHAR2(10));
  5      TYPE employe IS RECORD ( NOM          VARCHAR2(20),
  6                               PRENOM       VARCHAR2(10),
  7                               adr_emp      adresse     );
  8      mon_employe  employe;
  9  begin
 10      mon_employe.NOM                  := 'FABER';
 11      mon_employe.PRENOM               := 'Pierre';
 12      mon_employe.adr_emp.ADRESSE      := '44, rue Paul Claudel';
 13      mon_employe.adr_emp.VILLE        := 'STRASBOURG';
 14      mon_employe.adr_emp.CODE_POSTAL  := '67000';
 15      dbms_output.put_line( mon_employe.NOM                    ||' '||
 16                            mon_employe.PRENOM                 ||' '||
 17                            mon_employe.adr_emp.ADRESSE        ||' '||
 18                            mon_employe.adr_emp.CODE_POSTAL    ||' '||
 19                            mon_employe.adr_emp.VILLE          );
 20  end;
 21  /
FABER Pierre 44, rue Paul Claudel 67000 STRASBOURG

Procédure PL/SQL terminée avec succès.
```

L'exemple précédent montre la création d'un enregistrement adresse qui a son tour est utilisé comme type de base pour un des champs du deuxième enregistrement employés.

Les tableaux

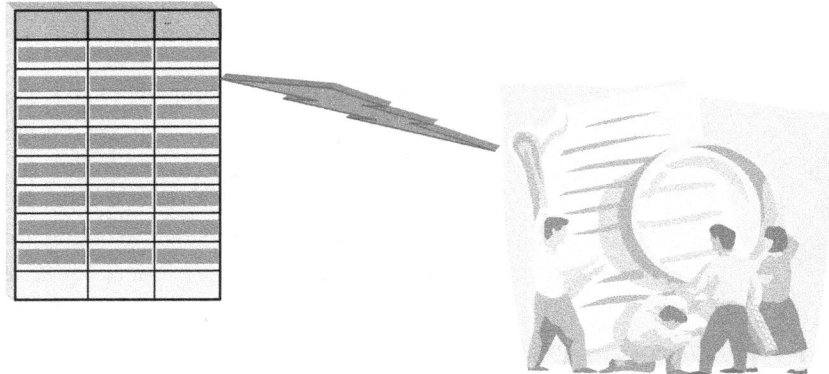

Les tableaux sont conçus comme les tables de la base de données. Ils possèdent une clé primaire (index) pour accéder aux lignes du tableau.

Un tableau, comme une table, ne possède pas de limite de taille. De cette façon, le nombre d'éléments d'un tableau va croître dynamiquement.

La colonne peut être de n'importe quel type scalaire, mais la clé primaire doit être du type BINARY_INTEGER.

Pour déclarer un tableau, on doit passer par deux étapes distinctes :

1. Déclarer ou définir un TYPE de tableaux.

2. Utiliser ce TYPE de tableau comme base de déclaration des tableaux.

Vous pouvez déclarer un type TABLE dans la partie déclarative d'un bloc, d'un sous-programme ou d'un package en utilisant la syntaxe suivante :

```
TYPE NOM_TYPE IS TABLE OF TYPE [NOT NULL]
          INDEX BY BINARY_INTEGER;
```

Lorsque le type est déclaré, vous pouvez déclarer des tableaux de ce type, ainsi :

```
NOM_TABLE TYPE_TABLE;
```

Pour accéder à un élément du tableau, vous devez spécifier une valeur de clé primaire en respectant la syntaxe suivante :

```
NOM_TABLE(VALEUR_CLE_PRIMAIRE);
```

```
SQL> declare
  2      TYPE mon_type_tableau IS TABLE OF VARCHAR2(20)
  3                  INDEX BY BINARY_INTEGER;
  4      mon_tableau mon_type_tableau;
  5  begin
  6      mon_tableau(1)   := 'Ligne numéro : 1';
  7      mon_tableau(2)   := 'Ligne numéro : 2';
  8      mon_tableau(3)   := 'Ligne numéro : 3';
  9      mon_tableau(4)   := 'Ligne numéro : 4';
 10      mon_tableau(5)   := 'Ligne numéro : 5';
 11      mon_tableau(6)   := 'Ligne numéro : 6';
 12      mon_tableau(7)   := 'Ligne numéro : 7';
 13      dbms_output.put_line( mon_tableau(1) );
 14      dbms_output.put_line( mon_tableau(2) );
 15      dbms_output.put_line( mon_tableau(3) );
 16      dbms_output.put_line( mon_tableau(4) );
 17      dbms_output.put_line( mon_tableau(5) );
 18      dbms_output.put_line( mon_tableau(6) );
 19      dbms_output.put_line( mon_tableau(7) );
 20  end;
 21  /
Ligne numéro : 1
Ligne numéro : 2
Ligne numéro : 3
Ligne numéro : 4
Ligne numéro : 5
Ligne numéro : 6
Ligne numéro : 7

Procédure PL/SQL terminée avec succès.
```

Cet exemple vous montre la création d'un type tableau, il est alimenté avec sept valeurs et il est affiché.

Les attributs et les méthodes sont des caractéristiques relatives à un objet. Ils facilitent la gestion des tableaux PL/SQL. Les attributs d'un tableau sont :

EXISTS (n)	Permet de tester la présence d'une valeur dans l'élément d'indice n.
COUNT	Permet de compter le nombre d'éléments.
FIRST / LAST	Permet d'accéder au premier / dernier élément du tableau.
PRIOR / NEXT (n)	Permet d'accéder à l'élément précédent / suivant de l'élément d'indice n.
TRIM (n)	Supprime un ou plusieurs éléments qui ne sont pas renseignés de la fin du tableau, n correspond à une expression de type BINARY_INTEGER.
DELETE (n)	supprime un élément

L'utilisation d'un attribut de tableau est effectuée ainsi :

```
NOM_TABLE.NOM_ATTRIBUT;
```

Dans l'exemple suivant vous créez un type utilisateur NumTab qui sera utilisé dans le bloc suivant à titre d'exemple les différentes méthodes ou attributs du tableau.

```
SQL> CREATE OR REPLACE TYPE NumTab AS TABLE OF NUMBER;
  2  /

Type créé.

SQL> declare
  2      mon_tableau NumTab := NumTab(1,2,3,4,5,6,7,8,9);
  3  begin
  4      dbms_output.put_line( 'count      : '||mon_tableau.count );
  5      dbms_output.put_line( 'first      : '||mon_tableau.first );
  6      dbms_output.put_line( 'next(3)    : '||mon_tableau.next(3));
  7      dbms_output.put_line( 'count      : '||mon_tableau.last );
  8      dbms_output.put_line( 'prior(5)   : '||mon_tableau.prior(5));
  9      mon_tableau.delete(2);
 10      dbms_output.put_line( 'count      : '||mon_tableau.count );
 11
 12  end;
 13  /
count      : 9
first      : 1
next(3)    : 4
count      : 9
prior(5)   : 4
count      : 8

Procédure PL/SQL terminée avec succès.
```

Un tableau peut être défini d'une taille fixe qui doit être précisée lors de sa déclaration.

Les tableaux ainsi constitués possèdent une longueur fixe et donc la suppression d'éléments ne permet pas de gagner de la place en mémoire. Les éléments sont numérotés à partir de la valeur 1.

Vous pouvez déclarer un type VARRAY dans la partie déclarative d'un bloc, d'un sous-programme ou d'un package en utilisant la syntaxe suivante :

TYPE NOM_TYPE IS VARRAY (TAILLE_MAXIMALE)
OF TYPE [NOT NULL];

```
SQL> declare
  2      TYPE mon_type_tableau IS VARRAY (2) OF VARCHAR2(30);
  3      mon_tableau mon_type_tableau:=
  4            mon_type_tableau('Ligne numéro : 1','Ligne numéro : 2');
  5   begin
  6      dbms_output.put_line( mon_tableau(1) );
  7      dbms_output.put_line( mon_tableau(2) );
  8   end;
  9  /
Ligne numéro : 1
Ligne numéro : 2

Procédure PL/SQL terminée avec succès.
```

Variables basées

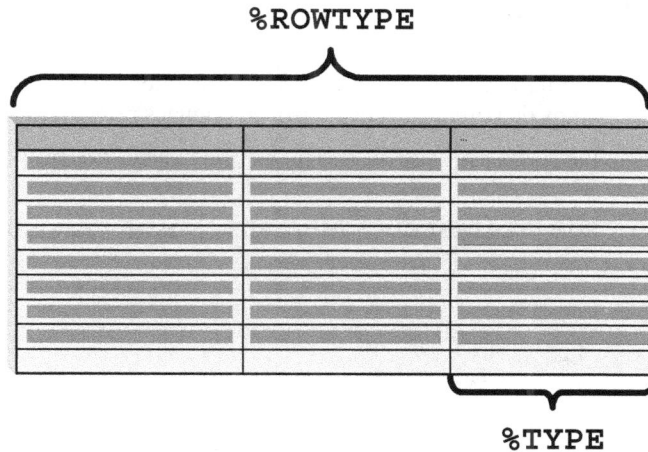

Le langage PL/SQL donne la possibilité à la déclaration d'une variable de faire référence à une entité existante, qui a fait l'objet d'une déclaration préalable de type de données. On peut référencer plusieurs types d'entités existantes : colonne, table, curseur ou variable.

%TYPE

L'attribut `%TYPE` permet de référencer soit une colonne d'une table, soit une variable précédemment définie.

La syntaxe de déclaration d'une variable avec `%TYPE` est la suivante :

```
NOM_VARIABLE {NOM_TABLE.COLONNE | NOM_VARIABLE}%TYPE;
```

```
SQL> declare
  2      date_embauche EMPLOYES.DATE_EMBAUCHE%TYPE
  3                    := ADD_MONTHS(TRUNC(SYSDATE,'MONTH'),1);
  4  begin
  5      INSERT INTO EMPLOYES VALUES
  6          ( 10, 10, 'DULUC', 'Vincentiu','Chef des ventes',
  7              'M.', '01/02/1968', date_embauche, 10000, 0);
  8      dbms_output.put_line(date_embauche);
  9  end;
 10  /
01/04/03

Procédure PL/SQL terminée avec succès.

SQL> SELECT NOM, DATE_EMBAUCHE FROM EMPLOYES WHERE NO_EMPLOYE = 10;

NOM                 DATE_EMB
------------------- --------
DULUC               01/04/03
```

Dans l'exemple précédent la déclaration de la variable date_embauche référence la colonne DATE_EMBAUCHE de la table EMPLOYES. La déclaration de la variable comporte aussi une affectation de la valeur égale à la date du premier jour du mois suivant, cette valeur est utilisée pour alimenter le champ DATE_EMBAUCHE de l'employé inséré dans la table EMPLOYES.

%ROWTYPE

Ce type de données permet de déclarer une variable composée qui est équivalente à une ligne dans la table spécifiée. Une telle variable est un enregistrement composé des noms de colonnes et des types de données référencés dans la table.

La syntaxe pour déclarer une variable avec %ROWTYPE est :

```
NOM_VARIABLE {NOM_TABLE | NOM_VARIABLE}%ROWTYPE;
```

```
SQL> declare
  2      client CLIENTS%ROWTYPE;
  3  begin
  4      client.CODE_CLIENT := 'ETELI';
  5      client.SOCIETE     := 'ETELIA';
  6      client.ADRESSE     := '44, Paul Claudel';
  7      client.VILLE       := 'STRASBOURG';
  8      client.CODE_POSTAL := '67000';
  9      dbms_output.put_line( client.CODE_CLIENT||' '||
 10                            client.SOCIETE     ||' '||
 11                            client.ADRESSE     ||' '||
 12                            client.VILLE       ||' '||
 13                            client.CODE_POSTAL);
 14  end;
 15  /
ETELI ETELIA 44, Paul Claudel STRASBOURG 67000

Procédure PL/SQL terminée avec succès.
```

Dans l'exemple précédent vous pouvez remarquer la déclaration de la variable client qui référence la table CLIENTS.

> **NOTE**
>
> L'utilisation des variables déclarées avec %TYPE ou %ROWTYPE simplifie la maintenance du code et l'évolutivité des structures de données. Si une des colonnes de la table change vous n'avez plus besoin de modifier votre code PL/SQL, il prend en compte automatiquement la nouvelle définition.

La syntaxe SELECT

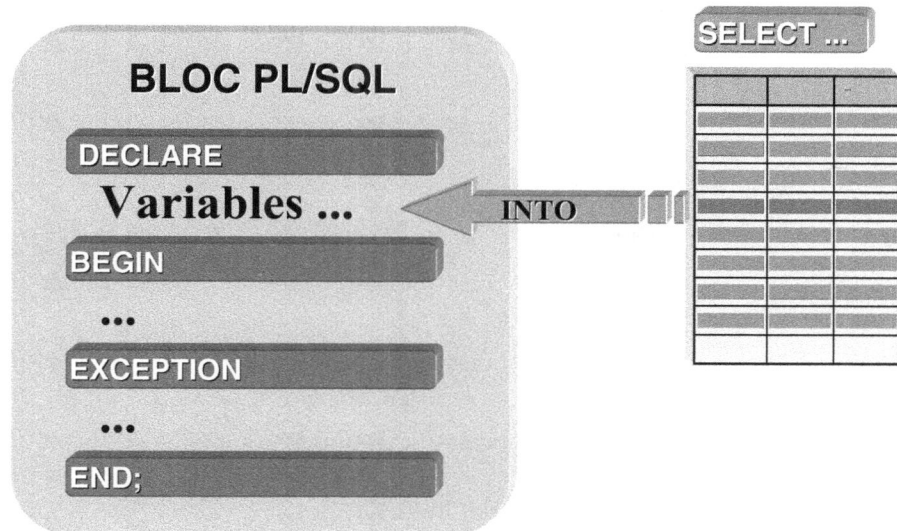

Il existe deux façons d'affecter des valeurs à des variables. La première utilise l'opérateur d'assignation, le signe « := ».

La deuxième façon d'attribuer des valeurs à des variables consiste à effectuer un SELECT de valeurs en provenance de la base de données.

La syntaxe utilisée se présente comme suit :

```
SELECT EXPRESSION1 [,...] INTO VARIABLE1[,...]
FROM NOM_TABLE
[WHERE PREDICAT] ;
```

ATTENTION

La clause INTO est obligatoire et l'ordre SELECT doit rapporter une seule ligne, sans quoi une erreur est générée.

```
SQL> declare
  2      v_employe EMPLOYES%ROWTYPE;
  3  begin
  4      SELECT * INTO v_employe FROM EMPLOYES WHERE NO_EMPLOYE = 5;
  5      dbms_output.put_line( v_employe.NOM ||' '|| v_employe.PRENOM   );
  6  end;
  7  /
Buchanan Steven

Procédure PL/SQL terminée avec succès.
```

Atelier 11.1

■ Les variables

 Durée : 10 minutes

TP

L'objectif de l'atelier est de vous aider à mieux comprendre la déclaration des variables dans un bloc PL/SQL.

Questionnaire

Quelles sont les déclarations invalides ?

A.

```
nom_var        NUMBER(8) DEFAULT 10 ;
```

B.

```
nom_var1, nom_var2, nom_var3      DATE;
```

C.

```
nom_var        VARCHAR2(20) NOT NULL ;
```

D.

```
nom_var        EMPLOYES%TYPE ;
```

E.

```
nom_var        EMPLOYES%ROWTYPE ;
```

F.

```
2nom_var       EMPLOYES%ROWTYPE ;
```

G.

```
a$nom_var      EMPLOYES%ROWTYPE ;
```

H.

```
B#a$nom_var    EMPLOYES%ROWTYPE ;
```

I.

```
nom_var        NUMBER(3) := 123.45678;
```

J.

```
nom_var        NUMBER(3) := 1234.5678;
```

Quel est le résultat de la requête suivante ?

```
CONNECT STAGIAIRE/PWD

SQL> declare
  2      utilisateur varchar2(50) := '1 :'||USER;
  3  begin
  4      declare
  5          utilisateur varchar2(50) := '2 :'||USER;
  6  begin
  7          declare
  8              utilisateur varchar2(50) := '3 :'||USER;
  9          begin
 10              dbms_output.put_line( utilisateur);
 11          end;
 12      end;
 13  end;
 14  /
```

A.

```
1 :STAGIAIRE
```

B.

```
2 :STAGIAIRE
```

C.

```
3 :STAGIAIRE
```

- *Les structures conditionnelles*

- *Les structures itératives*

12

Les structures de contrôle

Objectifs

A la fin de ce module, vous serez à même d'effectuer les tâches suivantes :

- Décrire les instructions de contrôle.
- Gérer le contrôle de flux.

Contenu

Instructions de contrôle

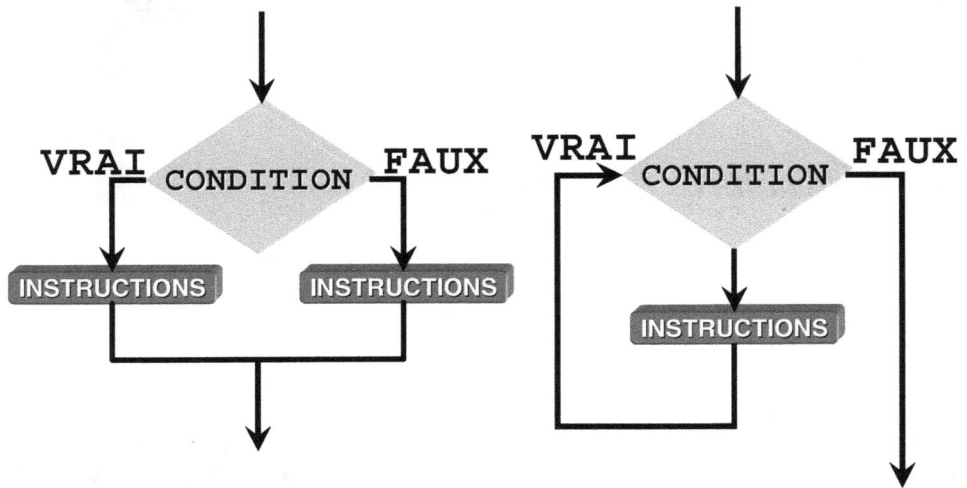

Les structures qui permettent de contrôler le flux d'exécution sont essentielles dans n'importe quel langage de programmation.

Le langage PL/SQL offre les structures de contrôle, conditionnelles et itératives, présentes dans tous les langages de programmation.

La structure conditionnelle permet l'exécution d'une séquence d'instructions sous le contrôle d'une condition. L'expression de la condition utilisée suit les règles de construction d'un prédicat dans le langage SQL et peut être de type simple ou composé.

Le langage PL/SQL propose également plusieurs types de structures itératives qui permettent l'exécution d'instructions plusieurs fois en fonction d'une condition.

Les structures de contrôle permettent de gérer toutes sortes de situations. Lorsqu'elles sont utilisées dans un programme, le flux d'exécution de celui-ci est conditionné par le résultat des tests qu'elles définissent.

Ce chapitre décrit les différentes structures de contrôles de flux.

Structures conditionnelles

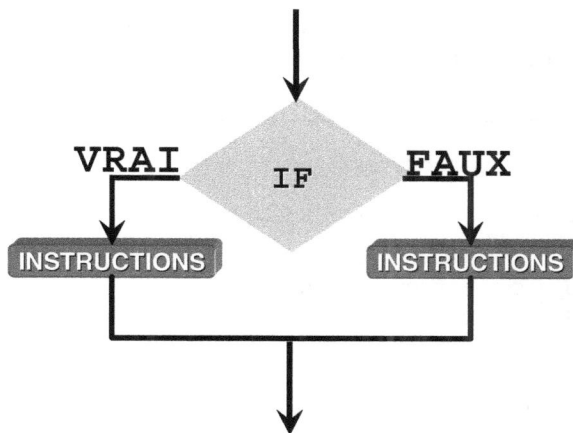

Lorsque vous écrivez des programmes, il arrive fréquemment que vous deviez tester des conditions. Le résultat d'un test conditionnel ne peut être que TRUE ou FALSE. Le langage PL/SQL permet d'évaluer des conditions de type IF-THEN-ELSE à l'aide la syntaxe suivante :

```
IF CONDITION THEN
    COMMANDES ;
[ELSIF CONDITION THEN
        COMMANDES ;...]
[ELSE
        COMMANDES ;]
END IF ;
```

L'expression de la condition utilisée suit les règles de construction d'un prédicat dans le langage SQL et peut être de type simple ou composé. Elle peut se présenter sous trois formes :

IF-THEN

Les instructions ne sont exécutées que si la condition a la valeur VRAI. Si la condition a la valeur FAUX ou la valeur NULL, les instructions ne sont pas exécutées et le contrôle est donné à l'instruction qui suit END IF.

```
SQL> begin
  2      if MOD(UID,2) <> 0 then
  3         dbms_output.put_line( UID||' est un nombre impaire');
  4      end if;
  5  end;
  6  /
69 est un nombre impaire

Procédure PL/SQL terminée avec succès.
```

Dans l'exemple précédent on teste si UID, l'identifiant de l'utilisateur courant est un nombre impair.

IF-THEN-ELSE

Les instructions qui suivent THEN sont exécutées si la condition a la valeur VRAI. Celles qui suivent ELSE sont exécutées si la condition a la valeur FAUX ou la valeur NULL.

```
SQL> declare
  2      v_employe EMPLOYES%ROWTYPE;
  3  begin
  4      SELECT * INTO v_employe FROM EMPLOYES
  5      WHERE NO_EMPLOYE = 2;
  6
  7      IF v_employe.COMMISSION > 0 THEN
  8          dbms_output.put_line( 'Salaire : ||
  9                                  v_employe.SALAIRE +
v_employe.COMMISSION);
 10      ELSE
 11          dbms_output.put_line( 'Salaire : '||v_employe.SALAIRE);
 12      END IF;
 13
 14  end;
 15  /
Salaire : 10000
```

Dans cet exemple, on réalise le test de la COMMISSION pour l'enregistrement de l'employé 2.

IF-THEN-ELSIF

La dernière forme de l'instruction permet d'imbriquer plusieurs structures alternatives, elle permet de tester une autre condition quand la première n'a pas été validée.

```
SQL> begin
  2      if &&valeur < 15 then
  3        dbms_output.put_line('**** &&valeur < 15 ****');
  4      elsif &&valeur < 100 then
  5        dbms_output.put_line('**** &&valeur < 100 ****');
  6      else
  7        dbms_output.put_line('**** &&valeur >= 100 ****');
  8      end if;
  9  end;
 10  /
Entrez une valeur pour valeur : 50
**** 50 < 100 ****

Procédure PL/SQL terminée avec succès.
```

Cet exemple montre un bloc PL/SQL comportant une variable de substitution &&valeur qui est testée.

CASE

Oracle 9i

L'instruction CASE permet une exécution conditionnelle comme l'instruction IF..THEN..ELSIF, cependant, cette fonction est plus adaptée aux conditions comportant de nombreux choix différents.

La première syntaxe de cette fonction est :

```
CASE EXPRESSION
    WHEN VALEUR THEN COMMANDES [,...]
```

```
        [ELSE COMMANDES]
    END ;
```

```
SQL> begin
  2      case &&valeur
  3      when 1 then
  4          dbms_output.put_line( 'La valeur saisie est : 1');
  5      when 2 then
  6          dbms_output.put_line( 'La valeur saisie est : 2');
  7      when 3 then
  8          dbms_output.put_line( 'La valeur saisie est : 3');
  9      else
 10          dbms_output.put_line( 'Toute autre valeur.');
 11      end case;
 12  end;
 13  /
La valeur saisie est : 3

Procédure PL/SQL terminée avec succès.
```

La deuxième syntaxe de cette fonction est :

```
CASE
    WHEN CONDITION THEN COMMANDES [,...]
    [ELSE COMMANDES]
END ;
```

```
SQL> declare
  2      v_valeur number := to_char( sysdate, 'ssss');
  3  begin
  4      case
  5      when MOD(v_valeur,2)=0 then
  6          dbms_output.put_line( 'La valeur est un multiple de 2');
  7      when MOD(v_valeur,3)=0 then
  8          dbms_output.put_line( 'La valeur est un multiple de 3');
  9      when MOD(v_valeur,5)=0 then
 10          dbms_output.put_line( 'La valeur est un multiple de 5');
 11      when MOD(v_valeur,7)=0 then
 12          dbms_output.put_line( 'La valeur est un multiple de 7');
 13      else
 14          dbms_output.put_line( 'Toute autre valeur.');
 15      end case;
 16  end;
 17  /
La valeur est un multiple de 2

Procédure PL/SQL terminée avec succès.
```

Ci-dessus, la variable v_valeur contient les secondes depuis minuit puis on recherche si elle est divisible par 2, 3, 5 ou 7.

Structures itératives

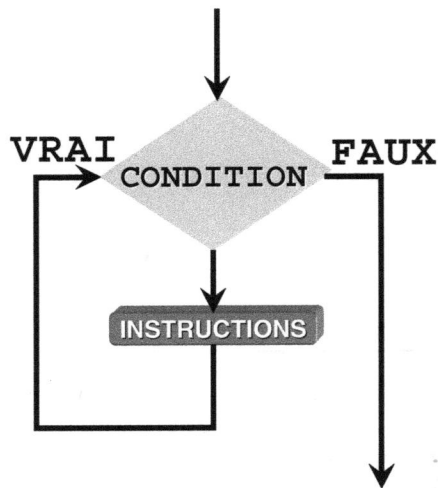

Les boucles permettent d'exécuter une série d'instructions de façon répétée. Lors de l'écriture d'une boucle, il faut veiller à fournir le code nécessaire pour qu'elle puisse se terminer lorsqu'une condition de sortie est rencontrée. Le langage PL/SQL propose trois types de structures répétitives présentées ici :

LOOP

L'instruction LOOP répète indéfiniment une séquence d'instructions.

La syntaxe de cette instruction est :

```
[<<NOM_BOUCLE>>]
LOOP
    COMMANDES ;
END LOOP [NOM_BOUCLE] ;
```

L'instruction LOOP est une boucle infinie, il faut utiliser une instruction de sortie, EXIT, à l'aide de la syntaxe suivante :

```
EXIT [NOM_BOUCLE] [WHEN CONDITION];
```

ATTENTION

L'instruction LOOP initialise une boucle sans fin, si vous n'utilisez pas d'instruction EXIT.

```
SQL> declare
  2      v_compteur number := 0;
  3  begin
  4      <<BOUCLE_INCREMENT>>
  5      loop
  6          v_compteur := v_compteur + 1;
  7          dbms_output.put_line( 'Passage numéro : '||v_compteur);
  8          exit BOUCLE_INCREMENT when v_compteur > 3;
  9      end loop;
 10  end;
 11  /
Passage numéro : 1
Passage numéro : 2
Passage numéro : 3
Passage numéro : 4

Procédure PL/SQL terminée avec succès.
```

Dans cet exemple vous pouvez voir la mise en œuvre d'une boucle LOOP qui incrémente la variable v_compteur. L'instruction EXIT effectue un examen de la valeur du v_compteur et teste la condition de sortie.

L'instruction LOOP peut être utilisée également dans forme suivante :

```
SQL> declare
  2      v_compteur number := 0;
  3  begin
  4      loop
  5          v_compteur := v_compteur + 1;
  6          dbms_output.put_line( 'Passage numéro : '||v_compteur);
  7          if  v_compteur > 3 then
  8              exit;
  9          end if;
 10      end loop;
 11  end;
 12  /
```

WHILE

L'instruction WHILE répète une séquence d'instructions tant que la condition reste vraie.

La syntaxe de cette instruction est :

```
[<<NOM_BOUCLE>>]
WHILE CONDITION LOOP
    COMMANDES ;
END LOOP [NOM_BOUCLE] ;
```

```
SQL> declare
  2      v_compteur number := 0;
  3  begin
  4      while v_compteur <= 3 loop
  5          v_compteur := v_compteur + 1;
  6          dbms_output.put_line( 'Passage numéro : '||v_compteur);
  7      end loop;
  8  end;
  9  /
```

FOR

L'instruction FOR permet d'exécuter les instructions de la boucle en faisant varier un indice.

La syntaxe de cette instruction est :

```
[<<NOM_BOUCLE>>]
FOR INDICE IN [REVERSE] EXP1..EXP2 LOOP
    COMMANDES ;
END LOOP [NOM_BOUCLE] ;
```

> **NOTE**
>
> L'indice est déclaré implicitement, mais vous pouvez utiliser un indice déclaré auparavant.

```
SQL> declare
  2      TYPE mon_type_tableau IS TABLE OF VARCHAR2(20)
  3                          INDEX BY BINARY_INTEGER;
  4      mon_tableau mon_type_tableau;
  5  begin
  6      for i in 1..3 loop
  7          mon_tableau(i) := 'Ligne numéro : '||i;
  8      end loop;
  9
 10      for v_compteur in reverse 1..3 loop
 11          dbms_output.put_line( mon_tableau(v_compteur));
 12      end loop;
 13  end;
 14  /
Ligne numéro : 3
Ligne numéro : 2
Ligne numéro : 1

Procédure PL/SQL terminée avec succès.
```

Ici, il y a implémentation de deux boucles de type FOR. Dans la première boucle l'indice utilisé est implicitement déclaré comme une variable en lecture et elle est incrémentée entre 1 et 3. La deuxième boucle utilise comme indice une variable déjà déclarée v_compteur et elle est décrémentée entre 3 et 1.

Atelier 12.1

- Les structures de contrôle

Durée : 15 minutes

TP

L'objectif de l'atelier est de vous aider à mieux comprendre les structures de contrôle.

Questionnaire

Quelles sont les déclarations invalides ?

A.

```
if nom_var > 10 then;
    nom_var := 0 ;
end if ;
```

B.

```
if nom_var1 > 0 then
    NULL ;
else
    nom_var1 := 1 ;
end if ;
```

C.

```
Loop
    increment := increment + 1 ;
End loop ;
```

D.

```
While
    nom_var := nom_var + 1;
end loop nom_var < 10 ;
```

E.

```
loop
    nom_var := nom_var+1 ;          '
    exit when nom_var > 10 ;
end loop ;
```

Exercice n° 1

Créez un bloc PL/SQL qui déclare un tableau de type NUMBER de dix postes, et deux boucles : une qui affecte le tableau avec les valeurs de 1 à 9 et une autre qui affiche le tableau à partir du dernier élément affecté.

Créez un bloc PL/SQL qui affiche les chiffres de 1 à 10 de la sorte :

```
Le numéro 1 est impair
Le numéro 2 est pair
Le numéro 3 est impair
Le numéro 4 est pair
Le numéro 5 est impair
Le numéro 6 est pair
Le numéro 7 est impair
Le numéro 8 est pair
Le numéro 9 est impair
Le numéro 10 est pair
```

Créez un bloc PL/SQL qui déclare un enregistrement, v_emp, basé sur la table EMPLOYES et deux variables, v_avg_salaire et v_avg_commision, basées sur le champ SALAIRE de la table EMPLOYES.

Affectez v_emp avec les informations de la table EMPLOYES pour NO_EMLOYE = 3. Affectez les variables v_avg_salaire et v_avg_commision avec la moyenne des salaires respectifs, commissions pour les employés qui ont la même FONCTION avec l'employé récupéré auparavant.

Si le salaire de l'employé est inférieur à la moyenne des salaires, on l'augmente de 10% de la moyenne.

Si la commission est inférieure à la moyenne des commissions on lui attribue la moyenne comme commission.

- *Les curseurs explicites*

- *Les boucles et curseurs*

- *FOR UPDATE*

- *CURRENT OF*

13

Les curseurs

Objectifs

A la fin de ce module, vous serez à même d'effectuer les tâches suivantes :

- Déclarer des curseurs.
- Gérer les curseurs explicites.
- Décrire la vie d'un curseur.
- Utiliser les boucles FOR avec les curseurs.
- Effectuer des mises à jour avec les curseurs.

Contenu

Les curseurs

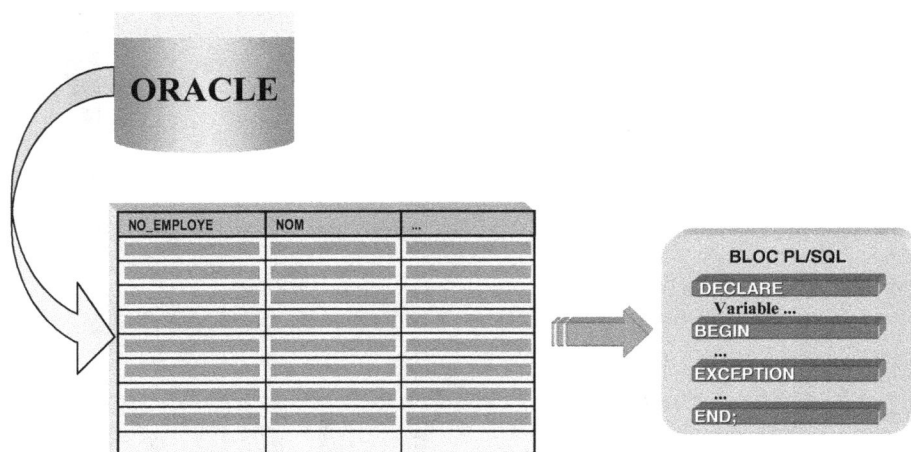

L'une des plus importantes caractéristiques du PL/SQL est la possibilité de manipuler les données ligne par ligne. Le SQL est un langage de type tout ou rien. Il est impossible de tester ou de modifier de manière sélective une ligne particulière dans un ensemble de lignes ramenées par un ordre SELECT.

Lorsque l'on exécute un ordre SQL à partir de PL/SQL, Oracle alloue une zone de travail privée pour cet ordre. Cette zone de travail contient des informations relatives à l'ordre SQL ainsi que les statuts d'exécution de l'ordre. Les curseurs PL/SQL sont un mécanisme permettant de nommer cette zone de travail et de manipuler les données qu'elle contient.

Un curseur PL/SQL permet de récupérer et de traiter les données de la base dans un programme PL/SQL, ligne par ligne.

Il existe deux sortes de curseurs :

- Les curseurs implicites.
- Les curseurs explicites.

Le langage PL/SQL crée de manière implicite un curseur pour chaque ordre SQL, même pour ceux qui ne retournent qu'une ligne. Même lorsqu'une requête ne ramène qu'une seule ligne, on pourra préférer utiliser un curseur explicite.

Les curseurs implicites ont les inconvénients suivants :

- Ils sont moins performants que les curseurs explicites
- Ils sont plus sujets aux erreurs de données
- Ils laissent moins de contrôle au programmeur

Les curseurs explicites

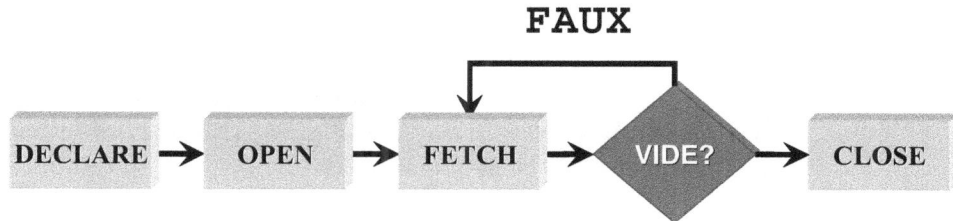

FAUX

DECLARE → OPEN → FETCH → VIDE? → CLOSE

Pour les requêtes qui renvoient plus d'un enregistrement, vous pouvez déclarer explicitement un curseur, ce qui permet de traiter individuellement les lignes retournées.

Un programme PL/SQL ouvre un curseur, traite les enregistrements retournés par l'ordre SQL, puis ferme le curseur. Le curseur permet d'isoler l'enregistrement courant d'un jeu de résultats.

Les étapes de la vie d'un curseur

Les étapes d'utilisation d'un curseur explicite, pour traiter un ordre SELECT, sont les suivantes :

- Déclaration du curseur.
- Ouverture du curseur
- Traitement des lignes.
- Fermeture du curseur.

La déclaration d'un curseur

Tout curseur explicite utilisé dans un bloc PL/SQL doit obligatoirement être déclaré dans la section DECLARE du bloc, en précisant son nom et l'ordre SQL associé.

La syntaxe de déclaration d'un curseur explicite est :

```
CURSOR NOM_CURSOR
        [( NOM_ARGUMENT TYPE := VALEUR_DEFAUT [,...])]
IS REQUETE ;
```

La requête peut contenir tous les ordres SQL d'interrogation de données, y compris les opérateurs ensemblistes UNION, INTERSECT ou MINUS.

Les types d'arguments sont les suivants : CHAR, NUMBER, DATE, BOOLEAN ; leur longueur n'est pas spécifiée. Le passage des valeurs des paramètres s'effectue à l'ouverture du curseur.

```
SQL> declare
  2      CURSOR c_employe IS SELECT NOM, PRENOM, SALAIRE, COMMISSION
  3                          FROM EMPLOYES
  4                          ORDER BY NOM;
```

Dans l'exemple précédent vous pouvez observer la création d'un curseur c_employe qui contient les colonnes NOM, PRENOM, SALAIRE pour l'ensemble des enregistrements de la table EMPLOYES.

```
SQL> declare
  2      CURSOR c_produit ( v_no_fournisseur PRODUITS.NO_FOURNISSEUR%TYPE :=1,
  3                         v_code_categorie PRODUITS.CODE_CATEGORIE%TYPE :=1)
  4           IS SELECT NOM_PRODUIT,PRIX_UNITAIRE FROM PRODUITS
  5           WHERE  NO_FOURNISSEUR = v_no_fournisseur AND
  6                  CODE_CATEGORIE = v_code_categorie;
```

Cet exemple expose la création d'un curseur c_produit contenant les colonnes NOM_PRODUIT, PRIX_UNITAIRE pour l'ensemble des produits du fournisseur et de la catégorie donnés, par l'intermédiaire des arguments v_no_fournisseurs et v_code_categorie. Les arguments des curseurs sont déclarés comme toute variable PL/SQL, les valeurs par défaut incluses.

ATTENTION

Les expressions, calcul ou fonction SQL, dans la clause SELECT de la requête du curseur, doivent comporter un alias pour pouvoir être référencées.

```
SQL> declare
  2      CURSOR c_sum_sal IS SELECT FONCTION, SUM(SALAIRE) TOTAL_SALAIRE
  3                          FROM EMPLOYES
  4                          GROUP BY FONCTION;
```

Ouverture d'un curseur

Dès que vous ouvrez le curseur, l'exécution de l'ordre SQL est lancée. Cette phase d'ouverture s'effectue dans la section BEGIN du bloc.

La syntaxe d'ouverture d'un curseur est :

OPEN NOM_CURSOR [(VALEUR_ARGUMENT[,...])] ;

```
SQL> declare
  2      CURSOR c_employe IS SELECT NOM, PRENOM, SALAIRE, COMMISSION
  3                          FROM EMPLOYES
  4                          ORDER BY NOM;
  5  begin
  6    open c_employe;
```

Les arguments spécifiés lors de la déclaration du curseur sont définis lors de l'ouverture du curseur. Chaque argument est affecté a une seule valeur selon deux modèles :

Association par position. Dans ce cas, chaque argument est remplacé par la valeur occupant la même position dans la liste.

```
SQL> declare
  2      CURSOR c_produit ( v_no_fournisseur PRODUITS.NO_FOURNISSEUR%TYPE :=1,
  3                           v_code_categorie PRODUITS.CODE_CATEGORIE%TYPE :=1)
  4           IS SELECT NOM_PRODUIT,PRIX_UNITAIRE FROM PRODUITS
  5              WHERE   NO_FOURNISSEUR = v_no_fournisseur AND
  6                       CODE_CATEGORIE = v_code_categorie;
  7  begin
  8    open c_produit(2);
```

Dans le cas présent, vous pouvez remarquer l'ouverture du curseur c_produit déclaré auparavant ; l'ouverture comporte un seul argument en occurrence v_no_fournisseur affecté à 2. L'argument v_code_categorie ne figurant pas dans la déclaration, il est affecté avec sa valeur par défaut.

ATTENTION

Les arguments doivent être renseignés obligatoirement s'il n'y a pas de valeur par défaut déclarée.

Les arguments associés par position sont affectés dans l'ordre de leur déclaration dans le curseur. Vous ne pouvez pas affecter le deuxième sans renseigner le premier.

Association par nom. Dans ce cas, chaque argument peut être indiqué dans un ordre quelconque en faisant apparaître la correspondance de façon implicite sous la forme :

```
OPEN NOM_CURSOR ( NOM_ARGUMENT => VALEUR_ARGUMENT [,...] );
```

```
SQL> declare
  2      CURSOR c_produit ( v_no_fournisseur PRODUITS.NO_FOURNISSEUR%TYPE :=1,
  3                           v_code_categorie PRODUITS.CODE_CATEGORIE%TYPE :=1)
  4           IS SELECT NOM_PRODUIT,PRIX_UNITAIRE FROM PRODUITS
  5              WHERE   NO_FOURNISSEUR = v_no_fournisseur AND
  6                       CODE_CATEGORIE = v_code_categorie;
  7  begin
  8    open c_produit( v_code_categorie => 2);
```

Traitement des lignes d'un curseur

L'ordre OPEN a forcé l'exécution de l'ordre SQL associé au curseur. Il faut maintenant récupérer les lignes de l'ordre SELECT et les traiter une par une, en stockant la valeur de chaque colonne de l'ordre SQL dans une variable réceptrice.

La commande FETCH ne retourne qu'un enregistrement. Pour récupérer l'ensemble des enregistrements de l'ordre SQL, il faut prévoir une boucle.

La syntaxe utilisée est la suivante :

```
FETCH NOM_CURSOR INTO
            {NOM_ENREGISTREMENT | NOM_VARIABLE [,...] };
```

La commande FETCH retourne un enregistrement ; cette instruction transfère les valeurs projetées par l'ordre SELECT dans un enregistrement ou dans une liste de variables.

Statut d'un curseur

Pour chaque exécution d'un ordre de manipulation du curseur, le noyau renvoie une information appelée statut, qui indique si l'ordre a été exécuté avec succès ou non. Cette information est disponible dans le programme par l'intermédiaire de quatre attributs rattachés à chaque curseur.

Les statuts du curseur explicite sont :

%FOUND   C'est un attribut de type booléen ; il est VRAI si exécution correcte de l'ordre SQL.

%NOTFOUND   C'est un attribut de type booléen ; il est VRAI si exécution incorrecte de l'ordre SQL.

%ISOPEN   C'est un attribut de type booléen ; il est VRAI si curseur ouvert.

%ROWCOUNT   Nombre de lignes traitées par l'ordre SQL ; il évolue à chaque ligne distribuée.

La syntaxe de consultation d'un attribut est :

NOM_CURSOR%ATTRIBUT;

```
SQL> declare
  2      CURSOR c_produit ( v_no_fournisseur PRODUITS.NO_FOURNISSEUR%TYPE
:=1,
  3                         v_code_categorie PRODUITS.CODE_CATEGORIE%TYPE
)
  4          IS SELECT NOM_PRODUIT,PRIX_UNITAIRE FROM PRODUITS
  5             WHERE  NO_FOURNISSEUR = v_no_fournisseur AND
  6                    CODE_CATEGORIE = v_code_categorie;
  7      v_produit c_produit%ROWTYPE;
  8  begin
  9    open c_produit( v_code_categorie => 1);
 10    if c_produit%ISOPEN then
 11      dbms_output.put_line( 'La valeur ROWCOUNT : '||
 12                            c_produit%ROWCOUNT );
 13      loop
 14          fetch c_produit into v_produit;
 15          exit when c_produit%NOTFOUND;
 16          dbms_output.put_line( 'Le produit : '''||
 17                                v_produit.NOM_PRODUIT||
 18                                ''' est au prix '||
 19                                v_produit.PRIX_UNITAIRE);
 20          dbms_output.put_line( 'La valeur ROWCOUNT : '||
 21                                c_produit%ROWCOUNT );
 22      end loop;
 23    end if;
 24    close c_produit;
 25  end;
 26  /
La valeur ROWCOUNT : 0
Le produit : 'Chai' est au prix 90
La valeur ROWCOUNT : 1
Le produit : 'Chang' est au prix 95
La valeur ROWCOUNT : 2
```

Dans l'exemple précédent, vous pouvez remarquer le traitement des informations retournées par le curseur. Le traitement s'effectue dans une boucle LOOP et la condition de sortie est la fin des enregistrements trouvés par le curseur.

Dans le cas d'un curseur implicite, un attribut est associé à un curseur par la notation SQL%ATTRIBUT. La valeur de l'attribut est relative au dernier ordre SQL exécuté avant son utilisation.

Le contrôle à l'aide de l'attribut SQL%NOTFOUND ne peut pas être utilisé avec la commande SELECT...INTO, étant donné que cette commande donne lieu a une exception qui interrompt le cours normal du programme (voir les exceptions).

```
SQL> begin
  2     UPDATE EMPLOYES SET COMMISSION = 500
  3     WHERE NO_EMPLOYE = 8;
  4     if SQL%FOUND then
  5        dbms_output.put_line( 'La valeur ROWCOUNT : '||SQL%ROWCOUNT );
  6     end if;
  7  end;
  8  /
La valeur ROWCOUNT : 1

Procédure PL/SQL terminée avec succès.
```

Les boucles et les curseurs

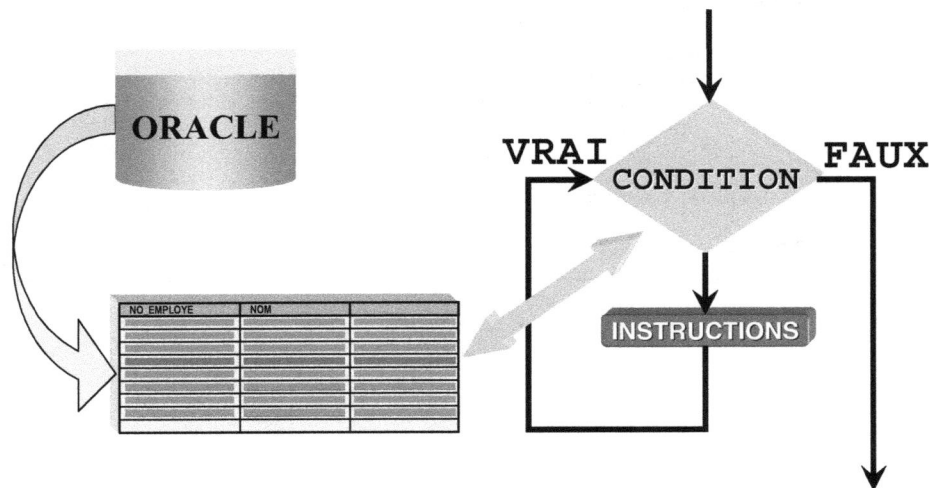

Dans la mesure où l'utilisation principale d'un curseur est le parcours d'un ensemble de lignes ramenées par l'exécution du SELECT associé, il peut être intéressant d'utiliser une syntaxe plus simple pour l'ouverture du curseur et le parcours de la boucle.

Oracle propose une variante de la boucle FOR qui déclare implicitement la variable de parcours, ouvre le curseur, réalise les FETCH successifs et ferme le curseur.

La syntaxe pour l'utilisation d'un curseur dans une boucle FOR est :

```
FOR NOM_ENREGISTREMENT IN NOM_CURSEUR LOOP
    INSTRUCTIONS ;
END LOOP ;
```

```
SQL> declare
  2     CURSOR c_produit ( v_no_fournisseur PRODUITS.NO_FOURNISSEUR%TYPE
:= 2,
  3                        v_code_categorie PRODUITS.CODE_CATEGORIE%TYPE
)
  4          IS SELECT NOM_PRODUIT,PRIX_UNITAIRE FROM PRODUITS
  5             WHERE  NO_FOURNISSEUR = v_no_fournisseur AND
  6                    CODE_CATEGORIE = v_code_categorie;
  7  begin
  8    for v_produit in c_produit(v_code_categorie => 2) loop
  9        dbms_output.put_line( v_produit.NOM_PRODUIT||' -- '||
 10                              v_produit.PRIX_UNITAIRE);
 11    end loop;
 12  end;
 13  /
Chef Anton's Cajun Seasoning -- 110
Louisiana Hot Spiced Okra -- 85
Chef Anton's Gumbo Mix -- 106
Louisiana Fiery Hot Pepper Sauce -- 105

Procédure PL/SQL terminée avec succès.
```

Vous pouvez, dans cet exemple, observer la définition d'un curseur sur la table PRODUITS ; le curseur est automatiquement ouvert par la boucle FOR et l'incrémentation s'effectue du premier enregistrement trouvé jusqu'au dernier. A la sortie de la boucle le curseur est fermé automatiquement. Remarquez que la variable v_produits est définie automatiquement comme une variable de type enregistrement en lecture seule.

Il est également possible de ne pas déclarer le curseur dans la section DECLARE, mais de spécifier celui-ci directement dans l'instruction FOR.

```
SQL> begin
  2     for v_clients in ( SELECT SOCIETE, VILLE
  3                          FROM CLIENTS
  4                          WHERE PAYS LIKE 'France') loop
  5         dbms_output.put_line( v_clients.SOCIETE||' -- '||
  6                               v_clients.VILLE           );
  7     end loop;
  8  end;
  9  /
Blondel père et fils -- Strasbourg
Bon app' -- Marseille
Du monde entier -- Nantes
Folies gourmandes -- Lille
France restauration -- Nantes
La corne d'abondance -- Versailles
La maison d'Asie -- Toulouse
Paris spécialités -- Paris
Spécialités du monde -- Paris
Victuailles en stock -- Lyon
Vins et alcools Chevalier -- Reims

Procédure PL/SQL terminée avec succès.
```

Vous pouvez remarquer que cette syntaxe évite la déclaration du curseur.

Le langage PL/SQL offre la possibilité, pour la constitution de la requête, d'utiliser les variables déclarées dans notre bloc ou toute autre variable accessible.

```
SQL> declare
  2      v_no_fournisseur PRODUITS.NO_FOURNISSEUR%TYPE ;
  3      v_code_categorie PRODUITS.CODE_CATEGORIE%TYPE ;
  4      CURSOR c_produit
  5          IS SELECT NOM_PRODUIT,PRIX_UNITAIRE FROM PRODUITS
  6             WHERE  NO_FOURNISSEUR = v_no_fournisseur AND
  7                    CODE_CATEGORIE = v_code_categorie;
  8  begin
  9    v_no_fournisseur := 2;
 10    v_code_categorie := 2;
 11    for v_produit in c_produit loop
 12       dbms_output.put_line( v_produit.NOM_PRODUIT||' -- '||
 13                             v_produit.PRIX_UNITAIRE);
 14    end loop;
 15  end;
 16  /
Chef Anton's Cajun Seasoning -- 110
Louisiana Hot Spiced Okra -- 85
Chef Anton's Gumbo Mix -- 106
Louisiana Fiery Hot Pepper Sauce -- 105

Procédure PL/SQL terminée avec succès.
```

L'exemple ci-dessus nous montre la déclaration d'un curseur qui utilise deux variables précédemment déclarées, v_no_fournisseur et v_code_categorie. Dans l'exécution du bloc, les variables sont initialisées avant l'utilisation du curseur.

ATTENTION

Prenez garde aux noms des variables lorsque vous mélangez les variables PL/SQL et les colonnes de la base dans les requêtes à l'intérieur d'un bloc PL/SQL. Si votre variable a le même nom que la colonne, Oracle utilise toujours la colonne. Il n'y a pas d'erreur à la compilation, mais vous n'obtenez pas le résultat escompté.

```
SQL> declare
  2     code_categorie CATEGORIES.CODE_CATEGORIE%TYPE   :=1;
  3     CURSOR c_categorie IS SELECT CODE_CATEGORIE,NOM_CATEGORIE
  4                      FROM CATEGORIES
  5                      WHERE CODE_CATEGORIE = code_categorie;
  6     v_categorie c_categorie%ROWTYPE;
  7  begin
  8     for v_categorie in c_categorie loop
  9        dbms_output.put_line( code_categorie||' '||
 10                              v_categorie.CODE_CATEGORIE||' '||
 11                              v_categorie.NOM_CATEGORIE);
 12     end loop;
 13  end;
 14  /
1 1 Boissons
1 2 Condiments
1 3 Desserts
1 4 Produits laitiers
1 5 Pâtes et céréales
1 6 Viandes
1 7 Produits secs
1 8 Poissons et fruits de mer

Procédure PL/SQL terminée avec succès.
```

Vous pouvez voir, ci-dessus, la déclaration du curseur c_categorie basée sur la table CATEGORIES ; les enregistrements que l'on veut afficher sont ceux de la catégorie 1. Le nom de la colonne CODE_CATEGORIE et celui de la variable PL/SQL code_categorie sont identiques dans la clause WHERE ; la variable PL/SQL n'est pas visible, et la condition est alors toujours valable.

Les curseurs FOR UPDATE

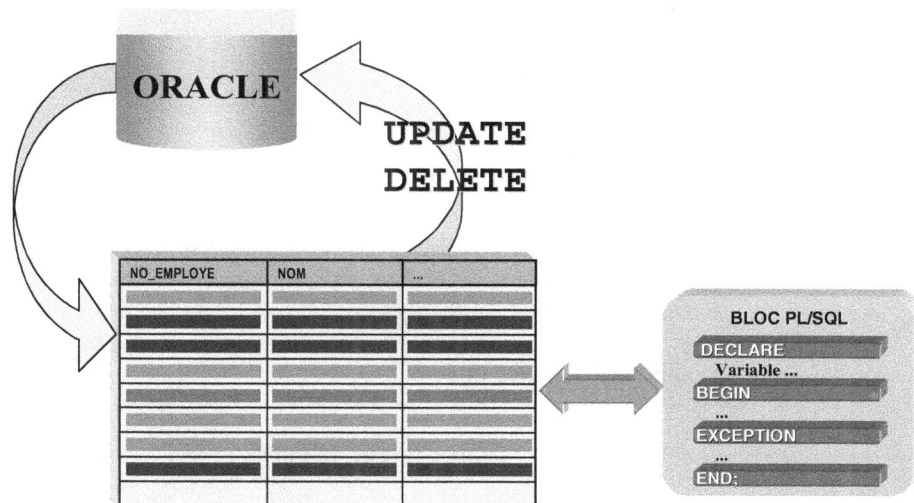

Jusqu'à présent, tous les exemples de curseur étaient en lecture seule. Aucune modification des données retournées par un curseur n'a été effectuée.

Lorsqu'on lance un curseur avec un ordre SELECT sur la base pour récupérer des enregistrements, aucun verrou n'est mis sur les lignes sélectionnées.

Il y a toutefois des situations où l'on souhaite verrouiller un ensemble de lignes avant même de les avoir modifiées par programme. Pour ce type de verrou, Oracle offre la clause FOR UPDATE dans la déclaration du curseur.

Lorsqu'on exécute un ordre SELECT...FOR UPDATE, Oracle génère automatiquement des verrous exclusifs au niveau ligne sur chacune des lignes ramenées par l'ordre SELECT; les enregistrements sont verrouillés pendant toute la durée du travail sur les lignes individuelles.

Personne ne peut modifier ces enregistrements avant qu'un ordre de ROLLBACK ou de COMMIT n'ait été exécuté.

La syntaxe de déclaration d'un curseur en mise a jour est :

```
CURSOR NOM_CURSOR
       [( NOM_ARGUMENT TYPE := VALEUR_DEFAUT[,...])]
IS REQUETE
FOR UPDATE [OF NOM_COLONNE[,...]]
           [{NOWAIT | WAIT NB_SECONDES}] ;
```

NOM_COLONNE   Une ou plusieurs colonnes sur laquelle porte la clause FOR UPDATE.

NOWAIT   Demande à Oracle de verrouiller les enregistrements correspondants immédiatement si les enregistrements sont déjà verrouillés ; alors l'ouverture du curseur provoque une erreur.

WAIT

Oracle 9i

Demande à Oracle de verrouiller les enregistrements correspondants si les enregistrements sont déjà verrouillés ; alors le programme attend NB_SECONDES secondes pour le déverrouillage, sinon l'ouverture du curseur provoque une erreur.

```
SQL> declare
  2      CURSOR c_commande IS
  3          SELECT *
  4          FROM   COMMANDES
  5          WHERE TRUNC(DATE_ENVOI,'Month') = TRUNC(SYSDATE,'Month')
  6          FOR UPDATE;
```

La liste de colonnes spécifiée après le mot clé OF de la clause FOR UPDATE n'implique pas de ne modifier que les colonnes listées. Les verrous sont posés sur des lignes complètes; la liste OF est seulement un moyen de documenter plus clairement ce qu'on a l'intention de changer. Si l'on se contente de déclarer la requête FOR UPDATE, sans ajouter une ou plusieurs colonnes après le mot clé OF, la base verrouillera toutes les lignes.

```
SQL> declare
  2      CURSOR c_employe IS SELECT NOM, PRENOM, SALAIRE, COMMISSION
  3                          FROM EMPLOYES
  4      FOR UPDATE OF SALAIRE, COMMISSION;
```

Aussitôt qu'un curseur contenant la clause FOR UPDATE est ouvert, toutes les lignes faisant partie de l'ensemble de résultats du curseur sont verrouillées, et le resteront tant que la session n'enverra pas soit un ordre COMMIT pour valider les modifications, soit un ordre ROLLBACK pour les annuler. Lorsqu'un de ces ordres est exécuté, les verrous de lignes sont relâchés.

ATTENTION

Il est impossible d'exécuter un ordre FETCH sur un curseur FOR UPDATE après avoir fait COMMIT ou ROLLBACK. La position dans le curseur est perdue.

```
SQL> declare
  2      CURSOR c_employe IS SELECT NOM, PRENOM, SALAIRE, COMMISSION
  3                          FROM EMPLOYES
  4      FOR UPDATE OF SALAIRE, COMMISSION;
  5      v_employe c_employe%ROWTYPE;
  6  begin
  7      open c_employe;
  8      fetch c_employe INTO v_employe;
  9      UPDATE EMPLOYES SET SALAIRE = v_employe.salaire
 10      WHERE NOM = v_employe.nom;
 11      COMMIT;
 12      fetch c_employe INTO v_employe;
 13      close c_employe;
 14  END;
 15  /
declare
*
ERREUR à la ligne 1 :
ORA-01002: Extraction en rupture de séquence
ORA-06512: à ligne 12
```

Dans l'exemple précédent vous pouvez remarquer que lorsqu'on tente de récupérer l'enregistrement suivant, après l'ordre COMMIT le programme déclenche l'exception ORA-01003, rupture de séquence.

WHERE CURRENT OF

L'instruction WHERE CURRENT OF pour les ordres de UPDATE ou DELETE au sein d'un curseur permet de modifier facilement la dernière ligne de données ramenée.

La syntaxe générale de la clause WHERE CURRENT OF est la suivante :

WHERE CURRENT OF NOM_CURSEUR ;

```
SQL> declare
  2      CURSOR c_employe IS SELECT NOM, PRENOM, FONCTION,
  3                          SALAIRE, COMMISSION
  4                      FROM EMPLOYES
  5      FOR UPDATE OF SALAIRE, COMMISSION;
  6      v_employe c_employe%ROWTYPE;
  7  begin
  8      for v_employe in c_employe loop
  9          if v_employe.FONCTION = 'Représentant(e)'    and
 10          v_employe.SALAIRE + v_employe.COMMISSION  < 3500 then
 11          UPDATE EMPLOYES SET SALAIRE = SALAIRE *  1.1
 12          WHERE CURRENT OF c_employe;
 13          dbms_output.put_line( 'Employé : '||v_employe.NOM||' '||
 14                          v_employe.PRENOM);
 15          end if;
 16      end loop;
 17  --      COMMIT;
 18  END;
 19  /
Employé : Peacock Margaret
Employé : Dodsworth Anne
Employé : King Robert
Employé : Suyama Michael

Procédure PL/SQL terminée avec succès.
```

Dans le cas exposé ci-dessus, vous pouvez voir la mise a jour des salaires des représentants qui ont un salaire plus la commission inférieure a 3500.

ATTENTION

L'instruction WHERE CURRENT OF est uniquement utilisée avec les curseurs déclarés FOR UPDATE.

Atelier 13.1

- Créations des curseurs

Durée : 20 minutes

TP

L'objectif de l'atelier est de vous aider à mieux comprendre les curseurs et leur utilisation dans un bloc PL/SQL.

Exercice n° 1

Créez une table PRODUITS_AVG avec la même structure que la table PRODUITS. A l'aide d'un curseur explicite, insérez les enregistrements des produits qui ont un stock inférieur à la moyenne des produits pour le même fournisseur.

En utilisant deux curseurs déclarés directement dans la boucle FOR, affichez les clients et commandes pour les clients qui payent un port supérieur à la moyenne des commandes pour la même année.

Affichez les employés avec leur salaire et le pourcentage correspondant par rapport au total de la masse salariale par fonction.

Créez une table avec la même structure et avec tous les enregistrements de la table EMPLOYES. A l'aide d'un curseur, modifiez les enregistrements des employés représentants qui ont une commission inférieure à 2000. La modification comporte une augmentation de salaire de 10%.

- *Les exceptions prédéfinies*

- *Les exceptions anonymes*

- *Les exceptions utilisateur*

- *La propagation d'une exception*

14

Les exceptions

Objectifs

A la fin de ce module, vous serez à même d'effectuer les tâches suivantes :

- Décrire les types d'exceptions.
- Gérer les exceptions Oracle nommées.
- Déclarer des exceptions utilisateur.
- Gérer la propagation des exceptions.

Contenu

Gestion des erreurs

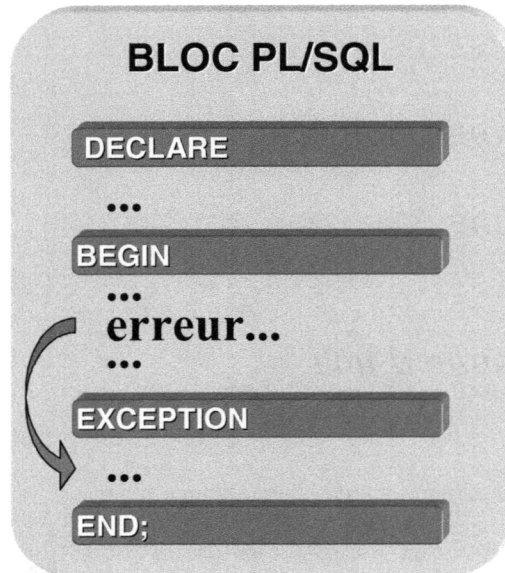

BLOC PL/SQL

```
DECLARE
...
BEGIN
...
erreur...
...
EXCEPTION
...
END;
```

Le langage PL/SQL gère les erreurs du programme comme des exceptions, des situations qui ne devraient pas se produire.

On distingue les classes d'exceptions suivantes :

- Les erreurs système Oracle.
- Les erreurs induites par une action de l'utilisateur.
- Les avertissements de l'application à l'utilisateur.

Les exceptions sont détectées et traitées grâce à une architecture de gestionnaires d'exceptions. Le mécanisme des gestionnaires d'exceptions permet de séparer proprement le code de traitement d'erreur des ordres exécutables.

Lorsqu'une erreur système ou applicative se produit, une exception est déclenchée ou générée. Les traitements en cours dans la section d'exécution du bloc PL/SQL courant s'arrêtent, et le contrôle est passé à la section d'exception distincte du programme si elle existe, afin qu'elle effectue le traitement de l'erreur. Une fois ce traitement effectué, on ne revient pas dans le bloc ayant généré l'exception, on quitte complètement le bloc.

Les gestionnaires d'exceptions ont les avantages suivants :

- Un traitement d'erreur piloté par événement. Quelle que soit l'exception générée, c'est le même gestionnaire d'erreurs, résidant dans la section d'exception, qui la traitera.
- Une isolation nette du code de traitement d'erreurs. Le mécanisme de gestion d'exceptions permet de transférer le contrôle hors de la séquence d'exécution normale vers un code spécialisé dès que survient une exception.
- Une meilleure fiabilité du traitement d'erreurs. S'il existe un gestionnaire, l'exception est traitée dans son bloc d'origine ou dans un bloc englobant. Et s'il n'y a pas de gestionnaire explicite, l'exécution normale du code s'arrête.

Les sections suivantes expliquent comment définir, déclencher et traiter les exceptions en PL/SQL.

Les types d'exceptions

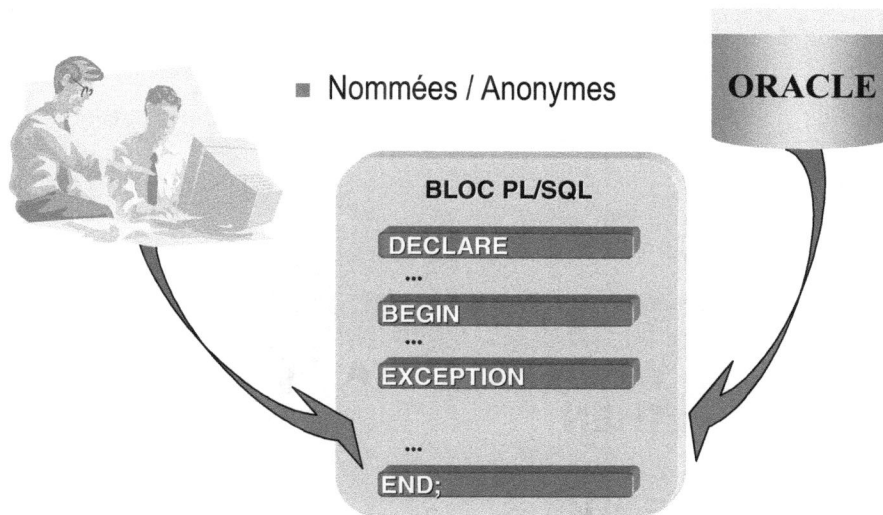

Il y a quatre types d'exception en PL/SQL :

- Les exceptions systèmes nommées, sont des exceptions auxquelles PL/SQL a attribué des noms, et qui sont déclenchées à la suite d'une erreur de traitement de PL/SQL ou Oracle.

- Les exceptions utilisateur nommée, sont des exceptions déclenchées à la suite d'erreurs dans le code applicatif. Elles sont nommées lors de leur déclaration, dans la section du même nom. On les déclenche explicitement durant l'exécution du programme.

- Les exceptions système anonymes sont des exceptions qui se déclenchent à la suite d'une erreur de traitement de PL/SQL ou Oracle, mais auxquelles PL/SQL n'a pas attribué de nom. Seules les erreurs les plus courantes sont nommées; les autres sont numérotées, et on peut leur attribuer des noms avec la PRAGMA EXCEPTION_INIT.

- Les exceptions utilisateur anonymes sont définies et déclenchées par le programmeur. Celui-ci définit un code, compris entre - 20 000 et -20 999, et un message d'erreur. Il déclenche l'exception avec l'ordre RAISE_APPLICATION_ERROR.

Les exceptions système, nommées et anonymes, sont déclenchées par PL/SQL lorsqu'un programme viole une règle Oracle. Chacune de ces erreurs Oracle possède un code numérique. PL/SQL possède des noms prédéfinis pour les plus courantes de ces erreurs.

La section EXCEPTION

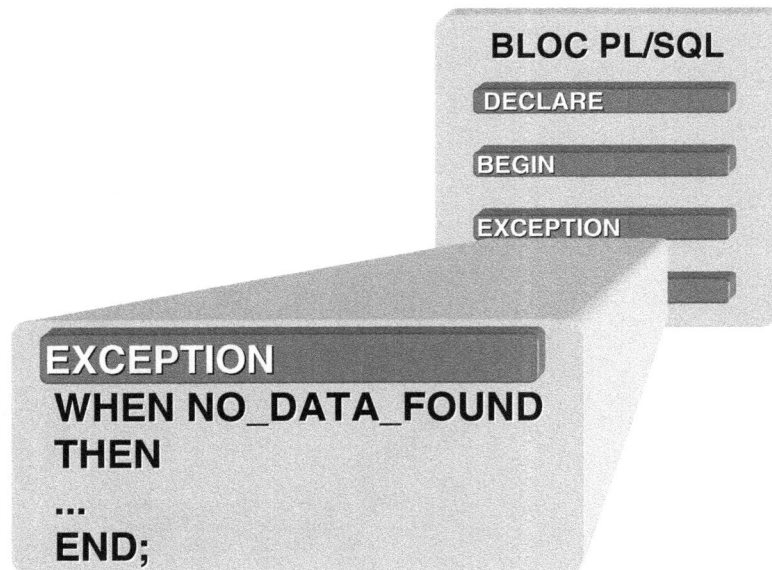

BLOC PL/SQL

DECLARE

BEGIN

EXCEPTION

EXCEPTION
WHEN NO_DATA_FOUND
THEN
...
END;

Un bloc PL/SQL peut se composer de quatre parties : l'en-tête, la section de déclaration, la section d'exécution et la section d'exception, comme le montre le bloc anonyme suivant :

```
DECLARE
   ...
BEGIN
   ...
EXCEPTION

END ;
```

Lorsqu'une exception est déclenchée dans la section d'exécution d'un bloc PL/SQL, la section EXCEPTION prend le contrôle. PL/SQL vérifie si, parmi les différents gestionnaires d'exception, l'un traite cette exception spécifique.

La syntaxe d'une section d'exception est la suivante :

```
EXCEPTION
   WHEN NOM_EXCEPTION [ OR NOM_EXCEPTION ... ]
   THEN
      INSTRUCTIONS ;
   ...
   [WHEN OTHERS THEN
      INSTRUCTIONS ;]
END;
```

Une section d'exception unique peut contenir plusieurs gestionnaires d'exception. Les gestionnaires d'exception ont une structure comparable à celle de l'ordre conditionnel CASE.

```
SQL> declare
  2      v_nom_categorie CATEGORIES.NOM_CATEGORIE%TYPE;
  3   begin
  4      declare
  5          v_nom_categorie CATEGORIES.NOM_CATEGORIE%TYPE;
  6      begin
  7          SELECT NOM_CATEGORIE INTO v_nom_categorie FROM CATEGORIES
  8          WHERE CODE_CATEGORIE = 100;
  9          dbms_output.put_line( 'Vous ne verrez pas cette ligne !!!');
 10      end;
 11      dbms_output.put_line( 'Suite de traitements.');
 12   end;
 13   /
declare
*
ERREUR à la ligne 1 :
ORA-01403: Aucune donnée trouvée
ORA-06512: à ligne 7


SQL>
SQL> declare
  2      v_nom_categorie CATEGORIES.NOM_CATEGORIE%TYPE;
  3   begin
  4      declare
  5          v_nom_categorie CATEGORIES.NOM_CATEGORIE%TYPE;
  6      begin
  7          SELECT NOM_CATEGORIE INTO v_nom_categorie FROM CATEGORIES
  8          WHERE CODE_CATEGORIE = 100;
  9          dbms_output.put_line( 'Vous ne verrez pas cette ligne !!!');
 10      exception
 11          when NO_DATA_FOUND then
 12              dbms_output.put_line( 'Aucune catégorie n''a été trouvé.');
 13      end;
 14      dbms_output.put_line( 'Suite de traitements.');
 15   end;
 16   /
Aucune catégorie n'a été retrouvé !!!
Suite de traitements.

Procédure PL/SQL terminée avec succès.
```

Dans la première requête, il n'y a pas de gestionnaire d'exception ; quand l'erreur survient, il n'y a pas de catégorie 100, et le programme est arrêté, affichant un message d'erreur. La deuxième requête assure le traitement d'une exception, NO_DATA_FOUND (voir les exceptions prédéfinies Oracle) ; après le traitement de cette exception on ne revient pas dans le bloc ayant généré l'exception, on quitte complètement le bloc mais le programme se continue normalement.

Une exception déclenchée est traitée si son nom correspond à l'un des noms situés à droite d'une des clauses WHEN de la section d'exception.

NOTE

Notez que la clause WHEN traite des erreurs associées à des exceptions nommées, et non à des codes d'erreurs. Si la correspondance est établie, les ordres associés à l'exception sont exécutés.

Si aucun gestionnaire ne correspond à l'exception déclenchée, les ordres associés à la clause WHEN OTHERS sont exécutés si elle est présente.

```
SQL> declare
  2     v_nom_categorie CATEGORIES.NOM_CATEGORIE%TYPE;
  3  begin
  4     declare
  5         v_nom_categorie CATEGORIES.NOM_CATEGORIE%TYPE;
  6     begin
  7         SELECT NOM_CATEGORIE INTO v_nom_categorie FROM CATEGORIES;
  8         dbms_output.put_line( 'Vous ne verez pas cette ligne !!!');
  9     exception
 10         when NO_DATA_FOUND then
 11           dbms_output.put_line( 'Aucune catégorie n''a été retrouvé.');
 12     end;
 13     dbms_output.put_line( 'Suite de traitements.');
 14  end;
 15  /
declare
*
ERREUR à la ligne 1 :
ORA-01422: l'extraction exacte ramène plus que le nombre de lignes demandé
ORA-06512: à ligne 7


SQL>
SQL> declare
  2     v_nom_categorie CATEGORIES.NOM_CATEGORIE%TYPE;
  3  begin
  4     declare
  5         v_nom_categorie CATEGORIES.NOM_CATEGORIE%TYPE;
  6     begin
  7         SELECT NOM_CATEGORIE INTO v_nom_categorie FROM CATEGORIES;
  8     exception
  9         when NO_DATA_FOUND then
 10           dbms_output.put_line( 'Aucune catégorie n''a été retrouvé.');
 11         when OTHERS then
 12             dbms_output.put_line( 'Une autre erreur.');
 13     end;
 14     dbms_output.put_line( 'Suite de traitements.');
 15  end;
 16  /
Une autre erreur.
Suite de traitements.

Procédure PL/SQL terminée avec succès.
```

Vous pouvez remarquer que, dans la deuxième requête, le mot clé OTHERS permet de traiter toutes les autres exceptions.

ATTENTION

La clause WHEN OTHERS est facultative ; lorsqu'elle est absente, toute exception non traitée est immédiatement déclenchée dans le bloc englobant, s'il existe. Si aucun bloc PL/SQL ne gère l'exception, le code d'erreur et le message associé sont directement renvoyés à l'utilisateur et l'application est arrêtée.

Les exceptions prédéfinies

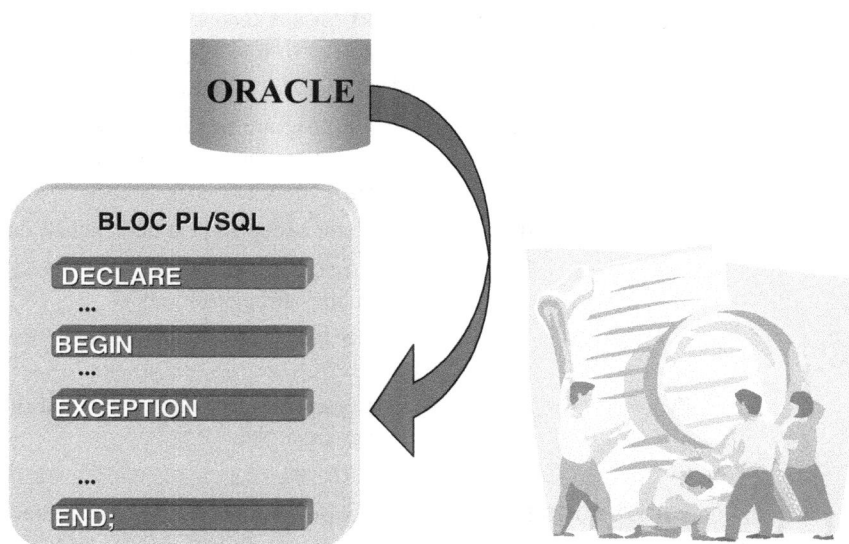

Toutes les erreurs possèdent un numéro d'identification unique. Mais elles ne peuvent être interceptées dans un bloc PL/SQL que si un nom est associé au numéro de l'erreur Oracle. Dans le langage PL/SQL, les erreurs Oracle les plus courantes possèdent des synonymes afin de faciliter leur interception dans les blocs PL/SQL.

Les exceptions pour lesquelles PL/SQL possède des synonymes sont déclarées dans le package STANDARD de PL/SQL.

La liste des exceptions prédéfinies est :

Nom de l'exception	Description Erreur Oracle / SQLCODE
ACESS_INTO_NULL	On a tenté d'affecter une valeur a un objet non initialisé. ORA-6530 SQLCODE= -6530
CASE_NOT_FOUND	Il n'y a pas de choix WHEN correspondant dans une instruction CASE et l'option ELSE n'a pas été définie. ORA-6592 SQLCODE= -6592
COLECTION_IS_NULL	On a tenté d'utiliser des méthodes d'une collection, autre que EXISTS, ou essayé d'affecter une valeur à un élément pour une collection non initialisée. ORA-6531 SQLCODE= -6531
CURSOR_ALREADY_OPEN	On a tenté d'ouvrir un curseur qui l'était déjà. Il faut fermer un curseur avant de l'ouvrir ou de le rouvrir. ORA-6511 SQLCODE= -6511
DUP_VAL_ON_INDEX	Un ordre INSERT ou UPDATE a tenté d'insérer un doublon dans une colonne ou un groupe de colonnes soumis à un index unique. ORA-00001 SQLCODE= -1

Oracle 9i

INVALID_CURSOR	On a référencé un curseur invalide. Cela arrive en général lorsque l'on FETCH ou que l'on ferme, CLOSE, un curseur avant de l'ouvrir.
	ORA-01001 SQLCODE= -1001
INVALID_NUMBER	PL/SQL exécute un ordre SQL qui ne parvient pas à convertir une chaîne de caractères en nombre.
	ORA-01722 SQLCODE= -1722
LOGIN_DENIED	Un programme tente de se connecter à Oracle avec une combinaison login/mot de passe invalide.
	ORA-01017 SQLCODE= -1017
NO_DATA_FOUND	Cette exception est déclenchée dans trois cas :
	Lorsqu'on exécute un ordre SELECT INTO qui ne ramène aucun enregistrement.
	Lorsqu'on référence une ligne non initialisée d'une table PL/SQL.
	Lorsqu'on tente de lire après la fin d'un fichier avec le package UTL_FILE.
	ORA-01403 SQLCODE= +100
NOT_LOGGED_ON	Un programme a tenté d'exécuter un appel à la base, en général un ordre LMD, avant d'être connecté.
	ORA-01012 SQLCODE= -1012
PROGRAM_ERROR	Erreur interne de PL/SQL. Le texte du message conseille habituellement de "Contacter le Support Oracle."
	ORA-06501 SQLCODE= -6501
RAWTYPE_MISMATCH	On a tenté d'affecter une variable enregistrement incompatible avec l'enregistrement retourné par la commande FETCH.
	ORA-06504 SQLCODE= -6504
STORAGE_ERROR	Le programme a épuisé la mémoire disponible, ou la mémoire est corrompue.
	ORA-06500 SQLCODE= -6500
TIMEOUT_ON_RESOURCE	Le délai maximum d'attente d'une ressource par Oracle a expiré.
	ORA-00051 SQLCODE= -51
TOO_MANY_ROWS	Un ordre SELECT INTO a ramené plus d'une ligne.
	ORA-01422 SQLCODE= -1422
VALUE_ERROR	L'exception VALUE_ERROR est déclenchée par PL/SQL lorsqu'il rencontre, en dehors d'un ordre LMD, une erreur de conversion, de troncature ou de bornes sur des données numériques ou alphanumériques.
	ORA-06502 SQLCODE= -6502
ZERO_DIVIDE	Un programme a tenté une division par zéro.
	ORA-01476 SQLCODE= -1476

Les exceptions anonymes

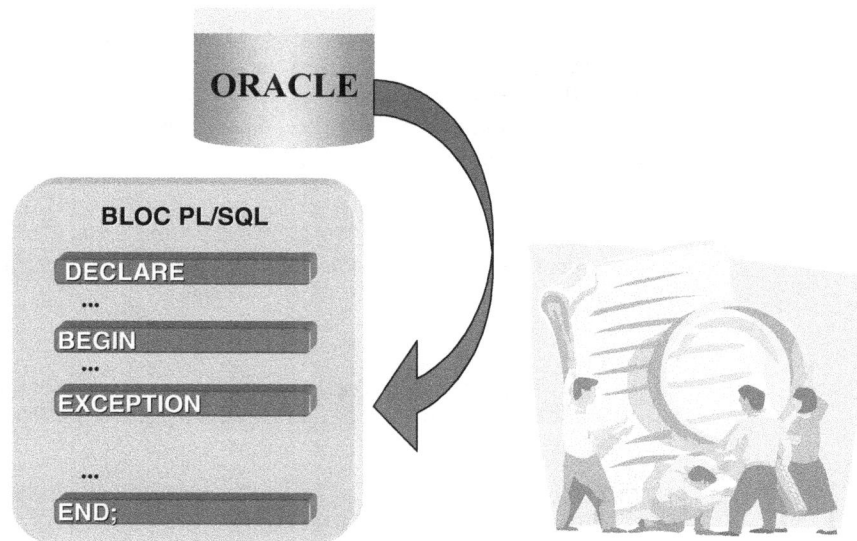

Le langage PL/SQL a besoin, pour les gestionnaires d'exceptions, que l'erreur soit désignée par son nom et non par son code d'erreur interne, pour l'identifier.

Précédemment, nous avons vu que seulement une partie des codes d'erreur Oracle comporte des noms prédéfinis.

On utilisera la clause WHEN OTHERS pour traiter toutes les exceptions non gérées, y compris les erreurs système non définies par PL/SQL. Il est toutefois souhaitable de pouvoir déterminer au sein du gestionnaire d'exceptions la nature de l'erreur survenue.

Oracle fournit les fonctions SQLCODE et SQLERRM, qui renvoient respectivement le code et le message d'erreur correspondant à l'exception.

```
SQL> begin
  2      DELETE CATEGORIES WHERE CODE_CATEGORIE = 2;
  3      exception
  4      when OTHERS then
  5           dbms_output.put_line( 'SQLCODE = '||SQLCODE);
  6           dbms_output.put_line( 'SQLERRM = '||SQLERRM);
  7  end;
  8  /
SQLCODE = -2292
SQLERRM = ORA-02292: violation de contrainte
(STAGIAIRE.FK_PRODUITS_CATEGORIE_CATEGORI) d'intégrité - enregistrement fils
existant

Procédure PL/SQL terminée avec succès.
```

On préférera, dans de nombreux cas, traiter ces erreurs de manière spécifique afin de mieux les documenter. Pour ce faire, on affecte un nom particulier à l'erreur Oracle ou PL/SQL que le programme est susceptible de rencontrer, puis on écrit un gestionnaire d'exceptions dédié à cette exception nommée.

La PRAGMA EXCEPTION INIT

Pour associer un nom à un code d'erreur interne, on se servira d'une pragma, une instruction spéciale du compilateur, qui est traitée lors de la compilation plutôt que durant l'exécution.

L'instruction PRAGMA EXCEPTION_INIT demande au compilateur d'associer une exception utilisateur à un code d'erreur Oracle spécifique. Une fois l'erreur associée à un nom, il est possible de la déclencher à volonté et d'écrire un gestionnaire d'exceptions qui la traitera. Bien que dans la majorité des cas, on laisse à Oracle le soin de déclencher les exceptions système, il devient possible de les déclencher soi-même.

L'instruction PRAGMA EXCEPTION_INIT doit apparaître dans la section de déclaration d'un bloc, après la déclaration du nom d'exception qui est utilisé dans l'instruction, comme dans la syntaxe suivante :

```
DECLARE
    NOM_EXCEPTION EXCEPTION ;
    PRAGMA EXCEPTION_INIT( NOM_EXCEPTION, CODE_ERREUR) ;
BEGIN
    ...
EXCEPTION
    WHEN NOM_EXCEPTION THEN
        INSTRUCTIONS ;
END ;
```

CODE_ERREUR   C'est le code d'erreur Oracle, y compris le signe moins si le code d'erreur est négatif, ce qui est en général le cas.

```
SQL> declare
  2     DELETE_CASCADE_ENFANT EXCEPTION;
  3     PRAGMA EXCEPTION_INIT(DELETE_CASCADE_ENFANT, -2292);
  4     v_no_commande COMMANDES.NO_COMMANDE%TYPE;
  5  begin
  6     v_no_commande := &no_commande;
  7     DELETE COMMANDES WHERE NO_COMMANDE = v_no_commande;
  8  exception
  9     when DELETE_CASCADE_ENFANT then
 10        dbms_output.put_line( 'Exception : DELETE_CASCADE_ENFANT ');
 11        DELETE DETAILS_COMMANDES WHERE NO_COMMANDE = v_no_commande;
 12        DELETE COMMANDES WHERE NO_COMMANDE = v_no_commande;
 13        ROLLBACK;
 14  end;
 15  /
Entrez une valeur pour no_commande : 11070
Exception : DELETE_CASCADE_ENFANT

Procédure PL/SQL terminée avec succès.
```

Le programme précédent montre la déclaration d'une exception associée à l'erreur ORA-2292. Cette erreur survient lorsque l'on tente d'effacer un enregistrement qui est encore référencé comme clé étrangère. Un enregistrement fils est un enregistrement qui référence une clé étrangère dans la table parent.

Dans le gestionnaire d'exceptions, tous les enregistrements correspondants de la table enfant DETAILS_COMMANDES sont effacés.

Les exceptions utilisateur

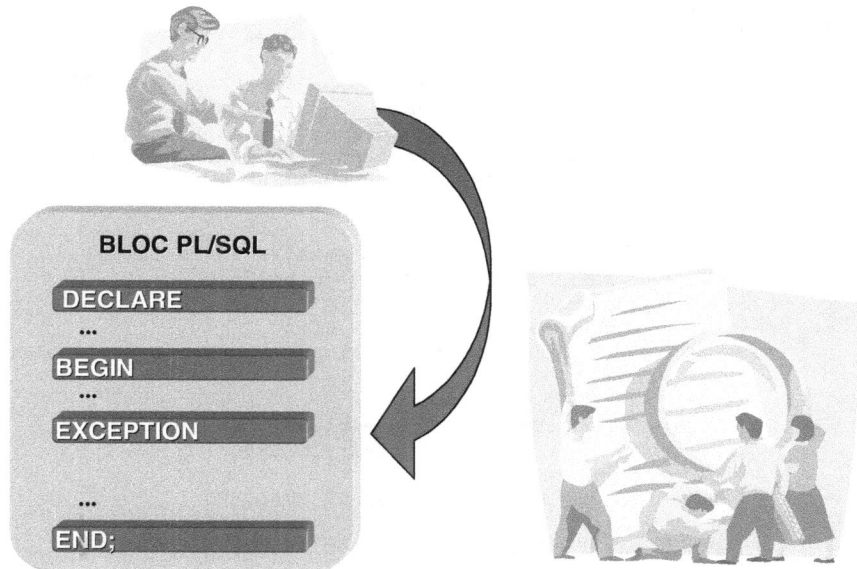

Les exceptions déclarées par PL/SQL dans le package STANDARD se rapportent aux erreurs internes ou système.

Les problèmes rencontrés par un utilisateur dans une application sont pour la plupart spécifiques à cette application. Un programme peut nécessiter la gestion d'erreurs telles que « solde négatif dans un compte » ou « impossible d'antidater une visite ». Bien qu'elles diffèrent en nature d'une « division par zéro », ces erreurs constituent néanmoins des exceptions aux traitements normaux, et vos programmes se doivent de les gérer élégamment.

L'absence de distinction structurelle entre erreurs internes et erreurs spécifiques à l'application est l'une des caractéristiques les plus utiles de la gestion des exceptions en PL/SQL.

Une exception doit être nommée afin de pouvoir être traitée. Elle doit être déclarée dans la section de déclaration du bloc PL/SQL, en spécifiant le nom sous laquelle on souhaite la déclencher par programme, suivi du mot clé EXCEPTION, comme dans la syntaxe suivante :

```
DECLARE
    NOM_EXCEPTION EXCEPTION ;
    PRAGMA EXCEPTION_INIT( NOM_EXCEPTION, CODE_ERREUR) ;
BEGIN
...
  ...RAISE NOM_EXCEPTION ;
...
EXCEPTION
    WHEN NOM_EXCEPTION THEN
        INSTRUCTIONS ;
END ;
```

EXCEPTION   Mot clé pour la définition de l'exception.

RAISE   L'instruction permet de lancer une exception utilisateur.

```
SQL> declare
  2      UPDATE_EMPLOYES EXCEPTION;
  3      v_no_employe EMPLOYES.NO_EMPLOYE%TYPE;
  4      v_salaire     EMPLOYES.SALAIRE%TYPE;
  5  begin
  6      v_no_employe := &no_employe;
  7      v_salaire     := &salaire;
  8      for emp in ( SELECT SALAIRE FROM EMPLOYES
  9                   WHERE NO_EMPLOYE = v_no_employe) loop
 10         if v_salaire < emp.salaire then
 11            dbms_output.put_line( 'Le salaire actuel est '||emp.salaire);
 12            RAISE UPDATE_EMPLOYES;
 13         end if;
 14      end loop;
 15      UPDATE EMPLOYES SET SALAIRE = v_salaire
 16      WHERE NO_EMPLOYE = v_no_employe;
 17  exception
 18      when UPDATE_EMPLOYES then
 19         dbms_output.put_line( 'Exception utilisateur : UPDATE_EMPLOYES ');
 20  end;
 21  /
Entrez une valeur pour no_employe : 8
Entrez une valeur pour salaire : 1800
Le salaire actuel est 2000
Exception utilisateur : UPDATE_EMPLOYES

Procédure PL/SQL terminée avec succès.
```

Le bloc PL/SQL commence par la définition d'une exception UPDATE_EMPLOYES. Si le salaire saisi est inférieur au salaire actuel, la modification de l'employé n'est pas effectuée et l'exception est lancée.

ATTENTION

Il est possible de déclarer des exceptions avec le même nom que les exceptions système. Dans ce cas les exceptions utilisateur cachent les exceptions système ; alors pour pouvoir accéder aux exceptions système, il faut les préfixer par le nom du package STANDARD.

```
SQL> declare
  2      NO_DATA_FOUND EXCEPTION;
  3      v_employe EMPLOYES%ROWTYPE;
  4  begin
  5      SELECT * INTO v_employe FROM EMPLOYES
  6      WHERE NO_EMPLOYE = 0;
  7  exception
  8      WHEN NO_DATA_FOUND THEN
  9         dbms_output.put_line( 'Exception NO_DATA_FOUND');
 10      WHEN STANDARD.NO_DATA_FOUND THEN
 11         dbms_output.put_line( 'Exception STANDARD.NO_DATA_FOUND');
 12  end;
 13  /
Exception STANDARD.NO_DATA_FOUND

Procédure PL/SQL terminée avec succès.
```

Comme vous pouvez le voir l'exception exécutée est l'exception système STANDARD.NO_DATA_FOUND.

Les exceptions peuvent être déclenchées par le moteur PL/SQL ou par le programmeur de trois manières différentes :

- Le moteur PL/SQL déclenche une exception système nommée. Ces exceptions sont déclenchées automatiquement par le programme. Le déclenchement d'exception système par PL/SQL n'est pas contrôlable.
- Le programmeur déclenche une exception nommée. Le développeur peut utiliser un appel explicite à l'ordre RAISE pour déclencher une erreur nommée.
- Le programmeur déclenche une erreur utilisateur anonyme. Ces exceptions sont déclenchées par l'appel explicite à la procédure RAISE_APPLICATION_ERROR du package DBMS_STANDARD.

RAISE_APPLICATION_ERROR

La procédure RAISE_APPLICATION_ERROR facilite les notifications d'erreurs applicatives entre le serveur et le client. Cette procédure standard est le seul moyen de faire gérer une erreur survenue sur le serveur par une application cliente.

La syntaxe d'appel de cette procédure est la suivante :

```
RAISE_APPLICATION_ERROR( CODE_ERREUR, MESSAGE
                                      [,{TRUE |FALSE }]) ;
```

CODE_ERREUR	Le code d'erreur renvoyé doit être compris entre -20 000 et -20 999 pour ne pas entrer en conflit avec les codes d'erreur Oracle.
MESSAGE	Une chaîne de caractères qui comporte le message qui sera affichée par SQLERRM. La taille du message d'erreur doit être limitée à 2Ko.
TRUE | FALSE	Paramètre optionnel. Permet de savoir si l'erreur doit être placée sur la pile des erreurs, TRUE, ou bien si l'erreur doit remplacer toutes les autres erreurs, FALSE.

Les effets de RAISE_APPLICATION_ERROR sont semblables au déclenchement d'une exception par l'ordre RAISE.

```
SQL> begin
  2     RAISE_APPLICATION_ERROR(-20000, 'Exception utilisateur anonyme.');
  3  end;
  4  /
begin
*
ERREUR à la ligne 1 :
ORA-20000: Exception utilisateur anonyme.
ORA-06512: à ligne 2
```

Propagation d'une exception

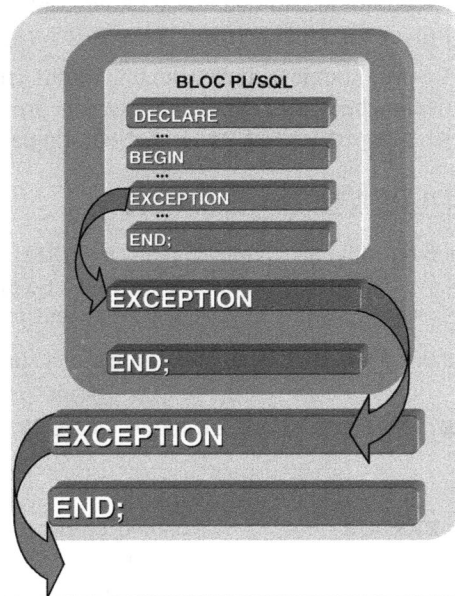

Les règles de portée déterminent le bloc dans lequel une exception peut être déclenchée. Les règles de propagation concernent la manière dont une exception est traitée une fois déclenchée.

```
SQL> declare
  2      MY_EXCEPTION EXCEPTION;
  3  begin --bloc 1
  4      begin --bloc 2
  5          begin --bloc 3
  6              RAISE MY_EXCEPTION;
  7              dbms_output.put_line( 'Suite traitements bloc 1.');
  8          exception
  9              when MY_EXCEPTION then
 10                  dbms_output.put_line( 'Exception MY_EXCEPTION');
 11          end;
 12          dbms_output.put_line( 'Suite traitements bloc 2.');
 13      end;
 14      dbms_output.put_line( 'Suite traitements bloc 3.');
 15  exception
 16      when OTHERS then
 17          dbms_output.put_line( 'Une autre erreur.');
 18  end;
 19  /
Exception MY_EXCEPTION
Suite traitements bloc 2.
Suite traitements bloc 3.

Procédure PL/SQL terminée avec succès.
```

Le bloc intérieur bloc 3 déclenche l'exception MY_EXCEPTION ; ce bloc comporte un gestionnaire d'exception pour MY_EXCEPTION ; alors après l'exécution du gestionnaire, PL/SQL ferme ce bloc et continue normalement l'exécution du programme.

Lorsqu'une exception est déclenchée, PL/SQL cherche dans le bloc courant un gestionnaire pour cette exception. Si aucun gestionnaire n'est trouvé, PL/SQL propage l'exception au bloc englobant le bloc courant. PL/SQL essaie ensuite de traiter l'exception en la déclenchant à nouveau dans le bloc englobant, et ainsi de suite jusqu'à ce qu'il n'y ait plus de bloc dans lequel déclencher l'exception. Lorsque tous les blocs ont été parcourus, PL/SQL renvoie un message d'exception non gérée à l'application qui exécutait le bloc de niveau maximum. Une exception non gérée arrête l'exécution du programme.

```
SQL> declare
  2       MY_EXCEPTION EXCEPTION;
  3  begin --bloc 1
  4       begin --bloc 2
  5            begin --bloc 3
  6                 RAISE MY_EXCEPTION;
  7                 dbms_output.put_line( 'Suite traitements bloc 1.');
  8            end;
  9            dbms_output.put_line( 'Suite traitements bloc 2.');
 10       end;
 11       dbms_output.put_line( 'Suite traitements bloc 3.');
 12  exception
 13       when MY_EXCEPTION then
 14            dbms_output.put_line( 'Exception MY_EXCEPTION');
 15       when OTHERS then
 16            dbms_output.put_line( 'Une autre erreur.');
 17  end;
 18  /
Exception MY_EXCEPTION

Procédure PL/SQL terminée avec succès.
```

Le bloc intérieur bloc 3 déclenche l'exception MY_EXCEPTION gérée dans le bloc 1. PL/SQL cherche d'abord un gestionnaire pour MY_EXCEPTION dans cette section ; comme il n'en existe pas, PL/SQL ferme ce bloc. PL/SQL continue la recherche dans le bloc supérieur bloc 2, mais il ne comporte pas de gestionnaire pour cette exception, alors le bloc est fermé. Le bloc principal bloc 1 a un gestionnaire pour l'exception MY_EXCEPTION ; après l'exécution du gestionnaire, le bloc est fermé, et l'application est alors fermée.

Dans cet exemple vous pouvez voir que l'exécution des instructions du bloc 2 et du bloc 1 n'a pas été effectuée étant donné que l'exception a été traitée dans le bloc 1.

ATTENTION

Les exceptions sont utilisées comme traitement d'erreurs et n'ont pas la possibilité de naviguer dans votre programme. N'utilisez pas RAISE à la place de GOTO.

Atelier 14.1

■ Les exceptions

Durée : 25 minutes

TP

L'objectif de l'atelier est de vous aider à mieux comprendre la gestion des exceptions dans le langage PL/SQL.

Exercice n° 1

Créez un bloc PL/SQL qui efface une commande saisie par l'utilisateur, et gérez l'exception :
```
ORA-02292: violation de contrainte (.) d'intégrité -
enregistrement fils existant,
```
qui efface tous les enregistrements de la table DETAILS_COMANDES correspondantes.

Ecrivez un programme qui doit effacer un enregistrement dans la table CATEGORIES, un enregistrement de la table FOURNISSEURS et un enregistrement de la table PRODUITS. Il faut enchaîner les traitements dans plusieurs blocs de sorte que si une de ces commandes n'aboutit pas, les commandes suivantes soient exécutées quand même.

Créez un script SQL qui vous permet, pour un employé saisi par l'utilisateur, de modifier SALAIRE. Contrôlez que le salaire ne soit pas inférieur au salaire actuel ; si c'est le cas, lancez une exception.

Créez un script qui permet de saisir les informations d'un employé et de les insérer dans la table EMPLOYES. Si l'âge de l'employé est inférieur à 18 ans, n'insérez pas et lancez une exception.

15

- *Les procédures*
- *Les fonctions*
- *IN*
- *OUT*
- *IN OUT*
- *NOCOPY*
- *SHOW ERRORS*

Les sous-programmes

Objectifs

A la fin de ce module, vous serez à même d'effectuer les tâches suivantes :

- Décrire les types des blocs nommés.
- Créer des procédures.
- Créer des fonctions.
- Appeler des procédures et fonctions.
- Déboguer le code de création des blocs nommés.

Contenu

Les sous-programmes

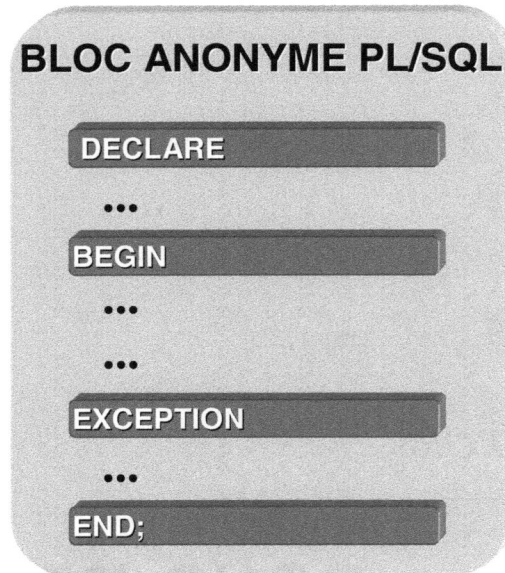

BLOC ANONYME PL/SQL

DECLARE

...

BEGIN

...

...

EXCEPTION

...

END;

Dans les précédents chapitres, nous avons présenté des exemples de programmes PL/SQL qui ne peuvent pas être partagés et dont le code est entré directement dans SQL*Plus pour y être exécuté.

Le langage PL/SQL est un langage algorithmique complet ; il bénéficie de la possibilité de structuration du code, avec un procédé de décomposition de gros blocs de code en plus petits modules qui peuvent être appelés par d'autres modules.

Le PL/SQL fournit les structures suivantes, qui permettent de structurer le code de différentes façons :

Procédure   Un bloc PL/SQL nommé qui exécute une ou plusieurs actions et est appelé comme une commande PL/SQL. On peut passer et récupérer de l'information d'une procédure à travers sa liste d'arguments.

Fonction :   Un bloc PL/SQL nommé qui renvoie une seule valeur et est utilisé comme une expression PL/SQL. On peut passer de l'information à une fonction à travers sa liste d'arguments.

Bloc Anonyme   Un bloc PL/SQL non nommé qui exécute une ou plusieurs actions. Un bloc anonyme permet au développeur de contrôler la portée des identifiants et la gestion des exceptions.

Package   Un ensemble nommé de procédures, fonctions, types et variables. Un package n'est pas vraiment un module, c'est une application.

Les blocs nommés

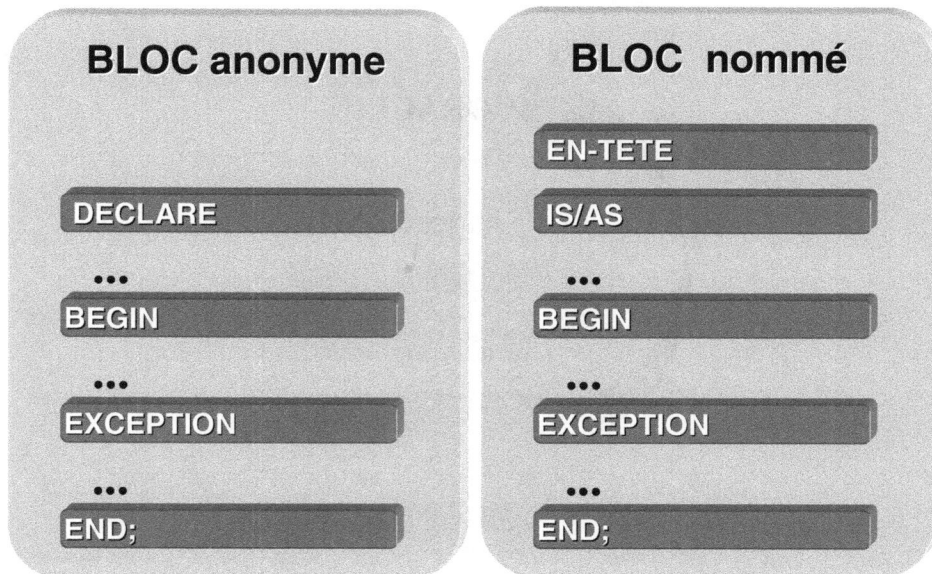

BLOC anonyme	BLOC nommé
	EN-TETE
DECLARE	IS/AS
...	...
BEGIN	BEGIN
...	...
EXCEPTION	EXCEPTION
...	...
END;	END;

Le bloc détermine à la fois la portée des identifiants et la façon dont les exceptions sont gérées et propagées. Un bloc peut aussi contenir des sous-blocs imbriqués, chacun ayant sa propre portée.

Tous les différents types de modules ont une structure de bloc commune. Le bloc est décomposé en quatre parties, comme suit :

En-tête	Seulement utile pour les blocs nommés, l'en-tête indique comment un bloc nommé ou un programme doit être appelé.
Section de Déclaration	La partie du bloc PL/SQL qui contient les déclarations de variables, curseurs et sous-blocs qui sont référencés dans les sections d'exécution et de gestion des exceptions.
Section d'Exécution	La partie du bloc PL/SQL qui contient les commandes exécutables, le code exécuté par le moteur PL/SQL. Tout bloc doit comprendre au moins une commande exécutable dans la section d'exécution.
Section des Exceptions	La section qui gère les exceptions au déroulement normal du programme. Cette section est optionnelle. Si elle existe, elle hérite du contrôle lorsqu'une erreur est détectée. Cette section gère alors les erreurs et passe la main au bloc appelant.

Les blocs PL/SQL nommés, les procédures et les fonctions, ont l'entête du bloc qui contient la déclaration du nom et du type du bloc. Contrairement aux deux autres types de blocs PL/SQL nommés, le bloc anonyme ne porte aucun nom ; il utilise simplement le mot réservé DECLARE pour marquer le début de sa section déclarative.

En l'absence de nom, le bloc anonyme ne peut pas être appelé par un autre bloc. Les blocs anonymes sont utilisés comme des scripts de commandes PL/SQL, pouvant contenir des appels de procédures et de fonctions. Ils peuvent également servir de blocs imbriqués dans des procédures, des fonctions ou d'autres blocs anonymes.

Les procédures

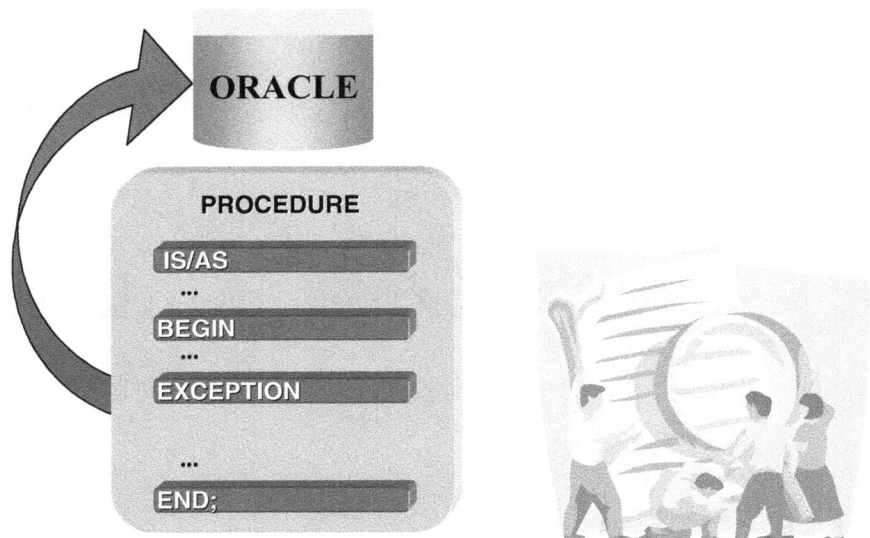

Une procédure est un sous-programme qui effectue un traitement particulier.

Lorsqu'une procédure est créée, elle est d'abord compilée puis stockée dans la base de données sous sa forme compilée. Ce code compilé peut ensuite être exécuté à partir d'un autre bloc PL/SQL ; le code source de la procédure est également stocké et n'a nul besoin d'être analysé une seconde fois à l'exécution.

Un gain de place en mémoire contribuera à cette amélioration de performances car la procédure chargée en mémoire pour son exécution sera partagée par tous les objets qui la demandent.

Une procédure est un bloc PL/SQL comprenant une section déclarative, une section exécutable et une section de gestion des exceptions, et comme dans un bloc anonyme, seule la section exécutable est requise.

A l'instar des autres objets du dictionnaire de données, les sous-programmes sont créés au moyen de l'instruction CREATE. Examinons le code suivant, qui crée une procédure dans la base :

```
CREATE [OR REPLACE] PROCEDURE NOM_PROCEDURE
      [(NOM_ARGUMENT [{IN | OUT | IN OUT}] TYPE [,...])]
{IS | AS}
BEGIN
 ...
EXCEPTION
    WHEN NOM_EXCEPTION THEN
        INSTRUCTIONS ;
END [NOM_PROCEDURE];
```

OR REPLACE	Cette option permet d'effectuer en une seule opération la modification du code d'une procédure qui implique la suppression de la procédure, puis sa recréation.
NOM_PROCEDURE	C'est le nom de la procédure ; il est placé directement après le mot clé PROCEDURE. Le nom de la procédure

	peut, au moment de sa déclaration, être inclus après l'instruction END finale, pour mettre en évidence la fin de la procédure et de permettre au compilateur PL/SQL de signaler le plus tôt possible toute discordance entre les instructions BEGIN et END.
NOM_ARGUMENT	Liste optionnelle des arguments définis pour transférer de l'information à la procédure, et pour récupérer de l'information à partir du programme appelant.
IS | AS	Les deux mot clés sont équivalents ; ils déterminent le début de la section des déclarations.

> **ATTENTION**
>
> La création d'une procédure est une opération LDD, de même que toute autre instruction CREATE, aussi un COMMIT implicite est-il exécuté tant avant qu'après la création de la procédure.

Corps de procédure

Le corps d'une procédure est un bloc PL/SQL comprenant des sections déclaratives, exécutables et de gestion des exceptions. La section déclarative est située entre les mots-clés IS ou AS et le mot-clé BEGIN. La section exécutable, la seule qui soit requise, est située entre les mots-clés BEGIN et EXCEPTION.

> **NOTE**
>
> Notez que le mot-clé DECLARE n'est pas inclus dans une déclaration de procédure ou de fonction. Le mot-clé utilisé ici est IS ou AS.

```
SQL>  CREATE PROCEDURE AugmenterSalaire
  2   IS
  3        CURSOR c_employe IS SELECT NOM, PRENOM, FONCTION,
  4                           SALAIRE, COMMISSION
  5                    FROM EMPLOYES
  6       FOR UPDATE OF SALAIRE, COMMISSION;
  7   begin
  8     for v_employe in c_employe loop
  9        case v_employe.FONCTION
 10        when 'Représentant(e)' then
 11           UPDATE EMPLOYES SET SALAIRE = SALAIRE * 1.25
 12                 WHERE CURRENT OF c_employe;
 13        else
 14           UPDATE EMPLOYES SET SALAIRE = SALAIRE * 1.1
 15                 WHERE CURRENT OF c_employe;
 16        end case;
 17     end loop;
 18   end AugmenterSalaire;
 19   /

Procédure créée.
```

La création de la procédure n'implique pas l'exécution du code ; elle est d'abord compilée puis stockée dans la base de données sous sa forme compilée, le code compilé pouvant ensuite être exécuté à partir d'un autre bloc PL/SQL.

On peut accoler directement le nom de la procédure après le mot clé END ; ce nom sert d'étiquette permettant de relier explicitement la fin du programme et son début. Utiliser une étiquette END est une bonne habitude. Il est tout particulièrement important de s'en servir lorsqu'une procédure fait plus d'une page, ou fait partie d'une série de procédures et de fonctions dans un corps de package.

Appel de procédure

On appelle une procédure comme on appelle une commande exécutable PL/SQL. En d'autres termes, un appel de procédure doit se terminer par un point virgule (;) et être exécuté avant et après d'autres commandes SQL ou PL/SQL.

La syntaxe pour exécuter une procédure est la suivante :

```
NOM_PROCEDURE [(VALEUR_ARGUMENT [,...])] ;
```

Si la procédure n'a aucun argument, il faut l'appeler sans parenthèse ou sans aucun argument entre les parenthèses comme dans l'exemple suivant.

```
SQL> begin
  2    AugmenterSalaire;
  3    end;
  4    /

Procédure PL/SQL terminée avec succès.

SQL> begin
  2    AugmenterSalaire();
  3    end;
  4    /

Procédure PL/SQL terminée avec succès.
```

Vous pouvez également utiliser l'instruction CALL pour appeler une procédure stockée. La syntaxe est la suivante :

```
SQL> CREATE OR REPLACE PROCEDURE SumSalaires
  2    IS
  3        v_sum EMPLOYES.SALAIRE%TYPE;
  4    begin
  5        SELECT SUM( SALAIRE ) INTO v_sum
  6        FROM EMPLOYES;
  7        dbms_output.put_line( v_sum);
  8    end;
  9    /

Procédure créée.

SQL>
SQL> CALL SumSalaires();
45561

Appel terminé.
```

Les fonctions

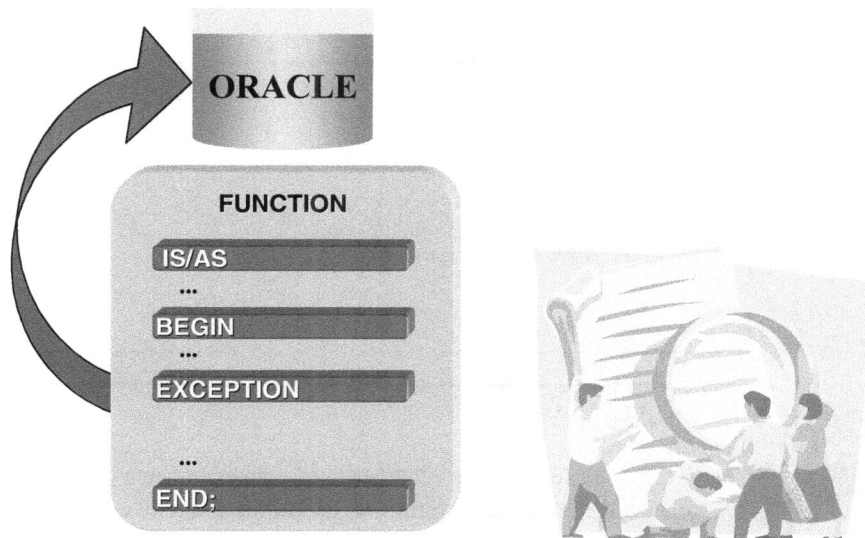

Une fonction est très semblable à une procédure. Toutes deux peuvent recevoir des arguments, être stockées directement dans la base et chacune de ces structures représente une forme différente de bloc PL/SQL, comprenant une section déclarative, une section exécutable et une section de gestion des exceptions.

La différence entre une procédure et une fonction réside en ce qu'un appel de procédure est en soi une instruction PL/SQL, tandis qu'un appel de fonction fait partie d'une expression.

La syntaxe de création d'une fonction est :

```
CREATE [OR REPLACE] FUNCTION NOM_FONCTION
      [(NOM_ARGUMENT [{IN | OUT | IN OUT}] TYPE [,...])]
RETURN TYPE_VALEUR
{IS | AS}
BEGIN
  ...
    RETURN EXPRESSION ;
EXCEPTION
    WHEN NOM_EXCEPTION THEN
        INSTRUCTIONS ;
END [NOM_FONCTION];
```

TYPE_VALEUR   C'est le type de la valeur de retour de la fonction ; il est requis et sert à déterminer le type de l'expression contenant l'appel de fonction.

Instruction RETURN

Une fonction doit contenir au moins une clause RETURN dans sa section d'exécution. Elle peut contenir plus d'une clause RETURN, mais seul l'un d'eux est exécuté à chaque appel de la fonction. La clause RETURN qui est exécutée par la fonction détermine la valeur renvoyée par cette fonction. Lorsqu'un RETURN est exécuté, la fonction s'arrête immédiatement et rend le contrôle au bloc PL/SQL appelant.

Voici la syntaxe générale de cette instruction :

RETURN EXPRESSION ;

```
SQL> CREATE FUNCTION NombreProduits
  2  RETURN number
  3  IS
  4    v_nombre_produits number;
  5  begin
  6    SELECT count(*) INTO v_nombre_produits FROM PRODUITS;
  7    RETURN v_nombre_produits;
  8  end  NombreProduits;
  9  /

Fonction créée.
```

ATTENTION

Lors de l'exécution de RETURN, si l'expression n'est pas du type spécifié dans la clause RETURN de la définition de la fonction, une conversion dans ce type est effectuée.

```
SQL> CREATE OR REPLACE FUNCTION RetourNombre RETURN number IS
  2  begin
  3    RETURN UID;
  4  end  RetourNombre;
  5  /

Fonction créée.

SQL> begin
  2    dbms_output.put_line('L'' identifiant utilisateur :'||RetourNombre);
  3  end;
  4  /
L' identifiant utilisateur :69

Procédure PL/SQL terminée avec succès.

SQL> CREATE OR REPLACE FUNCTION RetourNombre RETURN number IS
  2  begin
  3    RETURN 'Erreur de conversion.';
  4  end  RetourNombre;
  5  /

Fonction créée.

SQL> begin
  2    dbms_output.put_line('L'' identifiant utilisateur :'||RetourNombre);
  3  end;
  4  /
begin
*
ERREUR à la ligne 1 :
ORA-06502: PL/SQL : erreur numérique ou erreur sur une valeur: erreur de
conversion des caractères en chiffres
ORA-06512: à "STAGIAIRE.RETOURNOMBRE", ligne 3
ORA-06512: à ligne 2
```

La fonction **RetourNombre** retourne une valeur numérique. Elle peut être appelée à partir du bloc PL/SQL anonyme suivant. Remarquez que l'appel de fonction n'est pas une instruction en soi ; il est utilisé comme partie d'une expression. Comme vous pouvez le remarquer, le contrôle de la valeur de retour se fait à l'exécution de la fonction et non à la compilation de cette fonction.

```
SQL> CREATE OR REPLACE FUNCTION NombreProduits
  2  RETURN number
  3  IS
  4    v_nombre_produits number;
  5  begin
  6    SELECT count(*) INTO v_nombre_produits FROM PRODUITS;
  7  end  NombreProduits;
  8  /

Fonction créée.

SQL> begin
  2    dbms_output.put_line('Nombre produits :'||NombreProduits);
  3  end;
  4  /
begin
*
ERREUR à la ligne 1 :
ORA-06503: PL/SQL : La fonction ne ramène aucune valeur
ORA-06512: à "STAGIAIRE.NOMBREPRODUITS", ligne 6
ORA-06512: à ligne 2
```

La fonction NombreProduits ne retourne aucune valeur ; comme vous l'avez constaté, l'erreur est survenue à l'exécution et non a la compilation.

```
SQL> CREATE OR REPLACE FUNCTION SalEmployes
  2  RETURN number
  3  IS
  4    v_sum_salaire  EMPLOYES.SALAIRE%TYPE;
  5    v_avg_salaire  EMPLOYES.SALAIRE%TYPE;
  6  begin
  7    SELECT AVG(SALAIRE) INTO v_avg_salaire FROM EMPLOYES;
  8    SELECT SUM(SALAIRE) INTO v_sum_salaire FROM EMPLOYES
  9    WHERE FONCTION = 'Représentant(e)';
 10    if v_avg_salaire < v_sum_salaire then
 11       RETURN v_sum_salaire;
 12    else
 13       RETURN v_avg_salaire;
 14    end if;
 15  end SalEmployes;
 16  /

Fonction créée.
```

Une fonction peut contenir plus d'une instruction RETURN, bien que seule l'une d'entre elles soit exécutée. Dans l'exemple que nous vous présentons, une seule fonction comprend plusieurs instructions RETURN, une seule d'entre elles étant exécutée.

Clause RETURN dans une procédure

La clause RETURN peut être utilisée dans les procédures ; cette syntaxe ne comporte aucune expression et par conséquent ne retourne aucune valeur. La clause RETURN est utilisée pour arrêter tout simplement l'exécution de la procédure et rend le contrôle au programme appelant.

La suppression des blocs

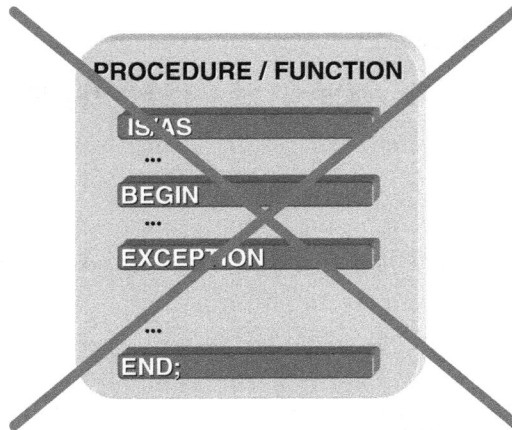

Comme les tables, les procédures et les fonctions peuvent faire l'objet d'une suppression, provoquant leur élimination du dictionnaire de données. Voici la syntaxe de suppression d'une procédure :

```
DROP PROCEDURE NOM_PROCEDURE ;
DROP FUNCTION NOM_FONCTION ;
```

Si l'objet à supprimer est une fonction, vous devez utiliser DROP FUNCTION et, s'il s'agit d'une procédure, vous devrez utiliser DROP PROCEDURE.

ATTENTION

L'instruction DROP est une commande LDD, aussi un COMMIT implicite est-il effectué tant avant qu'après l'instruction.

Si le sous-programme n'existe pas, l'instruction DROP provoquera une erreur.

```
SQL> DROP FUNCTION SalEmployes;
DROP FUNCTION SalEmployes
*
ERREUR à la ligne 1 :
ORA-04043: objet SALEMPLOYES inexistant
```

Lors de la création d'une procédure ou d'une fonction, l'objet ne doit pas exister, sinon l'opération CREATE provoquera une erreur.

```
SQL> CREATE FUNCTION NombreProduits
  2  RETURN number
  3  IS
  4    v_nombre_produits number;
  5  begin
  6    SELECT count(*) INTO v_nombre_produits FROM PRODUITS;
  7  end  NombreProduits;
  8  /
CREATE FUNCTION NombreProduits
                *
ERREUR à la ligne 1 :
ORA-00955: Ce nom d'objet existe déjà
```

Il faut soit détruire l'objet avant la création, soit utiliser l'option OR REPLACE dans la syntaxe de création.

```
SQL> DROP FUNCTION NombreProduits;

Fonction supprimée.

SQL> CREATE OR REPLACE FUNCTION NombreProduits
  2  RETURN number
  3  IS
  4    v_nombre_produits number;
  5  begin
  6    SELECT count(*) INTO v_nombre_produits FROM PRODUITS;
  7  end  NombreProduits;
  8  /

Fonction créée.

SQL>
SQL> CREATE OR REPLACE FUNCTION NombreProduits
  2  RETURN number
  3  IS
  4    v_nombre_produits number;
  5  begin
  6    SELECT count(*) INTO v_nombre_produits FROM PRODUITS;
  7  end  NombreProduits;
  8  /

Fonction créée.
```

Les arguments (1)

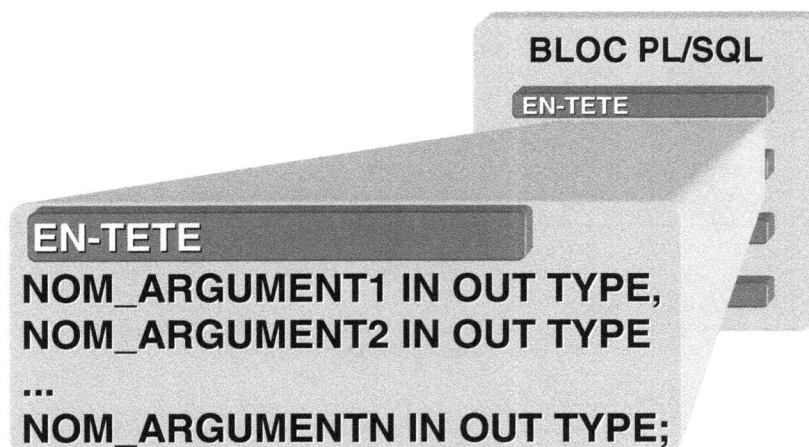

BLOC PL/SQL

EN-TETE

EN-TETE
NOM_ARGUMENT1 IN OUT TYPE,
NOM_ARGUMENT2 IN OUT TYPE
...
NOM_ARGUMENTN IN OUT TYPE;

Comme dans tout autre **L3G**, vous pouvez créer des procédures et des fonctions qui reçoivent des arguments ayant différents modes et dont le passage se fera par valeur ou par référence.

Les arguments contiennent les valeurs passées au bloc lors de son appel, et ils peuvent recevoir ensuite les résultats générés par celle-ci lorsqu'elle se termine. Ce sont les valeurs de ces arguments qui sont utilisés dans la procédure.

Les arguments formels servent de conteneurs pour les valeurs des arguments réels. Lorsque la procédure est appelée, les arguments formels se voient assigner les valeurs des arguments réels. Au sein de la procédure, il est fait référence à ces valeurs par le biais des arguments formels. Une fois la procédure terminée, les valeurs contenues dans les arguments formels sont repassées aux arguments réels. Ces affectations respectent les règles PL/SQL, incluant toute conversion de type nécessaire.
Les arguments formels peuvent avoir trois modes : IN, OUT ou IN OUT, IN étant la valeur par défaut.

La syntaxe de déclaration des arguments est :

```
NOM_ARGUMENT [{IN | OUT | IN OUT}] TYPE
[,...]
```

La définition d'un argument est très proche de la déclaration d'une variable.

```
SQL> CREATE OR REPLACE PROCEDURE AugmenterSalaire( Montant IN number(10))
  2  IS
  3  begin
  4      UPDATE EMPLOYES SET SALAIRE = SALAIRE + Montant;
  5  end AugmenterSalaire;
  6  /

Avertissement : Procédure créée avec erreurs de compilation.
```

ATTENTION

Il faut être attentif au fait que, dans une déclaration de procédure, une contrainte de longueur ne peut être appliquée aux arguments CHAR et VARCHAR2, de même qu'une contrainte de précision et/ou d'étendue ne peut être appliquée aux arguments NUMBER, puisque que ces contraintes proviennent des arguments réels.

IN

La valeur de l'argument réel est passée à la procédure lors de son invocation. A l'intérieur de celle-ci, l'argument formel se comporte comme une constante PL/SQL, à savoir qu'il est en lecture seule et ne peut donc être modifié. Lorsque la procédure se termine et que le contrôle repasse à l'environnement appelant, l'argument réel n'est pas modifié.

```
SQL> CREATE OR REPLACE PROCEDURE AugmenterSalaire( Montant IN number)
  2  IS
  3  begin
  4      UPDATE EMPLOYES SET SALAIRE = SALAIRE + Montant;
  5      Montant :=2000;
  6  end AugmenterSalaire;
  7  /

Avertissement : Procédure créée avec erreurs de compilation.
```

Comme vous pouvez l'observer, il est impossible d'affecter une valeur a un argument de type IN.

OUT

La valeur de l'argument réel est ignorée lors de l'invocation de la procédure. À l'intérieur de celle-ci, l'argument formel se comporte comme une variable PL/SQL n'ayant pas été initialisée, contenant donc la valeur NULL et supportant les opérations de lecture et d'écriture. Au terme de la procédure et au retour du contrôle à l'environnement appelant, le contenu de l'argument formel est affecté à l'argument réel.

```
SQL> CREATE OR REPLACE PROCEDURE NombreProduits( nombre_produits OUT number )
  2  IS
  3  begin
  4    dbms_output.put_line( 'La valeur est :'||nombre_produits);
  5    SELECT count(*) INTO nombre_produits FROM PRODUITS;
  6  end  NombreProduits;
  7  /

Procédure créée.

SQL>
SQL> declare
  2     v_nombre_produits number := 0;
  3  begin
  4   NombreProduits(v_nombre_produits);
  5   dbms_output.put_line( v_nombre_produits);
  6  end;
  7  /
La valeur est :
77

Procédure PL/SQL terminée avec succès.
```

Comme vous avez pu vous en apercevoir, l'argument réel, la variable
v_nombre_produits, est ignorée ; par contre, au retour, la variable
v_nombre_produits est affectée au nombre_produits, l'argument formel.

IN OUT

Ce mode est une combinaison de IN et OUT. La valeur de l'argument réel est
transmise à la procédure lors de son invocation. Au terme de la procédure et au retour
du contrôle à l'environnement appelant, le contenu de l'argument formel est affecté à
l'argument réel.

```
SQL> CREATE OR REPLACE PROCEDURE NombreProduits( nombre_produits IN OUT
number )
  2  IS
  3  begin
  4    dbms_output.put_line( 'La valeur est :'||nombre_produits);
  5    SELECT count(*) INTO nombre_produits FROM PRODUITS;
  6  end  NombreProduits;
  7  /

Procédure créée.

SQL>
SQL> declare
  2    v_nombre_produits number := 0;
  3  begin
  4    NombreProduits(v_nombre_produits);
  5    dbms_output.put_line( v_nombre_produits);
  6  end;
  7  /
La valeur est :0
77

Procédure PL/SQL terminée avec succès.
```

Les arguments (2)

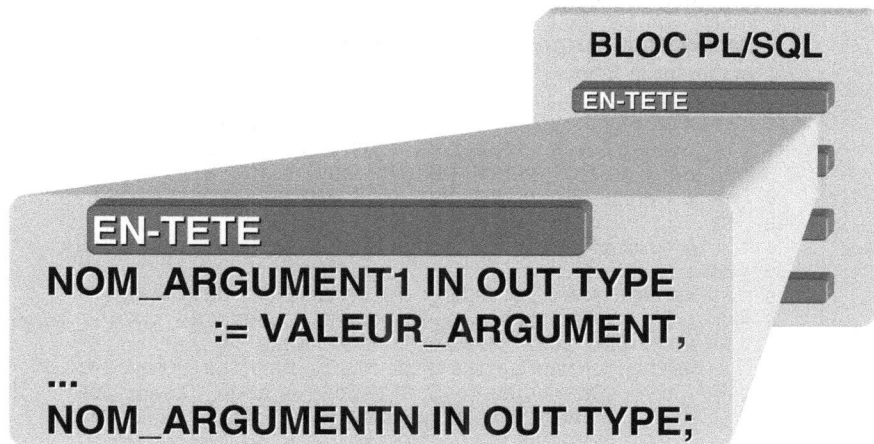

BLOC PL/SQL

EN-TETE

EN-TETE
NOM_ARGUMENT1 IN OUT TYPE
:= VALEUR_ARGUMENT,
...
NOM_ARGUMENTN IN OUT TYPE;

Comme lors de la déclaration de variables, les arguments formels d'une procédure ou d'une fonction peuvent avoir des valeurs par défaut, lesquelles ne sont pas passées par l'environnement appelant. Lorsqu'un argument réel est passé, sa valeur vient remplacer la valeur par défaut de l'argument formel. La syntaxe suivante est utilisée pour attribuer à un argument une valeur par défaut :

```
NOM_ARGUMENT [{IN | OUT | IN OUT}] TYPE
                    [{ := | DEFAULT } VALEUR_DEFAUT]
```

```
SQL> CREATE OR REPLACE FUNCTION UnitesStock
  2  ( a_code_categorie IN PRODUITS.CODE_CATEGORIE%TYPE :=1,
  3    a_fournisseur    IN PRODUITS.NO_FOURNISSEUR%TYPE :=1)
  4  RETURN PRODUITS.UNITES_STOCK%TYPE
  5  IS
  6    v_unites_stock  PRODUITS.UNITES_STOCK%TYPE;
  7  begin
  8    SELECT SUM(UNITES_STOCK) INTO v_unites_stock FROM PRODUITS
  9    WHERE  CODE_CATEGORIE = a_code_categorie AND
 10           NO_FOURNISSEUR = a_fournisseur;
 11    RETURN v_unites_stock;
 12  end UnitesStock;
 13  /

Fonction créée.

SQL> declare
  2    v_produit  PRODUITS%ROWTYPE;
  3  begin
  4    dbms_output.put_line( 'La somme est : '||UnitesStock);
  5  end;
  6  /
La somme est : 56

Procédure PL/SQL terminée avec succès.
```

Les deux arguments de la fonction UNITES_STOCK reçoivent des valeurs par défaut.

Notation positionnelle et nommée

Le langage PL/SQL vous donne la possibilité d'associer les arguments réels aux arguments formels :

Association par position. Dans ce cas, chaque argument est remplacé par la valeur occupant la même position dans la liste.

```
SQL> CREATE OR REPLACE PROCEDURE MontantCommande
  2  (a_code_client COMMANDES.CODE_CLIENT%TYPE,
  3   a_no_employe  COMMANDES.NO_EMPLOYE%TYPE,
  4   a_no_commande COMMANDES.NO_COMMANDE%TYPE)
  5  IS
  6     v_montant DETAILS_COMMANDES.PRIX_UNITAIRE%TYPE;
  7  begin
  8     SELECT SUM( DETAILS_COMMANDES.PRIX_UNITAIRE) *
  9            SUM( DETAILS_COMMANDES.QUANTITE) INTO v_montant
 10     FROM DETAILS_COMMANDES, COMMANDES
 11     WHERE COMMANDES.NO_COMMANDE = DETAILS_COMMANDES.NO_COMMANDE AND
 12           COMMANDES.CODE_CLIENT = a_code_client AND
 13           COMMANDES.NO_EMPLOYE  = a_no_employe  AND
 14           COMMANDES.NO_COMMANDE = a_no_commande;
 15     dbms_output.put_line( 'NO_COMMANDE = '||a_no_commande);
 16     dbms_output.put_line( 'v_montant   = '||v_montant);
 17  end;
 18  /

Procédure créée.

SQL>
SQL>
SQL> begin
  2      MontantCommande('LACOR',4,10972);
  3  end;
  4  /
NO_COMMANDE = 10972
v_montant   = 2697,5

Procédure PL/SQL terminée avec succès.
```

ATTENTION

Les arguments doivent être renseignés obligatoirement s'il n'y a pas de valeur par défaut déclarée.
Les arguments associés par position sont affectés dans l'ordre de leur déclaration. Vous ne pouvez pas affecter le deuxième sans renseigner le premier.

Association par nom. Dans ce cas, chaque argument peut être indiqué dans l'ordre quelconque en faisant apparaître la correspondance de façon implicite sous la forme :

```
( NOM_ARGUMENT => VALEUR_ARGUMENT [,...]);
```

La notation nommée est désirable lorsque la procédure, ce qui est rare il faut bien le remarquer, utilise un grand nombre d'arguments (plus de dix) car il est ainsi plus facile de déterminer à quel paramètre formel correspond chaque paramètre réel.

```
SQL> CREATE OR REPLACE PROCEDURE MontantCommande
  2  (a_code_client COMMANDES.CODE_CLIENT%TYPE,
  3   a_no_employe  COMMANDES.NO_EMPLOYE%TYPE :=4,
  4   a_no_commande COMMANDES.NO_COMMANDE%TYPE)
  5  IS
  6     v_montant DETAILS_COMMANDES.PRIX_UNITAIRE%TYPE;
  7  begin
  8     SELECT SUM( DETAILS_COMMANDES.PRIX_UNITAIRE) *
  9            SUM( DETAILS_COMMANDES.QUANTITE) INTO v_montant
 10     FROM DETAILS_COMMANDES, COMMANDES
 11     WHERE COMMANDES.NO_COMMANDE = DETAILS_COMMANDES.NO_COMMANDE AND
 12           COMMANDES.CODE_CLIENT = a_code_client AND
 13           COMMANDES.NO_EMPLOYE  = a_no_employe  AND
 14           COMMANDES.NO_COMMANDE = a_no_commande;
 15     dbms_output.put_line( 'NO_COMMANDE = '||a_no_commande);
 16     dbms_output.put_line( 'v_montant   = '||v_montant);
 17  end;
 18  /

Procédure créée.

SQL>
SQL>
SQL> begin
  2     MontantCommande( a_code_client =>'LACOR',
  3                      a_no_commande => 10972);
  4  end;
  5  /
NO_COMMANDE = 10972
v_montant   = 2697,5

Procédure PL/SQL terminée avec succès.
```

L'argument a_no_employe prend la valeur par défaut.

ATTENTION

Lorsque vous utilisez des valeurs par défaut, placez-les, pour autant que vous le pouvez, en fin de liste des arguments. Cela vous permettra d'utiliser indifféremment l'une ou l'autre de la notation positionnelle ou de la notation nommée.

Les arguments (3)

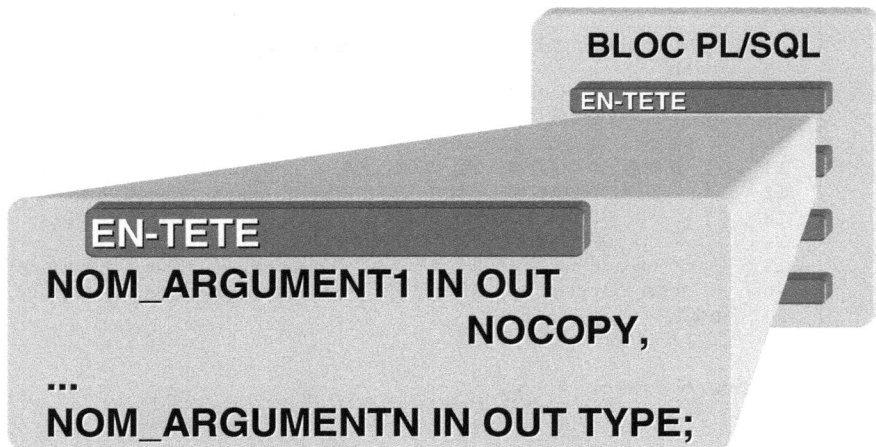

BLOC PL/SQL

EN-TETE

EN-TETE

NOM_ARGUMENT1 IN OUT

NOCOPY,

...

NOM_ARGUMENTN IN OUT TYPE;

Le passage d'un paramètre de sous-programme peut s'effectuer de deux manières : par référence ou par valeur. Dans le premier cas, un pointeur sur le paramètre réel est passé au paramètre formel correspondant, et dans le second, la valeur du paramètre réel est copiée dans le paramètre formel. Le passage par référence, qui évite la copie, est généralement plus rapide, particulièrement dans le cas de paramètres de collections.

Par défaut, PL/SQL passera les paramètres IN par référence et les paramètres IN OUT et OUT par valeur.

Oracle dispose d'un indicateur de compilation, "hint", appelé NOCOPY. Voici la syntaxe utilisée pour déclarer un paramètre avec cet indicateur :

```
NOM_ARGUMENT [{IN | OUT | IN OUT}] [NOCOPY] TYPE
[,...]
```

La présence de NOCOPY indique au compilateur PL/SQL de passer le paramètre par référence plutôt que par valeur. Etant donné que NOCOPY est un indicateur de compilateur, et non une directive, il n'est pas toujours pris en considération.

L'avantage principal dont NOCOPY permet de bénéficier est, dans certains cas, une amélioration des performances, amélioration particulièrement sensible lors du passage de tables PL/SQL volumineuses.

Les blocs locaux

BLOC PL/SQL

DECLARE
...

PROCEDURE
ou
FONCTION
DECLARE
...
BEGIN
...
EXCEPTION
...
END;

BEGIN
...

EXCEPTION
...

END;

Les procédures et les fonctions peuvent être utilisées sans être stockées dans la base, elles sont déclarées dans la section déclarative d'un bloc PL/SQL.

Le bloc, une fois déclaré de la sorte, est un identifiant PL/SQL soumis aux mêmes règles de portée et visibilité que les autres identifiants PL/SQL, c'est-à-dire qu'il est visible uniquement dans le bloc dans lequel il est déclaré.

Tout sous-programme local doit être déclaré à la fin de la section déclarative, sans quoi il y a une erreur de compilation.

```
SQL> declare
  2      PROCEDURE MontantCommande
  3      (a_code_client COMMANDES.CODE_CLIENT%TYPE,
  4       a_no_commande COMMANDES.NO_COMMANDE%TYPE)
  5      IS
  6          v_montant DETAILS_COMMANDES.PRIX_UNITAIRE%TYPE;
  7      begin
  8          SELECT SUM( DETAILS_COMMANDES.PRIX_UNITAIRE) *
  9                 SUM( DETAILS_COMMANDES.QUANTITE) INTO v_montant
 10          FROM DETAILS_COMMANDES, COMMANDES
 11          WHERE COMMANDES.NO_COMMANDE = DETAILS_COMMANDES.NO_COMMANDE AND
 12                COMMANDES.CODE_CLIENT = a_code_client AND
 13                COMMANDES.NO_COMMANDE = a_no_commande;
 14          dbms_output.put_line( 'NO_COMMANDE = '||a_no_commande);
 15          dbms_output.put_line( 'v_montant   = '||v_montant);
 16      end;
 17  begin
 18      MontantCommande( a_code_client =>'LACOR',
 19                       a_no_commande => 10972);
 20  end;
 21  /
NO_COMMANDE = 10972
v_montant   = 2697,5

Procédure PL/SQL terminée avec succès.
```

Les noms des blocs locaux étant des identifiants, ils doivent être déclarés avant qu'on puisse s'y référer. Lorsqu'il s'agit des blocs mutuellement référentiels, un problème se présente.

```
SQL> declare
  2      FUNCTION UnitesCommandes( a_ref_produit PRODUITS.REF_PRODUIT%TYPE)
  3      RETURN NUMBER;
  4
  5      FUNCTION UnitesStock( a_ref_produit PRODUITS.REF_PRODUIT%TYPE)
  6      RETURN NUMBER AS
  7      begin
  8        for v_produit in ( SELECT * FROM PRODUITS
  9                              WHERE REF_PRODUIT = a_ref_produit) loop
 10            if v_produit.UNITES_STOCK > 0 then
 11               RETURN v_produit.UNITES_STOCK;
 12            else
 13               RETURN UnitesCommandes(a_ref_produit);
 14            end if;
 15        end loop;
 16        RETURN NULL;
 17      end;
 18
 19      FUNCTION UnitesCommandes( a_ref_produit PRODUITS.REF_PRODUIT%TYPE)
 20      RETURN NUMBER IS
 21      begin
 22        for v_produit in ( SELECT * FROM PRODUITS
 23                              WHERE REF_PRODUIT = a_ref_produit) loop
 24            if v_produit.UNITES_COMMANDEES > 0 then
 25               RETURN v_produit.UNITES_COMMANDEES;
 26            else
 27               RETURN UnitesStock(a_ref_produit);
 28            end if;
 29        end loop;
 30        RETURN NULL;
 31      end;
 32  begin
 33     dbms_output.put_line( 'Les unités en stock ou commandées sont :'||
 34                          UnitesStock(17));
 35  end;
 36  /
Les unités en stock ou commandées sont :95

Procédure PL/SQL terminée avec succès.
```

La fonction UnitesStock appelle la fonction UnitesCommandes, alors UnitesCommandes doit être déclarée avant UnitesStock de sorte que la référence à UnitesCommandes puisse être résolue. En même temps, UnitesCommandes appelle la fonction UnitesStock, alors UnitesStock doit être déclarée avant UnitesCommandes de sorte que la référence à UnitesStock puisse être résolue.

Ces deux conditions ne peuvent être vraies au même moment. Pour y remédier, nous pouvons utiliser une déclaration préalable, consistant simplement en un nom de fonction et ses paramètres formels, ce qui permet l'existence de fonctions mutuellement référentielles.

La surcharge de blocs

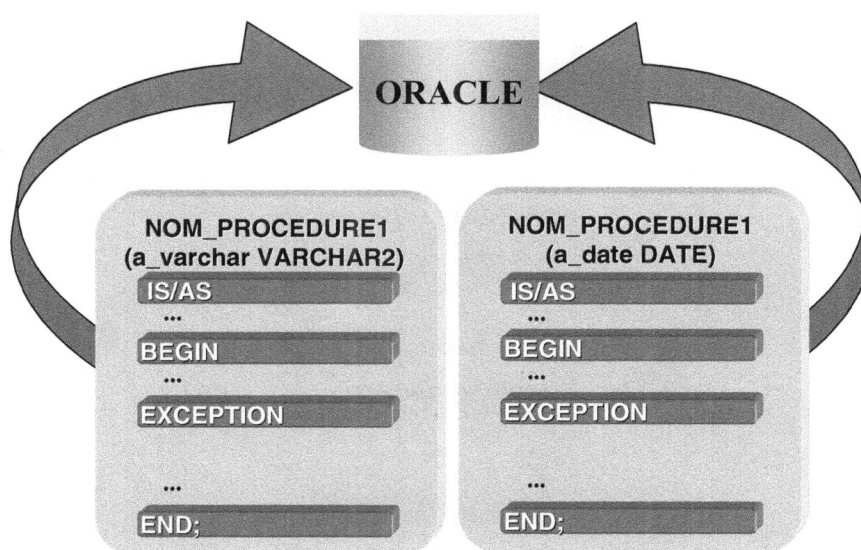

Deux ou plusieurs blocs peuvent avoir le même nom et une liste différente de paramètres. De tels modules (procédures ou fonctions) sont dits surchargés. Le code de ces programmes peut être très semblable ou bien complètement différent.

Voici un exemple de deux fonctions surchargées définies dans la section déclarative d'un bloc anonyme (les deux sont des modules locaux).

```
SQL> declare
  2      FUNCTION ControlValeur( a_date DATE)
  3      RETURN BOOLEAN IS
  4      begin
  5         RETURN a_date <= SYSDATE;
  6      end;
  7      FUNCTION ControlValeur( a_nombre NUMBER)
  8      RETURN BOOLEAN IS
  9      begin
 10         RETURN a_nombre >= 0;
 11      end;
 12  begin
 13      if ControlValeur(UID) then
 14         dbms_output.put_line( UID);
 15      end if;
 16  end;
 17  /
69

Procédure PL/SQL terminée avec succès.
```

Le compilateur compare le paramètre réel aux paramètres des listes des deux modules et il exécute alors le code du programme dont l'en-tête correspond.

Un exemple de programme surchargé en PL/SQL est la fonction TO_CHAR. Cette fonction peut être utilisée pour convertir à la fois les nombres et des dates au format caractère. En d'autres termes, il existe deux fonctions TO_CHAR différentes. La surcharge ne fait que rendre ce fait transparent pour les développeurs.

Le déboguage des blocs

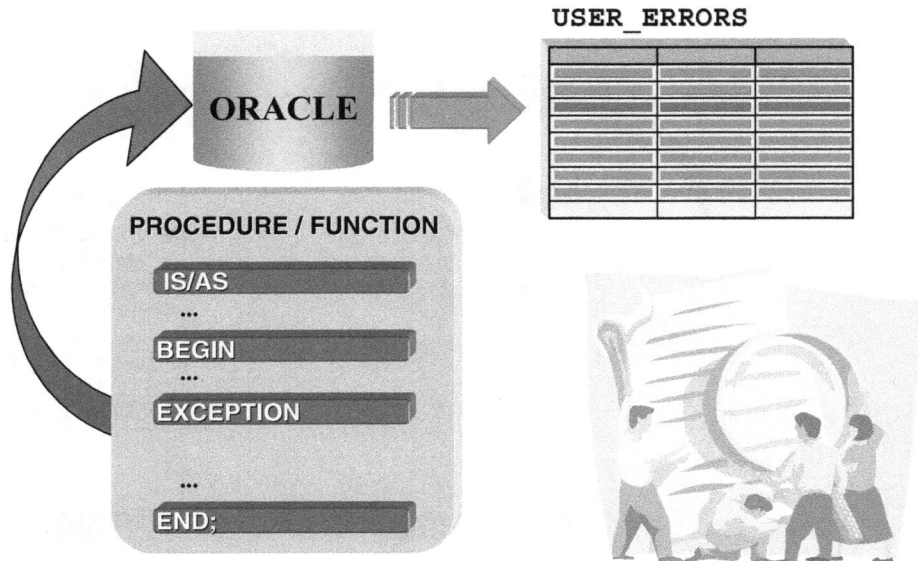

La commande « SHOW ERRORS » affiche toutes les erreurs associées au dernier objet procédural créé. Cette commande extrait de la vue du dictionnaire de données USER_ERRORS les erreurs associées à la tentative de compilation la plus récente pour cet objet. Elle indique aussi les numéros de la ligne et de la colonne pour chaque erreur ainsi que le texte du message d'erreur.

Pour visualiser les erreurs associées à des objets procéduraux qui ont été créés, vous pouvez donc interroger directement la vue USER_ERRORS. Dans l'exemple suivant, les messages d'erreur émis lors de la création de la fonction MontantCommande sont recherchés :

```
SQL> SELECT LINE, POSITION, TEXT
  2  FROM USER_ERRORS
  3  WHERE NAME = 'MONTANTCOMMANDE' AND
  4        TYPE = 'PROCEDURE'
  5  ORDER BY SEQUENCE;

    LINE    POSITION
---------- ----------
TEXT
-------------------------------------------------------------------
        14        10
PL/SQL: ORA-00933: La commande SQL ne se termine pas correctement
         8         4
PL/SQL: SQL Statement ignored

SQL> SHOW ERRORS
Erreurs pour PROCEDURE MONTANTCOMMANDE :

LINE/COL ERROR
-------- ----------------------------------------------------------------------
8/4      PL/SQL: SQL Statement ignored
14/10    PL/SQL: ORA-00933: La commande SQL ne se termine pas correctement
```

Les valeurs valides pour la colonne Type sont PROCEDURE, PACKAGE. FUNCTION et PACKAGE BODY.

Les informations concernant les sous-programmes sont accessibles au moyen des diverses vues du dictionnaire de données. La vue USER_OBJECTS contient les informations concernant chacun des objets, y compris les sous-programmes stockés que possède l'utilisateur courant. La vue USER_SOURCE contient le code source d'origine de l'objet. La vue USER_ERRORS contient les informations concernant les erreurs de compilation.

La procédure suivante est une illustration des différents modes de récupération d'erreurs :

```
SQL> CREATE OR REPLACE PROCEDURE SumSalaires
  2  IS
  3     v_sum EMPLOYES.SALAIRE%TYPE;
  4  begin
  5     SELECT SUM( SALAIRE ) INTO v_sum
  6     FROM EMPLOYES;
  7     dbms_output.put_line( v_sum);
  8  end;
  9  /

Procédure créée.

SQL> SELECT OBJECT_NAME, OBJECT_TYPE, STATUS
  2  FROM USER_OBJECTS
  3  WHERE OBJECT_NAME = 'SUMSALAIRES';

OBJECT_NAME                    OBJECT_TYPE     STATUS
------------------------------ --------------- -------
SUMSALAIRES                    PROCEDURE       VALID

SQL> SELECT TEXT FROM USER_SOURCE
  2  WHERE NAME = 'SUMSALAIRES';

TEXT
----------------------------------------------------
PROCEDURE SumSalaires
IS
   v_sum EMPLOYES.SALAIRE%TYPE;
begin
   SELECT SUM( SALAIRE ) INTO v_sum
   FROM EMPLOYES;
   dbms_output.put_line( v_sum);
end;

8 ligne(s) sélectionnée(s).

SQL> SELECT LINE, POSITION, TEXT
  2  FROM USER_ERRORS
  3  WHERE NAME = 'SUMSALAIRES' AND
  4       TYPE = 'PROCEDURE'
  5  ORDER BY SEQUENCE;

aucune ligne sélectionnée
```

Atelier 15.1

- Les procédures
- Les fonctions

Durée : 25 minutes

TP

L'objectif de l'atelier est de vous aider à mieux comprendre les procédures et les fonctions.

Exercice n° 1

Créez une fonction qui reçoit comme argument un code d'une catégorie des produits et retourne VRAI si la catégorie existe, et FALSE sinon.

Créez une fonction qui reçoit comme argument un numéro fournisseur et retourne VRAI si le fournisseur existe, et FALSE sinon.

Créez une fonction qui teste si un nom de produit passé en argument n'existe pas déjà dans la table PRODUITS.

Créez un script qui permet de saisir toutes les informations pour insérer un produit dans la table PRODUITS. Utilisez les trois fonctions précédemment créées pour les contrôles nécessaires.

- *Les packages*

- *Les spécifications de package*

- *Les corps des packages*

- *Les curseurs*

Les packages

Objectifs

A la fin de ce module, vous serez à même d'effectuer les tâches suivantes :

- Décrire les packages.
- Créer des packages.
- Déclarer l'interface publique des packages.
- Invoquer le constructeur d'un package.
- Surcharger les blocs des packages

Contenu

Utilisation des packages

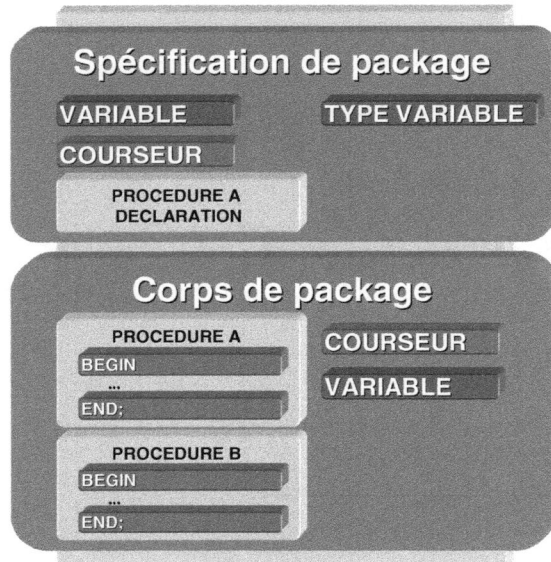

Un package est une structure PL/SQL qui permet de stocker ensemble des objets logiquement associés et comprend deux parties distinctes : la spécification et le corps, qui sont stockés séparément dans le dictionnaire de données.

Un des intérêts de regrouper ces objets dans un package est la possibilité de s'y référer à partir d'autres blocs PL/SQL ; les packages permettent ainsi de disposer de variables PL/SQL globales.

Avant d'explorer complètement l'utilisation du package, revoyons-en les principaux avantages :

Protection des données

Lorsqu'on construit un package, on décide quels éléments sont publics (pouvant être référencés à l'extérieur du package) et lesquels sont privés (autorisés seulement dans le package lui-même). On peut également ne restreindre l'accès qu'aux spécifications du package. Dans ce cas, on utilise le package pour masquer le détail de l'implémentation des programmes.

Conception orientée objet

Le langage PL/SQL n'offre pas encore des possibilités complètes de conception orientée objet, les packages, eux, permettent d'en suivre de nombreux principes. Les packages fournissent aux développeurs un niveau très élevé de contrôle d'accès aux variables et aux modules inclus dans un même package.

On peut inclure toutes les règles d'accès aux entités (que ce soit des tables de la base ou des structures en mémoire) dans le package, on crée un objet encapsulé et abstrait.

Conception descendante

Les spécifications d'un package peuvent être codées avant le corps du package. On peut, en d'autres termes, concevoir l'interface avec les modules inclus dans le package avant même de les avoir vraiment développés.

Les packages peuvent être compilés sans que leur corps soit défini. De plus, ce qui est encore plus remarquable, pour que la compilation des programmes qui appellent des modules de package s'effectue avec succès, il suffit que les spécifications de ces modules aient pu être compilées.

Persistance des objets

Les packages PL/SQL permettent d'implémenter des données globales dans votre environnement applicatif. On appelle données globales des informations qui perdurent à travers les différents composants d'une application ; contrairement aux données locales, propres à un module particulier.

Les objets déclarés dans les spécifications d'un package se comportent, vis-à-vis des autres objets PL/SQL de l'application, comme des données globales. Si l'on a accès au package, on peut modifier les variables d'un module et faire appel à ces variables modifiées dans un autre module du package. Ces données sont persistantes pour la durée de la session utilisateur.

Si une procédure packagée ouvre un curseur, celui-ci reste ouvert et est utilisable par d'autres routines packagées durant toute la session. Il n'est pas nécessaire de définir le curseur de manière explicite dans chaque programme. On peut l'ouvrir dans un module et y faire appel dans un autre module. Pour finir, les variables de package peuvent véhiculer des données au-delà des bornes d'une transaction, car elles sont attachées à la session utilisateur et non à la transaction elle-même.

Amélioration des performances

Lorsqu'on fait appel à un objet pour la première fois, tout le package est chargé en mémoire. De cette façon, tous les autres éléments du package sont rendus immédiatement accessibles pour tous les futurs appels au package. Le PL/SQL n'a pas besoin de faire des accès disque aux éléments de programmes et aux données chaque fois qu'un nouvel objet est utilisé.

La spécification de package

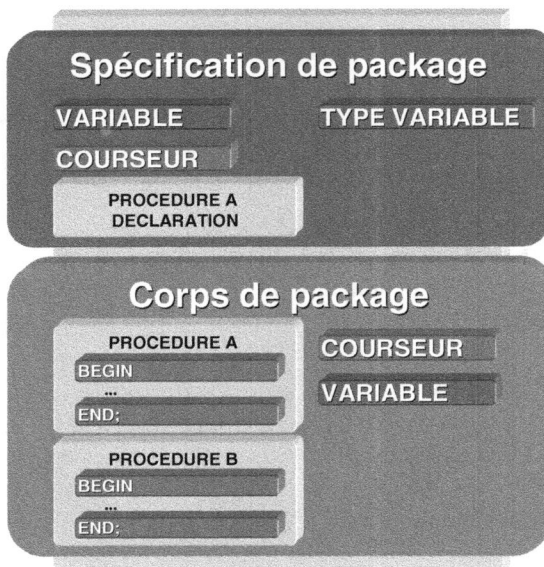

La spécification d'un package contient des informations relatives au contenu du package. Remarquez bien qu'elle ne contient toutefois le code d'aucune procédure.

Les éléments d'un package sont identiques à ceux d'une section déclarative de bloc anonyme, les mêmes règles de syntaxe s'appliquant à l'en-tête d'un package et à la section déclarative d'un bloc, à l'exception toutefois des déclarations de procédures et de fonctions.

Les règles de déclarations sont :

- L'ordre d'apparition des éléments contenus dans un package peut être quelconque. Toutefois, et comme dans une section déclarative, un objet doit être déclaré avant de pouvoir s'y référer.

- Tous les types d'éléments ne doivent pas nécessairement être présents.

- Toutes les déclarations de procédures et de fonctions doivent être des déclarations préalables. Une déclaration préalable décrit simplement le sous-programme et ses arguments sans en inclure le code. Dans le cas d'un package, le code qui implémente ses procédures et ses fonctions doit se trouver dans le corps du package.

La syntaxe de création d'un package est :

```
CREATE [OR REPLACE] PACKAGE NOM_PACKAGE
{IS | AS}
  [Déclarations des variables et des types]
  [Spécifications des curseurs]
  [Spécifications des modules]
END [NOM_PACKAGE];
```

On peut déclarer des variables et inclure des spécifications à la fois pour les curseurs et pour les modules. On doit avoir au moins une clause de déclaration ou de spécification dans les spécifications du package.

```
SQL> CREATE OR REPLACE PACKAGE GererProduit
  2  AS
  3       CURSOR c_produit
  4           RETURN PRODUITS%ROWTYPE;
  5
  6       v_produit c_produit%ROWTYPE;
  7       e_PasDeCategorie    EXCEPTION;
  8       e_PasDeFournisseur EXCEPTION;
  9
 10       TYPE t_Produits IS TABLE OF PRODUITS%ROWTYPE
 11           INDEX BY BINARY_INTEGER;
 12
 13       FUNCTION VerifieCategorie(a_code_categorie
 14                              CATEGORIES.CODE_CATEGORIE%TYPE)
 15           RETURN BOOLEAN ;
 16       FUNCTION VerifieFournisseur(a_no_fournisseur
 17                              FOURNISSEURS.NO_FOURNISSEUR%TYPE)
 18           RETURN BOOLEAN;
 19       PROCEDURE AddProduit( a_produit PRODUITS%ROWTYPE );
 20  end GererProduit;
 21  /

Package créé.
```

Remarquez bien que la définition du package ne contient toutefois le code d'aucune procédure et que le curseur est également déclaré.

Éléments publics et privés d'un package

L'un des concepts centraux des packages est le niveau de confidentialité de ses éléments. L'un des aspects les plus positifs du package est qu'il permet réellement de renforcer le contrôle d'accès aux informations. Avec un package on peut non seulement dissimuler son savoir-faire derrière une interface procédurale, mais également le rendre complètement confidentiel.

Un élément de package, que ce soit une variable ou un module, peut être public ou privé.

Public Défini dans les spécifications. Un élément public peut être référencé dans d'autres programmes et blocs PL/SQL.

Privé Uniquement défini dans le corps du package, il n'apparaît pas dans les spécifications. Un élément privé ne peut être référencé en dehors du package. Tout autre élément du package peut, toutefois, référencer et utiliser un élément privé.

Si vous pensez qu'un élément privé, comme un module ou un curseur, devrait être public, il suffit d'ajouter cet objet aux spécifications et de recompiler. Il devient alors visible à l'extérieur du package.

La séparation claire des éléments publics et privés offre aux développeurs PL/SQL un contrôle sans précédent sur leurs données et leurs programmes.

Comment référencer les éléments d'un package

Un package est propriétaire de ses objets, tout comme une table est propriétaire de ses colonnes. On utilise la même syntaxe pour désigner un objet de package que pour désigner une colonne de table, en le préfixant par le nom du package suivi d'un point.

Pour référencer n'importe lequel de ces objets; on préfixe le nom de l'objet avec le nom du package, comme suit :

```
NOM_PACKAGE.NOM_OBJET ;
```

Le corps de package

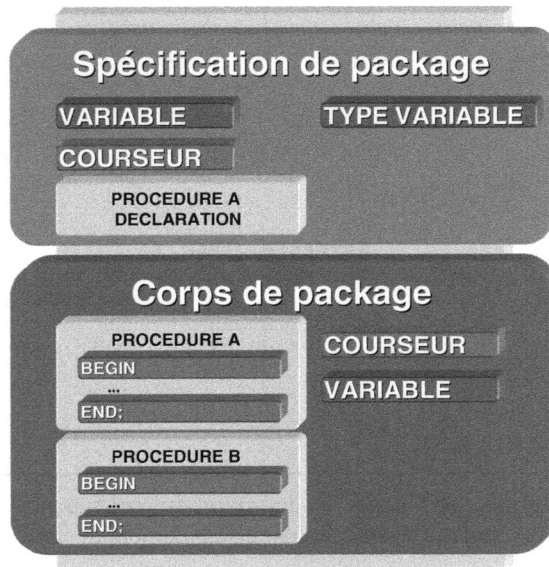

Le corps d'un package est un objet du dictionnaire de données dont la compilation ne peut précéder celle de la spécification de package. Il peut également inclure des déclarations additionnelles qui sont globales dans le corps du package, mais qui ne sont pas visibles dans la spécification.

Le corps du package est optionnel. Lorsque l'en-tête du package ne contient aucune procédure ni fonction, mais seulement des déclarations de variables, des curseurs, des types, etc., le corps peut être omis. Il s'agit là d'une technique pratique pour déclarer des variables globales, puisque tous les objets déclarés dans l'en-tête d'un package sont aussi visibles en dehors de celui-ci.

Toute déclaration préalable dans la spécification de package doit s'accompagner d'une définition dans le corps du package, la spécification du sous-programme devant être identique dans les deux emplacements.

La syntaxe de création d'un corps de package est la suivante :

```
CREATE [OR REPLACE] PACKAGE BODY NOM_PACKAGE
{IS | AS}
  [Déclarations des variables et des types]
  [Spécifications et SELECT des curseurs]
  [Spécifications et corps des modules]
[BEGIN
  Ordres exécutables]
[EXCEPTIONS
  Exceptions]
END [NOM_PACKAGE];
```

On peut déclarer d'autres variables dans le corps du package, mais on ne doit pas en répéter les déclarations dans les spécifications du package. Le corps contient la totalité de l'implémentation des curseurs et des modules. Dans le cas d'un curseur, le corps du package contient à la fois les spécifications et les clauses SQL du curseur. Dans le cas d'un module, le corps du package contient à la fois les spécifications et le corps du module.

Le mot clé BEGIN signale la présence d'une section d'exécution ou d'initialisation du package. Cette section peut également, si nécessaire, inclure une section (le gestion des exceptions.

```
SQL> CREATE OR REPLACE PACKAGE BODY GererProduit
  2  IS
  3       v_utilisateur VARCHAR2(25);
  4
  5       CURSOR c_produit RETURN PRODUITS%ROWTYPE
  6          IS  SELECT REF_PRODUIT, NOM_PRODUIT, NO_FOURNISSEUR,
  7                      CODE_CATEGORIE, QUANTITE, PRIX_UNITAIRE,
  8                      UNITES_STOCK, UNITES_COMMANDEES, INDISPONIBLE
  9              FROM PRODUITS;
 10
 11      FUNCTION VerifieCategorie(a_code_categorie
 12                        CATEGORIES.CODE_CATEGORIE%TYPE)
 13      RETURN BOOLEAN AS
 14      begin
 15         for v_code_categorie in ( SELECT CODE_CATEGORIE FROM CATEGORIES
 16                        WHERE  CODE_CATEGORIE = a_code_categorie) loop
 17            RETURN TRUE;--Catégorie trouvé
 18         end loop;
 19         RETURN FALSE;
 20      end VerifieCategorie;
 21
 22      FUNCTION VerifieFournisseur(a_no_fournisseur
 23                        FOURNISSEURS.NO_FOURNISSEUR%TYPE)
 24      RETURN BOOLEAN AS
 25      begin
 26         for v_no_fournisseur in ( SELECT NO_FOURNISSEUR FROM FOURNISSEURS
 27                        WHERE  NO_FOURNISSEUR = a_no_fournisseur) loop
 28            RETURN TRUE;--Fournisseur trouvé
 29         end loop;
 30         RETURN FALSE;
 31      end VerifieFournisseur;
 32
 33      PROCEDURE AddProduit ( a_produit PRODUITS%ROWTYPE ) AS
 34      begin
 35         INSERT INTO PRODUITS VALUES
 36            (a_produit.REF_PRODUIT,a_produit.NOM_PRODUIT,
 37            a_produit.NO_FOURNISSEUR,a_produit.CODE_CATEGORIE,
 38            a_produit.QUANTITE,a_produit.PRIX_UNITAIRE,
 39            a_produit.UNITES_STOCK,a_produit.UNITES_COMMANDEES,
 40            a_produit.INDISPONIBLE);
 41      end AddProduit;
 42  begin
 43     SELECT USER INTO v_utilisateur FROM DUAL;
 44  exception
 45     when e_PasDeCategorie    then
 46         dbms_output.put_line( 'Erreur CODE_CATEGORIE');
 47     when e_PasDeFournisseur   then
 48         dbms_output.put_line( 'Erreur NO_FOURNISSEUR');
 49     when OTHERS then
 50         dbms_output.put_line( 'Erreur Package GererProduit');
 51  end GererProduit;
 52  /

Corps de package créé.
```

Déclarations dans la spécification de package

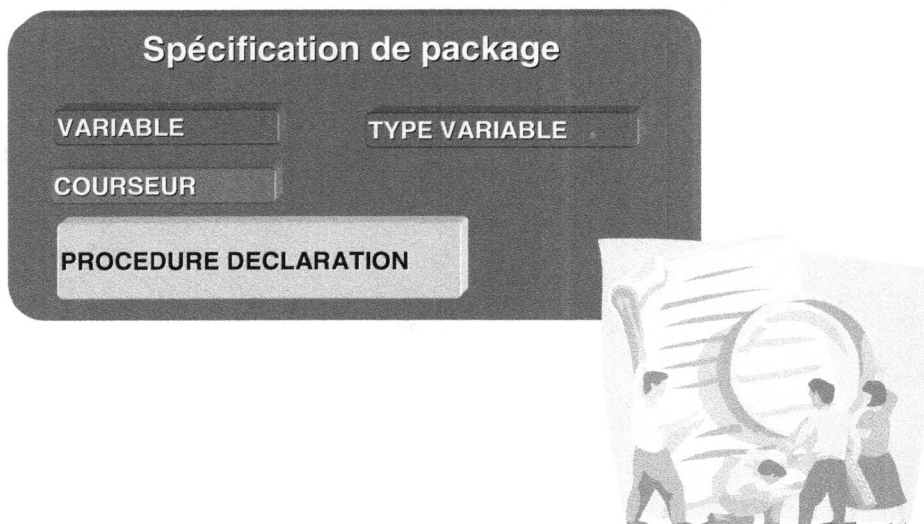

Les spécifications de package, comme l'on a vu précédemment, listent tous les objets du package qui sont utilisables dans les applications, et fournissent aux développeurs toutes les informations nécessaires à l'utilisation de ces objets.

Les spécifications de package peuvent contenir tout ou une partie des déclarations suivantes :

- Déclaration de variable.
- Déclaration de TYPE.
- Déclaration d'exception.
- Spécification du nom du curseur et de la clause RETURN associée.
- Spécification de module.

Parmi ces objets, seuls le curseur et le module doivent être définis dans le corps du package, ils ne sont pas complètement définis par les spécifications. Le curseur a besoin de son ordre SELECT. Le module doit comporter une section d'exécution.

La variable, le TYPE, et l'exception ne nécessitent aucun code supplémentaire. On peut, de ce fait, développer des packages se résumant à des spécifications, et ne comportant aucun corps.

Packages sans corps

Un package n'a besoin d'un corps que si on veut définir des éléments de package privés ou les spécifications comprenant un curseur ou un module.

Un package peut se résumer à des spécifications d'éléments publics de package. Dans ce cas, aucun corps n'est à prévoir. Ce paragraphe fournit deux exemples de situations dans lesquelles le corps est optionnel.

Le package de gestion des exceptions décrit dans l'exemple ci-après, comporte un ensemble d'exceptions utilisateur, ainsi que les codes d'erreur ORACLE correspondantes.

```
SQL> CREATE OR REPLACE PACKAGE GererExceptions
  2  AS
  3     ENFANT_EXISTENT EXCEPTION;
  4     PRAGMA EXCEPTION_INIT(ENFANT_EXISTENT, -2292);
  5
  6     PARENT_INTROUVABLE EXCEPTION;
  7     PRAGMA EXCEPTION_INIT(PARENT_INTROUVABLE, -2291);
  8
  9     VIOLATION_CONTROLE EXCEPTION;
 10     PRAGMA EXCEPTION_INIT(VIOLATION_CONTROLE, -2293);
 11  end GererExceptions;
 12  /

Package créé.
SQL> begin
  2      delete CATEGORIES;
  3  exception
  4      when GererExceptions.ENFANT_EXISTENT then
  5          dbms_output.put_line( 'GererExceptions.ENFANT_EXISTENT');
  6      when GererExceptions.PARENT_INTROUVABLE then
  7          dbms_output.put_line( 'GererExceptions.PARENT_INTROUVABLE');
  8      when GererExceptions.VIOLATION_CONTROLE then
  9          dbms_output.put_line( 'GererExceptions.VIOLATION_CONTROLE');
 10  end;
 11  /
GererExceptions.ENFANT_EXISTENT

Procédure PL/SQL terminée avec succès.
```

Dans les applications vous trouvez un ensemble des constantes qui ne changent jamais ou très peu. Ces valeurs correspondent à des codes ou à des bornes de valeurs.

Ne codez pas ces valeurs en dur dans vos programmes, vous pouvez les définir comme des constantes dans le module. On retrouve souvent les mêmes valeurs constantes dans différents modules. Plutôt que de les déclarer dans chaque module, il vaut mieux traiter ces valeurs comme des données globales de l'application.

On peut créer des données globales dans un package comme dans l'exemple qui suit :

```
SQL> CREATE OR REPLACE PACKAGE GererConstantes
  2  AS
  3     pays                 CONSTANT VARCHAR2(10):='France';
  4     date_commande        CONSTANT DATE        :=SYSDATE;
  5     produit_indisponible CONSTANT NUMBER(1):=-1;
  6     produit_disponible   CONSTANT NUMBER(1):=0;
  7  end GererConstantes;
  8  /

Package créé.

SQL> declare
  2      v_sum_produit PRODUITS.UNITES_COMMANDEES%TYPE;
  3  begin
  4      SELECT SUM( UNITES_COMMANDEES) INTO v_sum_produit FROM PRODUITS
  5      WHERE INDISPONIBLE = GererConstantes.produit_indisponible;
  6      dbms_output.put_line( v_sum_produit);
  7  end;
  8  /
165

Procédure PL/SQL terminée avec succès.
```

Si l'une des valeurs des constantes change, il faut seulement modifier la valeur de la constante utilisée dans le package de configuration. Aucun module de programmes ne doit être revu.

Déclaration de curseurs de package

Lorsqu'on inclut un curseur dans les spécifications d'un package, on doit utiliser la clause RETURN du curseur. C'est une partie optionnelle du curseur lorsque celui-ci est défini dans la section déclarative d'un bloc PL/SQL. Dans les spécifications d'un package, c'est un élément obligatoire.

La clause RETURN d'un curseur précise les données retournées par FETCH, ces données sont en réalité définies dans l'ordre SELECT, mais celui-ci n'apparaît que dans le corps du package, et non dans les spécifications. Les spécifications du curseur doivent obligatoirement contenir toutes les informations nécessaires à un programme pour utiliser ce curseur ; d'où la nécessité d'utiliser la clause RETURN.

La clause RETURN peut reprendre n'importe lequel des types de structure suivants :

- Un enregistrement basé sur une table de la base de données, défini en utilisant l'attribut %ROWTYPE.
- Un enregistrement défini par l'utilisateur.

```
SQL> CREATE OR REPLACE PACKAGE GererProduit
  2  AS
  3       CURSOR c_produit
  4            RETURN PRODUITS%ROWTYPE;
...

SQL> CREATE OR REPLACE PACKAGE BODY GererProduit
  2  IS
  3       v_utilisateur VARCHAR2(25);
  4
  5       CURSOR c_produit RETURN PRODUITS%ROWTYPE
  6          IS  SELECT REF_PRODUIT, NOM_PRODUIT, NO_FOURNISSEUR,
  7                      CODE_CATEGORIE, QUANTITE, PRIX_UNITAIRE,
  8                      UNITES_STOCK, UNITES_COMMANDEES, INDISPONIBLE
  9              FROM PRODUITS;
...
```

Les sous-programmes d'un package peuvent être surchargés, c'est-à-dire que deux procédures ou fonctions peuvent se voir attribuer le même nom à condition d'utiliser des paramètres différents. Cette fonctionnalité est très utile en ce qu'elle permet d'appliquer une même opération à des objets de types différents. Comme dans l'exemple suivant :

```
SQL> CREATE OR REPLACE PACKAGE GererEmploye
  2  AS
  3       FUNCTION AddEmploye( a_no_emloye      EMPLOYES.NO_EMPLOYE%TYPE,
  4                            a_rend_compte    EMPLOYES.REND_COMPTE%TYPE,
  5                            a_nom            EMPLOYES.NOM%TYPE,
  6                            a_prenom         EMPLOYES.PRENOM%TYPE,
  7                            a_fonction       EMPLOYES.FONCTION%TYPE,
  8                            a_titre          EMPLOYES.TITRE%TYPE,
  9                            a_date_naissance EMPLOYES.DATE_NAISSANCE%TYPE,
 10                            a_date_embauche  EMPLOYES.DATE_EMBAUCHE%TYPE,
 11                            a_salaire        EMPLOYES.SALAIRE%TYPE,
 12                            a_commission     EMPLOYES.COMMISSION%TYPE  )
 13       RETURN BOOLEAN;
 14       FUNCTION AddEmploye( a_emloye EMPLOYES%ROWTYPE)
 15       RETURN BOOLEAN;
...
```

Déclarations dans le corps de package

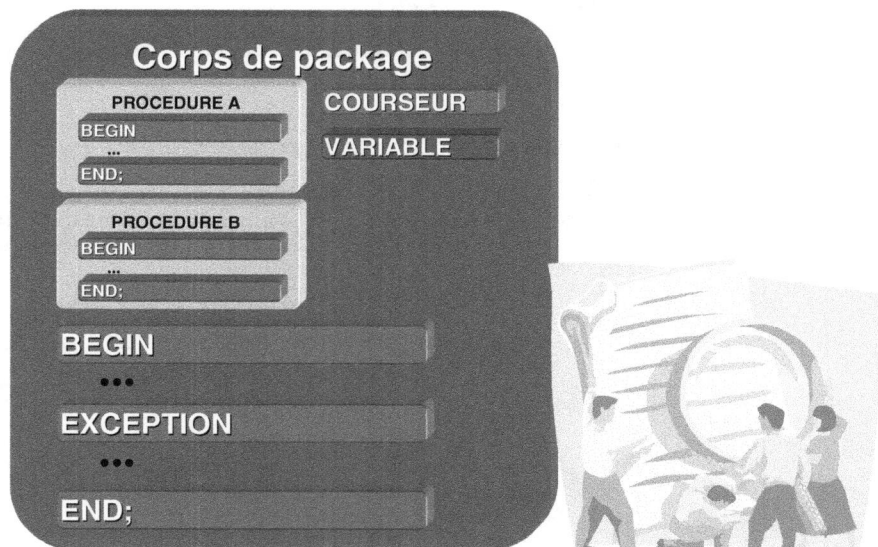

Le corps du package contient tout le code nécessaire à l'implémentation des spécifications du package. Comme on l'a vu dans le paragraphe précédent, certains packages n'ont même pas besoin de corps.

Un corps de package est requis dès que les spécifications du package contiennent une déclaration de curseur de procédure ou de fonction il est également requis si vous souhaitez exécuter du code dans la section d'initialisation du package.

Le corps du package peut contenir des sections déclaratives, d'exécution et de gestion des exceptions, à l'instar de n'importe quel bloc PL/SQL. La section déclarative contient la définition de tous objets publics du package, listés dans les spécifications, mais aussi la définition de n'importe quel objet privé, non listé dans les spécifications.

Déclarations dans le corps

Toute déclaration d'une variable, d'une exception, d'un TYPE, ou d'une constante, dans les spécifications du package le rend utilisable dans le corps du package sans qu'il soit nécessaire d'effectuer une déclaration locale explicite. Si on essaie de déclarer l'objet également dans le corps du package, on reçoit un message d'erreur.

La déclaration des objets dans le corps du package les définit globaux à l'intérieur du package mais non visibles à l'extérieur du package. Les valeurs prises par les variables du package sont persistantes d'un module du package à un autre. De tels objets sont appelés données du package, dans la mesure où ils sont dans la portée du package. Tout module peut référencer de tels objets sans effectuer de déclaration explicite à l'intérieur du module lui-même.

```
CREATE OR REPLACE PACKAGE GererEmploye
AS
    e_Salaire     EXCEPTION;
    e_Superieur   EXCEPTION;
    e_Employe     EXCEPTION;
    v_employe     EMPLOYES%ROWTYPE;
    v_avg_salaire         EMPLOYES.SALAIRE%TYPE;
...


SQL> CREATE OR REPLACE PACKAGE BODY GererEmploye
  2  IS
  3      v_sum_salaire         EMPLOYES.SALAIRE%TYPE;
  4      PROCEDURE Augmenter(a_no_emloye      EMPLOYES.NO_EMPLOYE%TYPE,
  5                          a_salaire        EMPLOYES.SALAIRE%TYPE    :=0  )
  6      IS
  7          v_salaire EMPLOYES.SALAIRE%TYPE;
  8      begin
  9          SELECT SALAIRE INTO v_salaire FROM EMPLOYES
 10          WHERE NO_EMPLOYE = a_no_emloye;
 11
 12          case
 13          when a_salaire = 0 then
 14              v_salaire := v_avg_salaire;
 15          when a_salaire <= v_salaire then
 16              raise e_Salaire;
 17          else
 18              v_salaire := a_salaire;
 19          end case;
 20      end;
...
```

La variable v_sum_salaire est une variable globale visible en dehors du package, en revanche la variable v_avg_salaire est une variable privée accessible uniquement dans le package. Vous pouvez voir dans l'exemple suivant que l'accès à la variable v_avg_salaire est interdit, par contre la variable v_sum_salaire est accessible.

```
SQL> begin
  2      dbms_output.put_line( GererEmploye.v_sum_salaire);
  3  end;
  4  /
45561

Procédure PL/SQL terminée avec succès.

SQL>
SQL> begin
  2      dbms_output.put_line( GererEmploye.v_avg_salaire);
  3  end;
  4  /
    dbms_output.put_line( GererEmploye.v_avg_salaire);
                                       *
ERREUR à la ligne 2 :
ORA-06550: Ligne 2, colonne 41 :
PLS-00302: Le composant 'V_AVG_SALAIRE' doit être déclaré
ORA-06550: Ligne 2, colonne 6 :
PL/SQL: Statement ignored
```

Initialisation de packages

La première fois qu'un sous-programme de package est appelé, le package est instancié. Plus précisément, il est extrait du disque et placé en mémoire, le code compilé du sous-programme appelé est exécuté, et de la mémoire est allouée à toutes les variables définies dans le package. Pour garantir que deux sessions exécutant des sous-programmes issus d'un même package utilisent différents emplacements en mémoire, chacune d'elles possédera sa propre copie des variables du package.

Le code d'initialisation doit souvent être exécuté la première fois que le package est instancié. C'est pourquoi une section d'initialisation est ajoutée au corps du package, à la suite de tous les autres objets, au moyen de la syntaxe suivante :

```
CREATE [OR REPLACE] PACKAGE BODY NOM_PACKAGE
{IS | AS}
   [Déclarations des variables et des types]
   [Spécifications et SELECT des curseurs]
   [Spécifications et corps des modules]
[BEGIN
   Ordres exécutables]
[EXCEPTIONS
   Exceptions]
END [NOM_PACKAGE];
```

Le package suivant, initialise deux variables variable v_sum_salaire et v_avg_salaire avec respectivement la somme et la moyenne des salaires des employés.

```
SQL> CREATE OR REPLACE PACKAGE BODY GererEmploye
  2  IS
...
60  begin
61      SELECT SUM(SALAIRE) INTO v_sum_salaire FROM EMPLOYES;
62      SELECT AVG(SALAIRE) INTO v_avg_salaire FROM EMPLOYES;
63  exception
64      when e_Salaire then
65         dbms_output.put_line( 'Le salaire n'est pas valide.');
66      when e_Superieur then
67         dbms_output.put_line( 'Le supérieur n'est pas valide.');
68      when e_Employe then
69         dbms_output.put_line( 'Le supérieur n'est pas valide.');
70      when OTHERS then
71         dbms_output.put_line( 'Erreur.');
72  end GererEmploye;
73  /
```

La suppression de package

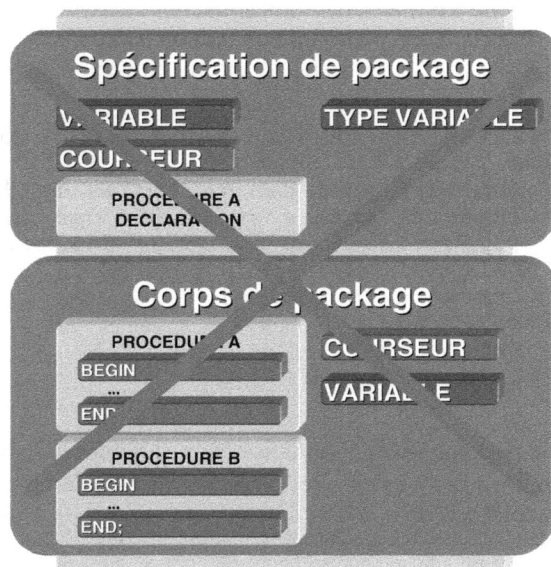

La modification d'un package

La modification d'un package concerne sa version compilée. Il est important de recompiler le package afin que le noyau tienne compte de l'évolution de la base et que l'on puisse modifier sa méthode d'accès et son plan d'exécution.

```
ALTER PACKAGE NOM_PACKAGE
      COMPILE [PACKAGE | BODY] ;
```

En pratique, il est recommandé de sauvegarder les sources des packages dans des fichiers pour les reprendre en vue d'une modification de leur contenu. En cas de modification des sources, l'utilisateur doit recréer le package avec l'option REPLACE pour remplacer l'existant.

La suppression d'un package

Elle s'effectue avec la commande :

```
DROP [PACKAGE | BODY] NOM_PACKAGE ;
```

Atelier 16.1

■ Créations des packages

Durée : 45 minutes

TP

L'objectif de l'atelier est de vous aider à mieux comprendre la gestion des packages dans le langage PL/SQL.

Exercice n° 1

Créez un package pour la gestion de employés avec ces caractéristiques :

-Une fonction qui contrôle l'existence d'un employé dans la table EMPLOYES.

-Une procédure de suppression d'un employé.

-Une procédure d'augmentation du salaire pour un employé. La procédure comporte deux arguments ; le premier est le numéro de l'employé, qui doit être contrôlé, et le deuxième argument est le montant de l'augmentation. Si le montant est égal à zéro l'employé se voit attribuer la moyenne des salaires.

-Une procédure d'insertion d'un employé dans la table EMPLOYES. Il faut contrôler que le supérieur hiérarchique existe déjà dans la table. L'âge de l'employé doit être supérieur à 18 ans. Vous pouvez utiliser une constante pour stocker l'âge minimum. Il faut également contrôler si l'employé n'existe pas déjà dans la table.

Pour les tests du package, créez un script SQL qui vous permette de saisir les informations pour l'ajout d'un employé, l'augmentation et la suppression.

17

Les déclencheurs

- *Les déclencheurs LMD*

- *Les déclencheurs INSTEAD OF*

- *Les audits*

Objectifs

A la fin de ce module, vous serez en mesure d'effectuer les tâches suivantes :

- Décrire les types de déclencheurs.
- Créer des déclencheurs LMD.
- Décrire les règles d'activation.
- Archiver les informations modifiées ou effacées.

Contenu

Les types de triggers

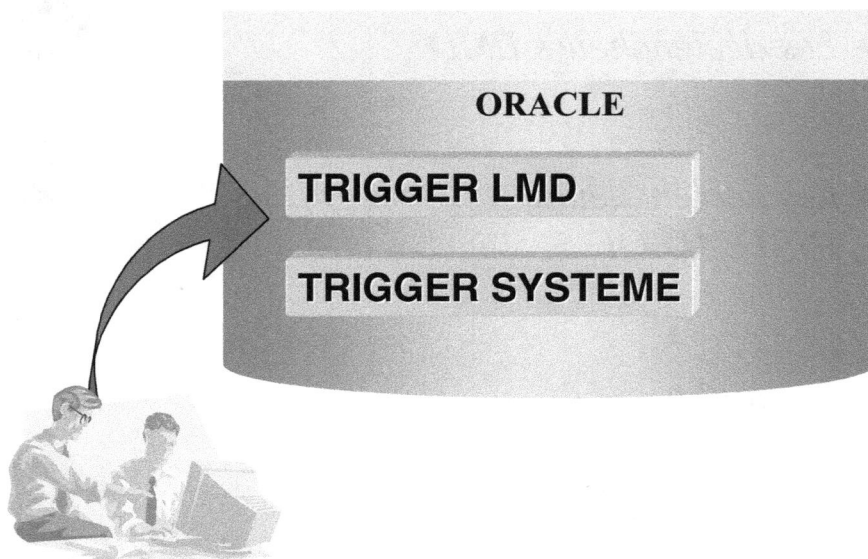

Le quatrième type de bloc PL/SQL nommé est le déclencheur.

Les déclencheurs sont des blocs PL/SQL nommés comprenant des sections déclaratives, exécutables et de gestion des exceptions et ils doivent être stockés dans la base de données sous forme d'objets autonomes.

Un déclencheur est exécuté implicitement à chaque occurrence de l'événement déclenchant et n'accepte aucun argument. Lorsqu'il est question de déclencheurs, les termes exécution et lancement sont synonymes. L'événement déclenchant peut être une opération LMD portant sur une table de base de données ou sur certains types de vues. Le lancement des déclencheurs est également provoqué par un événement système tel que le démarrage ou la fermeture d'une instance de base de données ou certains types d'opérations LDD.

Les déclencheurs sont généralement employés pour :

- Maintenir des contraintes d'intégrité complexes, ce que ne permettent pas les contraintes déclaratives spécifiées lors de la création d'une table ;
- Auditer les informations que contient une table en consignant les changements qui y sont apportés et leur auteur ;
- Signaler automatiquement à d'autres programmes qu'une action doit être entreprise lorsque des modifications sont apportées à une table ;
- Publier des informations concernant divers événements.

NOTE

Oracle autorise l'écriture des déclencheurs soit en PL/SQL soit au moyen d'un autre langage comme C ou Java.

Il existe trois types principaux de déclencheurs :

Les déclencheurs LMD

L'exécution est provoquée par une instruction LMD : le type de celle-ci détermine celui du déclencheur. Les déclencheurs LMD peuvent être définis pour s'exécuter avant ou après des opérations INSERT, UPDATE ou DELETE et peuvent être de niveau ligne ou de niveau instruction.

Un déclencheur de niveau instruction peut être lancé pour un ou plusieurs types d'instructions déclenchantes.

Les déclencheurs INSTEAD OF

Exclusivement de niveau ligne, les déclencheurs INSTEAD OF, ne peuvent être définis que sur des vues relationnelles ou objet. A la différence d'un déclencheur LMD, dont l'exécution vient s'ajouter à celle de l'instruction déclenchante, un déclencheur INSTEAD OF s'exécute à la place de l'instruction qui a provoqué son lancement.

Les déclencheurs Système

Le déclencheur est lancé, soit lorsque se produit un événement système tel que l'ouverture ou la fermeture d'une base de données, soit lors d'une opération LDD, comme la création d'une table.

La création

```
                    TRIGGER

            DECLARE

               ...

            BEGIN

               ...

               ...

            EXCEPTION

               ...

            END;
```

La syntaxe pour tous les types de déclencheurs est :

```
CREATE [OR REPLACE] TRIGGER NOM_TRIGGER
{BEFORE | AFTER | INSTEAD OF} EVENEMENT
[CLAUSE_REFERENCING] [WHEN CONDITION] [FOR EACH ROW]
[DECLARE ...]
BEGIN
...
[EXCEPTION ...]
END [NOM_TRIGGER];
```

`NOM_TRIGGER`	C'est le nom du déclencheur L'espace de noms des déclencheurs étant distinct, un déclencheur peut se voir attribuer le même nom qu'une table ou une procédure. A noter toutefois que, dans un même schéma, il ne peut exister deux déclencheurs de même nom.
`EVENEMENT`	C'est l'événement qui provoque l'exécution du déclencheur.
`CLAUSE_REFERENCING`	Permet de se référer aux données de la ligne qui est modifiée en utilisant un nom personnalisé.
`CONDITION`	Le corps du déclencheur est exécuté uniquement lorsque cette condition est vraie.

ATTENTION

Le corps d'un déclencheur ne pouvant excéder **32 Ko**, si vous avez un déclencheur qui dépasse cette taille, vous pouvez le réduire en plaçant une partie de son code dans des packages ou des procédures stockées compilés séparément et en les appelant à partir du corps du déclencheur.

Les déclencheurs LMD

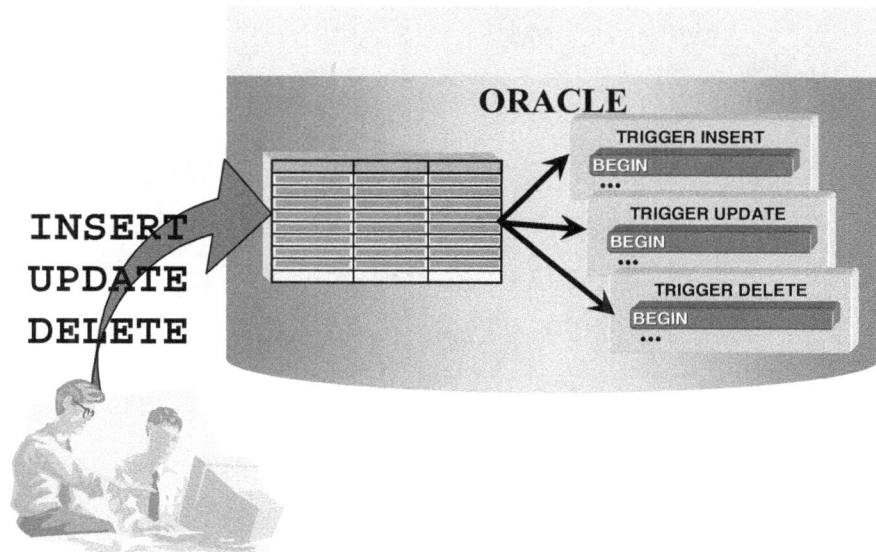

L'événement provoquant le lancement d'un déclencheur LMD peut être une opération **INSERT**, **UPDATE** ou **DELETE** portant sur les données d'une table. Son déclenchement peut intervenir soit avant, soit après l'exécution de l'instruction, et son action peut être exécutée une fois pour chaque ligne affectée par l'instruction ou bien une seule fois pour l'instruction.

L'activation d'un déclencheur peut également être provoquée par l'exécution de plusieurs types d'instructions LMD sur une même table.

Un nombre illimité de déclencheurs peut être défini sur une table, y compris plusieurs déclencheurs LMD d'un même type dont l'exécution sera séquentielle.

Vous trouverez dans la section suivante des informations détaillées sur l'ordre d'exécution des déclencheurs.

Les déclencheurs LMD peuvent être classifiés suivant plusieurs catégories :

Instruction	Définit le type d'instruction LMD qui activera le déclencheur.
Moment	Suivant l'activation du déclencheur qui interviendra avant ou après l'exécution de l'instruction.
Niveau	L'activation d'un déclencheur de niveau ligne se produit une fois pour chaque ligne manipulée par l'instruction déclenchante. L'activation d'un déclencheur de niveau instruction se produit une fois, soit avant, soit après l'exécution de l'instruction.

Les déclencheurs sont souvent employés à des fins d'audit, bien que des fonctionnalités d'audit soient déjà disponibles dans la base de données, les déclencheurs autorisent un suivi plus personnalisé et plus souple.

Le moment d'exécution

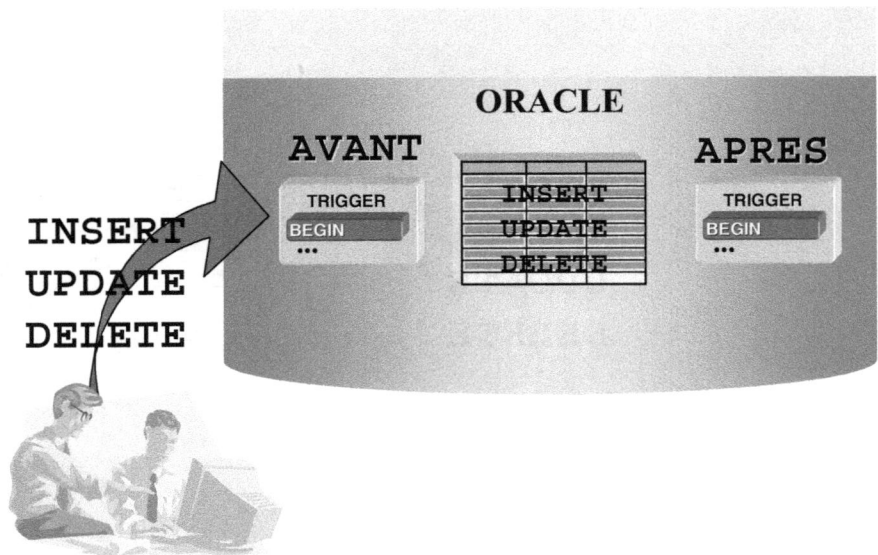

Un déclencheur LMD est lancé lorsqu'une instruction LMD est exécutée.

L'algorithme de contrôle de l'exécution d'une instruction LMD déclenchante est :

1. Exécute les déclencheurs BEFORE, s'il en existe.

2. Exécute les déclencheurs AFTER, s'il en existe.

```
SQL> CREATE TABLE TEMP_AFFICHAGE(
  2         ID_AFFICHAGE    NUMBER(2),
  3         AFFICHAGE       VARCHAR2(50));

Table créée.

SQL> CREATE SEQUENCE compteur START WITH 1 INCREMENT BY 1;

Séquence créée.

SQL> CREATE OR REPLACE PACKAGE TriggerMoment AS
  2         v_compteur NUMBER :=0;
  3  END TriggerMoment;
  4  /

Package créé.
```

Pour illustrer l'utilisation des déclencheurs, nous allons créer une table TEMP_AFFICHAGE, une séquence compteur ainsi qu'un package TriggerMoment.

La table TEMP_AFFICHAGE est utilisée pour l'insertion des informations d'affichage, la séquence nous donne l'ordre d'exécution des différents déclencheurs.

Dans le script suivant nous avons créé trois déclencheurs UPDATE sur la table CATEGORIES. Pour le type AFTER nous allons créer deux déclencheurs pour visualiser le comportement du système.

```
SQL> CREATE OR REPLACE TRIGGER BEFOREinstruction
  2  BEFORE UPDATE ON CATEGORIES
  3  BEGIN
  4      INSERT INTO TEMP_AFFICHAGE VALUES ( compteur.NEXTVAL,
  5          'BEFORE niveau instruction : compteur = '||
  6           TriggerMoment.v_compteur);
  7       TriggerMoment.v_compteur := TriggerMoment.v_compteur + 1;
  8  END CattegoriesBEFOREinstruction;
  9  /

Déclencheur créé.

SQL> CREATE OR REPLACE TRIGGER AFTERinstruction1
  2  AFTER UPDATE ON CATEGORIES
  3  BEGIN
  4      INSERT INTO TEMP_AFFICHAGE VALUES ( compteur.NEXTVAL,
  5          'AFTER niveau instruction 1 : compteur = '||
  6           TriggerMoment.v_compteur);
  7       TriggerMoment.v_compteur := TriggerMoment.v_compteur + 1;
  8  END AFTERinstruction1;
  9  /

Déclencheur créé.

SQL> CREATE OR REPLACE TRIGGER AFTERinstruction2
  2  AFTER UPDATE ON CATEGORIES
  3  BEGIN
  4      INSERT INTO TEMP_AFFICHAGE VALUES ( compteur.NEXTVAL,
  5          'AFTER niveau instruction 2 : compteur = '||
  6           TriggerMoment.v_compteur);
  7       TriggerMoment.v_compteur := TriggerMoment.v_compteur + 1;
  8  END AFTERinstruction2;
  9  /

Déclencheur créé.
```

Nous allons à présent émettre l'instruction UPDATE suivante, qui affecte l'ensemble des lignes de la table CATEGORIES :

```
SQL> UPDATE CATEGORIES SET DESCRIPTION = ' ';

8 ligne(s) mise(s) à jour.

SQL> SELECT * FROM TEMP_AFFICHAGE;

ID_AFFICHAGE AFFICHAGE
------------ ----------------------------------------
           1 BEFORE niveau instruction : compteur = 0
           2 AFTER niveau instruction 2 : compteur = 1
           3 AFTER niveau instruction 1 : compteur = 2
```

Chaque déclencheur qui s'exécute voit les changements introduits par les déclencheurs précédents, de même que toutes les modifications déjà apportées par l'instruction dans la base de données. Cela est reflété par la valeur de compteur affichée par chaque déclencheur.

ATTENTION

L'ordre d'exécution des déclencheurs de même type n'étant pas défini, il conviendra donc, si l'ordre importe, de regrouper toutes les opérations en un seul déclencheur.

Le niveau d'exécution

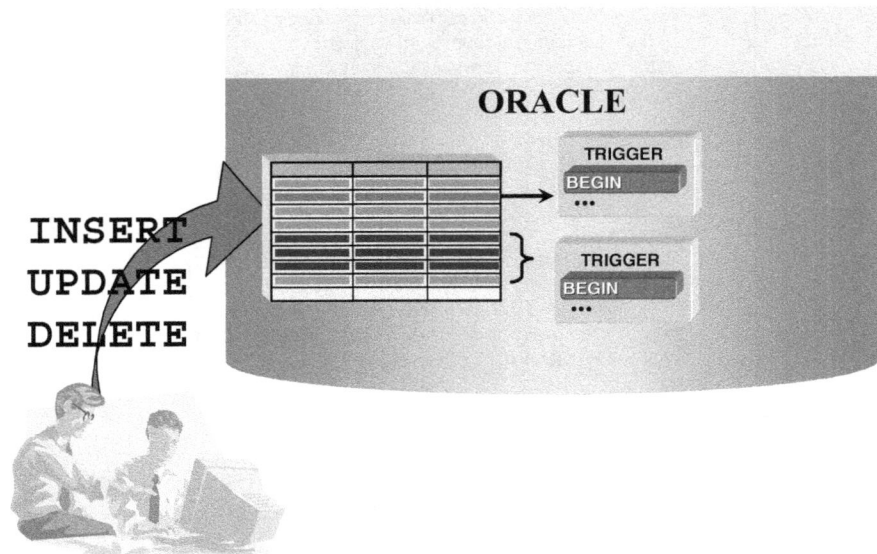

Comme on a pu le voir précédemment, l'activation d'un déclencheur peut être effectuée au niveau d'une instruction ou d'une ligne.

Un déclencheur de niveau ligne est exécuté une fois pour chaque ligne traitée par l'instruction déclenchante.

L'algorithme complet de contrôle de l'exécution d'une instruction LMD déclenchante est :

1. Exécute les déclencheurs BEFORE de niveau instruction, s'il en existe.

2. Pour chaque ligne affectée par l'instruction :

   a) Exécute les déclencheurs BEFORE de niveau ligne, s'il en existe.

   b) Exécute l'instruction.

   c) Exécute les déclencheurs AFTER de niveau ligne, s'il en existe.

3. Exécute les déclencheurs AFTER de niveau instruction, s'il en existe.

Pour illustrer l'utilisation des déclencheurs, on utilise la table TEMP_AFFICHAGE, la séquence compteur et le package TriggerMoment précédemment créés.

Nous avons détruit tous les déclencheurs créés précédemment et nous allons créer deux déclencheurs au niveau instruction et deux au niveau ligne pour la même table CATEGORIES.

Le script suivant illustre la création des quatre déclencheurs ainsi que l'exécution d'un ordre UPDATE qui affecte les deux premiers enregistrements de la table CATEGORIES.

L'opération SELECT portant sur la table TEMP_AFFICHAGE nous montre que les déclencheurs BEFORE et AFTER de niveau instruction sont exécutés chacun une seule fois et les déclencheurs BEFORE et AFTER de niveau ligne sont exécutés chacun deux fois.

```
SQL> CREATE OR REPLACE TRIGGER BEFOREinstruction
  2  BEFORE UPDATE ON CATEGORIES
  3  BEGIN
  4      INSERT INTO TEMP_AFFICHAGE VALUES ( compteur.NEXTVAL,
  5          'BEFORE niveau instruction : compteur = '||
  6          TriggerMoment.v_compteur);
  7      TriggerMoment.v_compteur := TriggerMoment.v_compteur + 1;
  8  END CattegoriesBEFOREinstruction;
  9  /

Déclencheur créé.

SQL> CREATE OR REPLACE TRIGGER AFTERinstruction
  2  AFTER UPDATE ON CATEGORIES
  3  BEGIN
  4      INSERT INTO TEMP_AFFICHAGE VALUES ( compteur.NEXTVAL,
  5          'AFTER niveau instruction : compteur = '||
  6          TriggerMoment.v_compteur);
  7      TriggerMoment.v_compteur := TriggerMoment.v_compteur + 1;
  8  END AFTERinstruction;
  9  /

Déclencheur créé.

SQL> CREATE OR REPLACE TRIGGER BEFOREligne
  2  BEFORE UPDATE ON CATEGORIES
  3  FOR EACH ROW
  4  BEGIN
  5      INSERT INTO TEMP_AFFICHAGE VALUES ( compteur.NEXTVAL,
  6          'BEFORE niveau ligne  : compteur = '||
  7          TriggerMoment.v_compteur);
  8      TriggerMoment.v_compteur := TriggerMoment.v_compteur + 1;
  9  END BEFOREligne;
 10  /

Déclencheur créé.

SQL> CREATE OR REPLACE TRIGGER AFTERligne
  2  AFTER UPDATE ON CATEGORIES
  3  FOR EACH ROW
  4  BEGIN
  5      INSERT INTO TEMP_AFFICHAGE VALUES ( compteur.NEXTVAL,
  6          'AFTER niveau ligne : compteur = '||
  7          TriggerMoment.v_compteur);
  8      TriggerMoment.v_compteur := TriggerMoment.v_compteur + 1;
  9  END AFTERligne;
 10  /

Déclencheur créé.

SQL> UPDATE CATEGORIES SET DESCRIPTION = ' '
  2  WHERE ROWNUM < 3;

2 ligne(s) mise(s) à jour.

SQL> SELECT * FROM TEMP_AFFICHAGE;

ID_AFFICHAGE AFFICHAGE
------------ --------------------------------------------------------
           1 BEFORE niveau instruction : compteur = 0
           2 BEFORE niveau ligne  : compteur = 1
           3 AFTER niveau ligne : compteur = 2
           4 BEFORE niveau ligne : compteur = 3
           5 AFTER niveau ligne : compteur = 4
           6 AFTER niveau instruction : compteur = 5

6 ligne(s) sélectionnée(s).
```

L'utilisation :OLD et :NEW

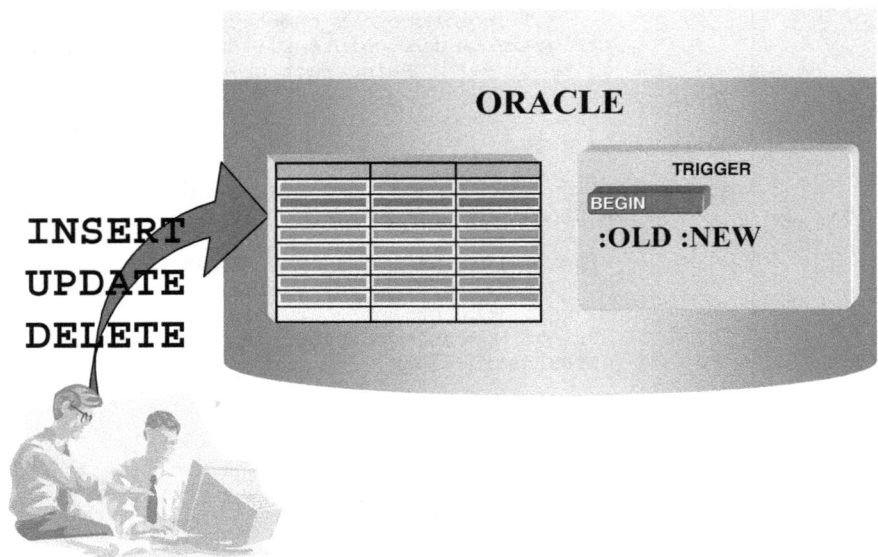

Un déclencheur de niveau ligne est exécuté une fois pour chaque ligne traitée par l'instruction déclenchante. A l'intérieur du déclencheur, il est possible d'accéder aux données de la ligne en cours de traitement au moyen de deux identifiants de corrélation :OLD et :NEW.

Les deux points qui précèdent ces identifiants indiquent qu'il s'agit non pas de variables PL/SQL ordinaires, mais de variables de liaison, s'apparentant aux variables hôtes utilisées dans du code PL/SQL imbriqué et que le compilateur traitera comme des enregistrements du type :

`TABLE%ROWTYPE`

`TABLE`	La table déclenchante sur laquelle est défini le déclencheur.
`:OLD`	Valeurs d'origine de la ligne avant le traitement.
`:NEW`	Valeurs qui seront insérées ou remplaceront celles d'origine au terme de l'instruction.

ATTENTION

`:OLD` est non défini pour les instructions `INSERT`, et `:NEW` est non défini pour les instructions `DELETE`. Le compilateur PL/SQL ne générera pas d'erreur si vous utilisez `:OLD` dans un `INSERT` ou `:NEW` dans un `DELETE`, mais les valeurs de champ de chacun d'eux seront `NULL`.

```
SQL> CREATE SEQUENCE S_CategoriesID START WITH 8 INCREMENT BY 1;

Séquence créée.

SQL> SELECT S_CategoriesID.NEXTVAL FROM DUAL;

   NEXTVAL
----------
         8

SQL> CREATE OR REPLACE TRIGGER CategoriesID
  2  BEFORE INSERT ON CATEGORIES
  3  FOR EACH ROW
  4  BEGIN
  5       SELECT S_CategoriesID.NEXTVAL
  6            INTO :NEW.CODE_CATEGORIE FROM DUAL;
  7  END CategoriesID;
  8  /

Déclencheur créé.

SQL> INSERT INTO CATEGORIES ( NOM_CATEGORIE, DESCRIPTION )
  2          VALUES ( 'Nouvelle catégorie',' Description catégorie');

1 ligne créée.

SQL> SELECT * FROM CATEGORIES WHERE CODE_CATEGORIE=9;

CODE_CATEGORIE NOM_CATEGORIE              DESCRIPTION
-------------- ------------------------   --------------------------
             9 Nouvelle catégorie        Description catégorie
```

Le déclencheur CategoriesID de type BEFORE INSERT sur la table
CATEGORIES nous permet d'insérer une catégorie sans se soucier de la clé primaire.
En effet la séquence créée précédemment nous fournit un identifiant unique qui est
affecté au CODE_CATEGORIE de l'enregistrement :NEW.

Bien que nous n'ayons pas spécifié de valeur (pourtant requise) pour la colonne
CODE_CATEGORIES de clé primaire, le déclencheur la fournira.

ATTENTION

Vous ne pouvez pas changer la valeur de :NEW au moyen d'un déclencheur AFTER de
niveau ligne, puisque l'instruction a déjà été traitée. :NEW est modifié uniquement
par un déclencheur BEFORE de niveau ligne et :OLD n'est jamais modifié, mais
seulement lu.

Les enregistrements :NEW et :OLD sont valides uniquement dans des déclencheurs de
niveau ligne ; une erreur de compilation résulterait de toute tentative de se référer à
l'un ou à l'autre dans un déclencheur de niveau instruction. En effet, puisqu'un
déclencheur de niveau instruction ne s'exécute qu'une seule fois, quel que soit le
nombre de lignes traitées par l'instruction :NEW et :OLD n'ont aucune utilité.

Remarquez encore que :NEW et :OLD ne peuvent pas être passés à des procédures ou
fonctions qui reçoivent des arguments de table TABLE%ROWTYPE.

Clause REFERENCING

La clause REFERENCING sert à spécifier un nom différent pour :NEW et :OLD et est introduite entre l'événement déclenchant et la clause WHEN selon la syntaxe suivante :

```
REFERENCING LOLD AS  [OLD AS NOM_ANCIEN]
                     [NEW AS NOM_NOUVEAU]
```

Dans le corps du déclencheur, NOM_NOUVEAU et NOM_ANCIEN peuvent remplacer :NEW et :OLD. Voici une autre version du déclencheur Categories1D qui utilise REFERENCING pour se référer à :NEW avec :NEW_CATEGORIE.

```
SQL> CREATE OR REPLACE TRIGGER CategoriesID
  2  BEFORE INSERT ON CATEGORIES
  3  REFERENCING NEW AS NEW_CATEGORIE
  4  FOR EACH ROW
  5  BEGIN
  6      SELECT S_CategoriesID.NEXTVAL
  7             INTO :NEW_CATEGORIE.CODE_CATEGORIE FROM DUAL;
  8  END CategoriesID;
  9  /

Déclencheur créé.
```

Clause WHEN

Lorsqu'elle est présente, la clause WHEN implique que le corps du déclencheur sera exécuté uniquement pour les lignes qui répondent à la condition spécifiée, cette clause ne s'applique qu'aux déclencheurs de niveau ligne.

La syntaxe de mise en place est :

```
WHEN CONDITION_DECLENCHEUR
```

NOTE

L'expression booléenne qui sera évaluée pour chaque ligne peut utiliser les enregistrements :NEW et :OLD ; les deux points ne doivent pas figurer dans la syntaxe, leur validité se limitant au corps du déclencheur.

```
SQL> CREATE OR REPLACE TRIGGER ControleCommande
  2  BEFORE UPDATE ON COMMANDES
  3  FOR EACH ROW
  4  WHEN ( NEW.DATE_ENVOI < NEW.DATE_COMMANDE)
  5  BEGIN
  6      :NEW.DATE_ENVOI := SYSDATE;
  7  END CategoriesID;
  8  /

Déclencheur créé.
```

Les prédicats

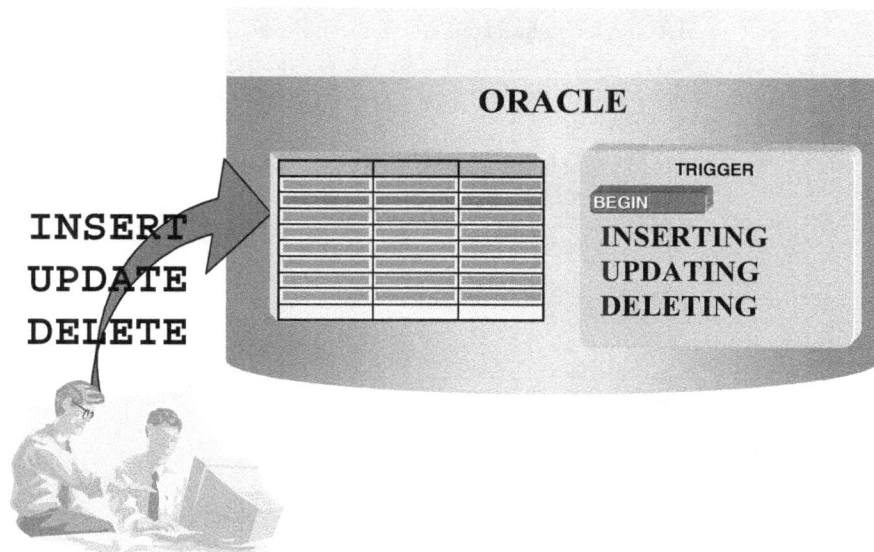

Dans un déclencheur de type LMD, trois fonctions booléennes appelées prédicats peuvent être utilisées pour déterminer de quelle opération il s'agit.

Les fonctions prédicats sont :

INSERTING	La fonction retourne la valeur TRUE si l'instruction déclenchante est un INSERT.
UPDATING	La fonction retourne la valeur TRUE si l'instruction déclenchante est un UPDATE.
DELETING	La fonction retourne la valeur TRUE si l'instruction déclenchante est un DELETE.

```
SQL> CREATE TABLE CATEGORIES_ARCHIVE AS
  2        SELECT  CODE_CATEGORIE, NOM_CATEGORIE, DESCRIPTION,
  3        USER UTILISATEUR, SYSDATE DATE_EFFECEMENT, ' ' TYPE_MODIF
  4        FROM CATEGORIES WHERE 1=2;

Table créée.

SQL> CREATE OR REPLACE TRIGGER CategorieArchive
  2  BEFORE UPDATE OR DELETE OR INSERT ON CATEGORIES
  3  FOR EACH ROW
  4  DECLARE
  5        v_type_modif  CATEGORIES_ARCHIVE.TYPE_MODIF%TYPE;
  6  BEGIN
  7        CASE
  8        WHEN UPDATING THEN   v_type_modif := 'U';
  9        WHEN DELETING THEN   v_type_modif := 'D';
 10        ELSE                 v_type_modif := 'I';
 11        END CASE;
 12        INSERT INTO CATEGORIES_ARCHIVE
 13              VALUES( :OLD.CODE_CATEGORIE, :OLD.NOM_CATEGORIE,
 14                      :OLD.DESCRIPTION, USER, SYSDATE, v_type_modif);
 15  END CategorieArchive;
 16  /

Déclencheur créé.
```

Le déclencheur `CategorieArchive` utilise ces prédicats pour enregistrer tous les changements apportés à la table `CATEGORIES`, leur auteur ainsi que la date de la modification, et consigne ces enregistrements dans la table `CATEGORIES_ARCHIVE`.

Les déclencheurs sont souvent employés à des fins d'audit, comme c'est le cas pour `CategorieArchive`, bien que des fonctionnalités d'audit soient déjà disponibles dans la base de données, les déclencheurs autorisent un suivi plus personnalisé et plus souple.

Les déclencheurs comme tout bloc exécuté dans une transaction font partie intégrante de la transaction.

```
SQL> SELECT COUNT(*) FROM CATEGORIES_ARCHIVE;

  COUNT(*)
----------
         0

SQL> UPDATE CATEGORIES SET DESCRIPTION = ' '
  2  WHERE CODE_CATEGORIE = 1;

1 ligne mise à jour.

SQL> SELECT COUNT(*) FROM CATEGORIES_ARCHIVE;

  COUNT(*)
----------
         1

SQL> ROLLBACK;

Annulation (ROLLBACK) effectuée.

SQL> SELECT COUNT(*) FROM CATEGORIES_ARCHIVE;

  COUNT(*)
----------
         0
```

ATTENTION

Le déclencheur est un bloc nommé, il peut par conséquent utiliser la directive de compilation `PRAGMA AUTONOMOUS_TRANSACTION`, auquel cas il opère dans une transaction indépendante. Le déclencheur qui travaille dans une transaction indépendante est autorisé à utiliser les commandes `COMMIT` et `ROLLBACK`.

Les déclencheurs INSTEAD OF

TRIGGER

DECLARE

•••

BEGIN

•••

•••

EXCEPTION

•••

END;

Contrairement aux déclencheurs LMD, dont l'exécution s'ajoute à celle de l'opération INSERT, UPDATE ou DELETE, les déclencheurs INSTEAD OF s'exécutent à la place de l'opération LMD. En outre, ces déclencheurs peuvent être définis uniquement sur des vues, tandis que les déclencheurs LMD sont définis sur des tables.

Voici les deux cas d'emploi des déclencheurs INSTEAD OF :

- permettre la modification d'une vue qui ne serait pas sinon modifiable,
- permettre la modification des colonnes d'une table imbriquée dans une vue.

Les vues non modifiables

Une vue modifiable est une vue qui supporte l'exécution d'instructions LMD, et de manière générale une vue n'est modifiable que si elle ne contient aucun des éléments suivants :

- opérateurs set (UNION, UNION ALL, MINUS) ;
- les fonctions d'agrégation (SUM, AVG, etc.) ;
- les clauses GROUP BY, CONNECT BY ou START WITH ;
- opérateur DISTINCT ;
- jointures.

Considérons la vue Encadre qui suit, c'est illégal d'effacer des enregistrements de cette vue.

```
SQL> CREATE OR REPLACE VIEW Encadre AS
  2       SELECT   A.NOM NOM_CADRE  , A.PRENOM PRENOM_CADRE,
  3                B.NOM NOM_ENCADRE, B.PRENOM PRENOM_ENCADRE,
  4                B.SALAIRE
  5       FROM     EMPLOYES A, EMPLOYES B
  6       WHERE    A.NO_EMPLOYE = B.REND_COMPTE(+);

Vue créée.
```

Il est toutefois possible de créer un déclencheur INSTEAD OF qui opère l'action correcte en lieu et place de l'instruction DELETE. Tel qu'il est écrit ici, le déclencheur ENCADRETR n'effectue aucune opération.

```
SQL> DELETE  ENCADRE WHERE NOM_CADRE  = 'Callahan';
DELETE  ENCADRE WHERE NOM_CADRE  = 'Callahan'
        *
ERREUR à la ligne 1 :
ORA-01752: Impossible de supprimer de la vue sans exactement une table
protégée par clé

SQL> CREATE OR REPLACE TRIGGER ENCADRETR
  2   INSTEAD OF DELETE ON ENCADRE
  3   DECLARE
  4        v_count  number(5):=0;
  5   BEGIN
  6        NULL;
  7   END ENCADRETR;
  8   /

Déclencheur créé.

SQL>
SQL> DELETE  ENCADRE WHERE NOM_CADRE  = 'Callahan';

1 ligne supprimée.
```

Atelier 17.1

■ Les déclencheurs

Durée : 25 minutes

TP

L'objectif de l'atelier est de vous aider à mieux comprendre la gestion des déclencheurs dans le langage PL/SQL.

Exercice n°1

Créez une séquence qui commence avec le dernier numéro d'employé se trouvant dans la table EMPLOYES. Ensuite créez un déclencheur qui initialise le NO_EMPLOYE avec la valeur suivante de la séquence s'il n'a pas été renseigné. Dans le même déclencheur, testez si le champ REND_COMPTE est correctement initialisé, avec une valeur d'un employé existant, sinon vous l'initialisez avec la même valeur que NO_EMPLOYE.

Créez deux tables PRODUITS_POUBELLE et PRODUITS_ARCHIVE qui ont la même description que la table PRODUITS avec deux colonnes de plus, UTILISATEUR et DATE_SYSTEME. Créez un déclencheur sur la table PRODUITS qui archive dans la table PRODUITS_POUBELLE tous les produits effacés et dans la table PRODUITS_ARCHIVE tous les produits modifiés.

Créez une table PRODUITS_INSERT qui contient trois champs : REF_PRODUIT, UTILISATEUR et DATE_SYTEM. Modifiez le déclencheur précédemment créé pour pouvoir insérer dans la table PRODUITS_INSERT tous les REF_PRODUIT avec les informations correspondantes sur l'utilisateur et date de création.

18

Correction
des exercices

Atelier 1.1

Exercice n° 2

Redirigez les sorties vers un fichier et exécutez les commandes suivantes :

- Décrivez la table COMMANDES ;

```
SQL> DESC COMMANDES
 Nom                                      NULL ?   Type
 ---------------------------------------- -------- ------------
 NO_COMMANDE                              NOT NULL NUMBER(6)
 CODE_CLIENT                              NOT NULL CHAR(5)
 NO_EMPLOYE                               NOT NULL NUMBER(6)
 DATE_COMMANDE                            NOT NULL DATE
 DATE_ENVOI                                        DATE
 PORT                                              NUMBER(8,2)
```

- Déconnectez-vous de la base de données sans sortir de SQL*Plus ;

```
SQL> DISC
Déconnecté de Oracle8i Enterprise Edition Release 8.1.7.0.0 - Production
With the Partitioning option
JServer Release 8.1.7.0.0 - Production
SQL>
```

- Décrivez de nouveau la table COMMANDES, que remarquez vous ?

```
SQL> DESC COMMANDES
SP2-0640: Non connecté
SP2-0641: "DESCRIBE" nécessite une connexion au serveur
```

- Connectez-vous ;

```
SQL> CONNECT STAGIAIRE/PWD@DBA
Connecté.
```

- Affichez l'utilisateur courant ;

```
SQL> SHOW USER
USER est "STAGIAIRE"
```

- Arrêtez la redirection des sorties vers le fichier ;

```
SQL> SPOOL OFF
```

- Éditez le fichier que vous venez de créer.

Atelier 2.1

Exercice n° 1

Affichez tous les employés de la société.

```
SQL> SELECT * FROM EMPLOYES;
```

Affichez toutes les catégories de produits.

```
SQL> SELECT * FROM CATEGORIES;
```

Exercice n° 2

Décrivez la structure de la table EMPLOYES.

```
SQL> DESC EMPLOYES
```

Affichez les noms, prénoms et la date de naissance de tous les employés de la société.

```
SQL> SELECT NOM, PRENOM, DATE_NAISSANCE FROM EMPLOYES;
```

Exercice n° 3

Affichez la liste des fonctions des employés de la société.

```
SQL> SELECT DISTINCT FONCTION FROM EMPLOYES;
```

Affichez la liste des pays de nos clients.

```
SQL> SELECT DISTINCT PAYS FROM CLIENTS;
```

Affichez la liste des localités dans lesquelles il existe au moins un client.

```
SQL> SELECT DISTINCT VILLE FROM CLIENTS;
```

Atelier 2.2

Exercice n° 1

Affichez les produits commercialisés, la valeur du stock par produit et la valeur des produits commandés.

```
SQL> SELECT NOM_PRODUIT,
  2         PRIX_UNITAIRE*UNITES_STOCK "Stock",
  3         UNITES_COMMANDEES*UNITES_STOCK "Commandes"
  4    FROM PRODUITS;
```

Exercice n° 2

Affichez le nom, le prénom, l'age et l'ancienneté des employés, dans la société.

```
SQL> SELECT NOM,
  2         PRENOM,
  3         SYSDATE - DATE_NAISSANCE "Age",
  4         SYSDATE - DATE_EMBAUCHE  "Ancienneté"
  5    FROM EMPLOYES;
```

Exercice n° 3

Écrivez la requête permettant d'afficher les phrases suivantes pour chaque employé.

```
SQL> SELECT NOM "Employé",
  2         'gagne' "a un",
  3         SALAIRE "gain annuel",
  4         'par an.     ' "sur 12 mois"
  5    FROM EMPLOYES;
```

Atelier 2.3

Exercice n° 1

Affichez le nom de la société et la localité des clients qui habitent à Toulouse.

```
SQL> SELECT SOCIETE, VILLE FROM CLIENTS
  2  WHERE VILLE LIKE 'Toulouse';
```

Affichez les nom, prénom et fonction des employés dirigés par l'employé numéro 2.

```
SQL> SELECT NOM, PRENOM, FONCTION FROM EMPLOYES
  2  WHERE REND_COMPTE = 2;
```

Affichez les nom, prénom et fonction des employés qui ne sont pas des représentants.

```
SQL> SELECT NOM, PRENOM, FONCTION FROM EMPLOYES
  2  WHERE FONCTION NOT LIKE 'Représentant(e)';
```

Affichez les nom, prénom et fonction des employés qui ont un salaire inférieur à 3500.

```
SQL> SELECT NOM, PRENOM, FONCTION FROM EMPLOYES
  2  WHERE SALAIRE < 3500;
```

Affichez les nom, prénom et fonction des employés recrutés après 01/01/1994.

```
SQL> SELECT NOM, PRENOM, FONCTION FROM EMPLOYES
  2  WHERE  DATE_EMBAUCHE > '01/01/1994';
```

Exercice n° 2

Affichez le nom de la société, la ville et le pays des clients qui n'ont pas de fax.

```
SQL> SELECT SOCIETE, VILLE, PAYS
  2  FROM CLIENTS
  3  WHERE FAX IS NULL;
```

Affichez les nom, prénom et la fonction des employés qui ne sont pas commissionnés.

```
SQL> SELECT NOM, PRENOM, FONCTION FROM EMPLOYES
  2  WHERE COMMISSION IS NULL;
```

Affichez les nom, prénom et la fonction des employés qui n'ont pas de supérieur.

```
SQL> SELECT NOM, PRENOM, FONCTION FROM EMPLOYES
  2  WHERE REND_COMPTE IS NULL;
```

Atelier 2.4

Exercice n° 1

Affichez les nom, prénom, fonction et salaire des employés qui ont un salaire compris entre 2500 et 3500.

```
SQL> SELECT NOM, PRENOM, FONCTION, SALAIRE
  2  FROM EMPLOYES
  3  WHERE  SALAIRE  BETWEEN 2500 AND 3500;
```

Affichez le nom de la société, l'adresse, le téléphone et la ville des clients qui habitent à Toulouse, à Strasbourg, à Nantes ou à Marseille.

```
SQL> SELECT SOCIETE, ADRESSE, TELEPHONE, VILLE
  2  FROM CLIENTS
  3  WHERE VILLE IN ('Toulouse','Strasbourg','Nantes','Marseille');
```

Affichez le nom du produit, le fournisseur, la catégorie et les quantités des produits qui ne sont pas d'une des catégories 1, 3, 5 et 7.

```
SQL> SELECT NOM_PRODUIT, NO_FOURNISSEUR, CODE_CATEGORIE, UNITES_STOCK
  2  FROM PRODUITS
  3  WHERE CODE_CATEGORIE NOT IN (1,3,5,7);
```

Exercice n° 2

Affichez les nom, prénom, fonction et le salaire des représentants qui sont en activité depuis 10/10/93.

```
SQL> SELECT NOM, PRENOM, FONCTION, SALAIRE
  2  FROM EMPLOYES
  3  WHERE DATE_EMBAUCHE > '01/01/1993' AND
  4       FONCTION LIKE 'Représentant(e)';
```

Affichez les nom, prénom, fonction et salaire des employés qui sont âgés de plus de 45 ans ou qui ont une ancienneté de plus de 10 ans.

```
SQL> SELECT NOM, PRENOM, FONCTION, SALAIRE
  2  FROM EMPLOYES
  3  WHERE (SYSDATE - DATE_NAISSANCE)/365 > 45 AND
  4       (SYSDATE - DATE_EMBAUCHE)/365 > 10;
```

Affichez le nom du produit, le fournisseur, la catégorie et les quantités des produits qui ont le numéro fournisseur entre 1 et 3 ou un code catégorie entre 1 et 3 et pour lesquelles les quantités sont données en boîtes ou en cartons.

```
SQL> SELECT NOM_PRODUIT, NO_FOURNISSEUR, CODE_CATEGORIE, UNITES_STOCK
  2  FROM PRODUITS
  3  WHERE NO_FOURNISSEUR BETWEEN 1 AND 3 AND
  4        CODE_CATEGORIE BETWEEN 1 AND 3 AND
  5        QUANTITE       LIKE '%boîtes%' OR
  6        QUANTITE       LIKE '%cartons%';
```

Atelier 2.5

Exercice n° 1

Affichez les employés par ordre alphabétique.

```
SQL> SELECT NOM, PRENOM, FONCTION, SALAIRE
  2   FROM EMPLOYES
  3   ORDER BY NOM;
```

Affichez les employés depuis le plus récemment embauché jusqu'au plus ancien.

```
SQL> SELECT NOM, PRENOM, FONCTION, SALAIRE
  2   FROM EMPLOYES
  3   ORDER BY DATE_EMBAUCHE DESC;
```

Affichez les fournisseurs dans l'ordre alphabétique de leur pays et ville de résidence.

```
SQL> SELECT SOCIETE, VILLE, PAYS
  2   FROM FOURNISSEURS
  3   ORDER BY PAYS, VILLE;
```

Affichez les employés par ordre alphabétique de leur fonction et du plus grand salaire au plus petit.

```
SQL> SELECT NOM, PRENOM, FONCTION, SALAIRE
  2   FROM EMPLOYES
  3   ORDER BY FONCTION, SALAIRE DESC;
```

Affichez les employés dans l'ordre de leur commission.

```
SQL> SELECT NOM, PRENOM, FONCTION, SALAIRE, COMMISSION
  2   FROM EMPLOYES
  3   ORDER BY NVL(COMMISSION, -1);
```

Exercice n° 2

Affichez l'utilisateur connecté et la date du jour.

```
SQL> SELECT USER, SYSDATE
  2   FROM DUAL ;
```

Atelier 3.1

Questionnaire

Quelle fonction permet de convertir en majuscule la première lettre de chaque mot de la chaîne ?

`INITCAP`

La syntaxe de la requête suivante est-elle correcte ?

```
SELECT CONCAT(NOM,' ',PRENOM) FROM EMPLOYES ;
```

Non, `CONCAT` comporte seulement deux arguments la syntaxe correcte est :

```
SELECT CONCAT(NOM,CONCAT(' ',PRENOM)) FROM EMPLOYES ;
```

Quelle est la requête qui permet d'afficher le résultat suivant ?

```
Format
--------------
xxxxxxxxxFULLER
xxxxxxxBUCHANAN
xxxxxxxxPEACOCK
xxxxxxLEVERLING
xxxxxxxxDAVOLIO
xxxxxxDODSWORTH
xxxxxxxxxxxKING
xxxxxxxxxSUYAMA
xxxxxxxCALLAHAN
```

A

Quel est le résultat de la requête suivante ?

```
SQL> SELECT DISTINCT SUBSTR( QUANTITE, INSTR(QUANTITE,' '),
  2                                    INSTR(QUANTITE,' ',1,2) -
  3                                    INSTR(QUANTITE,' ') )
  4  FROM PRODUITS ;
```

C

Quelle fonction vous permet d'effacer plusieurs caractères parasites positionnés au début de la chaîne ?

`LTRIM`

Quelle fonction vous permet d'effacer plusieurs caractères parasites positionnés n'importe où dans la chaîne ?

`TRANSLATE`

Quelle fonction vous permet de remplacer une chaîne de caractère par un caractère ?

REPLACE

Exercice n° 1

Écrivez la requête permettant d'afficher les employés et leur âge comme dans l'exemple suivant.

```
Employé                         Âge
----------------------------    ---
FULLER Andrew                   50
BUCHANAN Steven                 47
CALLAHAN Laura                  44
PEACOCK Margaret                43
KING Robert                     41
LEVERLING Janet                 38
SUYAMA Michael                  38
DAVOLIO Nancy                   33
DODSWORTH Anne                  32
```

```
SQL>    SELECT UPPER(NOM)||' '||PRENOM "Employé",
   2           SUBSTR((SYSDATE - DATE_NAISSANCE)/365,1,2) "Âge"
   3    FROM EMPLOYES;
```

Exercice n° 2

Affichez la liste des produits, type d'emballage (boîte, boîtes, pots, cartons ...) et quantité du type d'emballage ('36 boîtes', '12 pots (12 onces)', ...) triés par ordre alphabétique du type d'emballage. Le résultat de la requête doit être comme dans l'exemple suivant :

```
NOM_PRODUIT                     Embalage                        Quantité
----------------------------    ----------------------------    --------
Konbu                           boîtes                          1
Chai                            boîtes                          10
Zaanse koeken                   boîtes                          10
Teatime Chocolate Biscuits      boîtes                          10
Ipoh Coffee                     boîtes                          16
Filo Mix                        boîtes                          16
Alice Mutton                    boîtes                          20
Boston Crab Meat                boîtes                          24
Pâté chinois                    boîtes                          24
Pavlova                         boîtes                          32
Spegesild                       boîtes                          4
Chartreuse verte                bouteille                       1
Lakkalikööri                    bouteille                       1
Aniseed Syrup                   bouteilles                      12
Côte de Blaye                   bouteilles                      12
...
```

```
SQL> SELECT QUANTITE,
   2         SUBSTR( QUANTITE, INSTR(QUANTITE,' '),
   3                           INSTR(QUANTITE,' ',1,2) -
   4                           INSTR(QUANTITE,' ') ),
   5         SUBSTR( QUANTITE, 1,
   6                           INSTR(QUANTITE,' ') )
   7    FROM PRODUITS;
```

Atelier 3.2

Exercice n° 1

Écrivez la requête permettant d'afficher les employés et leur salaire journalier (salaire / 20) arrondi à l'entier inférieur.

```
SQL> SELECT NOM, PRENOM, FLOOR(SALAIRE/20)
  2  FROM EMPLOYES;
```

Écrivez la requête permettant d'afficher les employés et leur salaire journalier (salaire / 20) arrondi à l'entier supérieur.

```
SQL> SELECT NOM, PRENOM, CEIL(SALAIRE/20)
  2  FROM EMPLOYES;
```

Affichez les produits commercialisés, la valeur du stock arrondie à la centaine près.

```
SQL> SELECT NOM_PRODUIT, ROUND(PRIX_UNITAIRE*UNITES_STOCK,-2)
  2  FROM PRODUITS;
```

Affichez les produits commercialisés, la valeur du stock arrondie à la dizaine inférieure.

```
SQL> SELECT NOM_PRODUIT, TRUNC(PRIX_UNITAIRE*UNITES_STOCK,-1)
  2  FROM PRODUITS;
```

Écrivez la requête permettant d'afficher les employés et leur revenu annuel (salaire*12 + commission) arrondi à la centaine prés.

```
SQL> SELECT NOM, PRENOM, ROUND(SALAIRE*12+NVL(COMMISSION,0),-2)
  2  FROM EMPLOYES;
```

Atelier 3.3

Exercice n° 1

Affichez le prochain dimanche (à ce jour).

```
SQL> SELECT NEXT_DAY(SYSDATE,'dimanche') FROM DUAL;
```

Affichez la date du premier jour du mois (format 'MM').

```
SQL> SELECT ROUND(SYSDATE,'MM') FROM DUAL;
```

Affichez la date du premier jour du trimestre (format 'Q').

```
SQL> SELECT ROUND(SYSDATE,'Q') FROM DUAL;
```

Exercice n° 2

Écrivez la requête permettant d'afficher le nom des employés, leur date de fin de période d'essai (3 mois) et leur ancienneté à ce jour en mois.

```
SQL> SELECT NOM,
  2         ADD_MONTHS(DATE_EMBAUCHE,3),
  3         MONTHS_BETWEEN(SYSDATE,DATE_EMBAUCHE)
  4  FROM EMPLOYES;
```

Affichez pour tous les employés le jour de leur première paie (dernier jour du mois de leur embauche).

```
SQL> SELECT NOM,
  2         LAST_DAY(DATE_EMBAUCHE)
  3  FROM EMPLOYES;
```

Atelier 3.4

Exercice n° 1

Écrivez la requête qui permet d'afficher le résultat suivant :

```
Nous somme le :
--------------------------
Mardi    15 Avril    2003
```

Écrivez la requête qui permet d'afficher le résultat suivant :

```
----------------------------------
Il est : 14 heures et 01 minutes
```

```
SQL> SELECT 'Il est : '||TO_CHAR(SYSDATE,'HH')||' heures et '||
  2               TO_CHAR(SYSDATE,'MM')||' minutes' " "
  3  FROM DUAL;
```

Affichez les secondes écoules depuis minuit.

```
SQL> SELECT TO_CHAR(SYSDATE,'SSSSS')
  2  FROM DUAL;
```

Écrivez la requête permettant d'afficher les nom, prénom et salaire des employés de la manière suivante :

NOM	PRENOM	Salaire en €	Salaire en francs
Fuller	Andrew	10.000,00€	65.595,00FRF
Buchanan	Steven	8.000,00€	52.476,00FRF
Peacock	Margaret	2.856,00€	18.733,93FRF
Leverling	Janet	3.500,00€	22.958,25FRF
Davolio	Nancy	3.135,00€	20.564,03FRF
...			

```
SQL> SELECT NOM,PRENOM,
  2         TO_CHAR( SALAIRE, '99G999D00U') "Salaire en €",
  3         TO_CHAR( SALAIRE, '99G999D00C') "Salaire en francs"
  4  FROM EMPLOYES;
```

Atelier 3.5

Exercice n° 1

Écrivez la requête qui permet d'afficher le résultat suivant :

```
NOM                PRENOM         SALAIRE Commission
------------------ ---------- ---------- -------------------------
Fuller             Andrew          10000 Pas de commission
Buchanan           Steven           8000 Pas de commission
Peacock            Margaret         2856 250
Leverling          Janet            3500 1000
Davolio            Nancy            3135 1500
Dodsworth          Anne             2180 0
King               Robert           2356 800
Suyama             Michael          2534 600
Callahan           Laura            2000 Pas de commission
```

```
SQL> SELECT NOM, PRENOM, SALAIRE,
  2     DECODE( COMMISSION, NULL, 'Pas de commission',COMMISSION) "Commission"
  3  FROM EMPLOYES;
```

Écrivez la requête permettant d'afficher le nom du produit et la plus grande valeur du stock ou de la commande (valeur négative). La valeur du stock ou de la commande est calculée en multipliant la plus grande valeur du stock ou de la commande par le prix unitaire.

```
NOM_PRODUIT                                    Valeur Stock
---------------------------------------------- --------------------
Raclette Courdavault                                    21.725,00€
Chai                                                     3.510,00€
Chang                                                   -3.800,00€
Aniseed Syrup                                           -3.500,00€
...
```

```
SQL> SELECT NOM_PRODUIT,
  2         TO_CHAR( DECODE( GREATEST( UNITES_STOCK,UNITES_COMMANDEES),
  3                          UNITES_COMMANDEES, -1, 1) *
  4         GREATEST( UNITES_STOCK,UNITES_COMMANDEES)*
  5         PRIX_UNITAIRE, '99G999D00U') "Valeur Stock"
  6  FROM PRODUITS
```

Atelier 4.1

Exercice n° 1

Écrivez la requête qui permet d'afficher la valeur totale des produits en stock et la valeur totale des produits commandés.

```
SQL> SELECT SUM(PRIX_UNITAIRE*UNITES_STOCK),
  2         SUM(PRIX_UNITAIRE*UNITES_COMMANDEES)
  3  FROM PRODUITS;
```

Écrivez la requête qui permet d'afficher la masse salariale.

```
SQL> SELECT SUM(SALAIRE)
  2  FROM EMPLOYES;
```

Exercice n° 2

Écrivez la requête qui permet d'afficher la masse salariale par fonction des employés.

```
SQL> SELECT FONCTION,
  2         SUM(SALAIRE)
  3  FROM EMPLOYES
  4  GROUP BY FONCTION;
```

Écrivez la requête qui permet d'afficher les frais de port pour chaque client et par année.

```
SQL> SELECT CODE_CLIENT,
  2         TO_CHAR(DATE_COMMANDE,'YYYY'),
  3         SUM(PORT)
  4  FROM COMMANDES
  5  GROUP BY CODE_CLIENT,
  6          TO_CHAR(DATE_COMMANDE,'YYYY');
```

Exercice n° 3

Écrivez la requête qui permet d'afficher la valeur des produits en stock et la valeur des produits commandés pour les fournisseurs qui ont un numéro compris entre 3 et 6 et qui vendent au mois trois catégories de produits.

```
SQL> SELECT NO_FOURNISSEUR, SUM(PRIX_UNITAIRE*UNITES_STOCK),
  3         SUM(PRIX_UNITAIRE*UNITES_COMMANDEES)
  4  FROM PRODUITS
  5  WHERE NO_FOURNISSEUR BETWEEN 3 AND 6
  6  GROUP BY NO_FOURNISSEUR
  7  HAVING COUNT(DISTINCT CODE_CATEGORIE) >= 3 ;
```

Affichez la valeur des commandes (prix unitaire multiplié par quantité) pour les commandes qui comportent plus de cinq produits.

```
SQL> SELECT NO_COMMANDE,
   2          SUM(PRIX_UNITAIRE*QUANTITE)
   3  FROM DETAILS_COMMANDES
   4  GROUP BY NO_COMMANDE
   5  HAVING COUNT(NO_COMMANDE) > 5 ;
```

Atelier 5.1

Exercice n° 1

Écrivez la requête qui permet d'afficher les employés qui ont effectué la vente pour les clients de Paris.

```
SQL> SELECT NOM, PRENOM
  2  FROM EMPLOYES A, COMMANDES B, CLIENTS C
  3  WHERE A.NO_EMPLOYE  = B.NO_EMPLOYE  AND
  4        B.CODE_CLIENT = C.CODE_CLIENT AND
  5        C.VILLE       = 'Paris';
```

Écrivez la requête qui permet d'afficher les clients qui sont localisé dans une ville d'un fournisseur (Il s'agit d'une jointure entre la table CLIENTS et FOURNISSEURS).

```
SQL> SELECT A.SOCIETE, B.SOCIETE
  2  FROM FOURNISSEURS A, CLIENTS B
  3  WHERE A.VILLE = B.VILLE;
```

Affichez les clients qui ont commande plus de vingt cinq produits.

```
SQL> SELECT SOCIETE, COUNT(DISTINCT C.REF_PRODUIT)
  2  FROM CLIENTS A, COMMANDES B, DETAILS_COMMANDES C
  3  WHERE A.CODE_CLIENT = B.CODE_CLIENT AND
  4        B.NO_COMMANDE = C.NO_COMMANDE
  5  GROUP BY SOCIETE
  6  HAVING COUNT(DISTINCT C.REF_PRODUIT) > 25;
```

Affichez les produits et fournisseurs pour les produits des catégories 1, 4 et 7.

```
SQL> SELECT NOM_PRODUIT, SOCIETE
  2  FROM PRODUITS A, FOURNISSEURS B
  3  WHERE A.NO_FOURNISSEUR = B.NO_FOURNISSEUR AND
  4        A.CODE_CATEGORIE IN (1,4,7);
```

Exercice n° 2

Écrivez la requête qui permet d'afficher les clients qui ont commandé le produit numéro 1.

```
SQL> SELECT SOCIETE
  2  FROM CLIENTS A, COMMANDES B, DETAILS_COMMANDES C
  3  WHERE A.CODE_CLIENT = B.CODE_CLIENT AND
  4        B.NO_COMMANDE = C.NO_COMMANDE AND
  5        C.REF_PRODUIT = 1;
```

Écrivez la requête qui permet d'afficher tous les clients et le cumul des commandes pour les clients qui ont passé des commandes.

```
SQL> SELECT SOCIETE, SUM(C.QUANTITE)
  2  FROM CLIENTS A, COMMANDES B, DETAILS_COMMANDES C
  3  WHERE A.CODE_CLIENT = B.CODE_CLIENT(+)AND
  4       B.NO_COMMANDE = C.NO_COMMANDE(+)
  5  GROUP BY SOCIETE;
```

Écrivez la requête qui permet d'afficher le cumul des commandes par localité.

```
SQL> SELECT VILLE, SUM(C.QUANTITE)
  2  FROM CLIENTS A, COMMANDES B, DETAILS_COMMANDES C
  3  WHERE A.CODE_CLIENT = B.CODE_CLIENT(+)AND
  4       B.NO_COMMANDE = C.NO_COMMANDE(+)
  5  GROUP BY VILLE;
```

Écrivez la requête qui permet d'afficher les fournisseurs et les catégories de produits qu'ils vendent.

```
SQL> SELECT DISTINCT SOCIETE, CODE_CATEGORIE
  2  FROM PRODUITS A, FOURNISSEURS B
  3  WHERE A.NO_FOURNISSEUR = B.NO_FOURNISSEUR;
```

Affichez les employés et leurs supérieurs hiérarchiques.

```
SQL> SELECT A.NOM, B.NOM
  2  FROM EMPLOYES A, EMPLOYES B
  3  WHERE A.REND_COMPTE = B.NO_EMPLOYE;
```

Atelier 5.2

Exercice n° 1

Affichez tous les produits pour lesquels la quantité en stock est inférieure à la moyenne.

```
SQL> SELECT * FROM PRODUITS
   2  WHERE UNITES_STOCK < ( SELECT AVG(UNITES_STOCK) FROM PRODUITS);
```

Affichez tous les clients pour lesquels les frais de ports par commande dépassent la moyenne par commande.

```
SQL> SELECT DISTINCT SOCIETE FROM COMMANDES A, CLIENTS
   2  WHERE A.CODE_CLIENT = CLIENTS.CODE_CLIENT AND
   3       PORT > ( SELECT AVG(PORT) FROM COMMANDES B
   4               WHERE A.CODE_CLIENT = B.CODE_CLIENT );
```

Affichez les clients et leurs commandes pour tous les produits livrés par un fournisseur qui habite Paris.

```
SQL> SELECT DISTINCT B.SOCIETE, A.NO_COMMANDE
   2  FROM COMMANDES A, CLIENTS B, DETAILS_COMMANDES C,
   3       PRODUITS D, FOURNISSEURS E
   4  WHERE A.CODE_CLIENT = B.CODE_CLIENT AND
   5       A.NO_COMMANDE = C.NO_COMMANDE AND
   6       C.REF_PRODUIT = D.REF_PRODUIT AND
   7       D.NO_FOURNISSEUR = E.NO_FOURNISSEUR AND
   8       E.VILLE LIKE 'Paris' ;
```

Affichez les produits pour lesquels la quantité en stock est supérieure à tous les produits de catégorie 3.

```
SQL> SELECT NOM_PRODUIT FROM PRODUITS
   2  WHERE UNITES_STOCK > ( SELECT MAX(UNITES_STOCK) FROM PRODUITS
   3                         WHERE CODE_CATEGORIE = 3);
```

Exercice n° 2

Affichez les produits, fournisseurs et unités en stock pour les produits qui ont un stock inférieur à la moyenne des produits pour le même fournisseur.

```
SQL> SELECT NOM_PRODUIT, NO_FOURNISSEUR, UNITES_STOCK FROM PRODUITS A
   2  WHERE UNITES_STOCK > ( SELECT AVG(UNITES_STOCK) FROM PRODUITS B
   3                         WHERE A.NO_FOURNISSEUR = B.NO_FOURNISSEUR);
```

Affichez les clients et commandes pour les clients qui payent un port supérieur à la moyenne des commandes pour la même année.

```
SQL> SELECT CODE_CLIENT, NO_COMMANDE FROM COMMANDES A
  2  WHERE PORT > ( SELECT AVG(PORT) FROM COMMANDES B
  3                    WHERE TO_CHAR(A.DATE_COMMANDE,'YYYY') =
  4                          TO_CHAR(B.DATE_COMMANDE,'YYYY') );
```

Affichez les employés avec leur salaire et le pourcentage correspondant par rapport au total de la masse salariale par fonction.

```
SQL> SELECT NOM, SALAIRE, 100*SALAIRE/SUM_S  FROM EMPLOYES,
  2              ( SELECT FONCTION, SUM(SALAIRE) SUM_S,
  3                    AVG(SALAIRE) AVG_S, COUNT(*) NB_EMP
  4                    FROM EMPLOYES GROUP BY FONCTION) SUM_EMPLOYES
  5  WHERE  EMPLOYES.FONCTION = SUM_EMPLOYES.FONCTION;
```

Atelier 5.3

Exercice n° 1

Affichez les sociétés, adresse et villes de résidence pour tous les tiers de l'entreprise.

```
SQL> SQL> SELECT SOCIETE, ADRESSE, VILLE
  2  FROM FOURNISSEURS
  3  UNION
  4  SELECT SOCIETE, ADRESSE, VILLE
  5  FROM CLIENTS;
```

Affichez tous les commandes qui comportent en même temps des produits de catégorie 1 du fournisseur 1 et produits de catégorie 2 du fournisseur 2.

```
SQL> SELECT NO_COMMANDE
  2  FROM   DETAILS_COMMANDES
  3  WHERE REF_PRODUIT IN ( SELECT REF_PRODUIT FROM PRODUITS
  4                         WHERE   CODE_CATEGORIE = 1 AND
  5                                 NO_FOURNISSEUR = 1)
  6  INTERSECT
  7  SELECT NO_COMMANDE
  8  FROM   DETAILS_COMMANDES
  9  WHERE REF_PRODUIT IN ( SELECT REF_PRODUIT FROM PRODUITS
 10                         WHERE   CODE_CATEGORIE = 2 AND
 11                                 NO_FOURNISSEUR = 2);
```

Affichez les produits qu'on ne commande pas dans Paris. Vous devez d'abord faire une liste de tous les produits ensuite extraire les produits qui sont vendues en Paris.

```
SQL> SELECT REF_PRODUIT
  2  FROM   PRODUITS
  3  MINUS
  4  SELECT REF_PRODUIT
  5  FROM   DETAILS_COMMANDES
  6  WHERE NO_COMMANDE IN ( SELECT NO_COMMANDE FROM COMMANDEs A, CLIENTS B
  7                         WHERE   A.CODE_CLIENT = B.CODE_CLIENT AND
  8                                 B.VILLE = 'Paris');
```

Atelier 5.4

Exercice n° 1

Modifiez les requêtes de l'atelier 5.1 pour être compatible avec la norme ANSI/ISO
SQL : 1999.

Exercice n° 1

Écrivez la requête qui permet d'afficher les employés qui ont effectué la vente pour les
clients de Paris.

```
SQL>  SELECT NOM||' '||PRENOM "Vendeur",
   2         SOCIETE "Client",
   3         TO_CHAR( DATE_COMMANDE,'DD Mon YYYY') "Commande",
   4         PORT "Port"
   5  FROM CLIENTS A JOIN COMMANDES B
   6       USING ( CODE_CLIENT )
   7       JOIN EMPLOYES C
   8       ON ( B.NO_EMPLOYE  = C.NO_EMPLOYE  )
   9       AND   A.VILLE       = 'Paris';
```

Écrivez la requête qui permet d'afficher les clients qui sont localisés dans une ville
d'un fournisseur (il s'agit d'une jointure entre la table CLIENTS et
FOURNISSEURS).

```
SQL>  SELECT CLIENTS.SOCIETE, FOURNISSEURS.SOCIETE
   2   FROM CLIENTS JOIN FOURNISSEURS USING(VILLE);
```

Affichez les clients qui ont commandé plus de vingt-cinq produits.

```
SQL>  SQL> SELECT SOCIETE, COUNT(DISTINCT C.REF_PRODUIT)
   2  FROM CLIENTS A JOIN COMMANDES B
   3       ON ( A.CODE_CLIENT = B.CODE_CLIENT )
   4       JOIN DETAILS_COMMANDES C
   5       ON ( B.NO_COMMANDE = C.NO_COMMANDE )
   6  GROUP BY SOCIETE
   7  HAVING COUNT(DISTINCT C.REF_PRODUIT) > 25;
```

Affichez les produits et fournisseurs pour les produits des catégories 1, 4 et 7.

```
SQL>  SELECT NOM_PRODUIT, SOCIETE
   2  FROM PRODUITS A JOIN  FOURNISSEURS B
   3       ON( A.NO_FOURNISSEUR = B.NO_FOURNISSEUR) AND
   4          CODE_CATEGORIE IN (1,4,7);
```

Exercice n° 2

Écrivez la requête qui permet d'afficher les clients qui ont commandé le produit numéro 1.

```
SQL> SELECT SOCIETE
  2  FROM CLIENTS JOIN COMMANDES USING(CODE_CLIENT)
  3      JOIN DETAILS_COMMANDES USING(NO_COMMANDE)
  4  WHERE REF_PRODUIT = 1;
```

Écrivez la requête qui permet d'afficher tous les clients et le cumul des commandes pour les clients qui ont passé des commandes.

```
SQL> SELECT SOCIETE, SUM(C.QUANTITE)
  2  FROM CLIENTS A LEFT OUTER JOIN COMMANDES B
  3      ON (A.CODE_CLIENT = B.CODE_CLIENT)
  4      LEFT OUTER JOIN DETAILS_COMMANDES C
  5      ON (B.NO_COMMANDE = C.NO_COMMANDE)
  6  GROUP BY SOCIETE;
```

Écrivez la requête qui permet d'afficher le cumul des commandes par localité.

```
SQL> SELECT VILLE, SUM(C.QUANTITE)
  2  FROM CLIENTS A LEFT OUTER JOIN COMMANDES B
  3      ON (A.CODE_CLIENT = B.CODE_CLIENT)
  4      LEFT OUTER JOIN DETAILS_COMMANDES C
  5      ON (B.NO_COMMANDE = C.NO_COMMANDE)
  6  GROUP BY VILLE;
```

Écrivez la requête qui permet d'afficher les fournisseurs et les catégories de produits qu'ils vendent.

```
SQL> SELECT DISTINCT SOCIETE, CODE_CATEGORIE
  2  FROM PRODUITS JOIN FOURNISSEURS USING(NO_FOURNISSEUR);
```

Affichez les employés et leurs supérieurs hiérarchiques.

```
SQL> SELECT A.NOM "Employé",
  2         B.NOM "Supérieur"
  3  FROM EMPLOYES A JOIN EMPLOYES B
  4         ON ( A.REND_COMPTE = B.NO_EMPLOYE);
```

Atelier 6.1

Exercice n° 1

Insérez une nouvelle catégorie de produits nommé « Légumes et fruits » tout en respectant les contraintes d'insertion et mise à jour de la table CATEGORIES, à savoir que le CODE_CATEGORIE doit être unique et que les colonnes NOM_CATEGORIE et DESCRIPTION doivent être renseignées. Affichez l'enregistrement inséré et validez la transaction.

```
SQL> INSERT INTO FOURNISSEURS VALUES
  2            ( 30,'Kelly','707 Oxford Rd.',
  3            'Ann Arbor','48104','Etats-Unis',
  4            '(313) 555-5735','(313) 555-3349' );
```

Exercice n° 2

Le fournisseur « Nouvelle-Orléans Cajun Delights » est racheté par le fournisseur « Grandma Kelly's Homestead ».

Créez un nouveau fournisseur qui s'appelle « Kelly » avec les mêmes coordonnées que le fournisseur « Grandma Kelly's Homestead ».

```
SQL> INSERT INTO FOURNISSEURS VALUES
  2            ( 30,'Kelly','707 Oxford Rd.',
  3            'Ann Arbor','48104','Etats-Unis',
  4            '(313) 555-5735','(313) 555-3349' );
```

Tous les produits livrés anciennement par les fournisseurs « Nouvelle-Orléans Cajun Delights » et « Grandma Kelly's Homestead » seront distribués par le nouveau fournisseur.

```
SQL> UPDATE PRODUITS SET NO_FOURNISSEUR = 30
  2  WHERE NO_FOURNISSEUR = 2 OR
  3        NO_FOURNISSEUR = 3;
```

Effacez les deux anciens fournisseurs.

```
SQL> DELETE FOURNISSEURS
  2  WHERE NO_FOURNISSEUR = 2 OR
  3        NO_FOURNISSEUR = 3;
```

Affichez les produits livrés par le nouveau fournisseur et validez la transaction.

```
SQL> SELECT * FROM PRODUITS
  2  WHERE NO_FOURNISSEUR = 30;
SQL> COMMIT;
```

Exercice n° 3

Effacez les commandes effectuées par l'employé numéro trois.

```
SQL> DELETE COMMANDES
  2  WHERE NO_EMPLOYE = 3;
```

L'opération s'est-elle déroulée correctement ? Justifiez votre réponse.

L'opération ne peut pas être exécuté il y a des enregistrements dans la table fils DETAILS_COMMANDES.

Exercice n° 4

Créez deux nouvelles catégories de produits, une « Boissons non alcoolisées » et une autre « Boissons alcoolisées » ; après la création insérez un point de sauvegarde POINT_REPERE_1.

```
INSERT INTO CATEGORIES VALUES
      ( 10,'Boissons non alcoolisées',
          'Boissons non alcoolisées' );
INSERT INTO CATEGORIES VALUES
      ( 11,'Boissons alcoolisées',
          'Boissons alcoolisées' );

SAVEPOINT POINT_REPERE_1;
```

Attribuez les produits 1 et 43 à la première catégorie et insérez un point de sauvegarde POINT_REPERE_2.

```
UPDATE PRODUITS SET CODE_CATEGORIE = 10
WHERE REF_PRODUIT IN (1,43);

SAVEPOINT POINT_REPERE_2;
```

Attribuez les produits (2, 24, 34, 35, 38, 39, 67) à la deuxième catégorie et insérez un point de sauvegarde POINT_REPERE_3.

```
UPDATE PRODUITS SET CODE_CATEGORIE = 11
WHERE REF_PRODUIT IN (2, 24, 34, 35, 38, 39, 67);

SAVEPOINT POINT_REPERE_3;
```

Supprimez la catégorie de produits « Boissons ».

```
DELETE CATEGORIES
WHERE CODE_CATEGORIE = 1;
```

L'opération s'est déroulée correctement ?

Non, il y a encore des produits de la catégorie 1.

Annulez les opérations depuis le point de sauvegarde POINT_REPERE_2.

```
ROLLBACK TO POINT_REPERE_2 ;
```

Exécutez la commande ROLLBACK TO SAVEPOINT POINT_REPERE_3 ; Justifiez le message d'erreur.

Le POINT_REPERE_3 est ultérieur au POINT_REPERE_3 et n'est plus reconnu par le système.

Attribuez tous les produits qui sont encore de catégorie « Boissons » à la deuxième catégorie, « Boissons alcoolisées » ; insérez un point de sauvegarde POINT_REPERE_3.

```
UPDATE PRODUITS SET CODE_CATEGORIE = 11
WHERE CODE_CATEGORIE = 1;
```

Supprimez la catégorie de produits « Boissons ».

```
DELETE CATEGORIES
WHERE CODE_CATEGORIE = 1;
```

Affichez les produits ainsi que les deux catégories qui sont l'objet de cette transaction.

```
SELECT * FROM CATEGORIES
WHERE CODE_CATEGORIE IN (10,11);
```

Validez la transaction.

```
COMMIT;
```

Atelier 7.1

Questionnaire

Quelles sont les erreurs de syntaxe ou non dans la requête suivante ?

```
CREATE TABLE NOUVELLE_TABLE (
ID NUMBER,
CHAMP_1 char(40),
CHAMP_2 char(80),
ID char(40);
```

Le nom de la colonne ID est dupliqué et il manque une parenthèse avant le point-virgule final.

Quels sont les noms de table valides ?

A et B

Quelles sont les instructions d'insertion non valides dans la table suivante ?

```
SQL> DESC UTILISATEURS
 Nom                                          NULL ?   Type
 ------------------------------------------   --------  ----------------------
 NO_UTILISATEUR                               NOT NULL NUMBER(6)
 NOM_PRENOM                                   NOT NULL VARCHAR2(20)
 DATE_CREATION                                NOT NULL DATE
 UTILISATEUR                                  NOT NULL VARCHAR2(20)
 SESSIONS                                              NUMBER(1)
```

A, B, C, D et E

Est-ce que la syntaxe de création de table suivante est valide ?

```
SQL> CREATE TABLE "Employés"(
  2   "N° employé" NUMBER(6)    NOT NULL,
  3   "Nom"        VARCHAR2(20) NOT NULL,
  4   "Prénom"     VARCHAR2(20) NOT NULL);
```

Oui

Quelle est la syntaxe correcte pour visualiser les enregistrements de l'exercice précédent ?

C

Exercice n° 1

Écrivez les requêtes permettant de créer les tables suivantes. Pour la colonne DATE_CREATION de la table PRODUITS initialisez une valeur par défaut égale à la date et l'heure de l'insertion.

```
                    PRODUITS
REF_PRODUIT      NUMBER(6)      not null
NOM_PRODUIT      VARCHAR2(40)   not null
PRIX_UNITAIRE    NUMBER(8,2)    null
UNITES_STOCK     NUMBER(5)      null
DATE_CREATION    DATE           not null
```

```
                 CATEGORIES
CODE_CATEGORIE   NUMBER(6)      not null
NOM_CATEGORIE    VARCHAR2(25)   not null
```

```
CREATE TABLE CATEGORIES
(
    CODE_CATEGORIE      NUMBER(6)               NOT NULL,
    NOM_CATEGORIE       VARCHAR2(25)            NOT NULL
);

CREATE TABLE PRODUITS
(
    REF_PRODUIT         NUMBER(6)               NOT NULL,
    NOM_PRODUIT         VARCHAR2(40)            NOT NULL,
    PRIX_UNITAIRE       NUMBER(8,2)                 NULL,
    UNITES_STOCK        NUMBER(5)                   NULL,
    DATE_CREATION       DATE                    NOT NULL
);
```

Atelier 7.2

Questionnaire

Quel est l'avantage de déclarer une contrainte CHECK ?

La contrainte CHECK permet de contrôler la cohérence des données dans une table.

Quelle est la différence entre une contrainte CHECK de colonne et une contrainte CHECK de table ?

Une contrainte CHECK de table peut référer plusieurs colonnes.

Argumentez pourquoi la syntaxe suivante, de création d'une clé étrangère, est incorrecte ?

```
SQL> CREATE TABLE CATEGORIE (
  2     CODE_CATEGORIE      NUMBER(6)      PRIMARY KEY,
  3     NOM_CATEGORIE       VARCHAR2(25)   NOT NULL);

Table créée.

SQL> CREATE TABLE PRODUIT (
  2     REF_PRODUIT         NUMBER(6)      PRIMARY KEY,
  3     NOM_PRODUIT         VARCHAR2(40)   NOT NULL,
  4     CODE_CATEGORIE      NUMBER(6)      NOT NULL
  5                         CONSTRAINT PRODUITS_CATEGORIES_FK
  6                         FOREIGN KEY
  7                         REFERENCES CATEGORIE);
```

Dans le cadre d'une contrainte de type colonne FOREIGN KEY ne figure pas dans la syntaxe.

Quelles sont les requêtes qui créent une table comme la suivante ?

```
SQL> DESC PRODUIT
 Nom                                          NULL ?   Type
 -------------------------------------------- -------- -------------
 REF_PRODUIT                                  NOT NULL NUMBER(6)
 NOM_PRODUIT                                  NOT NULL VARCHAR2(40)
 CODE_CATEGORIE                               NOT NULL NUMBER(6)
```

A et C

Exercice n° 1

Écrivez les requêtes permettant de créer les tables avec les contraintes suivantes. Pour la table EMPLOYES, créez une contrainte CHECK qui contrôle l'antériorité de la DATE_NAISSANCE à la DATE_EMBAUCHE.

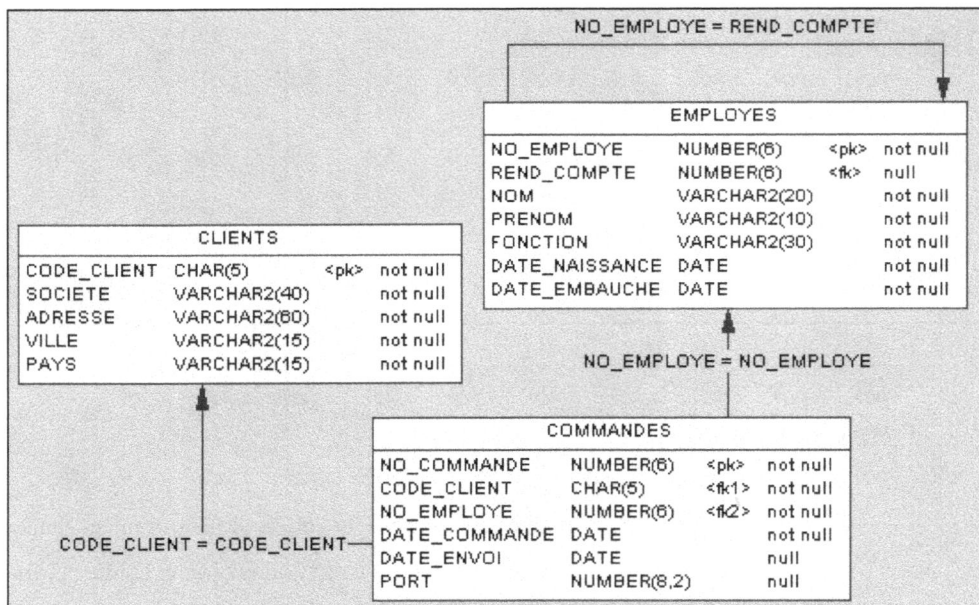

```
CREATE TABLE CLIENTS(
        CODE_CLIENT        CHAR(5)              PRIMARY KEY,
        SOCIETE            VARCHAR2(40)             NOT NULL,
        ADRESSE            VARCHAR2(60)             NOT NULL,
        VILLE              VARCHAR2(15)             NOT NULL,
        CODE_POSTAL        VARCHAR2(10)             NOT NULL,
        PAYS               VARCHAR2(15)             NOT NULL,
        TELEPHONE          VARCHAR2(24)             NOT NULL,
        FAX                VARCHAR2(24)             NULL        ) ;

CREATE TABLE EMPLOYES (
        NO_EMPLOYE         NUMBER(6)            PRIMARY KEY,
        REND_COMPTE        NUMBER(6)                NULL    ,
        NOM                VARCHAR2(20)             NOT NULL,
        PRENOM             VARCHAR2(10)             NOT NULL,
        FONCTION           VARCHAR2(30)             NOT NULL,
        TITRE              VARCHAR2(5)              NOT NULL,
        DATE_NAISSANCE     DATE                     NOT NULL,
        DATE_EMBAUCHE      DATE                     NOT NULL,
        SALAIRE            NUMBER(8, 2)             NOT NULL,
        COMMISSION         NUMBER(8, 2)             NULL    ,
        CONSTRAINT FK_EMPLOYES_EMPLOYES__EMPLOYES
                FOREIGN KEY (REND_COMPTE)
                        REFERENCES EMPLOYES (NO_EMPLOYE)) ;

CREATE TABLE COMMANDES(
        NO_COMMANDE        NUMBER(6)            PRIMARY KEY,
        CODE_CLIENT        CHAR(5)                  NOT NULL,
        NO_EMPLOYE         NUMBER(6)                NOT NULL,
        DATE_COMMANDE      DATE                     NOT NULL,
        DATE_ENVOI         DATE                         NULL,
        PORT               NUMBER(8,2)              NULL,
        CONSTRAINT FK_COMMANDE_CLIENTS_C_CLIENTS
                FOREIGN KEY (CODE_CLIENT)
                        REFERENCES CLIENTS (CODE_CLIENT),
        CONSTRAINT FK_COMMANDE_EMPLOYES__EMPLOYES
                FOREIGN KEY (NO_EMPLOYE)
                        REFERENCES EMPLOYES (NO_EMPLOYE)) ;
```

Atelier 7.3

Questionnaire

Est-ce que la commande `DROP TABLE TABLE_NAME` est équivalente à la commande `DELETE FROM TABLE_NAME` ?

Non `DROP` détruit l'objet et `DELETE` n'efface que les enregistrements.

Est-ce que les colonnes supprimées sont récupérables ?

Les colonnes supprimées ne peuvent pas être récupérées.

Est-ce que l'activation de la contrainte de la table maître active les contraintes d'intégrité référentielle désactivées avec cette contrainte par la clause `CASCADE` ?

Non.

Argumentez pourquoi la syntaxe suivante, de suppression de plusieurs colonnes, est incorrecte ?

```
SQL> ALTER TABLE CLIENTS DROP COLUMNS (TELEPHONE , FAX );
```

Lors de la suppression des plusieurs colonnes le mot clé `COLUMN` ne devrait pas être utilisé dans la commande `ALTER TABLE`.

Décrivez une instruction SQL qui pourrait entraîner le message d'erreur suivant :

```
ERREUR à la ligne 1 : ORA-00955: Ce nom d'objet existe déjà
```

La création d'un objet qui existe déjà, une table un index une contrainte etc.

Décrivez une instruction SQL qui pourrait entraîner le message d'erreur suivant :

```
ERREUR à la ligne 1 :
ORA-02273: cette clé unique/primaire est référencée par des clés étrangères
```

Lors de la suppression d'une contrainte de clé primaire, il faut utiliser la clause `CASCADE`.

Exercice n° 1

Écrivez le script de création des tables avec les contraintes suivantes. Le script doit contenir la destruction des objets pour pouvoir s'exécuter même si les objets existent déjà. Pour vous faciliter la tâche créez d'abord les tables sans aucune contrainte et ensuite les contraintes.

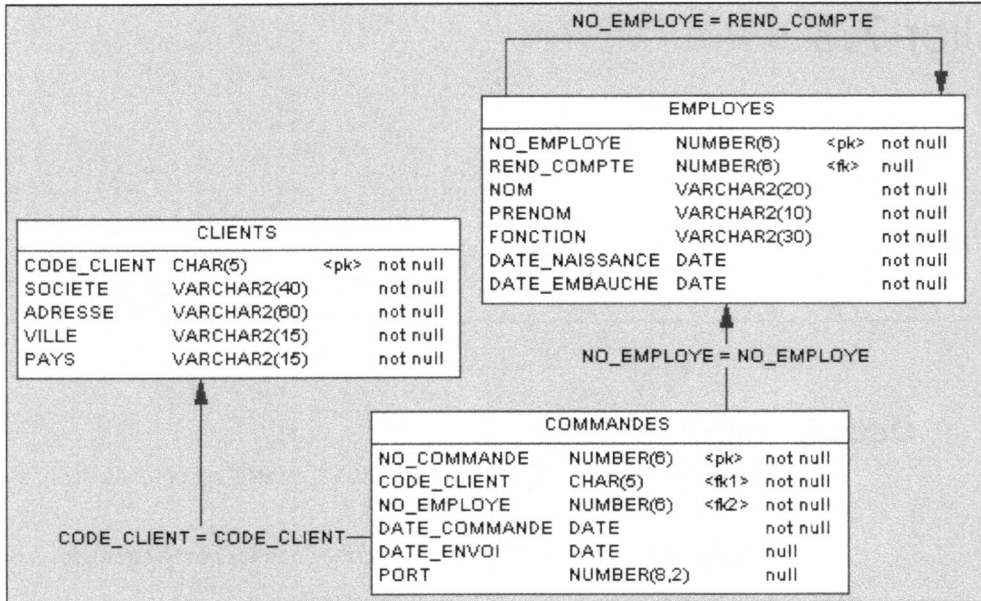

```
DROP TABLE COMMANDES CASCADE CONSTRAINTS ;
DROP TABLE CLIENTS CASCADE CONSTRAINTS ;
DROP TABLE EMPLOYES CASCADE CONSTRAINTS ;

CREATE TABLE CLIENTS(
    CODE_CLIENT        CHAR(5)           PRIMARY KEY,
    SOCIETE            VARCHAR2(40)          NOT NULL,
    ADRESSE            VARCHAR2(60)          NOT NULL,
    VILLE              VARCHAR2(15)          NOT NULL,
    CODE_POSTAL        VARCHAR2(10)          NOT NULL,
    PAYS               VARCHAR2(15)          NOT NULL,
    TELEPHONE          VARCHAR2(24)          NOT NULL,
    FAX                VARCHAR2(24)          NULL        ) ;

CREATE TABLE EMPLOYES (
    NO_EMPLOYE         NUMBER(6)         PRIMARY KEY,
    REND_COMPTE        NUMBER(6)             NULL     ,
    NOM                VARCHAR2(20)          NOT NULL,
    PRENOM             VARCHAR2(10)          NOT NULL,
    FONCTION           VARCHAR2(30)          NOT NULL,
    TITRE              VARCHAR2(5)           NOT NULL,
    DATE_NAISSANCE     DATE                  NOT NULL,
    DATE_EMBAUCHE      DATE                  NOT NULL,
    SALAIRE            NUMBER(8, 2)          NOT NULL,
    COMMISSION         NUMBER(8, 2)          NULL    ) ;

CREATE TABLE COMMANDES(
    NO_COMMANDE        NUMBER(6)         PRIMARY KEY,
    CODE_CLIENT        CHAR(5)               NOT NULL,
    NO_EMPLOYE         NUMBER(6)             NOT NULL,
    DATE_COMMANDE      DATE                  NOT NULL,
    DATE_ENVOI         DATE                  NULL,
    PORT               NUMBER(8,2)           NULL) ;

ALTER TABLE EMPLOYES ADD CONSTRAINT FK_EMPLOYES_EMPLOYES__EMPLOYES
    FOREIGN KEY (REND_COMPTE) REFERENCES EMPLOYES (NO_EMPLOYE) ;

ALTER TABLE COMMANDES ADD CONSTRAINT FK_COMMANDE_CLIENTS_C_CLIENTS
    FOREIGN KEY (CODE_CLIENT) REFERENCES CLIENTS (CODE_CLIENT) ;

ALTER TABLE COMMANDES ADD CONSTRAINT FK_COMMANDE_EMPLOYES__EMPLOYES
    FOREIGN KEY (NO_EMPLOYE) REFERENCES EMPLOYES (NO_EMPLOYE) ;
```

Atelier 7.4

Questionnaire

Décrivez une instruction SQL qui pourrait entraîner le message d'erreur suivant :

```
ERREUR à la ligne 1 :
ORA-01733: les colonnes virtuelles ne sont pas autorisées ici
```

La modification des vues en lecture seule.

Décrivez une instruction SQL qui pourrait entraîner le message d'erreur suivant :

```
ERREUR à la ligne 1 :
ORA-01402: vue WITH CHECK OPTION - violation de clause WHERE
```

La modification d'une vue sans le respect de la clause CHECK OPTION.

Exercice n° 1

Créez une vue de la table des employés affichant les nom et prénom de l'employé ainsi que le nom du supérieur hiérarchique pour les employés de moins de quarante ans.

```
SQL> CREATE OR REPLACE VIEW V_EMPLOYES AS
  2       SELECT A.NOM, A.PRENOM, B.NOM MGR
  3       FROM EMPLOYES A, EMPLOYES B
  4       WHERE A.REND_COMPTE = B.NO_EMPLOYE AND
  5            SYSDATE - A.DATE_NAISSANCE < 40;
```

Créez une vue qui permette de valider, en saisie et en mise à jour, des commandes uniquement de l'employé King.

```
SQL> CREATE OR REPLACE VIEW V_COMMANDES AS
  2      SELECT NO_COMMANDE, CODE_CLIENT, NO_EMPLOYE,
  3           DATE_COMMANDE, DATE_ENVOI, PORT
  4      FROM  COMMANDES
  5      WHERE NO_EMPLOYE IN ( SELECT NO_EMPLOYE  FROM EMPLOYES
  6                            WHERE  NOM = 'King')
  7      WITH CHECK OPTION;
```

Créez une vue qui affiche le nom de la société, l'adresse, le téléphone et la ville des clients qui habitent à Toulouse, à Strasbourg, à Nantes ou à Marseille.

```
SQL> CREATE OR REPLACE VIEW V_CLIENTS AS
  2       SELECT SOCIETE, ADRESSE, TELEPHONE, VILLE
  3       FROM CLIENTS
  4       WHERE VILLE IN ('Toulouse','Strasbourg','Nantes','Marseille');
```

Atelier 7.5

Exercice n° 1

Dans l'atelier 7.3 vous avez créé le script pour l'ensemble des tables ; il y a lieu d'enrichir à présent le script avec les informations concernant les index.

Quels sont les index qui ont été créés automatiquement ?

Oracle crée automatiquement un index lorsqu'une clause de contrainte UNIQUE ou PRIMARY KEY est spécifiée.

Créez un index pour toutes les clés étrangères.

```
CREATE INDEX CLIENTS_COMMANDES_FK ON COMMANDES ( CODE_CLIENT ASC) ;

CREATE INDEX EMPLOYES_COMMANDES_FK ON COMMANDES ( NO_EMPLOYE ASC) ;

CREATE INDEX EMPLOYES_REND_COMPTE_FK ON EMPLOYES ( REND_COMPTE ASC) ;
```

Est-ce que ces index doivent être de type UNIQUE ?

Non.

Créez un index sur la table COMMANDE pour empêcher de saisir deux fois dans la même journée (DATE_COMMANDE), une commande pour un client (CODE_CLIENT) effectuée par le même employé (NO_EMPLOYE).

```
CREATE UNIQUE INDEX COMMANDES_UQ ON COMMANDES
        ( DATE_COMMANDE, CODE_CLIENT, NO_EMPLOYE);
```

Atelier 7.6

Exercice n° 1

Dans l'atelier 7.3 vous avez créé le script pour l'ensemble des tables, dans l'atelier 7.5 vous avez enrichi le script avec les informations concernant les index, à présent l'exercice porte sur les séquences et les synonymes.

Créez une séquence pour toutes les clés primaires.

```
CREATE SEQUENCE S_CLIENTS_PK START WITH 1;

CREATE SEQUENCE S_EMPLOYES_PK START WITH 1;

CREATE SEQUENCE S_COMMANDES_PK START WITH 1;
```

Créez pour toutes les tables des synonymes publiques.

```
CREATE PUBLIC SYNONYM CLIENTS FOR CLIENTS;

CREATE PUBLIC SYNONYM EMPLOYES FOR EMPLOYES;

CREATE PUBLIC SYNONYM COMMANDES FOR COMMANDES;
```

Atelier 8.1

Questionnaire

Quel est le privilège système nécessaire pour une connexion ?

    CREATE SESSION

Quel est le rôle standard Oracle nécessaire pour la connexion ?

    CONNECT

Quels sont les rôles standard Oracle nécessaires pour un utilisateur qui a besoin de créer des objets ?

    CONNECT, RESSOURCE et DBA

Exercice n° 1

Créez un rôle FORMATION octroyez-lui les deux rôles CONNECT et RESOURCE.

```
SQL> CREATE ROLE FORMATION;

SQL> GRANT CONNECT, RESOURCE TO FORMATION;
```

Créez un utilisateur FORM_STG ayant comme mot de passe PWD.

```
SQL> CREATE USER FORM_STG IDENTIFIED BY PWD;
```

Affectez le rôle FORMATEUR à l'utilisateur FORM_STG.

```
SQL> GRANT FORMATION TO FORM_STG;
```

Connectez-vous avec l'utilisateur FORM_STG et exécutez le script de l'atelier 7.6.

Atelier 9.1

Exercice n° 1

Écrivez un script qui crée un utilisateur STG, octroyez-lui les privilèges de lecture sur les tables de l'utilisateur STAGIAIRE à l'aide d'un script dynamique.

```
CONNECT SYSTEM/MANAGER

DROP USER STG CASCADE;

GRANT CONNECT, RESOURCE TO STG IDENTIFIED BY PWD;


CONNECT STAGIAIRE/PWD
SET HEADING OFF
SET ECHO OFF
SET FEEDBACK OFF
SET PAGESIZE 0

SPOOL C:\GRANT_STG.SQL
SELECT 'GRANT SELECT ON '||TABLE_NAME||' TO STG;'
       "--GRANT Script"
FROM USER_TABLES;

SPOOL OFF

@C:\GRANT_STG.SQL

EXIT;
```

Créez pour l'utilisateur STG l'ensemble des tables de l'utilisateur STAGIAIRE à l'aide d'un script dynamique.

```
SET HEADING OFF
SET ECHO OFF
SET FEEDBACK OFF
SET PAGESIZE 0
CONNECT STAGIAIRE/PWD

SPOOL C:\CREATE_STG.SQL
SELECT 'CREATE TABLE '||TABLE_NAME||' AS SELECT * FROM
STAGIAIRE.'||TABLE_NAME||' WHERE 1=2;'
FROM USER_TABLES;

SPOOL OFF
CONNECT STG/PWD

@C:\CREATE_STG.SQL

EXIT;
```

Atelier 9.2

Exercice n° 1

Écrivez un script qui vous propose un masque de saisie pour l'ensemble des champs de la table EMPLOYES. Les valeurs ainsi récupérées sont insérées dans la table.

```
INSERT INTO EMPLOYES ( NO_EMPLOYE, REND_COMPTE, NOM,
                       PRENOM, FONCTION, TITRE, DATE_NAISSANCE,
                       DATE_EMBAUCHE, SALAIRE, COMMISSION      )
VALUES ( &VAR_NO_EMPLOYE, &VAR_REND_COMPTE, '&VAR_NOM',
         '&VAR_PRENOM', '&VAR_FONCTION', '&VAR_TITRE',
         TO_DATE('&VAR_DATE_NAISSANCE', 'DD/MM/YYYY'),
         TO_DATE('&VAR_DATE_EMBAUCHE', 'DD/MM/YYYY'),
         &VAR_SALAIRE, &VAR_COMMISSION      );
```

Créez un script qui permet d'afficher la valeur des produits en stock pour un fournisseur saisi.

```
SELECT NOM_PRODUIT, NO_FOURNISSEUR, CODE_CATEGORIE
FROM PRODUITS
WHERE NO_FOURNISSEUR = &VAR_NO_FOURNISSEUR;
```

Atelier 10.1

Questionnaire

Quelles sont les sections qui font partie d'un bloc ?

Les parties d'un bloc PL/SQL sont : DECLARE, BEGIN et EXCEPTION

Quel est le rôle de la section DECLARE ?

La section DECLARE contient les définitions des variables.

Décrivez pourquoi l'instruction suivante n'a aucun affichage.

```
SQL> begin
  2        dbms_output.put_line( 'Utilisateur : '||user);
  3  end;
  4  /

Procédure PL/SQL terminée avec succès.
```

SERVEROUTPUT n'est pas active.

Exercice n° 1

Créez un bloc PL/SQL qui affiche la description suivante :

```
Utilisateur : STAGIAIRE aujourd'hui est le 16 mars 2003
```

```
begin
   dbms_output.put_line( 'Utilisateur : '||user||
                        ' aujourd''hui est le '||
                        TO_CHAR(SYSDATE,'dd month yyyy'));
end;
/
```

Atelier 11.1

Questionnaire

Quelles sont les déclarations invalides ?

B, C, D, F, I, J

Quel est le résultat de la requête suivante ?

```
CONNECT STAGIAIRE/PWD

SQL> declare
  2     utilisateur varchar2(50) := '1 :'||USER;
  3  begin
  4     declare
  5         utilisateur varchar2(50) := '2 :'||USER;
  6     begin
  7         declare
  8             utilisateur varchar2(50) := '3 :'||USER;
  9         begin
 10            dbms_output.put_line( utilisateur);
 11         end;
 12     end;
 13  end;
 14  /
```

C

Atelier 12.1

Questionnaire

Quelles sont les instructions invalides ?

A, D,

Exercice n° 1

Créez un bloc PL/SQL qui déclare un tableau de type NUMBER de dix postes, et deux
boucles : une qui affecte le tableau avec les valeurs de 1 à 9 et une autre qui affiche le
tableau à partir du dernier élément affecté.

```
declare
    TYPE mon_type_tableau IS TABLE OF NUMBER
                            INDEX BY BINARY_INTEGER;
    mon_tableau mon_type_tableau;
begin
    for i in 1..9 loop
        mon_tableau(i) := i;
    end loop;
    for v_compteur in reverse 1..9 loop
        dbms_output.put_line( mon_tableau(v_compteur));
    end loop;
end;
/
```

Créez un bloc PL/SQL qui affiche les chiffres de 1 à 10 de la sorte :

```
Le numéro 1 est impair
Le numéro 2 est pair
Le numéro 3 est impair
Le numéro 4 est pair
Le numéro 5 est impair
Le numéro 6 est pair
Le numéro 7 est impair
Le numéro 8 est pair
Le numéro 9 est impair
Le numéro 10 est pair
```

```
begin
    for i in 1..10 loop
        if mod( i, 2) = 0 then
            dbms_output.put_line( 'Le numéro '||i||' est pair');
        else
            dbms_output.put_line( 'Le numéro '||i||' est impair');
        end if;
    end loop;
end;
/
```

Créez un bloc PL/SQL qui déclare un enregistrement, v_emp, basé sur la table EMPLOYES et deux variables, v_avg_salaire et v_avg_commission, basées sur le champ SALAIRE de la table EMPLOYES. Affectez v_emp avec les informations de la table EMPLOYES pour NO_EMLOYE = 3. Affectez les variables v_avg_salaire et v_avg_commision avec respectivement la moyenne des salaires respectifs, et des commissions pour les employés qui ont la même FONCTION avec l'employé récupéré auparavant.

Si le salaire de l'employé est inférieur à la moyenne des salaires, on l'augmente avec 10% de la moyenne.

Si la commission est inférieure à la moyenne des commissions on lui attribue la moyenne comme commission.

```
declare
    v_emp            EMPLOYES%ROWTYPE;
    v_avg_salaire    EMPLOYES.SALAIRE%TYPE;
    v_avg_commission EMPLOYES.COMMISSION%TYPE;
begin
    SELECT * INTO v_emp FROM EMPLOYES
    WHERE  NO_EMPLOYE = 3;
    SELECT AVG(SALAIRE),AVG(COMMISSION)
          INTO v_avg_salaire,v_avg_commission
    FROM EMPLOYES
    WHERE FONCTION = v_emp.FONCTION;
    IF v_emp.SALAIRE < v_avg_salaire THEN
        UPDATE EMPLOYES SET SALAIRE =
                         v_emp.SALAIRE + v_avg_salaire*0.1
        WHERE  NO_EMPLOYE = 3;
    END IF;
    IF v_emp.COMMISSION < v_avg_commission THEN
        UPDATE EMPLOYES SET COMMISSION = v_avg_commission
        WHERE  NO_EMPLOYE = 3;
    END IF;
end;
/
```

Atelier 13.1

Exercice n° 1

Créez une table `PRODUITS_AVG` avec la même structure que la table `PRODUITS`. À l'aide d'un curseur explicite, insérez les enregistrements des produits qui ont un stock inférieur à la moyenne des produits pour le même fournisseur.

```
CREATE TABLE PRODUITS_AVG AS SELECT * FROM PRODUITS WHERE 1=2 ;

declare
   CURSOR c_produit IS
         SELECT REF_PRODUIT, NOM_PRODUIT, NO_FOURNISSEUR,
               CODE_CATEGORIE, QUANTITE, PRIX_UNITAIRE,
               UNITES_STOCK, UNITES_COMMANDEES, INDISPONIBLE
         FROM PRODUITS;
   v_produit c_produit%ROWTYPE;
begin
  open c_produit;
  if c_produit%ISOPEN then
     loop
           fetch c_produit into v_produit;
           exit when c_produit%NOTFOUND;
           INSERT INTO PRODUITS_AVG VALUES
                 ( v_produit.REF_PRODUIT,      v_produit.NOM_PRODUIT,
                   v_produit.NO_FOURNISSEUR, v_produit.CODE_CATEGORIE,
                   v_produit.QUANTITE,         v_produit.PRIX_UNITAIRE,
                   v_produit.UNITES_STOCK,   v_produit.UNITES_COMMANDEES,
                   v_produit.INDISPONIBLE    );
     end loop;
  end if;
  close c_produit;
end;
/
```

En utilisant deux curseurs déclarés directement dans la boucle FOR, affichez les clients et commandes pour les clients qui payent un port supérieur à la moyenne des commandes pour la même année.

```
BEGIN
    for v_clients in ( SELECT * FROM CLIENTS ) loop
       dbms_output.put_line('------------------'||v_clients.SOCIETE );
       for v_commandes in ( SELECT NO_COMMANDE FROM COMMANDES
                            WHERE CODE_CLIENT = v_clients.CODE_CLIENT AND
                            PORT > ( SELECT AVG(PORT) FROM COMMANDES
                                       WHERE TRUNC(DATE_COMMANDE,'year') =
                                             TRUNC(SYSDATE,'year'))) loop
          dbms_output.put_line(v_commandes.NO_COMMANDE );
       end loop;
    end loop;
END;
/
```

Affichez les employés avec leur salaire et le pourcentage correspondant par rapport au total de la masse salariale par fonction.

```
declare
    v_sum_salaire      EMPLOYES.SALAIRE%TYPE;
begin
    for v_employe in (SELECT NOM, PRENOM, FONCTION,
                             SALAIRE, COMMISSION
                      FROM EMPLOYES            ) loop
        SELECT SUM(SALAIRE) INTO v_sum_salaire
        FROM EMPLOYES
        WHERE FONCTION = v_employe.FONCTION;
        dbms_output.put_line( v_employe.NOM||' '||
                              v_employe.PRENOM||' '||
                              v_employe.SALAIRE||' '||
                              TO_CHAR(v_employe.SALAIRE*100/v_sum_salaire,
                                      '999.99'));
    end loop;
END;
/
```

Créez une table avec la même structure et avec tous les enregistrements de la table EMPLOYES. A l'aide d'un curseur, modifiez les enregistrements des employés représentants qui ont une commission inférieure a 2000. La modification comporte une augmentation de salaire de 10%.

```
declare
    CURSOR c_employe IS SELECT NOM, PRENOM, FONCTION,
                               SALAIRE, COMMISSION
                        FROM EMPLOYES
    FOR UPDATE OF SALAIRE, COMMISSION;
    v_employe c_employe%ROWTYPE;
begin
    for v_employe in c_employe loop
        if v_employe.FONCTION = 'Représentant(e)'    and
           v_employe.COMMISSION  < 2000 then
           UPDATE EMPLOYES SET SALAIRE = SALAIRE *  1.1
           WHERE CURRENT OF c_employe;
           dbms_output.put_line( 'Employé : '||v_employe.NOM||' '||
                                 v_employe.PRENOM);
        end if;
    end loop;
    COMMIT;
END;
/
```

Atelier 14.1

Exercice n° 1

Créez un bloc PL/SQL qui efface une commande saisie par l'utilisateur, et gérez l'exception « ORA-02292: violation de contrainte (.) d'intégrité - enregistrement fils existant », effaçant tous les enregistrements de la table DETAILS_COMANDES correspondantes.

```
declare
     DELETE_CASCADE_ENFANT EXCEPTION;
     PRAGMA EXCEPTION_INIT(DELETE_CASCADE_ENFANT, -2292);
     v_no_commande COMMANDES.NO_COMMANDE%TYPE;
begin
     v_no_commande := &no_commande;
     DELETE COMMANDES WHERE NO_COMMANDE = v_no_commande;
exception
     when DELETE_CASCADE_ENFANT then
          dbms_output.put_line( 'Exception : DELETE_CASCADE_ENFANT ');
          DELETE DETAILS_COMMANDES WHERE NO_COMMANDE = v_no_commande;
          DELETE COMMANDES WHERE NO_COMMANDE = v_no_commande;
end;
/
```

Écrivez un programme qui doit effacer un enregistrement dans la table CATEGORIES, un enregistrement de la table FOURNISSEURS et un enregistrement de la table PRODUITS. Il faut enchaîner les traitements dans plusieurs blocs de sorte que si une de ces commandes n'aboutit pas, les suivantes sont exécutées quand même.

```
begin
   begin
          DELETE CATEGORIES WHERE NOM_CATEGORIE = &NOM_CATEGORIE;
     exception
          when OTHERS then
               dbms_output.put_line( 'Une erreur.');
   end;
   begin
          DELETE FOURNISSEURS WHERE NO_FOURNISSEUR = &NO_FOURNISSEUR;
     exception
          when OTHERS then
               dbms_output.put_line( 'Une erreur.');
   end;
   begin
          DELETE PRODUITS WHERE REF_PRODUIT = &REF_PRODUIT;
     exception
          when OTHERS then
               dbms_output.put_line( 'Une erreur.');
   end;
end;
/
```

Créez un script SQL qui vous permette, pour un employé saisi par l'utilisateur, de modifier SALAIRE. Contrôlez que le salaire ne soit pas inférieur au salaire actuel ; si c'est le cas, lancez une exception.

```
declare
    UPDATE_EMPLOYES EXCEPTION;
    v_no_employe EMPLOYES.NO_EMPLOYE%TYPE;
    v_salaire    EMPLOYES.SALAIRE%TYPE;
begin
    v_no_employe := &no_employe;
    for emp in ( SELECT SALAIRE FROM EMPLOYES
                 WHERE NO_EMPLOYE = v_no_employe) loop
        v_salaire := &salaire;
        if v_salaire < emp.salaire then
            dbms_output.put_line( 'Le salaire actuel est '||emp.salaire);
            RAISE UPDATE_EMPLOYES;
        end if;
    end loop;
    UPDATE EMPLOYES SET SALAIRE = v_salaire
    WHERE NO_EMPLOYE = v_no_employe;
exception
    when UPDATE_EMPLOYES then
        dbms_output.put_line( 'Exception utilisateur : UPDATE_EMPLOYES ');
end;
/
```

Créez un script qui permet de saisir les informations d'un employé et de les insérer dans la table EMPLOYES. Si l'âge de l'employé est inférieur à 18 ans, n'insérez pas et lancez une exception.

```
declare
    UPDATE_EMPLOYES EXCEPTION;
    v_employe EMPLOYES%ROWTYPE;
begin
    v_employe.NO_EMPLOYE     := &NO_EMPLOYE;
    v_employe.REND_COMPTE    := &REND_COMPTE;
    v_employe.NOM            := &NOM;
    v_employe.PRENOM         := &PRENOM;
    v_employe.FONCTION       := &FONCTION;
    v_employe.TITRE          := &TITRE;
    v_employe.DATE_NAISSANCE := &DATE_NAISSANCE;
    v_employe.DATE_EMBAUCHE  := &DATE_EMBAUCHE;
    v_employe.SALAIRE        := &SALAIRE;
    v_employe.COMMISSION     := &COMMISSION;
    if (SYSDATE - v_employe.DATE_NAISSANCE)/365 < 18 then
        RAISE UPDATE_EMPLOYES;
    end if;
    INSERT INTO EMPLOYES
        VALUES ( v_employe.NO_EMPLOYE,    v_employe.REND_COMPTE,
                 v_employe.NOM,           v_employe.PRENOM,
                 v_employe.FONCTION,      v_employe.TITRE,
                 v_employe.DATE_NAISSANCE,v_employe.DATE_EMBAUCHE,
                 v_employe.SALAIRE,       v_employe.COMMISSION);
exception
    when UPDATE_EMPLOYES then
        dbms_output.put_line( 'Exception utilisateur : UPDATE_EMPLOYES ');
end;
/
```

Atelier 15.1

Exercice n° 1

Créez une fonction qui reçoit comme argument un code d'une catégorie des produits et retourne VRAI si la catégorie existe, et FALSE sinon.

```
FUNCTION VerifieCategorie(a_code_categorie CATEGORIES.CODE_CATEGORIE%TYPE)
    RETURN BOOLEAN
AS
begin
    for v_code_categorie in ( SELECT CODE_CATEGORIE FROM CATEGORIES
                            WHERE  CODE_CATEGORIE = a_code_categorie) loop
        RETURN TRUE;--Catégorie trouvé
    end loop;
    RETURN FALSE;
end;
/
```

Créez une fonction qui reçoit comme argument un numéro fournisseur et retourne VRAI si le fournisseur existe, et FALSE sinon.

```
FUNCTION VerifieFournisseur
        (a_no_fournisseur FOURNISSEURS.NO_FOURNISSEUR%TYPE)
        RETURN BOOLEAN
AS
begin
    for v_no_fournisseur in ( SELECT NO_FOURNISSEUR FROM FOURNISSEURS
                            WHERE  NO_FOURNISSEUR = a_no_fournisseur) loop
        RETURN TRUE;--Fournisseur trouvé
    end loop;
    RETURN FALSE;
end;
/
```

Créez une fonction qui teste si un nom de produit passé en argument n'existe pas déjà dans la table PRODUITS.

```
FUNCTION VerifieProduit(a_ref_produit PRODUITS.REF_PRODUIT%TYPE)
    RETURN BOOLEAN
AS
begin
    for v_ref_produit in ( SELECT REF_PRODUIT FROM PRODUITS
                         WHERE  REF_PRODUIT = a_ref_produit) loop
        RETURN TRUE;--Produit trouvé
    end loop;
    RETURN FALSE;
end;
/
```

Créez un script qui permet de saisir toutes les informations pour insérer un produit dans la table PRODUITS. Utilisez les trois fonctions précédemment créées pour les contrôles nécessaires.

```
PROCEDURE AddProduit
(  a_ref_produit        PRODUITS.REF_PRODUIT%TYPE,
   a_nom_produit        PRODUITS.NOM_PRODUIT%TYPE,
   a_no_fournisseur     PRODUITS.NO_FOURNISSEUR%TYPE,
   a_code_categorie     PRODUITS.CODE_CATEGORIE%TYPE,
   a_quantite           PRODUITS.QUANTITE%TYPE,
   a_prix_unitaire      PRODUITS.PRIX_UNITAIRE%TYPE,
   a_unites_stock       PRODUITS.UNITES_STOCK%TYPE,
   a_unites_commandees  PRODUITS.UNITES_COMMANDEES%TYPE,
   a_indisponible       PRODUITS.INDISPONIBLE%TYPE)
AS
begin
   if NOT VerifieCategorie(a_code_categorie) then
      RISE e_code_categorie;
   end if;
   if NOT VerifieFournisseur(a_no_fournisseur) then
      RISE e_no_fournisseur;
   end if;
   if VerifieProduit(a_ref_produit) then
      RISE e_ref_produit;
   end if;
   INSERT INTO PRODUITS
         VALUES (  a_ref_produit, a_nom_produit , a_no_fournisseur,
                   a_code_categorie, a_quantite, a_prix_unitaire,
                   a_unites_stock, a_unites_commandees, a_indisponible);
end;
/
```

```
declare
    e_code_categorie   EXCEPTION;
    e_no_fournisseur   EXCEPTION;
    e_ref_produit      EXCEPTION;
    FUNCTION VerifieCategorie ...
    FUNCTION VerifieFournisseur ...
    FUNCTION VerifieProduit ...
    PROCEDURE AddProduit ...
begin
    AddProduit(  &v_ref_produit,      '&v_nom_produit',
                 &v_no_fournisseur,  &v_code_categorie,
                 '&v_quantite',       &v_prix_unitaire,
                 &v_unites_stock,    &v_unites_commandees,
                 &v_indisponible);
exception
    when e_code_categorie then
       dbms_output.put_line( 'Exception : La catégorie n''existe pas!');
    when e_no_fournisseur then
       dbms_output.put_line( 'Exception : Le fournisseur n''existe pas!');
    when e_ref_produit then
       dbms_output.put_line( 'Exception : Le produit existe déjà!');
end;
/
```

Atelier 16.1

Exercice n° 1

Créez un package pour la gestion des employés avec ces caractéristiques :

-Une fonction qui contrôle l'existence d'un employé dans la table EMPLOYES.

```
FUNCTION ControleEmploye( a_no_emloye EMPLOYES.NO_EMPLOYE%TYPE)
RETURN BOOLEAN AS
begin
     for v_employe in ( SELECT NO_EMPLOYE FROM EMPLOYES
                          WHERE  NO_EMPLOYE = a_no_emloye) loop
         RETURN TRUE;
     end loop;
     RETURN FALSE;
end;
```

-Une procédure de suppression d'un employé.

```
PROCEDURE Supprimer(a_no_emloye        EMPLOYES.NO_EMPLOYE%TYPE)
IS
begin
     DELETE EMPLOYES WHERE EMPLOYES.NO_EMPLOYE = a_no_emloye;
     if SQL%NOTFOUND then
        raise e_Employe;
     end if;
end;
```

-Une procédure d'augmentation du salaire pour un employé. La procédure comporte deux arguments ; le premier est le numéro de l'employé, qui doit être contrôlé, et le deuxième argument est le montant de l'augmentation. Si le montant est égal à zéro l'employé se voit attribuer la moyenne des salaires.

```
PROCEDURE Augmenter(a_no_emloye        EMPLOYES.NO_EMPLOYE%TYPE,
                    a_salaire          EMPLOYES.SALAIRE%TYPE     :=0  )
IS
     v_salaire EMPLOYES.SALAIRE%TYPE;
begin
     SELECT SALAIRE INTO v_salaire FROM EMPLOYES
     WHERE NO_EMPLOYE = a_no_emloye;

     case
     when a_salaire = 0 then
        v_salaire := v_avg_salaire;
     when a_salaire <= v_salaire then
        raise e_Salaire;
     else
        v_salaire := a_salaire;
     end case;
end;
```

-Une procédure d'insertion d'un employé dans la table EMPLOYES. Il faut contrôler que le supérieur hiérarchique existe déjà dans la table. L'âge de l'employé doit être supérieur à 18 ans. Vous pouvez utiliser une constante pour stocker l'âge minimum. Il faut également contrôler si l'employé n'existe pas déjà dans la table.

```
PROCEDURE AddEmploye( a_no_emloye      EMPLOYES.NO_EMPLOYE%TYPE,
                      a_rend_compte    EMPLOYES.REND_COMPTE%TYPE,
                      a_nom            EMPLOYES.NOM%TYPE,
                      a_prenom         EMPLOYES.PRENOM%TYPE,
                      a_fonction       EMPLOYES.FONCTION%TYPE,
                      a_titre          EMPLOYES.TITRE%TYPE,
                      a_date_naissance EMPLOYES.DATE_NAISSANCE%TYPE,
                      a_date_embauche  EMPLOYES.DATE_EMBAUCHE%TYPE,
                      a_salaire        EMPLOYES.SALAIRE%TYPE,
                      a_commission     EMPLOYES.COMMISSION%TYPE  )
IS
begin
    if sysdate - a_date_naissance < v_age_minim then
       raise  e_Age;
    end if;
    if ControleEmploye( a_no_emloye) then
       raise  e_Employe;
    end if;
    if not ControleEmploye( a_rend_compte) then
       raise  e_Superieur;
    end if;
    if a_date_embauche > sysdate then
       raise  e_Embauche;
    end if;

    INSERT INTO EMPLOYES ( NO_EMPLOYE, REND_COMPTE, NOM,
                    PRENOM, FONCTION, TITRE,
                    DATE_NAISSANCE, DATE_EMBAUCHE,
                    SALAIRE, COMMISSION )
            VALUES    ( a_no_emloye, a_rend_compte, a_nom,
                    a_prenom, a_fonction, a_titre,
                    a_date_naissance, a_date_embauche,
                    a_salaire,  a_commission);
end;
```

Pour les tests du package, créez un script SQL qui vous permette de saisir les informations pour l'ajout d'un employé, l'augmentation et la suppression.

```
CREATE OR REPLACE PACKAGE GererEmploye
AS
    e_Age         EXCEPTION;
    e_Embauche    EXCEPTION;
    e_Salaire     EXCEPTION;
    e_Superieur   EXCEPTION;
    e_Employe     EXCEPTION;
    v_employe     EMPLOYES%ROWTYPE;
    FUNCTION ControleEmploye( a_no_emloye EMPLOYES.NO_EMPLOYE%TYPE)
    RETURN BOOLEAN;
    PROCEDURE AddEmploye( a_no_emloye      EMPLOYES.NO_EMPLOYE%TYPE,
                      a_rend_compte    EMPLOYES.REND_COMPTE%TYPE,
                      a_nom            EMPLOYES.NOM%TYPE,
                      a_prenom         EMPLOYES.PRENOM%TYPE,
                      a_fonction       EMPLOYES.FONCTION%TYPE,
                      a_titre          EMPLOYES.TITRE%TYPE,
                      a_date_naissance EMPLOYES.DATE_NAISSANCE%TYPE,
                      a_date_embauche  EMPLOYES.DATE_EMBAUCHE%TYPE,
                      a_salaire        EMPLOYES.SALAIRE%TYPE,
                      a_commission     EMPLOYES.COMMISSION%TYPE  );
    PROCEDURE Supprimer(a_no_emloye      EMPLOYES.NO_EMPLOYE%TYPE);
    PROCEDURE Augmenter(a_no_emloye      EMPLOYES.NO_EMPLOYE%TYPE,
                      a_salaire        EMPLOYES.SALAIRE%TYPE    :=0  );
end GererEmploye;
/
```

```
CREATE OR REPLACE PACKAGE BODY GererEmploye
IS
    v_age_minim            CONSTANT NUMBER(2):= 18;
    v_sum_salaire          EMPLOYES.SALAIRE%TYPE;
    v_avg_salaire          EMPLOYES.SALAIRE%TYPE;
    FUNCTION ControleEmploye ...
    PROCEDURE AddEmploye...
    PROCEDURE Supprimer...
    PROCEDURE Augmenter...
begin
    SELECT SUM(SALAIRE) INTO v_sum_salaire FROM EMPLOYES;
    SELECT AVG(SALAIRE) INTO v_avg_salaire FROM EMPLOYES;
end GererEmploye;
/

-- création des valeurs à saisir
accept vs_no_emloye       prompt "N° employé         : "
accept vs_rend_compte     prompt "Rend compte à       : "
accept vs_nom             prompt "Nom                 : "
accept vs_prenom          prompt "Prénom              : "
accept vs_fonction        prompt "Fonction            : "
accept vs_titre           prompt "Titre               : "
accept vs_date_naissance  prompt "Date de naissance : "
accept vs_date_embauche   prompt "Date embauche       : "
accept vs_salaire         prompt "Salaire             : "
accept vs_commission      prompt "Commission          : "

begin
    GererEmploye.AddEmploye( &vs_no_emloye,&vs_rend_compte,'&vs_nom',
                             '&vs_prenom','&vs_fonction','&vs_titre',
                             '&vs_date_naissance','&vs_date_embauche',
                             &vs_salaire,&vs_commission);
exception
   when GererEmploye.e_Salaire then
     dbms_output.put_line( 'Le salaire n''est pas valide.');
   when GererEmploye.e_Superieur then
     dbms_output.put_line( 'Le supérieur n''est pas valide.');
   when GererEmploye.e_Employe then
     dbms_output.put_line( 'L''employé n''est pas valide.');
   when GererEmploye.e_Age then
     dbms_output.put_line( 'L''age n'est pas valide.');
   when OTHERS then
     dbms_output.put_line( 'Erreur.');
end;
/

undefine vs_no_emloye
undefine vs_salaire
accept vs_no_emloye       prompt "N° employé         : "
accept vs_salaire         prompt "Salaire             : "

begin
  GererEmploye.Augmenter( &vs_no_emloye, &vs_salaire  );
exception
   when GererEmploye.e_Salaire then
     dbms_output.put_line( 'Le salaire n''est pas valide.');
   when GererEmploye.e_Superieur then
     dbms_output.put_line( 'Le supérieur n''est pas valide.');
   when GererEmploye.e_Employe then
     dbms_output.put_line( 'L''employé n''est pas valide.');
   when GererEmploye.e_Age then
     dbms_output.put_line( 'L''age n'est pas valide.');
   when OTHERS then
     dbms_output.put_line( 'Erreur.');
end;
/
```

Atelier 17.1

Exercice n°1

Créez une séquence qui commence avec le dernier numéro d'employé se trouvant dans la table EMPLOYES. Ensuite, créez un déclencheur qui initialise le NO_EMPLOYE avec la valeur suivante de la séquence s'il n'a pas été renseigné. Dans le même déclencheur, testez si le champ REND_COMPTE est correctement initialisé, avec une valeur d'un employé existant, sinon vous l'initialisez avec la même valeur que NO_EMPLOYE.

```
DROP SEQUENCE S_EmployesID;
SET HEADING OFF
SET ECHO OFF
SET FEEDBACK OFF
SET PAGESIZE 0

SPOOL C:\CREATE_S_EmployesID.SQL

SELECT 'CREATE SEQUENCE S_EmployesID START WITH '||
       MAX(NO_EMPLOYE)||' INCREMENT BY 1;' "--"
FROM EMPLOYES;

SELECT 'SELECT S_EmployesID.NEXTVAL FROM DUAL;' FROM DUAL;

SPOOL OFF

@C:\CREATE_S_EmployesID.SQL

CREATE OR REPLACE TRIGGER EmployesID
BEFORE INSERT ON EMPLOYES
FOR EACH ROW
BEGIN
     SELECT S_EmployesID.NEXTVAL
            INTO :NEW.NO_EMPLOYE FROM DUAL;
END EmployesID;
/

EXIT;
```

Créez deux tables PRODUITS_POUBELLE et PRODUITS_ARCHIVE qui ont la même description que la table PRODUITS avec deux colonnes de plus, UTILISATEUR et DATE_SYSTEME. Créez un déclencheur sur la table PRODUITS qui archive dans la table PRODUITS_POUBELLE tous les produits effacés et dans la table PRODUITS_ARCHIVE tous les produits modifiés.

```
CREATE TABLE PRODUITS_POUBELLE AS
        SELECT REF_PRODUIT, NOM_PRODUIT, NO_FOURNISSEUR, CODE_CATEGORIE,
               QUANTITE, PRIX_UNITAIRE, UNITES_STOCK, UNITES_COMMANDEES,
               INDISPONIBLE, USER UTILISATEUR, SYSDATE DATE_EFFECEMENT
        FROM PRODUITS WHERE 1=2;
CREATE TABLE PRODUITS_ARCHIVE AS
        SELECT REF_PRODUIT, NOM_PRODUIT, NO_FOURNISSEUR, CODE_CATEGORIE,
               QUANTITE, PRIX_UNITAIRE, UNITES_STOCK, UNITES_COMMANDEES,
               INDISPONIBLE, USER UTILISATEUR, SYSDATE DATE_EFFECEMENT
        FROM PRODUITS WHERE 1=2;

CREATE OR REPLACE TRIGGER ProduitsArchive
BEFORE UPDATE OR DELETE OR INSERT ON PRODUITS
FOR EACH ROW
BEGIN
        CASE
        WHEN UPDATING THEN
            INSERT INTO PRODUITS_ARCHIVE
              VALUES( :OLD.REF_PRODUIT, :OLD.NOM_PRODUIT, :OLD.NO_FOURNISSEUR,
                      :OLD.CODE_CATEGORIE, :OLD.QUANTITE, :OLD.PRIX_UNITAIRE,
                      :OLD.UNITES_STOCK, :OLD.UNITES_COMMANDEES,
                      :OLD.INDISPONIBLE, USER, SYSDATE);
        WHEN DELETING THEN
            INSERT INTO PRODUITS_POUBELLE
              VALUES( :OLD.REF_PRODUIT, :OLD.NOM_PRODUIT, :OLD.NO_FOURNISSEUR,
                      :OLD.CODE_CATEGORIE, :OLD.QUANTITE, :OLD.PRIX_UNITAIRE,
                      :OLD.UNITES_STOCK, :OLD.UNITES_COMMANDEES,
                      :OLD.INDISPONIBLE, USER, SYSDATE);
        ELSE
            NULL;
        END CASE;
END ProduitsArchive;
/
```

Créez une table PRODUITS_INSERT qui contient trois champs : REF_PRODUIT, UTILISATEUR et DATE_SYTEM. Modifiez le déclencheur précédemment créé pour pouvoir insérer dans la table PRODUITS_INSERT tous les REF_PRODUIT avec les informations correspondantes sur l'utilisateur et date de création.

```
CREATE TABLE PRODUITS_INSERT AS
        SELECT REF_PRODUIT, USER UTILISATEUR, SYSDATE DATE_EFFECEMENT
        FROM PRODUITS WHERE 1=2;

CREATE OR REPLACE TRIGGER ProduitsArchive
BEFORE UPDATE OR DELETE OR INSERT ON PRODUITS
FOR EACH ROW
BEGIN
        CASE
        WHEN UPDATING THEN
            INSERT INTO PRODUITS_ARCHIVE
              VALUES( :OLD.REF_PRODUIT, :OLD.NOM_PRODUIT, :OLD.NO_FOURNISSEUR,
                      :OLD.CODE_CATEGORIE, :OLD.QUANTITE, :OLD.PRIX_UNITAIRE,
                      :OLD.UNITES_STOCK, :OLD.UNITES_COMMANDEES,
                      :OLD.INDISPONIBLE, USER, SYSDATE);
        WHEN DELETING THEN
            INSERT INTO PRODUITS_POUBELLE
              VALUES( :OLD.REF_PRODUIT, :OLD.NOM_PRODUIT, :OLD.NO_FOURNISSEUR,
                      :OLD.CODE_CATEGORIE, :OLD.QUANTITE, :OLD.PRIX_UNITAIRE,
                      :OLD.UNITES_STOCK, :OLD.UNITES_COMMANDEES,
                      :OLD.INDISPONIBLE, USER, SYSDATE);
        ELSE
            INSERT INTO PRODUITS_INSERT
              VALUES( :NEW.REF_PRODUIT, USER, SYSDATE);
        END CASE;
END ProduitsArchive;
/
```

Base de données exemples

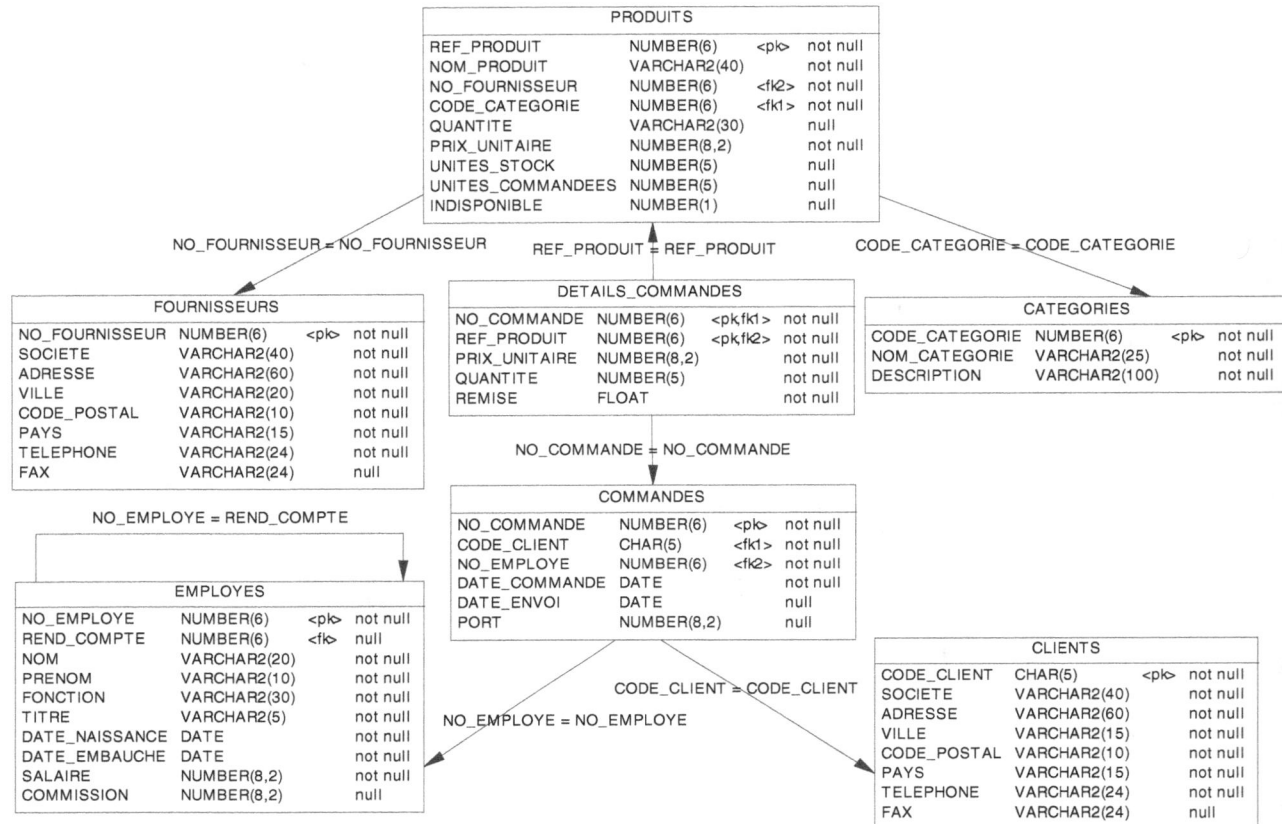

PRODUITS

REF_PRODUIT	NUMBER(6)	<pk>	not null
NOM_PRODUIT	VARCHAR2(40)		not null
NO_FOURNISSEUR	NUMBER(6)	<fk2>	not null
CODE_CATEGORIE	NUMBER(6)	<fk1>	not null
QUANTITE	VARCHAR2(30)		null
PRIX_UNITAIRE	NUMBER(8,2)		not null
UNITES_STOCK	NUMBER(5)		null
UNITES_COMMANDEES	NUMBER(5)		null
INDISPONIBLE	NUMBER(1)		null

NO_FOURNISSEUR = NO_FOURNISSEUR   REF_PRODUIT = REF_PRODUIT   CODE_CATEGORIE = CODE_CATEGORIE

FOURNISSEURS

NO_FOURNISSEUR	NUMBER(6)	<pk>	not null
SOCIETE	VARCHAR2(40)		not null
ADRESSE	VARCHAR2(60)		not null
VILLE	VARCHAR2(20)		not null
CODE_POSTAL	VARCHAR2(10)		not null
PAYS	VARCHAR2(15)		not null
TELEPHONE	VARCHAR2(24)		not null
FAX	VARCHAR2(24)		null

DETAILS_COMMANDES

NO_COMMANDE	NUMBER(6)	<pk,fk1>	not null
REF_PRODUIT	NUMBER(6)	<pk,fk2>	not null
PRIX_UNITAIRE	NUMBER(8,2)		not null
QUANTITE	NUMBER(5)		not null
REMISE	FLOAT		not null

CATEGORIES

CODE_CATEGORIE	NUMBER(6)	<pk>	not null
NOM_CATEGORIE	VARCHAR2(25)		not null
DESCRIPTION	VARCHAR2(100)		not null

NO_COMMANDE = NO_COMMANDE

COMMANDES

NO_COMMANDE	NUMBER(6)	<pk>	not null
CODE_CLIENT	CHAR(5)	<fk1>	not null
NO_EMPLOYE	NUMBER(6)	<fk2>	not null
DATE_COMMANDE	DATE		not null
DATE_ENVOI	DATE		null
PORT	NUMBER(8,2)		null

NO_EMPLOYE = REND_COMPTE

EMPLOYES

NO_EMPLOYE	NUMBER(6)	<pk>	not null
REND_COMPTE	NUMBER(6)	<fk>	null
NOM	VARCHAR2(20)		not null
PRENOM	VARCHAR2(10)		not null
FONCTION	VARCHAR2(30)		not null
TITRE	VARCHAR2(5)		not null
DATE_NAISSANCE	DATE		not null
DATE_EMBAUCHE	DATE		not null
SALAIRE	NUMBER(8,2)		not null
COMMISSION	NUMBER(8,2)		null

CODE_CLIENT = CODE_CLIENT

NO_EMPLOYE = NO_EMPLOYE

CLIENTS

CODE_CLIENT	CHAR(5)	<pk>	not null
SOCIETE	VARCHAR2(40)		not null
ADRESSE	VARCHAR2(60)		not null
VILLE	VARCHAR2(15)		not null
CODE_POSTAL	VARCHAR2(10)		not null
PAYS	VARCHAR2(15)		not null
TELEPHONE	VARCHAR2(24)		not null
FAX	VARCHAR2(24)		null

Index

www.ingramcontent.com/pod-product-compliance
Lightning Source LLC
Chambersburg PA
CBHW080132220326
41598CB00032B/5039